21 世纪高等院校电气信息类系列教材

计算机控制技术与系统

主 编 胡乃平

参 编 周艳平 赵艳东 林明明

机械工业出版社

本书简明、系统地介绍了计算机控制技术与系统，主要内容包括：计算机控制系统的概念、组成、分类及发展，计算机控制系统中常用的检测设备和执行机构，计算机总线和网络通信技术，过程通道与人机接口，数据处理与控制策略，计算机控制系统中的抗干扰技术，计算机控制系统软件，典型计算机控制系统，计算机集成制造系统，计算机控制系统的设计与实施，计算机控制系统实例。

本书可以作为高等院校自动化类、计算机类、电气类、机械类、仪器类、电子信息类及智能制造、机器人等新兴专业的本专科学生和研究生的教材，也可以作为有关工程技术人员的参考书。

本书配有授课电子课件、微课视频等配套资源，需要的教师可登录www.cmpedu.com 免费注册，审核通过后下载，或联系编辑索取（微信：18515977506，电话：010-88379753）。

图书在版编目（CIP）数据

计算机控制技术与系统 / 胡乃平主编. --北京：机械工业出版社，2024.12. --（21 世纪高等院校电气信息类系列教材）. -- ISBN 978-7-111-77215-6

Ⅰ. TP273

中国国家版本馆 CIP 数据核字第 2024A258X0 号

机械工业出版社（北京市百万庄大街 22 号　邮政编码 100037）
策划编辑：汤　枫　　　　　　责任编辑：汤　枫　李馨馨
责任校对：李　婷　丁梦卓　　责任印制：单爱军
北京虎彩文化传播有限公司印刷

2024 年 12 月第 1 版第 1 次印刷
184mm×260mm · 19 印张 · 471 千字
标准书号：ISBN 978-7-111-77215-6
定价：69.00 元

电话服务　　　　　　　　　　网络服务

客服电话：010-88361066　　　机 工 官 网：www.cmpbook.com
　　　　　010-88379833　　　机 工 官 博：weibo.com/cmp1952
　　　　　010-68326294　　　金 书 网：www.golden-book.com
封底无防伪标均为盗版　　　机工教育服务网：www.cmpedu.com

前　言

"计算机控制技术"是研究自动控制理论和计算机控制技术如何应用于工业生产过程自动化的一门专业技术。工业控制是计算机应用的一个重要领域，计算机控制是为适应这一领域的需要而发展起来的一门专业技术。

本书简明、系统地介绍了计算机控制系统的基本原理、设计技术和实现方法。本书在《计算机控制技术》（刘川来、胡乃平等编著）经典框架的基础上，融合了计算机控制领域近年来的科研进展与技术创新。通过广泛参考国内外权威文献与著作，同时汲取青岛科技大学及众多高校在教学实践与科研探索中的精华，本书在确保知识基础稳固的同时，兼顾了内容的系统性、实用性与先进性。

本书在保留经典内容的基础上，进行了大幅度的更新与扩展，特别增设了多个前沿章节，以全面反映计算机控制技术在智能制造时代的最新进展与广泛应用。具体体现在：

1）增设了"计算机集成制造系统"（CIMS）章节，以前瞻视角深入探讨了计算机控制在智能制造领域的核心作用。该章节不仅全面阐述了 CIMS 的概念、分类以及发展历程及其在现代工业中的重要性，还详细剖析了 CIMS 的组成和层次结构，并详细介绍了 CIMS 的功能分系统，以及 CIMS 的开发和实施。

2）将计算机总线技术和计算机控制中的网络与通信技术合并为一章，进行了系统而全面的介绍，新增了物联网、5G 网络等近几年迅速发展的技术。

3）紧跟人工智能技术的发展步伐，增加了人工智能在计算机控制中最新应用的内容。通过具体案例和理论分析，展示人工智能如何赋能计算机控制系统，提升其智能化水平。随着云计算的飞速发展，云控制系统已成为计算机控制领域的重要研究方向。

4）增加了云控制系统章节，介绍其基本概念、核心技术、控制流程以及云边协同控制系统等。

本书精心构建了从理论到实践的桥梁，既与基础知识紧密衔接，确保逻辑清晰、体系完整，又充分考虑了不同学习背景与需求的读者群体。一方面力求做到内容全面、系统，另一方面突出重点，从实际应用的角度把握全书的内容。全书共 11 章：第 1 章是绪论，主要介绍计算机控制系统的概念、组成、分类及发展；第 2 章介绍了计算机控制系统中常用的检测设备和执行机构；第 3 章介绍了计算机总线和网络通信技术；第 4 章介绍了过程通道与人机接口；第 5 章介绍了计算机控制中常用的数据处理与控制策略；第 6 章介绍了计算机控制系统中的抗干扰技术；第 7 章介绍了计算机控制系统软件；第 8 章介绍了典型计算机控制系统；第 9 章介绍了计算机集成制造系统；第 10 章介绍了计算机控制系统的设计与实施；第 11 章介绍了几个计算机控制系统的实例。

本书内容丰富，教师可以根据不同的要求和学生的基础情况灵活安排。每章的内容自成一体，读者可以根据自己的知识结构和需要加以选择。

书中的图表或图示大部分采用了国家标准中的符号和约定，但出于特定原因（如软件限制、国际通用性、历史遗留问题等），部分图表则采用了国际标准。这种差异虽然可能会给读者带来一些额外的认知负担，但了解并适应这种差异是深化专业知识和技能的重要一环。

本书由青岛科技大学胡乃平教授主编，参加编写的人员有胡乃平（第 1 章、第 2 章、第 4 章），周艳平（第 3 章、第 8 章、第 9 章），赵艳东（第 5 章、第 6 章、第 10 章），林明明（第 7 章、第 11 章）。

本书的编写得到了青岛科技大学"计算机控制技术"课程组老师们的大力支持，他们在本书编写过程中提出了很多非常有价值的建议，在此表示衷心的感谢！同时还要感谢机械工业出版社对本书的编写及出版给予的大力支持。

最后，虽然作者们已经尽力做到最好，但书中难免存在一些不足之处。我们真诚地欢迎广大读者提出宝贵的意见和建议，以便在未来的修订中不断完善和提高。通过这些反馈，我们希望能够为计算机控制技术与系统领域的教学与科研贡献更多有价值的资源。

作　者

目　　录

第1章 绪 论

计算机控制系统在现代技术的发展中扮演着至关重要的角色。随着计算机技术和网络通信技术的快速进步，计算机控制系统已经深入各个领域，包括工业自动化、航空航天、交通运输、智能家居以及医疗设备等领域。本章将简要介绍计算机控制系统、计算机控制系统的组成及分类、计算机控制研究的课题与发展趋势。

第 1 章微课视频

1.1 计算机控制系统概述

计算机的应用是非常广泛的，它几乎渗透到了人类社会的各个方面。计算机控制是计算机应用的一个非常大的分支，涉及国防、工业、农业、商业等各个不同的领域。党的二十大报告明确了两化融合（信息化和工业化的融合）在中国现代化建设中的重要地位和发展方向。加快信息化和工业化的深度融合，不仅是推动中国制造业高质量发展的必由之路，也是实现科技自立自强和构建现代化经济体系的重要举措。未来，我们要继续坚定不移地推进两化融合，推动中国经济向更高质量、更高效率和更可持续的方向发展，计算机控制是落实这项工作的主要手段之一。

计算机控制，是关于将计算机技术应用于工农业生产、国防等行业自动控制的一门综合性学科与技术。计算机控制是以计算机、自动控制理论、自动控制工程、电子学和自动化仪表为基础的综合学科。计算机控制系统简单地说就是用计算机替代了原模拟控制系统的控制器（控制仪表）的自动控制系统，但是这种替代不是一种简单的替代，而是一种升华。

古典控制理论是 20 世纪 40 年代发展起来的，直到目前，许多工程仍然采用经典控制理论进行分析和设计，这些方法用来处理单输入-单输出的线性定常系统是卓有成效的。随着科学的发展、技术的进步和对控制要求的提高，被控对象越来越复杂多样，系统的控制越来越复杂，出现了多输入-多输出的多变量控制系统、非线性控制系统、时变和分布参数控制系统。对于这些系统，使用常规的方法和手段来实现控制是十分困难的，因此，计算机尤其是微型计算机的出现以及在自动控制领域的应用，使自动控制水平产生了巨大的飞跃。

20 世纪 50 年代初，美国首先用计算机来完成对生产过程进行巡检数据采集和数据处理，后来在实验的基础上完成了开环和闭环的控制。1959 年，美国 TRW 航空公司和 Texaco 公司合作，成功地在得克萨斯州的一家炼油厂将一台计算机投入在线控制。该控制系统从综合指标出发确定了热水循环系统的最佳参数，同时也翻开了计算机控制的辉煌一页。该项成果的取得，激发了计算机制造与自动控制研究者的兴趣，他们纷纷投入人力、物力进行这方面的研究和开发。20 世纪 60 年代，计算机控制系统已成功地应用于化工、钢铁和电力等领域，但这些系统还都以数据的采集和处理为主。1962 年，英国帝国化学工业有限公司制造出一套可以直接取代常规仪表对生产过程直接进行控制的计算机控制系统，开创了直接数字控制（DDC）的新时期。

自 1971 世界上第一片四位微处理器出现以来，微型计算机得以快速发展，1993 年，Pentium 处理器的出现更使微型计算机在运算速度等诸多方面得以长足发展，同时也使计算机控制得以飞速发展。微处理器和微型计算机的诞生与发展为实现集散控制创造了良好的条件。由于其价格低廉，集散控制可以把计算机分散到各个生产装置中去实现小范围局部控制，功能分散后，技术上比较容易实现，这不仅使计算机出现故障的风险得到分散，使控制的速度得以提高，同时也给系统的数字建模带来了方便。1975 年，美国 Honeywell 公司研制成功世界上第一套集散控制系统 TDC-2000 并投入使用，开创了计算机应用于实际生产过程控制的新纪元。随后一直到 20 世纪 80 年代末，集散控制系统迅速发展，有几万套集散控制系统投入运行，这类系统不但得到使用者的高度评价，同时也为制造商和使用企业带来了巨大的经济效益。随着 3C 技术和网络技术的发展，现场总线控制系统和网络控制系统应运而生，可编程控制器的综合应用已打破了原工业控制的格局，人工智能和物联网的蓬勃发展和应用逐渐改变了计算机控制的面貌，它们共同融入计算机控制系统的大门类之中，计算机控制技术和系统发展到了一个新阶段。

目前，计算机控制技术正沿着深度和广度方面不断发展。在广度方面，向着大系统或系统工程的方向发展，向着管理控制一体化的方向发展。从单一过程、单一对象的局部控制，发展到对整个工厂、整个企业，甚至对社会经济、国土利用、生态平衡、环境保护等大规模复杂对象和系统进行综合控制。在深度方面，则向着智能化方向发展，人们逐步地引入了自适应、自学习等控制方法，模拟生物的视觉、听觉和触觉，自动地识别图像、文字、语言，进一步根据感知的信息进行推理分析、直观判断、自学习、自行解决故障和问题。计算机在控制系统中的应用，不但带动了计算机技术的发展，同时也推动了自动控制理论和工程的发展。

回顾过去，展望未来，铭记历史的启迪，响应未来的召唤，计算机控制技术这一新兴的和具有无限辉煌前景的学科，必将成为今后科技发展的重要学科之一。

1.2　计算机控制系统的组成及分类

1.2.1　计算机控制系统

自动控制是指在无人工直接参与的前提下，应用自动控制装置自动地、有目的地控制设备和生产过程，使之具有一定的状态和性能，完成相应的功能，实现预定的目标。自动控制系统一般可以分为开环控制系统和闭环控制系统两大类。

（1）开环控制系统

如图 1.1 所示的系统为开环控制系统，所谓开环控制系统是指控制器按照先验的控制方案对对象或系统进行控制，使被控的对象或系统能够按照约定来运动或变化。开环控制是很好的一种控制方案，但是开环系统必须在实施控制之前确定准确的被控对象的数学模型和控制方案。由于在控制过程中得不到被控参数的信息，开环控制系统只适用于被控对象明确且定常无扰动的系统；若系统是时变的，则必须在控制之前明确其时变的准确规律；若有扰动，其扰动量必须可测，并且扰动通道的时间常数大于控制通道的时间常数。

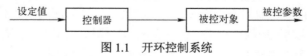

图 1.1　开环控制系统

（2）闭环控制系统

闭环控制系统的结构如图 1.2 所示，很明显闭环控制系统较开环控制系统增加了一个比较环节和一个来自被控参数的反馈信号。由于控制器得到被控对象的信息反馈，因此便可实时地对其控制的结果进行检测，并且及时调节控制量使之达到预期的效果。

图 1.2　闭环控制系统

闭环控制可以适当降低对对象数学模型的了解程度，可以有效地解决一些不确定的随机问题。需要注意的是，由于反馈的存在，一些闭环系统在被控参数和结构设置不合理的情况下，会导致原开环稳定的系统变得不稳定。

（3）计算机控制系统

在上述开、闭环控制系统中都少不了控制器。若用计算机替代系统中的控制器，就形成了计算机控制系统。由于计算机处理的是数字信号，而自然界中的信号又都是模拟信号，计算机要替代原模拟控制器必须完成模拟量到数字量（A/D）的转换和数字量到模拟量（D/A）的转换，如图 1.3 所示。

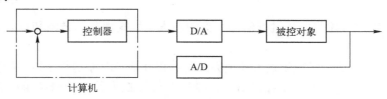

图 1.3　计算机控制系统基本框图（闭环）

计算机控制系统的控制过程可简单地归纳为三个过程。

1）信息的获取：计算机可以通过其外部设备获取被控对象的实时信息和人的指令性信息，这些信息是计算机进行计算或决策的素材和依据。

2）信息的处理：计算机可根据预先编好的程序对从外部设备获取的信息进行处理，这种数据处理应包括信号的滤波、线性化校正、标度的变换、运算与决策等。

3）信息的输出：计算机将最终处理完的信息通过外部设备送到被控对象，通过显示、记录或打印等操作输出其处理或获取信息的情况。

计算机控制系统包括硬件和软件两大部分，硬件由计算机主机、接口电路、外部设备组成，是计算机控制系统的基础；软件是安装在计算机主机中的程序和数据，它能够完成对其接口和外部设备的控制，实现对信息的处理，包含维持计算机主机工作的系统软件和为完成控制而进行信息处理的应用软件两大部分，软件是计算机控制系统的关键。

1.2.2　计算机控制系统的硬件组成

典型的计算机控制系统的硬件主要包括计算机主机、过程通道、操作控制台和常用的外部设备，如图 1.4 所示。应该指出的是，随着计算机网络技术的快速发展，网络设备也成为计算机控制系统硬件不可少的一部分。

（1）主机

主机是指用于控制的计算机，主要由 CPU、存储器和接口三大部分组成，是整个系统的核心。它主要完成数据和程序的存取、程序的执行、控制外部设备和过程通道中的设备的工作，实现对被控对象的控制，以及人机对话和网络通信。形象一点讲，就是完成对数据存取的控制，对采集的数据进行滤波和线性化处理，进行运算和决策，控制控制量的输出等。由于 CPU 技术及网络技术的发展和广泛应用，主机还要完成对一些含 CPU 设备和网络设备的控制。

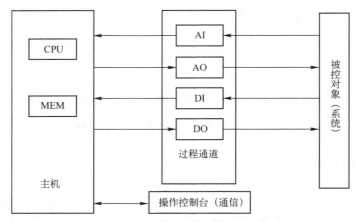

图 1.4　典型的计算机控制系统硬件组成框图

（2）过程通道

过程通道是被控对象与主机进行信息交换的通道。根据信号的方向和形式，过程通道又可分为以下 4 种。

1）模拟量输入通道。模拟量输入通道完成对过程和被控对象送往主机的模拟信号的转换，使之成为计算机能够接收的标准数字信号。模拟信号转换为数字信号的准确性和速度反映为 A/D 转换的精度、位数和采样的时间。

2）模拟量输出通道。目前，大多数执行机构仍只能接收模拟信号，而计算机运算决策的最终结果是数字信号。通过模拟量输出通道可将数字量转换为模拟量。

3）数字量输入通道。数字量输入通道的主要作用是把过程和被控对象的开关量或通过传感器转换的数字量以并行或串行的方式传给计算机。

4）数字量输出通道。数字量输出通道的主要作用是将计算机运算、决策之后的数字信号以串行或并行的方式输出给被控对象或外部设备。应该强调的是，数字量输出通道输出的信号有时可直接驱动外部设备，其功率和阻抗的匹配应该特别注意。

过程通道是计算机与被控对象及外部设备连接的桥梁。为了提高计算机的可靠性和安全性，在许多场合应该充分考虑过程通道的信号隔离问题。

（3）操作控制台

操作控制台是计算机控制系统人机交互的关键设备。通过操作控制台，操作人员可以及时了解被控过程的运行状态及运行参数，对控制系统发出各种控制的操作命令；通过操作控制台还可以修改控制方案和程序。操作控制台的功能一般应包括：

1）信息的显示。一般采用液晶显示屏或一些状态指示灯、声光报警器对被控参数、状态和计算机的运行情况进行显示或报警。

2）信息的记录。一般采用打印机、硬盘拷贝机、记录仪等设备对显示或输出的信息进行记录。

3）工作方式的选择。采用多种人机交互方式，如电源开关、数据段地址、选择开关、操作方式等，可以实现对工作方式的选择，并且可以完成手/自动转换、手动控制（遥感）和参数的修改与设置。

4）信息输入。利用键盘或其他输入设备完成人对机的控制。操作控制台的各组成部分都通过对应的接口电路与主机相连，由主机实现对各个部分的相应管理。

（4）通信和网络设备

随着信息技术的发展和网络的广泛应用及自动化的普及，网络通信已经变得无处不在。企业信息化的需求也要求生产过程的数据和企业管理信息系统之间进行实时交换。计算机控制系统作为网络上的一个节点的方案已经被广泛采纳。通信和网络设备已成为计算机控制系统的一个重要部分，这些设备可以完成计算机控制系统的信息交换。

1.2.3　计算机控制系统的软件组成

对于计算机控制系统来讲，除了硬件之外，还必须有软件。控制系统的功能和性能在很大程度上依赖于软件水平的高低。所谓软件是指完成各种功能的计算机程序和数据的总和，分为系统软件和应用软件两大部分。

系统软件是维持计算机运行操作的基础，用于管理、调度、操作计算机的各种资源，实现对系统的监控与诊断，提供各种开发支持的程序。这些系统软件包括操作系统、监控管理程序、故障诊断程序、各种计算机语言及解释、编译工具。系统软件一般由供应商提供或专业人员开发，用户不需要自己设计开发。

应用软件是用户根据被控对象、控制要求，为实现高效、可靠、灵活的控制而自行编译的各种程序。应用软件包括数据采集、数字滤波、标度变换、键盘的处理、过程控制算法、输出与控制等程序。用于应用软件开发的程序设计语言，考虑到其特殊性一般有汇编语言、C 、C++、Python、Java、MATLAB、Rust 和 Go 等。目前也有一些专门用于控制的应用组态软件，这些软件功能强、使用方便、组态灵活，具有很强的应用前景。

1.2.4　计算机控制系统的分类

在生产过程中，根据被控对象的特点和控制功能，计算机控制系统有各种各样的结构和形式。按计算机参与的形式，可以分为开环和闭环控制系统；按采用的控制方案，又分为程序和顺序控制、常规控制、高级控制（最优控制、自适应控制、预测控制、非线性控制等）、智能控制（模糊控制、专家系统控制和神经网络控制等）；根据控制目标，又分为运动控制系统和过程控制系统；根据实时性要求，分为实时控制系统和非实时控制系统。

根据计算机控制系统的发展历史和在实际应用中的状态，计算机控制系统一般分为操作指导控制系统、直接数字控制系统、计算机监督控制系统、集散控制系统、现场总线控制系统和计算机集成制造系统 6 大类。

（1）操作指导控制系统

操作指导控制（Operation Guide Control，OGC）系统是基于生产过程数据直接采集的非在线的闭环控制系统，如图 1.5 所示。

计算机通过数据采集通道对生产过程各项参数进行采集，根据工艺和生产的需求进行最优化计算，计算出优化的操作条件和参数，利用输出设备将结果显示或打印。操作人员根据计算机提供的结果改变控制器的参数或设定值，实现对生产过程的控制，这属于计算机离线最优控制的一种形式。

该系统结构简单、控制安全、灵活，人的介入使该系统可以应用于一些复杂的、不便由计算机进行直接控制的场合，如设备的调试、计算机控制系统的调试等。

（2）直接数字控制系统

直接数字控制（Direct Digital Control，DDC）系统是计算机控制系统的最基本形式，也是应用最多的一类计算机控制系统。其一般结构如图 1.6 所示。

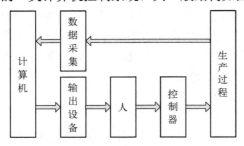

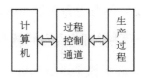

图 1.5　操作指导控制系统　　　　　图 1.6　直接数字控制系统

在这类控制系统中，计算机通过过程控制通道对生产过程进行在线实时控制。该系统利用计算机的软硬件替代自动控制系统的控制器，可实现对多回路多参数的控制，系统灵活性大、可靠性高，能实现各种从常规到先进的控制方式。

（3）计算机监督控制系统

计算机监督控制（Supervisory Computer Control，SCC）系统是一种两级的计算机控制系统，如图 1.7 所示。该系统类似计算机操作指导控制系统，它的区别是 SCC 计算机输出不通过人去改变，而直接控制控制器，改变控制的设定值或参数，完成对生产过程的控制。SCC 计算机可以利用有效的资源去完成生产过程控制的参数优化，协调各直接控制回路的工作，而不参与直接的控制，所以计算机监督控制系统是安全性、可靠性较高的一类计算机控制系统，同时又是计算机集散控制系统最初、最基本的模式。

（4）集散控制系统

集散控制系统（Distributed Control System，DCS）又称为分散控制系统。该系统采用分散控制、集中操作、分级管理、分而自治、综合协调设计原则，形成具有层次化体系结构的分级分布式控制，一般分为 4 级，如过程控制级、控制管理级、生产管理级和经营管理级。

过程控制级是集散控制系统的基础，用于直接控制生产过程。在这级参与直接控制的可以是计算机，也可以是 PLC 或专用的数字控制器，它们完成对现场设备的直接检测和控制。由于生产过程分别由独立的控制器进行控制，控制器故障分散，局部的故障不会影响整个系统的工作，从而提高了系统工作的可靠性。

（5）现场总线控制系统

现场总线控制系统（Fieldbus Control System，FCS）是 20 世纪 90 年代兴起并得以迅速应用的新型计算机控制系统，已广泛地应用在工业生产过程自动化领域。现场总线控制系统利用现场总线将各智能现场设备、各级计算机和自动化设备互联，形成了一个数字式全分散双向串行传输、多分支结构和多点通信的通信网络。现场总线控制系统结构如图 1.8 所示。

在现场总线控制系统中，生产过程现场的各种仪表、变送器、执行机构控制器都配有分级处理器，属于智能现场设备。每台设备都具有通信能力，严格地讲，这类系统也属于集散控制中的一类，不过系统的组成更加独立、分散，由于其采用了总线型的结构模式，各控制单元的组合变得更加灵活。现场总线可以直接连接其他的局域网，甚至 Internet。现场总线控制系统可构成不同层次的复杂控制网络，已经成为今后工业控制体系结构发展的方向之一，其中结构开放式和多层次现场总线控制系统的安全性和实时性是实施中需要特别给予关注的。

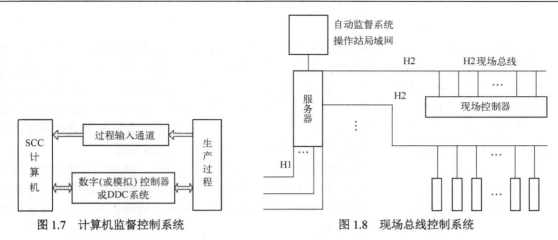

图 1.7　计算机监督控制系统　　　　　　图 1.8　现场总线控制系统

（6）计算机集成制造系统

计算机集成制造系统（Computer Integrated Manufacturing Systems，CIMS）的概念是 20 世纪 70 年代美国的哈灵顿提出的，随着计算机和信息技术的发展最终得以实施。计算机集成制造将工业生产的全过程集成在一起，由计算机网络和系统在统一模式下处理，实现从设计、工艺、加工制造到产品的检验出厂一体化的模式，并提出了并行工程的概念，即将传统串行流程部分改为并行流程，大幅加快了产品从设计到出厂的周期。随着现代市场的需求变化和企业模式的现代化，计算机集成制造已经将制造集成转换为信息集成，并融入了企业的全面管理和市场营销。CIMS 是一项庞大的系统工程，它需要有许多基础的应用平台的支持，实现的是企业物流、资金流和信息流的统一。由于其涉及面广，应用存在的困难较多，许多 CIMS 工程在规划实施中都提出了整体规划分步实施的策略。尽管目前 CIMS 工程在企业的推广存在许多困难，但是它确实是企业真正走向现代化的方向。

1.3　计算机控制研究的课题与发展趋势

计算机控制系统中的计算机不是简单地取代了一般控制系统的控制器，特别是计算机网络技术的发展促进了企业管理控制一体化的进程，控制的概念也远远超出了以往生产设备和生产线的控制。计算机控制技术的研究课题丰富而多样，涵盖了从基础理论到实际应用的广泛领域。随着技术的不断进步，研究者们需要不断探索新的控制方法和技术，以应对日益复杂的系统需求和环境变化。通过多学科的交叉和融合，计算机控制技术将会在未来发挥更大的作用，为各行各业提供更高效、更智能的解决方案。

1.3.1　计算机控制研究的课题

计算机控制研究的课题主要是控制理论和计算机控制系统软、硬件方面的研究。

1．控制理论方面涉及的课题

（1）数字描述和分析方法

计算机控制系统的外特性应该与模拟系统一样，但是在实际的处理过程中，严格地讲计算机控制系统是离散系统，所以计算机控制系统的设计和分析多年来一直存在模拟和离散两种分析方法。

离散系统通常都会用差分方程、Z 传递函数以及离散状态空间方法来进行分析。

（2）采样周期的选取

模拟系统离散化一个非常关键的问题就是计算机控制系统采样周期的选择。严格地讲，计算机控制系统的采样周期分为信号采样周期和计算机控制输出的控制周期。我们都很清楚：信号采样将模拟信号采样为离散信号，采样周期越小越好，采样周期取决于计算机的运算速度，过小的采样周期，计算机很难胜任。为了保证采样信号在采样后能够正确地反映模拟信号，信号采集的采样周期选取需满足香农采样定理，采样的最低频率要大于信号最高变化频率的两倍。众所周知，离散系统的控制周期与控制系统质量的稳定性是密切相关的。

有很多学者认为，离散系统的控制周期越小，越接近于模拟系统，其控制质量越好。其实这种观点有时是错误的。对一般的系统来说，离散系统的控制周期越小，系统的控制质量越好，系统越稳定。但对一些纯滞后环节的系统，一般取控制周期等于纯滞后时间，这样可以补偿纯滞后时间，从而取得较好的控制效果。

由于上述采样周期和控制周期的差异，在选择采样周期时必须综合上述两种因素考虑，从系统的整体考虑。

（3）现代控制系统的研究

由于计算机技术的发展，现代控制理论的许多设想得以实现。计算机 CPU 技术的发展和并行处理可以大幅提高计算机的运算速度，使复杂运算应用于实时控制变为可能。特别是智能控制结合了人工智能和控制理论，通过学习、推理和适应能力来实现对复杂系统的高效控制。以下是智能控制领域的研究热点：

1）深度强化学习（DRL）。结合深度学习和强化学习技术，DRL 在处理高维状态和动作空间的控制问题上取得了显著进展。特别是在机器人控制、自动驾驶和游戏 AI 中表现出色。应用案例：Google DeepMind 开发的 AlphaGo 通过 DRL 技术击败了人类顶级围棋选手。

2）自适应控制和鲁棒控制。新型自适应控制算法能够在动态环境中自动调整控制参数，以应对不确定性和环境变化。鲁棒控制算法能够增强系统在参数变化和外部扰动下的稳定性和性能。应用案例：现代无人机系统通过自适应控制实现了在复杂环境下的稳定飞行；航天器控制系统采用鲁棒控制方法确保航天器在极端条件下的安全和可靠运行。

3）神经网络控制。深度神经网络（DNN）：利用 DNN 的强大非线性映射能力开发复杂系统的控制策略。应用案例：自动驾驶汽车使用 DNN 来处理感知数据和决策控制，实现高精度的路径规划和避障。卷积神经网络（CNN）和递归神经网络（RNN）：在处理图像和时间序列数据方面，CNN 和 RNN 被广泛应用于智能控制系统。应用案例：工业机器人利用 CNN 进行视觉识别和物体抓取，通过 RNN 进行运动轨迹预测和控制。

4）模糊逻辑控制。结合模糊逻辑与其他智能技术（如神经网络、遗传算法），提升模糊控制器的性能。应用案例：智能家居系统通过模糊控制算法实现对温度、湿度和照明的精确调节。

5）多智能体系统。研究多智能体之间的协调控制策略，利用博弈论解决智能体间的利益冲突。应用案例：无人机通过群体协作完成复杂任务，如搜索救援、环境监测。

6）边缘计算与云计算结合。边缘智能控制：将计算能力推向网络边缘，实现低延迟和高实时性的控制。应用案例：智能制造系统中，通过边缘计算实现对生产线的实时监控和优化控制。云边协同控制：利用云计算的强大处理能力和边缘计算的实时性，提供灵活、高效的控制解决方案。应用案例：智能交通系统通过云边协同控制实现交通流量的优化管理。

7）数字孪生技术。通过数字孪生技术创建物理系统的虚拟模型，实现对实际系统的实时监控、预测和优化。应用案例：智能电网利用数字孪生技术进行电力系统的实时监控和故障预测。

8）数据驱动控制。利用大数据分析和机器学习技术，从大量数据中提取有用信息，用于控制策略的优化和改进。应用案例：智能城市管理系统通过分析海量城市数据，实现对交通、能源、环境的高效控制。

9）混合智能控制。将不同类型的智能控制方法（如模糊控制、神经网络、进化算法）进行融合，发挥各自优势。应用案例：医疗诊断和治疗系统中，通过多模态融合实现对患者状态的精确监控和治疗方案的优化。

2. 计算机控制系统硬件技术的研究

随着计算机控制系统逐渐取代常规的模拟控制系统，计算机硬件技术的发展也是研究的重要课题。为了适应不同的行业、不同的工艺设备的需求，已研究出多种典型的标准化机型。

（1）可编程控制器

可编程控制器（PLC）过去被称为可编程序逻辑控制器，它最初是利用电子器件替代继电器，实现了过去由硬件完成的逻辑控制。随着计算机控制系统的发展，PLC 极大地改变了以往主要用于开关量逻辑控制的用途，许多专用的过程控制模块和网络通信模块已经结合 PLC 成为计算机控制系统中的主力军。

（2）可编程调节器

可编程调节器实际上是一台仪表化的微型计算机，它可以广泛地应用于计算机控制系统中的单元控制，尤其是一些分散性能很强的系统或一些独立的控制系统。可编程调节器的研究也随着计算机控制系统研究的发展而快速发展。

（3）嵌入式系统

随着微电子技术与超大规模集成技术的发展，单片机在控制系统的应用也越来越广泛，并被作为计算机控制研究的一个分支。由于系统与设备的智能化需求，嵌入式系统的研究已成为当今计算机控制系统研究的重要课题。

（4）总线型工控机

随着计算机设计的日益科学化、标准化和模块化，总线系统和开放式体系结构的概念应运而生。总线是一种标准信号线的集合、一种传递信息的公共通道。按照统一标准总线，计算机生产厂家可以开发设计出若干有特定功能的模板，以满足不同用户的需求。这种系统结构的开放性，大大方便了用户的选用。研究开发更小巧玲珑化、模板化、组合化和标准化的总线型工控机也是今后计算机控制系统硬件方面研究的课题。

（5）新型微型控制单元

伴随超大规模集成电路的发展和无线通信的进一步开拓和普及应用，微型的监测控制单元研究已经进入可行性研究阶段。微型和超微型无线智能传感器已进入了应用阶段。该控制单元的研究和开发，又使人类对自然的控制能力大大加强。

（6）集散控制系统

DCS 是以微处理器为基础，采用控制功能分散、显示操作集中、兼顾分而自治和综合协调的设计原则的控制系统。

（7）现场总线控制系统

现场总线控制系统（FCS）作为新一代控制系统，采用了基于开放式、标准化的通信技术，突破了 DCS 采用专用通信网络的局限；同时还进一步变革了 DCS 中的"集散"系统结构，形成了全分布式系统架构，把控制功能彻底下放到现场。简而言之，现场总线把控制系统最基础的现场设备变成网络节点连接起来，实现自下而上的全数字化通信，可以被认为是通信总线在现场设备中的延伸，它把企业信息沟通的覆盖范围延伸到了工业现场。

（8）物联网控制系统

物联网控制系统（IoT CS）是指以物联网为通信媒介，将控制系统元件进行互联，使相关控制信息进行安全交互和共享，达到预期控制目标的系统。这些系统将传感器、执行器、通信技术和数据处理能力结合在一起，实现了对各种设备和系统的智能控制与管理。物联网控制系统将计算机技术、通信技术和控制理论有机结合，为各种应用领域提供了智能化、自动化的解决方案。随着技术的不断进步，物联网控制系统将变得更加高效、智能和安全，对生活、工业和环境管理等方面产生深远的影响。

3．计算机控制系统软件的研究

软件是计算机的灵魂，伴随着硬件技术课题的研究，计算机控制系统软件的研究也从未放松过。新型的系统设计、仿真软件越来越得到控制工程师的青睐，嵌入式系统的大量应用又为嵌入式操作系统的研究带来了大量的课题。随着计算机控制系统的普及应用，计算机控制系统应用软件的研究和开发带给用户的是一种更开放、更简单易操作的应用系统。以下是计算机控制系统软件的主要研究领域。

1）控制算法。主要是各类智能控制算法。

2）系统架构与设计。分布式控制系统：设计和实现分布式系统架构，以支持多个控制节点的协同工作和数据共享。实时操作系统（RTOS）：提供高性能的任务调度和实时响应能力，确保控制系统的时间敏感性要求。

3）开发工具与平台。控制系统仿真与建模工具：提供建模和仿真环境，帮助设计、测试和优化控制系统。开发框架与编程环境：提供高效的开发框架和编程环境，支持控制系统软件的开发、调试和部署。

4）数据处理与分析。大数据分析与实时处理：处理和分析大规模数据集，实时获取有价值的信息以优化控制决策。边缘计算与云计算：通过边缘计算减少延迟和带宽需求，同时利用云计算提供强大的数据处理和存储能力。

5）系统集成与接口。系统集成与中间件：实现不同系统和组件之间的集成和互操作，实现数据和控制命令的有效传输。用户界面与可视化：提供直观的用户界面和数据可视化工具，帮助用户进行系统监控和控制。

6）安全性与可靠性。系统安全与防护：确保控制系统免受网络攻击和数据泄露的威胁，保护系统的安全性和完整性。容错与冗余设计：提高系统的可靠性和稳定性，确保在故障发生时系统仍能正常运行。

计算机控制系统软件的研究涵盖了从控制算法到系统设计、开发工具、数据处理、安全性等多个方面。随着技术的不断进步，这些软件不断适应复杂的应用需求，提高了系统的智能化、实时性和可靠性。在未来，随着人工智能、边缘计算和大数据等技术的发展，计算机控制系统软件将继续推动各行各业的创新和优化，带来更高效、更智能的控制解决方案。

1.3.2 计算机控制系统的发展趋势

计算机控制系统在现代工业、交通、能源、医疗和日常生活等领域中扮演着至关重要的角色。随着科技的不断进步，计算机控制系统正朝着网络化、智能化和综合化的方向发展。

（1）网络控制系统

随着计算机技术和网络技术的不断发展，各种层次的计算机网络在控制系统中得到了广泛应用。计算机控制系统的规模越来越大，其结构也发生了变化，经历了计算机集中控制系统、集散控制系统、现场总线控制系统，向着网络控制系统（Network Control System，NCS）发展。网络控制系统具有开放式数字通信功能，可与各种无线通信网络互联，它将各种具有信号输入、输出、运算、控制和通信功能的无线传感器节点安装于生产现场，节点与节点之间可以自动路由，组成底层无线网络。结合云计算技术，可以构成更复杂的云控制系统。

（2）智能控制系统

随着人工智能技术的发展以及人们对控制系统自动化与智能化水平需求的提高，模糊控制技术、预测控制技术、专家控制技术、神经网络技术、最优控制技术、自适应控制技术、数字孪生、机器学习等将在计算机控制系统中得到越来越广泛的应用。

（3）综合型控制系统

德国推出的"工业 4.0"是以智能制造为主导的第四次工业革命，其目的是保持德国在全球制造装备领域的领导地位。而智能工厂是"工业 4.0"的重要组成部分，是未来工业体系的一个关键特征。智能工厂重点研究智能化生产系统及过程，以及网络化分布式生产设施的实现，具有实时感控、全面联网、自动处理、辅助决策和分析优化等功能。它的核心内容包括：

1）实现工厂制造和业务规划流程价值链。

2）工厂生产管理价值链，即从产品设计和开发、生产规划、生产工程、生产实施到服务的 5 个阶段。

3）工厂自动化控制系统包含了从现场层、控制层、管理层到决策层的综合系统。

从"工业 4.0"的核心内容可以看出，计算机控制的工厂自动化控制系统已不再是单一的控制系统，而是集成的多目标、多任务的综合控制系统，即把整体上相关、功能上相对独立、位置上相对分散的子系统或部件组成一个协调控制的综合计算机系统。

党的二十大报告明确指出，建设现代化产业体系，推动制造业高端化、智能化、绿色化发展。在此过程中，综合型计算机控制系统作为关键技术支撑，将扮演至关重要的角色。其高效、智能、环保的特性，将极大促进制造业生产效率与质量提升，助力实现绿色可持续发展目标。随着制造业转型的深入，综合型计算机控制系统将迎来更加广阔的发展空间和应用前景。

计算机控制技术和系统在各个领域的广泛应用，显著提升了人们的生产效率和生活质量。随着技术的不断进步，计算机控制系统将朝着更加智能化、网络化和综合化的方向发展，面临的挑战也需要通过技术创新和系统优化加以解决。未来，计算机控制技术将继续引领现代科技的发展，为各行各业带来更多机遇和变革。

习题

1. 计算机控制系统的硬件主要包括哪几个部分？

2. 什么是过程通道？过程通道主要有哪几种？

3. 根据计算机控制系统的发展历史和在实际应用中的状态，计算机控制系统可分为哪几类？各有何特点？

4. 计算机控制系统在深度和广度两方面各有何发展趋势？

第2章　计算机控制系统中的检测设备和执行机构

在计算机控制系统中，为了正确地指导生产操作、保证生产安全和产品质量以及实现生产过程自动化，一项必不可少的工作是准确而及时地检测生产过程中的有关工艺参数，如压力、温度、流量及物位等。用于将这些参数转换为一定的便于传送的信号（如电信号或气压信号）的仪表通常称为检测设备。同时还需要对生产过程实现有效的控制，实现对生产中的设备和装置进行自动操作，控制其开关和调节的设备，通常称为执行机构。计算机控制系统中使用的检测设备和执行机构在过程控制和运动控制中是不同的，过程控制中的检测设备和执行机构主要关注连续性物理或化学过程的稳定性、安全性和效率，而运动控制中的检测设备和执行机构则专注于对机械系统中的具体运动进行精确控制，它们在自动化领域中有不同的应用场景和目标。本章将分别介绍过程控制和运动控制系统中常用的检测设备和执行机构。

第2章微课视频

2.1　过程控制中的检测设备

过程控制中的检测设备在过程控制领域起着至关重要的作用，它们用于实时监测和控制生产过程中的各种参数，常用的有温度检测设备、压力检测设备、流量检测设备、物位检测设备和成分分析设备等。过程控制中的检测设备主要包括传感器和变送器两种类型。

2.1.1　传感器与变送器

传感器和变送器是计算机控制系统中的关键组件，它们负责检测和转换物理信号，并将其转化为可以被处理和分析的电信号。传感器负责直接感知物理量，而变送器则将传感器输出的信号转换为标准化的电信号或其他形式，便于进一步处理和传输。

1. 传感器

传感器（Sensor）是指能把物理、化学量转变成便于利用和输出的电信号，用于获取被测信息，完成信号的检测和转换的器件。传感器的输出信号有多种形式，如电压、电流、频率、脉冲等，输出信号的形式由传感器的原理确定。

传感器一般由敏感元件、变换元件和其他辅助元件组成。但是随着传感器集成技术的发展，传感器的信号调理与转换电路也会安装在传感器的壳体内或者与敏感元件集成在同一芯片上。

2. 变送器

（1）变送器的概念

变送器（Transducer）在控制系统中起着至关重要的作用，它将工艺变量（如温度、压力、流量、液位、成分等）和电气信号（如电流、电压、频率、气压信号等）调理并转换成统一的标准信号。

（2）变送器的信号传输及供电

通常，变送器安装在现场，它的气源或电源从控制室送来，而输出信号送到控制室。气动变送器用两根气动管线分别传送气源和输出信号。电动模拟式变送器采用两线制或四线制传输电源和输出信号。

四线制是指仪表的信号传输与供电用四根导线，其中两根作为电源线，另两根作为信号线。

两线制是指仪表的信号传输与供电共用两根导线，即这两根导线既从控制室向变送器传送电源，变送器又通过这两根导线向控制室传送现场检测到的信号。两线制变送器的应用已十分流行，它与非两线制仪表相比，节省了导线，有利于抗干扰及防爆。

智能式变送器采用双向全数字量传输信号，即现场总线通信方式；目前广泛采用一种过渡方式，即在一条通信电缆中同时传输 4～20mA 电流信号和数字信号，这种方式称为 HART 协议通信方式。智能式变送器的电源也由通信电缆传输。

HART（Highway Addressable Remote Transducer）通信协议是数字式仪表实现数字通信的一种协议，具有 HART 通信协议的变送器可以在一条电缆上同时传输 DC 4～20mA 的模拟信号和数字信号。HART 通信协议是依照国际标准化组织（ISO）的开放式系统互连（OSI）参考模型，简化并引用其中三层，即物理层、数据链路层、应用层而制定的。物理层规定了信号的传输方法和传输介质；数据链路层规定了数据帧的格式和数据通信规程；应用层规定了通信命令的内容。

传感器和变送器是计算机控制系统的基础组件，负责检测和传输各种物理量信号。随着技术的不断进步，传感器和变送器在灵敏度、精度和集成度方面取得了显著提升，广泛应用于工业自动化、智能家居、医疗设备等领域。未来，随着智能技术的发展，传感器和变送器将进一步融合，推动控制系统向更高效、更智能的方向发展。

2.1.2　压力检测及变送

工业生产中许多生产工艺过程经常要求在一定的压力或一定的压力变化范围内进行，这就需要测量和控制压力，以保证工艺过程的正常进行。通过测量压力和压差可间接测量其他物理量，如温度、液位、流量、密度与成分等，差压变送器就是将差压、流量、液位等被测参数转换为标准的统一信号，以实现对这些参数的显示、记录或自动控制。

按照检测元件分类，差压变送器主要有膜盒式差压变送器、电容式差压变送器、扩散硅式差压变送器、振弦式差压变送器和电感式差压变送器等。

1. 压力检测的主要方法和分类

压力检测的方法很多，按敏感元件和转换原理的特性不同，一般分为以下几类：

1）液柱式压力检测。它是依据流体静力学原理，把被测压力转换成液柱高度来实现测量的。利用这种方法测量压力的仪器主要有 U 型管压力计、单管压力计、斜管微压计、补偿微压计和自动液柱式压力计等。这类压力计结构简单、使用方便，但其精度受工作液的毛细管作用、密度及视差等因素的影响，测量范围较窄，一般用来测量较低压力、真空度或压力差。

2）弹性式压力检测。它是根据弹性元件受力变形的原理，将被测压力转换成位移来实现测量的，常用的弹性元件有弹簧管、膜片和波纹管等。

3）负荷式压力检测。它是基于静力平衡原理进行压力测量的，典型仪表主要有活塞式、浮球式和钟罩式三大类。它普遍被用作标准仪器对压力检测仪表进行标定。

4）电气式压力检测。它是利用敏感元件将被测压力转换成各种电量，如电阻、电感、电容、电位差等。该方法具有较好的动态响应，特性量程范围大，线性好，便于进行压力的自动控制。

5）其他压力检测方法，如弹性振动式压力计、压磁式压力计。弹性振动式压力计是利用弹性元件受压后其固有振动频率发生变化这一原理制成的，其本质是将被测压力转换成频率信号，抗干扰能力强。压磁式压力计是利用铁磁材料在压力作用下会改变其磁导率的物理现象而制成的，可用于测量频率高达 1000Hz 的脉动压力。

2．电容式差压变送器

电容式差压变送器采用差动电容作为检测元件，是目前工业上普遍使用的一种变送器，系统结构框图如图 2.1 所示。电容式差压变送器主要包括两部分：测量部分和放大部分。

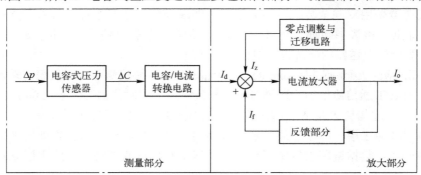

图 2.1　电容式差压变送器结构框图

输入差压 Δp 作用于传感器的感压膜片，从而使感压膜片与两固定电极所组成的差动电容的电容量发生变化，该变化量由电容/电流转换电路转换成电流信号 I_d，I_d 和零点调整与迁移电路产生的调零信号 I_z 和反馈信号 I_f 进行比较，其差值送入电流放大器，经放大后得到整机的输出电流 I_o。

测量部分的作用是通过电容式压力传感器及相关电路把被测差压 Δp 成比例地转换成差动电流信号 I_d。差动电容测量的原理如图 2.2 所示。

中心感压膜片和正压侧弧形电极构成电容为 C_{i1}，中心感压膜片和负压侧弧形电极构成电容为 C_{i2}，在输入差压为零时，$C_{i1} = C_{i2} = 15pF$。

当正、负压室引入的被测压力 p_1、p_2 作用于正、负压侧隔离膜片上时，由于差压 Δp 使得中心膜片产生位移 δ，从而使得中心感压膜片与正、负压侧弧形电极的间距发生变化，C_{i1} 的电容量减小，C_{i2} 的电容量增大。

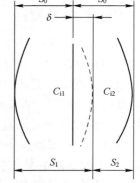

图 2.2　差动电容测量原理示意图

当被测差压 $\Delta p = 0$ 时，$S_1 = S_2 = S_0$。

当被测差压 $\Delta p \neq 0$ 时，中心感压膜片在 Δp 的作用下产生位移 δ，则有

$$S_1 = S_0 + \delta ， \quad S_2 = S_0 - \delta$$

中心感压膜片与其两边弧形电极构成的电容 C_{i1} 和 C_{i2} 在不考虑边缘电场影响的情况下可近似地看成平板电容器，电容量分别为

$$C_{i1} = \frac{\varepsilon_1 A_1}{S_1} = \frac{\varepsilon A}{S_0 + \delta} \tag{2.1}$$

$$C_{i2} = \frac{\varepsilon_2 A_2}{S_2} = \frac{\varepsilon A}{S_0 - \delta} \tag{2.2}$$

式中，ε_1、ε_2 分别为两个电容极板间的介电系数，由于两电容中灌充介质相同，故 $\varepsilon_1 = \varepsilon_2 = \varepsilon$；$A_1$、$A_2$ 分别为两个弧形电极板的面积，制造时面积相等，$A_1 = A_2 = A$。

由式（2.1）、式（2.2）知：

$$\frac{C_{i2} - C_{i1}}{C_{i2} + C_{i1}} = \frac{\varepsilon A\left(\dfrac{1}{S_0 - \delta} - \dfrac{1}{S_0 + \delta}\right)}{\varepsilon A\left(\dfrac{1}{S_0 - \delta} + \dfrac{1}{S_0 + \delta}\right)} = \frac{\delta}{S_0} \tag{2.3}$$

又由于中心感应膜片的位移 δ 与输入差压 Δp 的关系可表示为

$$\delta = K_1 \Delta p \tag{2.4}$$

式中，K_1 是由膜片预张力、材料特性和结构参数确定的系数（传感器制造好后即为常数）。将式（2.4）代入式（2.3）可得

$$\frac{C_{i2} - C_{i1}}{C_{i2} + C_{i1}} = \frac{K_1}{S_0} \Delta p = K \Delta p \tag{2.5}$$

式中，K 为比例系数，为一常数。由式（2.5）可以看出，差动电容的相对变化值 $\dfrac{C_{i2} - C_{i1}}{C_{i2} + C_{i1}}$ 与被测差压 Δp 成线性关系。

差动电容的相对变化量再通过电容/电流转换电路成比例地转换成差动电流信号 I_d，经放大后转换成 4～20mA 电流输出。

3. 智能式差压变送器

随着集成电路的广泛应用，其性能不断提高，成本大幅度降低，使得微处理器在各个领域中的应用十分普遍。智能式压力或差压变送器就是在普通压力或差压传感器的基础上增加微处理器电路而形成的智能检测仪表。例如，用带有温度补偿的电容传感器与微处理器相结合，构成精度为 0.1 级的压力或差压变送器，其量程范围为 100：1，时间常数在 0～36s 间可调，通过手持通信器，可对 1500m 范围内的现场变送器进行工作参数的设定、量程调整以及向变送器加入信息数据。

图 2.3 给出了 Rosemount 公司的 3051C 差压变送器的原理框图。它由传感器组件和电子组件两部分组成，其工作原理与模拟电容式差压变送器基本相同，变送器检测元件采用电容式压力传感器，同时还配置了温度传感器，用以补偿热效应带来的误差。两个传感器信号经 A/D 转换后送到微处理器，然后由微处理器完成对输入信号的线性化、温度补偿、数字通信、故障诊断等处理，最后得到一个与被测差压信号相对应的 4～20mA 直流电流信号和基于 HART 协议的数字信号，作为变送器的输出。

2.1.3　温度检测及变送

温度是各种工艺生产过程和科学实验中非常普遍、非常重要的参数之一。许多产品的质量、产量、能量和过程控制等都直接与温度参数有关，因此实现准确的温度测量具有十分重要的意义。温度变送器与测温元件配合使用，将温度或温差信号转换成标准信号，实现对温度或温差信号的检测。温度变送器分为模拟式温度变送器和智能式温度变送器两大类。

1. 测温方法分类

根据测量方法，可将温度测量划分为接触式测温和非接触式测温两大类。

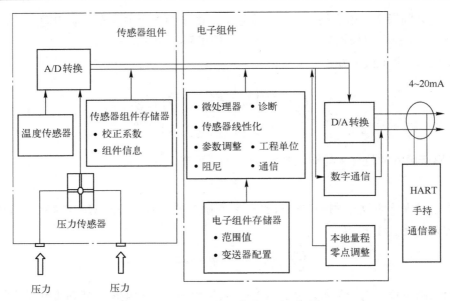

图 2.3 3051C 差压变送器原理框图

接触式测温是基于物体的热交换原理设计而成的。其优点是直观、可靠、结构相对简单、精度高。其缺点是测温时有较大的滞后（因为要进行充分的热交换），在接触过程中易破坏被测对象的温度场分布，从而造成测量误差；不能测量移动的或太小的物体；测温上限受到温度计材质的限制，故所测温度不能太高。接触式测温仪表主要有：基于物体受热膨胀原理制成的膨胀式温度检测仪表；基于密闭容积内工作介质随温度升高而压力升高的性质制成的压力式温度检测仪表；基于导体或半导体电阻值随温度变化而变化的热电阻温度检测仪表；基于热电效应的热电偶温度检测仪表。

非接触式测温是基于物体的热辐射特性与温度之间的对应关系设计而成的。其优点是测温范围广（理论上没有上限限制）；测温过程中不破坏被测对象的温度场分布；能测运动的物体；测温响应速度快。缺点是所测温度受物体发射率、中间介质和测量距离等的影响。目前应用较广的非接触式测温仪表有辐射温度计、光学高温计、光电高温计、比色温度计等。

其他测温技术，如光纤测温技术、集成温度传感器测温技术等也在不同领域得到应用。

2. 热电偶测温原理

热电偶温度计是利用不同导体或半导体的热电效应来测温的。如图 2.4 所示，将两种不同的导体或半导体 A 和 B 接成闭合回路，接点置于温度为 t 及 t_0 的温度场中，设 $t > t_0$，则在该回路中会产生热电动势：接触电动势 $e_{AB}(t)$ 和 $e_{AB}(t_0)$，温差电动势 $e_A(t, t_0)$ 和 $e_B(t, t_0)$，它们与 t 及 t_0 有关，与两种导体材料的特性有关。可以导出回路总热电动势：

图 2.4 热电偶

$$E_{AB}(t, t_0) = \frac{k}{e} \int_{t_0}^{t} \ln \frac{N_A}{N_B} dt \qquad (2.6)$$

即

$$E_{AB}(t, t_0) = e_{AB}(t) - e_{AB}(t_0) \qquad (2.7)$$

式中，k 为玻尔兹曼常数；e 为电荷单位；N 为各材料电子密度。在实际应用中，保持冷端温度

t_0 不变，则总热电动势 $E_{AB}(t,t_0)$ 只是温度的单值函数：

$$E_{AB}(t,t_0) = e_{AB}(t) - c \tag{2.8}$$

为使 t_0 恒定，且从经济性角度考虑，常采用补偿导线（或称延伸导线）将冷端从温度变化较大的地方延伸到温度变化较小或恒定的地方。

工业上常用的各种热电偶的温度-热电动势关系曲线是在冷端温度保持为 0℃ 的情况下得到的，与它配套使用的仪表也是根据这一关系曲线进行刻度的。由于操作室的温度往往高于 0℃，而且是不恒定的，这时利用热电偶测温时产生的热电动势必然偏小，且测量值随着冷端温度的变化而变化，测量的结果就会产生误差，因此在使用热电偶测温时，只有将冷端温度保持为 0℃，或者进行一定的修正才能得出准确的测量结果。这种做法，称为热电偶的冷端温度补偿，一般采用的方法有：冷端温度保持为 0℃ 的方法（冰浴法）、冷端温度修正法、校正仪表零点法、补偿电桥法及补偿热电偶法。

工业上常用的（已标准化）热电偶有：铂铑 $_{30}$-铂铑 $_6$ 热电偶（分度号为 B）、铂铑 $_{10}$-铂热电偶（分度号为 S）、镍铬-镍硅（镍铬-镍铝）热电偶（分度号为 K）等。

3．热电阻测温原理

热电阻温度计是利用导体或半导体的电阻值随温度变化的性质来测量温度的。其电阻值与温度关系如下：

$$R_t = R_{t_0}[1 + \alpha(t - t_0)] \tag{2.9}$$

$$\Delta R_t = \alpha R_{t_0} \cdot \Delta t \tag{2.10}$$

式中，R_t 为温度为 t 时的电阻值；R_{t_0} 为温度为 t_0（通常为 0℃）时的电阻值；α 为电阻温度系数；Δt 为温度的变化值；ΔR_t 为电阻值的变化量。

可见，由于温度的变化，金属导体电阻发生变化。这样只要设法测出电阻值的变化，就可以达到温度测量的目的。

作为热电阻的材料一般要求是：有尽可能大且稳定的电阻温度系数；电阻率大；在电阻的使用温度范围内，其化学和物理性能稳定，有良好的复制性；电阻随温度变化要有单值函数关系，最好呈线性关系；材料价格便宜，有较高的性能价格比。目前应用最广泛的是铂电阻（WZP）和铜电阻（WZC）。

热电阻是把温度变化转换为电阻值变化的一次元件，通常需要把热电阻信号通过引线传递到计算机控制装置或者其他二次仪表上。热电阻引线对测量结果有较大的影响，现在常用的引线方式有两线制、三线制和四线制三种。

1）两线制：在热电阻的两端各连一根导线的引线形式为两线制。这种引线方式简单、费用低，但由于连接导线必然存在引线电阻 r，r 的大小与导线的材质和长度等因素有关。因此两线制适用于引线不长、测温准确度要求较低的场合。

2）三线制：在热电阻根部的一端连接一根引线，另一端连接两根引线的方式称为三线制。

这种方式通常与电桥配套使用，可以较好地消除引线电阻的影响，是工业过程中最常用的引线方式，如图 2.5 所示。

事实上，电桥上 $R_1 = R_2 \gg R_t$、R_3，经过设计可以使两个桥臂上的电流相等，均为 I，且 I 几乎不受 R_t 的

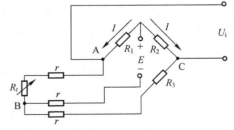

图 2.5　热电阻的三线制

影响。三线制连接的每根线上同样也存在导线电阻 r。

此时，$U_i = U_{AC} = U_{AB} - U_{CB} = I(R_t + r) - I(R_3 + r) = I(R_t - R_3)$，$R_3$ 可以起调零的作用。

3）四线制：在热电阻的两端各连接两根引线的接法称为四线制。这种方式主要用于高精度温度检测。其中两根引线为热电阻提供恒流源 I，在热电阻上产生的电压降通过另两根引线引至电位差计进行测量，因此它能完全消除引线电阻对测量的影响，而与引线的电阻无关。

4. 模拟式温度变送器

典型的模拟式温度变送器是气动和电动单元组合仪表变送单元的主要品种，大都经历了从Ⅰ型到Ⅱ型再到Ⅲ型的发展过程。以 DDZ-Ⅲ型为例，它可以和热电阻或热电偶配合使用，将温度信号转换成统一标准信号；它也可以作为直流毫伏转换器来使用，将其他能够转换成直流毫伏信号的工艺变量也变成统一的标准信号。模拟式温度变送器主要由测量部分和放大部分组成，如图 2.6 所示。

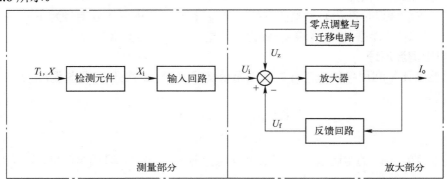

图 2.6　模拟式温度变送器原理框图

检测元件把被测温度 T_i 或其他工艺参数 X 转换为变送器的输入信号 X_i（E_t、R_t 或 E_i），送入输入回路。经输入回路转换成直流毫伏信号 U_i 后，U_i 和零点调整与迁移电路产生的调零信号 U_z 的代数和同反馈回路产生的反馈信号 U_f 进行比较，其差值送入放大器，经放大后得到整机的输出信号 I_o。

5. 智能式温度变送器

智能式温度变送器采用现场总线通信方式，在工业过程中得到了广泛的应用。智能式变送器具有通用性强、使用灵活、各种补偿功能、控制功能、通信功能和自诊断功能等特点，有模拟式温度变送器所不能比拟的优点。

下面以 SMART 公司的 TT302 温度变送器为例进行介绍。

TT302 温度变送器是一种符合 FF 通信协议的现场总线智能仪表，可以与各种热电阻（Cu10、Ni120、Pt50、Pt100、Pt500）或热电偶（B、E、J、K、N、R、S、T、L、U）配套使用；也可以和其他具有电阻或毫伏（mV）输出的传感器配合使用；具有量程范围宽、精度高、环境温度和振动影响小、抗干扰能力强、重量轻以及安装维护方便等优点；还可接收两个测量元件的信号，具有双通道输入，并具有现场控制的功能。

TT302 温度变送器的硬件系统组成如图 2.7 所示，主要包括输入板、主电路板和液晶显示器三部分。

1）输入板：主要包括多路转换开关、信号调理电路、A/D 转换电路和隔离电路，其作用是将输入的模拟量信号转换成数字量信号，送给 CPU。输入板上的环境温度传感器用于热电偶测量时的冷端温度补偿。隔离电路包括信号的隔离和电源的隔离两部分。

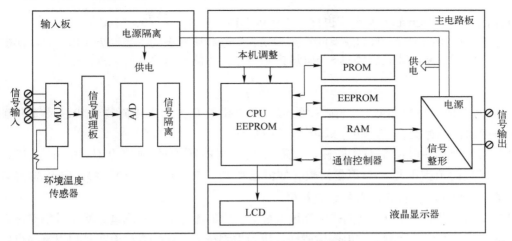

图 2.7　智能温度变送器 TT302 的硬件系统组成

2）主电路板：包括 CPU、通信控制器、信号整形电路、电源电路等，它是变送器的核心部分。CPU 控制整个仪表各部分协调工作，完成数据的运算、处理、传递和通信等功能。通信控制器和信号整形电路与 CPU 共同完成数据的通信功能。TT302 温度变送器由现场总线电源通过通信电缆供电，供电电压为 DC 9～32V。

3）液晶显示器：通过一个低功耗的显示器实现数据的显示功能。TT302 温度变送器的软件分为系统程序和功能模块。系统程序保证变送器各硬件电路的正常工作并实现所规定的各项功能，同时完成各组成部分之间的管理。功能模块提供了各种功能，用户可以选择所需要的功能模块以实现用户所要求的功能。用户可以通过上位管理计算机或手持式组态器，对变送器进行远程组态，调用或删除功能模块。

2.1.4　流量检测及变送

生产过程中大量的气体、液体等流体介质的流量需要准确检测与控制，以保证设备在合理负荷和安全状态下运行。流量指单位时间内流过管道某一截面的流体数量，即瞬时流量，常用体积流量 Q_V（m^3/h、L/h）和质量流量 Q_M（kg/h）表示。由于温度、黏度、腐蚀性及导电性等因素影响，难以找到普遍适宜的检测手段。

流量检测原理有很多，常见的分类方法主要有：

1）按测量流体的质量流量还是体积流量分类，有质量流量计和体积流量计。

2）按测量流体运动的原理分类，有容积式、速度式、动量式和质量流量式。

3）按测量方法分类，有直接测量式和间接测量式。

下面主要介绍卡曼涡街流量计及电磁式流量计。

1. 涡街流量计

涡街流量计又称为漩涡流量计，是利用有规则的漩涡剥离现象来测量流体流量的仪表。如图 2.8 所示，在管道轴线上放置与管道轴线相垂直的障碍柱体（不管是圆柱、方柱，还是三角柱），管道中会产生有规律的漩涡序列。漩涡成两列而且平行，像街灯一样，故称"涡街"。又因此

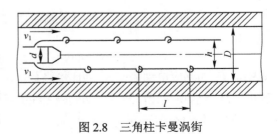

图 2.8　三角柱卡曼涡街

现象首先被卡曼（Karman）发现，也称作"卡曼涡街"。

每个漩涡间距离为 l，两列漩涡间距离为 h。实验和研究表明，当 h/l=0.281 时，涡街将表现出稳定的周期现象，其涡街频率 f 与管道内障碍柱体两侧介质流速 v_1 之间的关系为

$$f = S_t \frac{v_1}{d} \tag{2.11}$$

式中，S_t 为"斯特拉哈尔数"，与障碍物形状和雷诺数有关。当障碍物形状以及管道都确定后，可以导出体积流量 Q_V 与频率 f 成正比，即 $Q_V = kf$。

当涡街频率稳定时，S_t 对于圆柱、三角柱和方形柱障碍物分别是 0.21、0.16、0.17。对于方柱，雷诺数的范围不同，S_t 不是常数（如雷诺数 $Re = 5 \times 10^3 \sim 2 \times 10^4$ 时），但 S_t 与雷诺数仍有对应关系，仍可得出体积流量的正确结果。

只要测出涡街的频率 f，就能得到流过流量计管道的流体的体积流量。涡街频率有许多种可行的测量方法，如热敏检测法、电容检测法、压力检测法等，这些方法无非是利用漩涡得到局部压力、流速等的变化，并作用于敏感元件，产生周期性电信号，再经整形放大，得到方波脉冲。

涡街流量计以脉冲频率的方式，输出与被测流量成正比的信号，而且障碍物柱体与传感器的压力损失比孔板节流装置小，表现出简单而优良的特性，因而呈现飞速发展的趋势。美国费希尔-罗斯蒙特公司推出的 8800 型卡曼涡街流量变送器就是其中代表。这种变送器又称为灵巧型（Smart）涡街流量变送器，它集模拟与数字技术于一体，输出 4～20mA 标准化模拟信号，且具有数字通信功能。

2. 电磁式流量计

电磁式流量计是基于电磁感应原理来测量流量的仪表，它能测量具有一定电导率的液体的体积流量。由于它测量的准确度不受被测液体的黏度、密度、温度以及电导率（在允许最低限以上）变化的影响，测量管中没有任何阻碍被测液体流动的部件，几乎没有压力损失。适当选用测量管中绝缘内衬和测量电极的材料，就可以测量各种腐蚀性（酸、碱、盐）溶液的流量，尤其是在测量含有固体颗粒的溶液如泥浆、纸浆、矿浆或纤维液体的流量时，更显示出其优越性。

电磁式流量计通常由变送器和转换器两部分组成。被测介质的流量经变送器变换成感应电动势后，再经转换器把电动势信号转换成统一的 4～20mA 或 0～10mA 直流输出信号。

电磁式流量计原理图如图 2.9 所示。在一段用非导磁材料制成的管道外面，安装有一对磁极 N 和 S，用以产生磁场。当导电液体流过管道时，因流体切割磁力线而产生了感应电动势。此感应电动势由与磁极成垂直方向的两个电极引出，当磁感应强度不变，管道直径一定时，这个感应电动势的大小仅与流体的流速有关，而与其他因素无关。

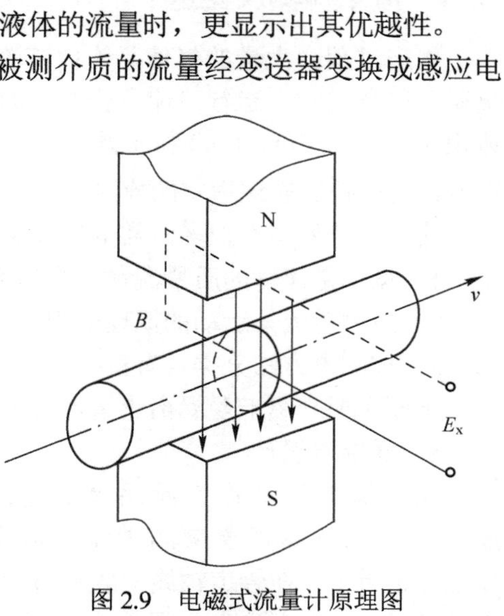

感应电动势的方向由右手定则判断，其大小由下式决定：

$$E_x = K'BDv \tag{2.12}$$

式中，E_x 为感应电动势；K' 为比例系数；B 为磁感应

图 2.9 电磁式流量计原理图

强度；D 为管道直径，即垂直切割磁力线的导体长度；v 为垂直于磁力线方向的液体速度。

体积流量 Q_V 与流速 v 的关系为

$$Q_V = \frac{1}{4}\pi D^2 v \tag{2.13}$$

将式（2.13）代入式（2.12），便得

$$E_x = \frac{4K'B}{\pi D} = KQ_V \tag{2.14}$$

式中

$$K = \frac{4K'B}{\pi D} \tag{2.15}$$

K 称为仪表常数。在磁感应强度 B、管道直径 D 确定不变后，K 就是一个常数，这时感应电动势的大小与体积流量之间具有线性关系，因而仪表具有均匀刻度。

2.1.5 物位检测及变送

在生产过程中常需要对容器中储存的固体（块料、粉料或颗粒）、液体的储量进行测量，以保证生产工艺正常运行和进行经济核算。储量通常通过检测储物在容器中的积存高度来实现。储物的堆积高度叫作物位。容器、河道、水库中液体的表面位置（相对于某一指定位置）叫作液位；容器、堆场、仓库等所储固体颗粒、粉料等的堆积高度叫作料位；同一容器中储存的两种密度不同且互不相溶的液体之间或两种介质之间的分界面位置称为相界面位置。物位的测量就是指以上三种位置的测量，测量液体物位的仪表称为液位计，测量固体物位的仪表称为料位计，测量相界面位置的仪表称为界面计。

1. 物位仪表的分类

物位测量方法很多，但无论是哪一种测量方法，一般都可以归结为测量某些物理参数，如测量高度、压力（压差）、电容、γ 射线强度和声阻等。物位仪表按工作原理可分为以下几种。

1）直读式物位测量仪表：最原始但仍应用较多的物位测量仪表，主要有玻璃管液位计、玻璃板液位计等。

2）浮力式物位测量仪表：利用浮子高度随液位变化而改变或液体对浸沉于液体中的浮子（或称沉筒）的浮力随液位高度而变化的原理来工作。它也是一种应用范围很广的物位测量仪表。

3）静压式物位测量仪表：利用液柱或物料堆积对某定点产生压力，测量该点压力或测量该点与另一参考点的压差而间接测量物位的仪表。

4）电磁式物位测量仪表：将物位的变化转换为电量的变化，进行间接测量物位的仪表。它可以分为电阻式（即电极式）、电容式和电感式物位仪表等，还有利用压磁效应工作的物位仪表。

5）电容式物位仪表：通过测量物料和电极之间的电容变化来确定物位高度，适用于液体和固体物料的测量。

6）射频导纳物位仪表：通过测量射频信号在传感器上的阻抗变化来确定物位高度，适用于液体和固体物料。

7）核辐射式物位仪表：利用核辐射透过物料时，其强度随物质层的厚度而变化的原理而工作，目前应用较多的是 γ 射线。

8）声波式物位测量仪表：物位的变化可引起声阻抗的变化、声波的遮断和声波反射距离的不同，通过测量这些变化就可测出物位。因此，声波式物位测量仪表可以根据它的工作原理分为声波遮断式、反射式和阻尼式。

9）光学式物位测量仪表：利用物位对光波的遮断和反射原理进行测量，可利用的光源有普通白炽灯光或激光等。

10）雷达物位仪表：通过发射和接收雷达波的时间差来测量物位，适用于恶劣环境下的液体和固体物料的测量。

还有一些其他形式的物位测量仪表，如射流式、称重式、热敏式、音叉式等多种类型，而新原理、新品种仍在不断发展之中。

2．差压式液位变送器

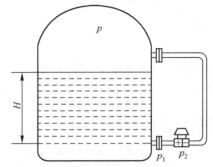

利用差压或压力变送器可以很方便地测量液位，且能输出标准的电流或气压信号。差压式液位变送器是利用容器内的液位改变时，由液柱产生的静压也相应变化的原理而工作的。其原理如图 2.10 所示。

将差压变送器的一端接液相，另一端接气相。设容器上部空间为干燥气体，其压力为 p，则

$$p_1 = p + H\rho g \tag{2.16}$$
$$p_2 = p \tag{2.17}$$

图 2.10　差压式液位变送器原理图

因此可得

$$\Delta p = p_1 - p_2 = H\rho g \tag{2.18}$$

式中，H 为液位高度；ρ 为介质密度；g 为重力加速度；p_1、p_2 分别为差压变送器正、负压室的压力。

通常，被测介质的密度是已知的。差压变送器测得的差压与液位高度成正比，这样就把测量液位高度转换成测量差压的问题了。当测量容器是敞口的，气相压力为大气压力时，只需将差压变送器的负压室通大气即可。在实际应用过程中，H 和 Δp 之间的对应关系不像式（2.18）那么简单，通常还存在着正、负迁移的问题，在应用时要加以注意。

3．电容式物位传感器

在电容器的极板之间，充以不同介质时，电容量的大小也有所不同，因此可通过测量电容量的变化来检测液位、料位和两种不同液体的分界面。如图 2.11a 所示，由两个同轴圆柱极板组成的电容器，当两极板之间的介质为空气时，两极板间的电容量为

$$C_0 = \frac{2\pi\varepsilon_1 L}{\ln\dfrac{D}{d}} \tag{2.19}$$

式中，L 为两极板相互遮盖部分的长度；d 为圆筒形内电极的外径；D 为圆筒形外电极的内径；ε_1 为空气的介电系数。

当极板之间一部分介质被介电常数为 ε_2 的另一种介质填充时，如图 2.11b 所示，可推导出电容量变为

$$C = \frac{2\pi\varepsilon_2 H}{\ln\dfrac{D}{d}} + \frac{2\pi\varepsilon_1(L-H)}{\ln\dfrac{D}{d}} \tag{2.20}$$

可知电容量的变化为

$$C_x = C - C_0 = \frac{2\pi(\varepsilon_2 - \varepsilon_1)H}{\ln\dfrac{D}{d}} = K_i H \tag{2.21}$$

因此，电容量的变化与液位高度 H 成正比。式（2.21）中，K_i 为比例系数。K_i 中包含

（$\varepsilon_2 - \varepsilon_1$），也就是说，该方法是利用被测介质的介电系数 ε_2 与空气介电系数 ε_1 不等的原理工作的。（$\varepsilon_2 - \varepsilon_1$）值越大，仪表越灵敏；$D$ 与 d 越接近，即两极板距离越小，仪表灵敏度越高。

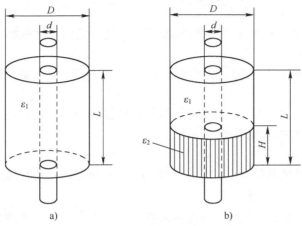

图 2.11　电容式物位传感器原理图

2.1.6　成分分析设备

　　成分分析设备是指用于检测、分离、识别和定量分析样品中各成分的仪器。这些设备基于各种物理、化学和生物学原理，能够提供样品的定性和定量信息。成分分析设备种类繁多，有多种分类方法。根据工作方式，成分分析设备分为离线成分分析设备和在线成分分析设备；根据工作原理，分为色谱类、光谱类、质谱类、电化学分析类等；根据分析对象，分为有机化合物分析、无机化合物分析、离子和小分子分析等。

　　离线成分分析设备是在生产过程中不直接参与实时监测的设备。样品需要在特定时间和地点采集后，送往实验室或分析区域进行分析。

　　在线成分分析设备是在生产或处理过程中实时监测和分析样品成分的设备。这些设备可以自动地连续提供分析数据，从而实现实时过程控制和优化。在线成分分析设备具有高精度、高稳定性和自动化特点，广泛应用于化工、制药、食品、饮料、水处理和环保等行业。

1. 成分分析设备分类

常用的成分分析设备主要依据工作原理分类，主要有以下几种类型。

（1）色谱类设备

色谱类设备通过物质在固定相和流动相之间的分配系数差异进行分离和分析。

1）气相色谱仪（GC）：用于分离和分析挥发性物质。

2）液相色谱仪（HPLC）：用于分离和分析液体样品中的成分。

3）离子色谱仪（IC）：用于分离和分析阴离子和阳离子。

（2）质谱类设备

质谱类设备通过测量离子的质荷比分析物质成分。

1）质谱仪（MS）：通过测量离子的质荷比分析物质成分，具有高灵敏度和高分辨率。

2）电感耦合等离子体质谱仪（ICP-MS）：用于高灵敏度的多元素分析，广泛应用于环境、地质和生物样品分析。

（3）光谱类设备

1）紫外-可见光谱仪（UV-Vis）：通过测量样品对紫外和可见光的吸收分析样品成分，广泛用于化学和生物样品分析。

2）红外光谱仪（IR）：通过测量红外光的吸收分析分子结构和成分，广泛用于有机化合物分析。

3）原子吸收光谱仪（AAS）：通过测量原子吸收的特定波长光分析元素成分，常用于金属元素分析。

4）X射线荧光光谱仪（XRF）：通过测量X射线荧光分析元素成分，广泛用于材料科学和地质分析。

5）核磁共振光谱仪（NMR）：通过测量原子核在磁场中的共振吸收射频能量来分析分子结构，广泛用于有机化学和生物化学研究。

（4）电化学分析设备

1）电位滴定仪：通过测量滴定过程中电位的变化来确定样品中的成分和浓度，用于酸碱滴定、氧化还原滴定、络合滴定等。

2）pH计：通过电极检测氢离子活度测量溶液的pH值，用于水质分析、食品检测、化工过程监控等。

3）离子选择电极（ISE）：基于离子选择电极的电位响应，测量特定离子的浓度，用于水质分析、环境监测、生物医学分析等。

4）电导率仪：通过测量溶液的电导率分析溶液中离子的总浓度，用于纯水分析、废水监测、工业过程控制等。

5）极谱仪：通过极谱法测量溶液中金属离子的浓度，用于重金属检测、环境分析、药物分析等。

6）伏安仪：记录电流与电位的关系曲线，用于研究电化学反应动力学和机理。

7）库仑计：通过测量电解过程中消耗的电量来定量分析物质的含量，用于库仑滴定、有机物定量分析、电解质溶液分析等。

（5）其他分析设备

其他分析设备如热分析设备（热重分析仪、差热分析仪）、X射线衍射仪等。

2. 成分分析设备的应用领域

成分分析设备的应用领域非常广泛，涵盖化学、环境、食品、医药、生命科学、材料科学和工业等多个领域。以下是这些设备在各个领域的应用。

1）化学分析：有机化合物分析，如气相色谱-质谱联用仪（GC-MS）、液相色谱-质谱联用仪（LC-MS）；无机化合物分析，如电感耦合等离子体质谱仪（ICP-MS）。

2）环境监测：水质分析，检测水中的重金属、有机污染物、营养盐等；空气质量监测，检测大气中的挥发性有机化合物（VOC）、颗粒物、气体污染物等；土壤分析，检测土壤中的污染物、矿物质含量等。

3）食品安全：农药残留检测，如气相色谱-质谱联用仪（GC-MS）；食品添加剂检测，如高效液相色谱仪（HPLC）；营养成分分析，如原子吸收光谱仪（AAS）、傅里叶变换红外光谱仪（FTIR）。

4）医药研究：药物成分分析，如高效液相色谱-质谱联用仪（LC-MS）；生物标志物检测，如酶联免疫吸附测定（ELISA）、质谱法（MS）；代谢产物分析，如核磁共振波谱仪（NMR）、液相色谱-质谱联用仪（LC-MS）。

5）生命科学：蛋白质组学，如质谱仪（MS）、蛋白质电泳；基因组学，如聚合酶链式反应（PCR）、下一代测序（NGS）；代谢组学，如液相色谱-质谱联用仪（LC-MS）。

6）工业过程控制：化工生产监测，实时监测反应过程中的化学成分，如在线质谱（Online MS）；材料分析，如 X 射线荧光光谱仪（XRF）、X 射线光电子能谱仪（XPS）。

7）材料科学：合金成分分析，如电感耦合等离子体光谱仪（ICP-OES）；半导体材料分析，如二次离子质谱仪（SIMS）；纳米材料表征，如透射电子显微镜（TEM）、扫描电子显微镜（SEM）。

成分分析设备在工业、环境监测、制药、食品和科研等领域中起着至关重要的作用。这些设备通过不同的技术手段对样品的化学成分进行定性和定量分析，帮助识别和测量物质的组成。选择适当的成分分析设备可以精确、快速地分析样品的化学成分和结构，从而满足不同领域的分析需求。

过程控制中的检测设备种类繁多，每种设备都有其特定的应用场景和优势。选择合适的检测设备可以有效提高生产过程的自动化水平、稳定性和产品质量。

2.2　运动控制中的检测设备

运动控制系统中常用的检测装置包括用于开关量信号检测的行程开关、接近开关和光电开关等；用于速度检测的测速发电机、光电旋转编码器等；用于位移检测的计量光栅、光电编码器等；用于质量检测的称重仪表；用于厚度测量的涡流式测厚仪、射线式测厚仪等。

2.2.1　检测开关

检测开关的主要作用是将机械位移变为电信号，以实现对系统的控制，广泛应用在机电一体化的设备上，作为电路自动切换、限位保护、行程控制等应用。

常见的检测开关包括行程开关、接近开关和光电开关等。

（1）行程开关

行程开关也称为限位开关或位置开关，是一种用于监控机械设备中某个部件运动位置的电气控制元件。它主要用于检测或控制物体的位置或移动情况，通过机械部件的碰撞来实现电路的接通或断开，从而实现对机械运动的控制和保护。

行程开关利用生产机械运动部件的碰撞使其触点动作来实现接通或分断控制电路，如图 2.12 所示，可分为快速动作、非快速动作及微动三种。

（2）接近开关

接近开关是一种无触点电子开关，如图 2.13 所示。当被检测的物体接近到一定距离时,不需要接触就能发出开关动作信号。它是一种在一定距离内，检测金属有无的传感器，给出的是开关信号（高电平或低电平），具有一定驱动负载的能力（如继电器等）。其工作原理可分为高频振荡型、差动线圈型和磁吸型。振荡型接近开关一般由感应头、电子振荡器、电子开关电路、电源等几部分组成。它的工作原理是，装在机械运动部件上的铁磁体，在机械运动到位时靠近感应头，使感应头的参数值发生变化，影响振荡器的工作，而使晶体管开关电路导通或关断，从而输出相应的信号。接近开关的特点是非接触动作、不损伤检测对象，因而可靠性高、寿命长，而且可以高速动作。但它只能检测金属体，且易受周围金属或外部磁场的影响。接近开关的检测距离有多种不同的规格，可根据实际需要选用。

（3）光电开关

光电开关也是一种常用的开关型检测元件，如图 2.14 所示。它由投光器、受光器和电源组成，投光器常用发光二极管，受光器常用光电二极管或光电晶体管。其工作原理是使投光器和受光器相对，当被测物体挡住从投光器发射出的光线时，受光器就输出相应的控制信号。光电开关按检测方式可分为反射式和对射式两种类型。对射式检测距离远，可检测半透明物体的密度（透光度）。反射式的工作距离被限定在光束的交点附近，以避免背景影响，其中镜面反射式的反射距离较远，适宜做远距离检测，也可检测透明或半透明物体。

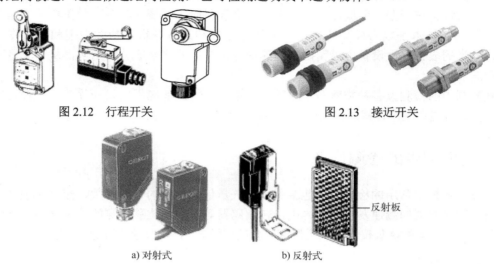

图 2.12　行程开关　　　　　　　　　　　　图 2.13　接近开关

a) 对射式　　　　　　　　　b) 反射式

——反射板

图 2.14　光电开关

　　光电开关按结构可分为放大器分离型、放大器内藏型和电源内藏型三类。放大器分离型是将放大器与传感器分离，并采用专用集成电路和混合安装工艺制成。由于传感器具有超小型和多品种的特点，而放大器的功能较多，因此，该类型采用端子连接方式，并可交、直流电源通用。放大器分离型具有接通和断开延时功能，可设置亮、暗动切换开关，能控制 6 种输出状态，兼有接点和电平两种输出方式。放大器内藏型是将放大器与传感器一体化，采用专用集成电路和表面安装工艺制成，使用直流电源工作。其响应速度快，能检测狭小和高速运动的物体。改变电源极性可转换亮、暗动，并可设置自诊断稳定工作区指示灯；兼有电压和电流两种输出方式，能防止相互干扰，在系统安装中十分方便。电源内藏型是将放大器、传感器与电源装置一体化，采用专用集成电路和表面安装工艺制成。它一般使用交流电源，适用于在生产现场取代接触式行程开关，可直接用于强电控制电路。

2.2.2　测速发电机

　　测速发电机是一种专门用来测量转速的微型发电机，其输出电动势与转速成比例。测速发电机主要用于测量旋转物体的速度，并将其转换成电信号输出。它广泛应用于工业自动化、电力电子、交通运输等领域，是电气控制系统中的关键反馈元件。通过测速发电机，可以实时监测和控制机械设备的转速，确保生产过程的稳定性和效率。测速发电机有直流和交流两种，直流测速发电机输出电压和转速有较好的线性关系，并且直流的极性可以反映出转动的方向，应用方便。

　　由于直流测速发电机有电刷、换向器等接触装置，使它的可靠性变差，精度也受到影响。交流测速发电机的输出频率与转速严格对应，输出信号可经放大整形变换电路转换成标准的电压或电流信号。它不需要电刷和换向器，结构简单，不产生干扰火花，但是输出特性随负载性质（电阻、电感、电容）变化而变化。

2.2.3　光电编码器

光电编码器是一种通过光电转换将输出轴上的机械几何位移量转换成脉冲或数字量的传感器。光电编码器作为一种传感器，具有精度高、耗能低、非接触无磨损、稳定可靠等优点，在长度测量、角度测量、速度测量和相位测量方面应用极其广泛。尤其是它以数字量输出，具有与计算机容易联机的优点，它可对运动机械的直线位移、角位移、速度、相位等进行测量，也可间接地对能变换成这些物理量的，如温度、压力、流量等进行测量，并给出相应的电学量输出。

随着工业自动化和计算机控制技术的发展，光电编码器的应用领域也不断扩大，市场上不断涌现出新技术原理、新结构形式的光电编码器。光电编码器按照机械位移量的类型、输出信号特征不同，其品种规格也有所不同。

（1）按机械位移量的类型分类

光电编码器按照机械位移量的类型不同，分为旋转式光电编码器和直线式光电编码器两类，如图 2.15 所示。

a) 旋转式光电编码器　　　　　　　　　　b) 直线式光电编码器

图 2.15　旋转式光电编码器和直线式光电编码器

1）旋转式光电编码器，也称为转动型编码器，是一种用于测量旋转物体相对位置的位置传感器。它通过测量固定旋转轴在旋转时的位移和方向，将旋转运动转换为数字信号输出。旋转式光电编码器的结构通常由编码盘、光源和光电传感器等部分组成。编码盘上的图案（如光栅、透光孔等）随旋转轴一起转动，当光线通过编码盘上的图案时，会在光电传感器上产生光信号的变化，进而转换为电信号输出。旋转式光电编码器广泛应用于工业和机器人领域的旋转位置测量。由于其精度高、稳定性好、可靠性高，并且不需要传动装置，因此非常适合于需要精确控制旋转位置和运动状态的场合。

2）直线式光电编码器，也称为位移型编码器，是一种用于测量直线运动物体位置变化的位置传感器。它通过物体沿直线方向移动时在位移感应元件上产生的信号变化来测量位置。直线式光电编码器的结构通常由测头、刻度尺和信号解码器等部分组成。测头随被测物体一起移动，当测头经过刻度尺上的特定位置时，会在信号解码器上产生电信号的变化，进而转换为数字信号输出。直线式光电编码器主要应用于机械加工和测量领域的直线位置测量。由于其可以测量长距离的直线运动，并且精度高、重复性好，因此非常适合于需要精确控制直线位置和运动状态的场合。

（2）按输出信号特征分类

根据信号的输出特征，通常分为增量式光电编码器和绝对式光电编码器。

1）增量式光电编码器的输出轴转角被分成一系列位置的增量，敏感元件对这些增量响应，每当出现一个单位增量时，敏感元件就向计数器发出一个脉冲，计数器把这些计数脉冲累加起来，并以各种进制的代码形式在输出端给出所需要的输入角度瞬时值的信息，当前，这种光电编码器的用量极大，约占光电编码器总量的 80%。这种光电编码器的最大优点是结构简单、价格低廉；缺点是无固定零位，遇到停电等故障所有信息全部丢失，为避免这个缺点，又研制出一种带固定零位的增量式光电编码器。

2）绝对式光电编码器的转角的代码是由一个多圈同心码道的码盘给出的，具有固定零位，对于一个转角位置，只有一个确定的数字代码。其优点是具有固定的零位，角度值的代码单位化，无累计误差，抗干扰能力强；缺点是敏感件多，码盘图案、制造工艺复杂，成本也高。

2.2.4 测厚仪表

厚度测量属于长度测量范畴，但它是一种特殊的长度测量。目前常用的厚度测量一般属于运动物体厚度的连续测量，而对于非连续测量则多用一般简单机械式测量仪。

从 20 世纪 40 年代开始，测厚仪已用在生产工艺流程上进行自动检测材料的厚度（包括涂、镀层厚度），也用于各种金属与非金属板材的轧制过程。按检测方式不同，测厚仪表分为接触式和非接触式两大类；按其变换原理分为射线式、电涡流式、微波式、激光式、电容式、电感式等。

处于交变磁场中的金属，由于电磁感应的作用，在金属内部会产生感应电动势并形成许多闭合回路电流，即涡流，涡流测厚仪正是利用涡流来测量厚度的。涡流测厚仪分为高频反射式和低频透射式两种，前者的频率为 $1\sim10^4$MHz，后者的频率为 100Hz$\sim$2kHz。

射线式测厚仪按照射线源的种类可分为 X 射线测厚仪和核辐射线测厚仪两类。按射线与被测板材的作用方式又可分为透射式和反射式两类。X 射线测厚仪是基于射线被板材吸收的原理制成的。

2.3 过程控制中的执行器

过程控制中的执行器的作用是接收控制器送来的控制信号，改变被控介质的流量，从而将被控变量维持在所要求的数值上或一定的范围内。

执行器的动作是由调节器的输出信号驱动各种执行机构来实现的。执行器由执行机构与调节机构构成，在用电信号作为控制信号的控制系统中，目前广泛应用以下三种控制方式，如图 2.16 所示。

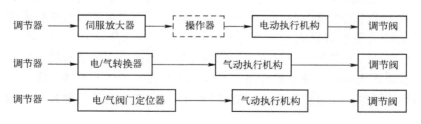

图 2.16 执行器的构成及控制形式

执行器有以下不同的分类方法：

1）按动力能源分类，分为气动执行器、电动执行器和液动执行器。气动执行器利用压缩空气作为能源，其特点是结构简单、动作可靠、平稳、输出推力较大、维修方便、防火防爆，而且价格较低；它可以方便地与气动仪表配套使用，即使采用电动仪表或计算机控制时，只要经过电/气转换器或电/气阀门定位器，将电信号转换为 0.02～0.1MPa 的标准气压信号，仍然可用气动执行器。

2）按动作极性分类，分为正作用执行器和反作用执行器。

3）按动作行程分类，分为角行程执行器和直行程执行器。

4）按动作特性分类，分为比例式执行器和积分式执行器。

在自控系统中，为使执行机构的输出满足一定精度的要求，在控制原理上常采用负反馈闭环控制系统。将执行机构的位置输出作为反馈信号，和电动调节器的输出信号做比较，将其差值经过放大用于驱动和控制执行机构的动作，使执行机构向消除差值的方向运动，最终达到执行机构的位置输出和电动调节器的输出信号成线性关系。

在应用气动执行机构的场合下，采用电/气转换器和气动执行机构配套时，由于是开环控制系统，只能用于控制精度要求不高的场合。当需要精度较高时，一般都采用电/气阀门定位器和气动执行机构相配套，执行机构的输出位移通过凸轮杠杆反馈到阀门定位器内，利用负反馈的工作原理，大大提高了气动调节阀的位置精度。因此，目前在自控系统中应用的气动调节阀大多数都与阀门定位器配套使用。

智能电动执行器将伺服放大器与操作器转换成数字电路，而智能执行器则将所有的环节集成，信号通过现场总线由变送器或操作站发来，可以取代调节器。

2.3.1　气动执行器

气动执行器又称为气动调节阀（亦称控制阀），由气动执行机构和调节阀（控制机构）组成，如图 2.17 所示。气动执行机构是一种利用压缩空气作为动力源，将气体的压力能转换为机械能的装置。执行器上有标尺，用以指示执行器的动作行程。

（1）气动执行机构

常见的气动执行机构有薄膜式和活塞式两大类。其中薄膜式执行机构最为常用，它可以用作一般调节阀的推动装置，组成气动薄膜式执行器。气动薄膜式执行机构的信号压力 p 作用于膜片，使其变形，带动膜片上的推杆移动，使阀芯产生位移，从而改变阀的开度。它的结构简单、价格便宜、维修方便，应用广泛。气动活塞执行机构使活塞在气缸中移动产生推力。显然，活塞式的输出力度远大于薄膜式，因此，薄膜式适用于输出力较小、精度较高的场合；活塞式适用于输出力较大的场合，如大口径、高压降控制或蝶阀的推动装置。除薄膜式和活塞式之外，还有一种长行程执行机构，它的行程长、转矩大，适于输出角位移和大力矩的场合。气动执行机构接收的信号标准为 0.02～0.1MPa。

气动薄膜执行机构输出的位移 L 与信号压力 p 的关系为

$$L = \frac{A}{K} p \qquad (2.22)$$

式中，A 为波纹膜片的有效面积；K 为弹簧的刚度。推杆受

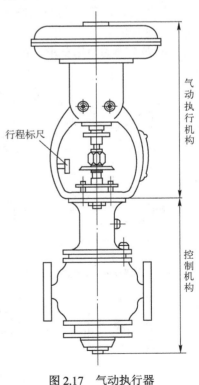

图 2.17　气动执行器

（图中标注：行程标尺　气动执行机构　控制机构）

压移动，使弹簧受压，当弹簧的反作用力与推杆的作用力相等时，输出的位移 L 与信号压力 p 成正比。执行机构的输出（即推杆输出的位移）也称为行程。气动薄膜执行机构的行程规格有 10mm、16mm、25mm、60mm、100mm。气动薄膜执行机构的输入、输出特性是非线性的，且存在正反行程的变差。实际应用中常用阀门定位器，可减小一部分误差。

气动薄膜执行机构有正作用和反作用两种形式。当来自控制器或阀门定位器的信号压力增大时，阀杆向下动作的叫正作用执行机构（ZMA 型）；当信号压力增大时，阀杆向上动作的叫反作用执行机构（ZMB 型）。正作用执行机构的信号压力通入波纹膜片上方的薄膜气室；反作用执行机构的信号压力通入波纹膜片下方的薄膜气室。通过更换个别零件，两者就能互相改装。

气动活塞执行机构的主要部件为气缸、活塞和推杆，气缸内活塞随气缸内两侧压差的变化而移动。其特性有比例式和两位式两种。两位式根据输入活塞两侧操作压力的大小，活塞从高压侧被推向低压侧。比例式是在两位式基础上加以阀门定位器，使推杆位移和信号压力成比例关系。

（2）控制机构

控制机构即调节阀，实际上是一个局部阻力可以改变的节流元件。阀杆上部与执行机构相连，下部与阀芯相连。由于阀芯在阀体内移动，改变了阀芯与阀座之间的流通面积，即改变了阀的阻力系数，被控介质的流量也就相应地改变，从而达到控制工艺参数的目的。调节阀由阀体、阀座、阀芯、阀杆和上下阀盖等组成。调节阀直接与被控介质接触，为适应各种使用要求，阀芯、阀体的结构、材料各不相同。

调节阀的阀芯有直行程阀芯与角行程阀芯。常见的直行程阀芯有：平板形阀芯，具有快开特性，可作两位控制；柱塞型阀芯，可上下倒装，以实现正反调节作用；窗口形阀芯，有合流型与分流型，适宜作三通阀；多级阀芯，将几个阀芯串联，起逐级降压作用。角行程阀芯通过阀芯的旋转运动改变其与阀座间的流通截面。常见的角行程阀芯形式有：偏心旋转阀芯、蝶形阀芯、球形阀芯。

根据不同的使用要求，调节阀的结构形式很多，如图 2.18 所示，主要有以下几种：

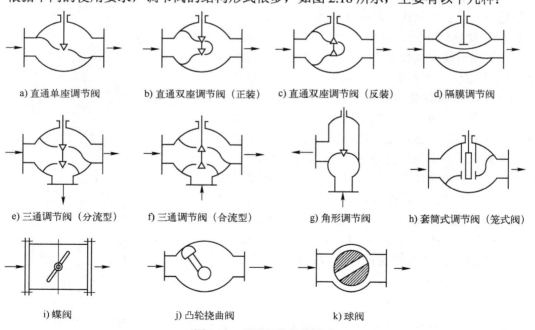

图 2.18 调节阀的结构形式

1）直通单座调节阀。这种阀的阀体内只有一个阀芯与阀座。其特点是结构简单、泄漏量小，易于保证关闭，甚至完全切断。但是在压差大的时候，流体对阀芯上、下作用的推力不平衡，这种不平衡力会影响阀芯的移动。这种阀一般用于小口径、低压差的场合。

2）直通双座调节阀。阀体内有两个阀芯和阀座，这是最常用的一种类型。由于流体流过的时候，作用在上、下两个阀芯上的推力方向相反而大小近于相等，可以互相抵消，所以不平衡力小。但是由于加工的限制，上、下两个阀芯阀座不易保证同时密闭，因此泄漏量较大。根据阀芯与阀座的相对位置，这种阀可分为正作用式与反作用式（或称正装与反装）两种形式。当阀体直立，阀杆下移时，阀芯与阀座间的流通面积减小的称为正作用式。如果阀芯倒装，则当阀杆下移时，阀芯与阀座间的流通面积增大，称为反作用式。

3）隔膜调节阀。它采用耐腐蚀衬里的阀体和隔膜。隔膜阀结构简单、流阻小、流通能力比同口径的其他种类的阀要大。由于介质用隔膜与外界隔离，故无填料，介质也不会泄露。这种阀耐腐蚀性强，适用于强酸、强碱等腐蚀性介质的控制，也能用于高黏度及悬浮颗粒状介质的控制。

4）三通调节阀。三通阀共有三个出入口与工艺管道连接。其流通方式有合流（两种介质混合成一路）型和分流（一种介质分成两路）型两种。这种阀可以用来代替两个直通阀，适用于配比控制与旁路控制。

5）角形调节阀。角形调节阀的两个接管成直角形，一般为底进侧出。这种阀的流路简单、阻力较小，适用于现场管道要求直角连接，介质为高黏度、高压差和含有少量悬浮物和固体颗粒的场合。

6）套筒式调节阀，又名笼式阀。它的阀体与一般的直通单座阀相似。笼式阀内有一个圆柱形套筒（笼子）。套筒壁上有几个不同形状的孔（窗口），利用套筒导向，阀芯在套筒内上下移动，由于这种移动改变了笼子的节流孔面积，就形成了各种特性并实现流量控制。笼式阀的可调比大、振动小、不平衡力小、结构简单、套筒互换性好，更换不同的套筒（窗口形状不同）即可得到不同的流量特性，阀内部件所受的气蚀小、噪声小，是一种性能优良的阀，特别适用于要求低噪声及压差较大的场合，但不适用高温、高黏度及含有固体颗粒的液体。

7）蝶阀，又名翻板阀。蝶阀具有结构简单、重量轻、价格便宜、流阻极小的优点，但泄漏量大，适用于大口径、大流量、低压差的场合，也可以用于含少量纤维或悬浮颗粒状介质的控制。

8）凸轮挠曲阀，又名偏心旋转阀。它的阀芯呈扇形球面状，与挠曲臂及轴套一起铸成，固定在转动轴上。凸轮挠曲阀的挠曲臂在压力作用下会产生挠曲变形，使阀芯球面与阀座密封圈紧密接触，密封性好。同时它的重量轻、体积小、安装方便，适用于高黏度或带有悬浮物的介质流量控制。

9）球阀。球阀的阀芯和阀体都呈球形体，转动阀芯使其与阀体处于不同的相对位置时，就具有不同的流通面积，以达到流量控制的目的。

除以上所介绍的调节阀以外，还有一些特殊的调节阀。例如，小流量调节阀适用于小流量的精密控制，超高压调节阀适用于高静压、高压差的场合。

若口径为 A（cm^2），流通密度为 ρ（kg/m^3），在前后压差为 ΔP（kPa）时，流过的流体流量 Q_C（m^3/h）为

$$Q_C = 16.1 \frac{A}{\sqrt{\xi}} \sqrt{\frac{\Delta P}{\rho}} \qquad (2.23)$$

式中，ξ 为调节阀阻力系数，与阀门结构形式、开度和流体的性质有关。在 A 一定，ΔP 和 ρ 不变的情况下，流量 Q_C 仅随阻力系数 ξ 变化（即阀的开度增加，阻力系数 ξ 减小，流量随之增大）。调节阀就是通过改变阀芯行程来调节阻力系数 ξ，从而实现流量调节的。

调节阀的流量特性是指介质流过调节阀的相对流量 Q/Q_{max} 与相对位移（即阀芯的相对开度）l/L 之间的关系，即

$$\frac{Q}{Q_{max}} = f\left(\frac{l}{L}\right) \qquad (2.24)$$

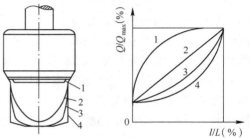

图 2.19　理想流量特性

1—快开　2—直线　3—抛物线　4—等百分比

由于调节阀开度变化时，阀前后的压差 ΔP 也会变，从而流量 q 也会变。为分析方便，阀前后的压差不随阀的开度变化的流量特性定义为理想流量特性；阀前后的压差随阀的开度变化的流量特性定义为工作流量特性。如图 2.19 所示，不同的阀芯形状，具有不同的理想流量特性。

1）快开流量特性：快开特性的阀芯是平板形的。它的有效位移一般是阀座的 1/4，位移再大时，阀的流通面积不再增大，失去了控制作用。快开阀适用于迅速启闭的切断阀或双位控制系统。

2）直线流量特性：虽为线性，但小开度时，流量相对变化值大、灵敏度高、控制作用强、易产生振荡；大开度时，流路相对变化值小、灵敏度低、控制作用弱、控制缓慢。

3）抛物线流量特性：在抛物线流量特性中，有一种修正抛物线流量特性，这是为了弥补直线特性在小开度时调节性能差的特点，在抛物线特性基础上衍生出来的。它在相对位移 30% 及相对流量 20% 以下为抛物线特性，在以上范围为线性特性。

4）等百分比流量特性：放大倍数随流量增大而增大，因此，开度较小时，控制缓和平稳；大开度时，控制灵敏、有效。

如图 2.18 所示的各种调节阀，其特性都不过零（即都有泄漏），为此，常接入截止阀。

在实际生产中，调节阀前后压差总是变化的，如调节阀一般与工艺设备并用，也与管道串联或并联。压差因阻力损失变化而变化，致使理想流量特性畸变为工作流量特性。

综合串、并联管道的情况，可得如下结论：

1）串、并联管道都会使调节阀的理想流量特性发生畸变，串联管道的影响尤为严重。

2）串、并联管道都会使调节阀的可调范围降低，并联管道尤为严重。

3）串联管道使系统总流量减少，并联管道使系统总流量增加。

4）串、并联管道会使调节阀的放大系数减小，即输入信号变化引起的流量变化值减少。

（3）电/气转换器和电/气阀门定位器

在实际系统中，电与气两种信号常是混合使用的，这样可以取长补短，因而需要各种电/气转换器及气/电转换器把电信号（DC 0～10mA 或 DC 4～20mA）与气信号（0.02～0.1MPa）进行转换。电/气转换器可以把电动变送器送来的电信号变为气信号，送到气动控制器或气动显示仪表；也可把电动控制器的输出信号变为气信号去驱动气动调节阀，此时常用电/气阀门定位器，它具有电/气转换器和气动阀门定位器两种作用。

电/气转换器简化原理图如图 2.20 所示。它是基于力矩平衡的工作原理。输入信号为电动控制系统的标准信号 4～20mA 或 0～10mA，转换为 0.02～0.1MPa 气动信号再驱动气动执行器。电流流过线圈产生电磁场，电磁场将可动铁心磁化，磁化铁心在永久磁钢中受力，相对于支点产生力矩，带动铁心上的挡板动作，从而改变喷嘴挡板间的间隙，喷嘴挡板可变气阻发生改变，使图中气阻与喷嘴挡板机构的分压系数发生变化，有气压信号 P_B 输出，P_B 通过功率放大器放大，输出气动执行器的标准气信号。输出气信号通过波纹管相对于支点给铁心加一个反力矩，信号力矩与反力矩相等时，铁心绕支点旋转的角度达到平衡。

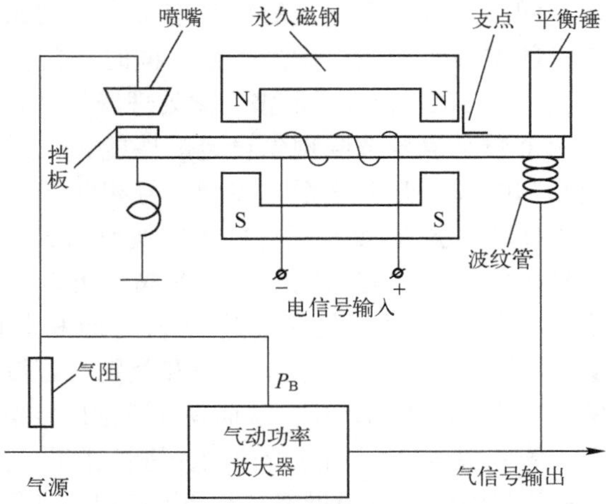

图 2.20 电/气转换器简化原理图

电/气阀门定位器具有电/气转换器与阀门定位器的双重功能，它接收电动调节器输出的 4～20mA 直流电流信号，输出 0.02～0.1MPa 或 0.04～0.2MPa（大功率）气动信号驱动执行机构。由于电/气阀门定位器具有追踪定位的反馈功能，电信号的输入与执行机构的位移输出之间的线性关系比较好，从而保证调节阀的正确定位。

电/气阀门定位器原理如图 2.21 所示。来自调节器或输出式安全栅的 4～20mA 直流电流信号送入输入绕组，使杠杆极化，极化杠杆在永久磁钢中受力，对应于杠杆支点产生一个电磁力矩，杠杆逆时针旋转。杠杆上的挡板靠近喷嘴，使放大器背压升高，放大后的气压作用在执行机构上，使执行机构的输出阀杆下移。阀杆的位移通过反馈拉杆转换为反馈轴与反馈压板间的角位移，以量程调节件为支点，作用于反馈弹簧。反馈弹簧对应于杠杆支点产生一个反馈力矩，当反馈力矩与电磁力矩平衡时，阀杆就稳定在某一位置，从而实现了阀杆位移与输入信号电流之间的线性关系。普通定位器的定位精度约为全行程的 20%，显然还不够高。

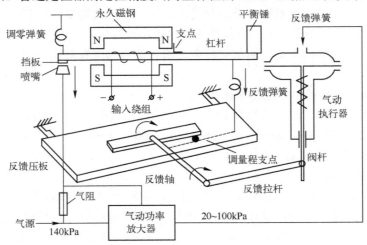

图 2.21 电/气阀门定位器原理图

目前，国外一些大公司（如西门子、费希尔-罗斯蒙特等）相继推出了智能型电/气阀门定位器，使定位精度优于全行程的 0.5%，且符合现场总线标准，同时，其他性能也有所提高。

智能型电/气阀门定位器的构成如图 2.22 所示。它以微处理器为核心，采用的是数字定位技术，即将从调节器传来的控制信号（4～20mA）转换成数字信号后送入微处理器，同时将阀门开度信号也通过 A/D 转换后反馈回微处理器。微处理器将这两个数字信号按照预先设定的性能、关系进行比较，判断阀门开度是否与控制信号相匹配（即阀杆是否移动到位），如果正好匹配即偏差为零，系统处于稳定状态，则切断气源，使两阀（可以是电磁阀或压电阀）均处于切断状态（只有通和断两种状态）；否则，应根据偏差的大小和类别（正偏差或负偏差）决定两阀的动作，从而使阀芯准确定位。

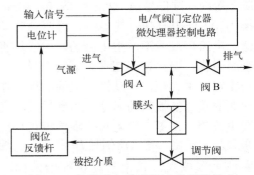

图 2.22　智能型电/气阀门定位器的构成

智能型电/气阀门定位器的先进性在于：控制精度高、能耗低、调整方便、可任意选择流量阀的流量特性、故障报警，并通过接口与其他现场总线设备实现通信。

气动执行器在各种自动化应用中发挥了重要作用，其高速度、结构简单、响应迅速等特点使其成为工业自动化、包装物流、建筑设备等领域的关键设备。

2.3.2　电动执行器

电动执行器和气动执行器一样，是控制系统中的一个重要部分。它接收来自控制器的 4～20mA 或 0～10mA 直流电流信号，并将其转换成相应的角位移或直行程位移，去操纵阀门、挡板等控制机构，以实现自动控制。

电动执行器有角行程、直行程和多转式等类型。角行程电动执行机构以电动机为动力元件，将输入的直流电流信号转换为相应的角位移（0°～90°），这种执行机构适用于操纵蝶阀、挡板之类的旋转式控制阀。直行程执行机构接收输入的直流电流信号后使电动机转动，然后经减速器减速并转换为直线位移输出，去操纵单座、双座、三通等各种控制阀和其他直线式控制机构。多转式电动执行机构主要用来开启和关闭闸阀、截止阀等多转式阀门，由于它的电动机功率比较大，最大的有几十千瓦，一般多用于就地操作和遥控。

这三种类型的执行机构都是以两相交流电动机为动力的位置伺服机构，三者电气原理完全相同，只是减速器不一样。

角行程电动执行机构的主要性能指标如下：

1）3 端隔离输入通道，输入信号为 DC 4～20mA，输入电阻为 250Ω。

2）输出力矩为 40N·m、100N·m、250N·m、600N·m、1000N·m。

3）基本误差和变差小于±1.5%。

4）灵敏度为 240μA。

电动执行器主要由伺服放大器和执行机构组成，中间可以串接操作器，如图 2.23 所示。伺服放大器接收控制器发来的控制信号（1～3 路），将其同电动执行机构输出位移的反馈信号 I_f 进行比较，若存在偏差，则差值经过功率放大后，驱动两相伺服电动机转动。再经减速器减速，带动输出轴改变转角 θ。若差值为正，则伺服电动机正转，输出轴转角增大；若差值为负，则伺服电动机反转，输出轴转角减小。当差值为零时，伺服放大器输出接点信号让电动机停转，此时输出轴就稳定在与该输入信号相对应的转角位置上。这种位置式反馈结构可使输入电流与输出位移的线性关系较好。

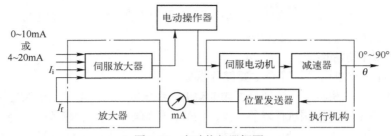

图 2.23　电动执行器框图

电动执行机构不仅可以与控制器配合实现自动控制,还可通过操纵器实现控制系统的自动控制和手动控制的相互切换。当操纵器的切换开关置于手动操作位置时,由正、反操作按钮直接控制电动机的电源,以实现执行机构输出轴的正转或反转,进行遥控手动操作。

（1）伺服电动机

伺服电动机是电动控制阀的动力部件,其作用是将伺服放大器输出的电功率转换成机械转矩。伺服电动机实际上是一个两相电容异步电动机,由一个用冲槽硅钢片叠成的定子和鼠笼转子组成,定子上均匀分布着两个匝数、线径相同而相隔 90° 电角度的定子绕组 W_1 和 W_2。

（2）伺服放大器

其工作原理如图 2.24 所示。伺服放大器主要包括放大器和两组晶闸管交流开关 I 和 II。放大器的作用是将输入信号和反馈信号进行比较,得到差值信号,并根据差值的极性和大小,控制晶闸管交流开关 I、II 的导通或截止。晶闸管交流开关 I、II 用来接通伺服电动机的交流电源,分别控制伺服电动机的正、反转或停止不转。

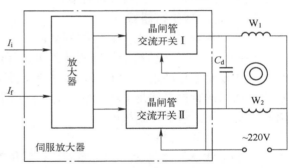

图 2.24　伺服放大器工作原理示意图

（3）位置发送器

位置发送器的作用是将电动执行机构输出轴的位移线性地转换成反馈信号,反馈到伺服放大器的输入端。

位置发送器通常包括位移检测元件和转换电路两部分。位移检测元件用于将电动执行机构输出轴的位移转换成毫伏或电阻等信号,常用的位移检测元件有差动变压器、塑料薄膜电位器和位移传感器等;转换电路用于将位移检测元件输出信号转换成伺服放大器所要求的输入信号,如 0~10mA 或 4~20mA 直流电流信号。

（4）减速器

减速器的作用是将伺服电动机高转速、小力矩的输出功率转换成执行机构输出轴的低转速、大力矩的输出功率,以推动调节机构。直行程式的电动执行机构中,减速器还起到将伺服电动机转子的旋转运动转变为执行机构输出轴的直线运动的作用。减速器一般由机械齿轮或齿轮与皮带轮构成。

电动执行器在现代工业和自动化系统中扮演了重要角色,通过高精度、快速响应、易维护和节能环保等特点,提高了各种应用的自动化水平和操作效率。

2.3.3　现场总线执行器

现场总线执行器是一种结合了通信功能和执行功能的智能设备,能够通过现场总线与控制系统进行数据交换和命令执行。这些执行器广泛应用于工业自动化、过程控制和智能制造系统中，提升了系统的智能化和自动化水平。

1. 现场总线执行器的结构

现场总线执行器一般由以下几个主要部分组成。

1）执行机构：负责机械动作的部分，如电动机、液压缸、气缸等，用于执行控制指令。

2）传感器：用于实时检测执行器的状态，如位置传感器、速度传感器、压力传感器等。

3）控制单元：内置微处理器或专用控制芯片，负责处理来自现场总线的命令和反馈信号，并控制执行机构的动作。

4）通信接口：支持现场总线协议，如 PROFIBUS、CANopen、Modbus、Foundation Fieldbus（FF）等，实现与上位控制系统的通信。

2. 现场总线执行器的工作原理

现场总线执行器通过通信接口与控制系统连接，接收来自控制系统的指令，如位置、速度或力矩控制命令。控制单元根据这些指令，结合传感器的反馈信息，计算出控制信号，驱动执行机构完成相应的动作。同时，执行器将自身的状态信息（如位置、速度、温度等）通过现场总线反馈给控制系统，实现闭环控制。

3. 现场总线执行器特点

（1）智能化和高精度的系统控制功能

控制运算任务由传统的控制器转为由执行器的微处理器来完成，即执行器直接接收变送器信号，按设定值自动进行 PID 调节，控制流量、压力、压差和温度等多种过程变量。在一般情况下，阀门的特性曲线是非线性的，对执行器组态，定义 8～32 段折线可对输出特性曲线进行补偿，提高了系统的控制精度。

（2）一体化的结构

现场总线执行器包含了位置控制器、阀位变送器、PID 控制器、伺服放大器以及电动的和气动的模件，即将整个控制装在一台现场仪表里，减少了因信号传输中的泄漏和干扰等因素对系统的影响，提高了系统的可靠性。

（3）智能化的通信功能

执行器与上位机或控制系统之间通过符合现场总线通信协议的双向数字通信，显著提升了系统的控制精度与稳定性，这是其相较于传统执行器的显著优势。此外，由于遵循统一的通信协议，该执行器能够轻松集成至任何兼容现场总线的系统中，构建高效、灵活的控制系统。

（4）智能化的系统保护和自身保护功能

当外电源掉电时，能自动利用后备电池驱动执行机构，使阀门处于预先设定的安全位置。当电源、气动部件、机械部件、控制信号、通信或其他方面出现故障时，都有自动保护措施，以保证系统本身及生产过程的安全可靠。另外，自启动和自整定功能使开车变得极为简易。

（5）智能化的自诊断功能

自诊断功能可帮助快速识别故障的原因。对于执行器的任何故障，执行器均可尽早、尽快识别，在执行器发生损坏前就采取有效措施，这会增加系统的可靠性，并延长设备寿命，避免工厂停车维修。

（6）灵活的组态功能

可以自由组态的执行器具有较高的灵活性，因此，只需要少量类型的执行器就可以满足多变的工业现场要求。这对于制造商和用户都是极有益的。例如，对于输入信号，可以通过软件组态来选择合适的信号源，而不必更换硬件，也可以任意设置执行器的运行速度和行程。

随着现场总线的出现和发展，在国际上一些有影响的生产工业阀门和执行器的专业化大公司相继开发设计出符合现场总线通信协议的阀门和执行器产品，见表 2.1。

表 2.1　符合现场总线的执行器类型

公司名称	阀门执行器产品及类型	总线类型
Keystone 美国	Electrical Actuators（电动执行器）	Modbus
Limitorque 美国	DDC-100TM（电动执行器）	BITBUS
AUMA 美国	Matic（电动执行器）	PROFIBUS
Siemens 德国	SIPART PS2（阀门定位器）	HART
Masoneilan 美国	Smart Valve Positioner（阀门定位器）	HART
Jordan 美国	Electric Actuators（电动执行器）	HART
ElsagBailey 德国	Contract（电动执行器）	HART
Fisher-Rosmount 美国	DVC5000f Series Digital（控制阀）	FF
Flowserve 美国	Logix14XX（阀门定位器）	FF
	BUSwitch（离散型控制阀）	FF
Yokogawa 日本	YVP（阀门定位器）	FF
Yamatake 日本	SVP3000 Alphaplus AVP303（阀门定位器）	FF
Rotork 英国	FF-01 Network Interface（电动执行器）	FF

现场总线执行器凭借其集成度高、实时性强、可扩展性好和可靠性高等特点，在工业自动化、过程控制和智能制造等领域得到了广泛应用。

2.4　运动控制中的执行机构

在计算机控制的运动控制系统中，还经常用到一些驱动执行机构运动的其他驱动元件，如交流伺服电动机、直流伺服电动机、步进电动机、液压缸、液压阀和液压泵等。电动机的主要任务是将电信号转换成轴上的角位移或角速度以及直线位移或线速度，所以统称为控制电动机。控制电动机和一般的旋转电动机没有本质的区别，但一般旋转电动机的作用是完成能量的转换，对它们的要求是具有高的能量指标，而由于控制系统的要求，控制电动机的主要任务是完成控制信号的传递和转换。常用的伺服电动机有两大类，以交流电源工作的伺服电动机称为交流伺服电动机。以直流电源工作的伺服电动机称为直流伺服电动机。

伺服电动机又称为执行电动机，它具有一种服从控制信号的要求而动作的职能，在信号来到之前，转子静止不动，信号来到之后，转子立即转动；当信号消失时，转子能及时自行停转。按照在自动控制系统中的功能要求，伺服电动机必须具备可控性好、稳定性高和速度快等基本性能。可控性好是指信号消失后，能立即自行停转；稳定性高是指转速随转矩的增加而均匀下降；速度快是指反应快、灵敏。

液压缸、液压阀和液压泵统称液压设备，是利用液压的能源，实现上述电动机的功能。液压设备的主要优点是结构简单、可靠性高、寿命长、力矩大，缺点是动作比较缓慢，控制精度较低。

2.4.1　交流伺服电动机

交流伺服电动机是一种用于精确控制机械系统位置、速度和加速度的电动机，特别适合于需要高动态性能和高精度的工业自动化系统。与直流伺服电动机相比，交流伺服电动机具有更高的功率密度和更好的稳定性，广泛应用于机器人、数控机床、自动化生产线等领域。

1．基本结构

交流伺服电动机的基本结构和异步电动机相似。定子铁心通常用硅钢片叠压而成，其表面的槽内嵌有两相绕组，其中一相绕组是励磁绕组，另一相绕组是控制绕组，两相绕组在空间位置上互差 90°电角度。这两种绕组可有相同或不同的匝数。常用的转子结构有两种形式，一种为笼型转子，这种转子的结构和三相异步电动机的笼型转子完全一样；另一种是非磁性杯型转子。非磁性杯型转子交流伺服电动机的结构如图 2.25 所示。电动机中除了有和一般异步电动机一样的定子外，还有一个内定子，内定子是一个由硅钢片叠成的圆柱体，通常在内定子上不放绕组，只是代替笼型转子铁心作为磁路的一部分，在内外定子之间有一个细长的、装在转轴上的杯型转子。杯型转子通常用非磁性材料（铝或铜）制成，壁厚 0.3mm 左右。杯型转子可以在内外定子之间的气隙中自由旋转。电动机靠杯型转子内感应的涡流与主磁场作用而产生电磁转矩。杯型转子交流伺服电动机的优点为转动惯量小，摩擦转矩小，因此适应性

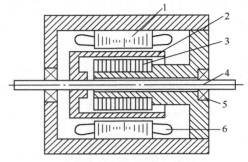

图 2.25　非磁性杯型转子交流伺服电动机结构

1—外定子铁心　2—杯型转子　3—内定子铁心
4—转轴　5—轴承　6—定子绕组

强；另外运转平滑，无抖动现象。其缺点是由于存在内定子，气隙较大，励磁电流大，因此体积也较大。

2．工作原理

交流伺服电动机的原理如图 2.26 所示，图中 f 和 C 表示装在定子上的两个绕组，它们在空间相差 90°电角度。绕组 f 有定值交流电压励磁，称为励磁绕组；绕组 C 是由伺服放大器供电而进行控制的，故称为控制绕组；转子为笼型。

交流伺服电动机的工作原理与单相异步电动机相似，当它在系统中运行时，励磁绕组固定地接到交流电源上，当控制绕组上的控制电压为零时，气隙内磁场为脉振磁场，电动机无起动转矩，转子不转。若有控制电压加在控制绕组上，且控制绕

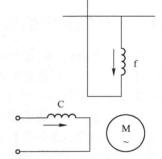

图 2.26　交流伺服电动机原理图

组内流过的电流和励磁绕组的电流不同相，则在气隙内会建立一定大小的旋转磁场。此时，就电磁过程而言，就是一台分相式的单相异步电动机，因此电动机就有了起动转矩，转子就立即旋转。但是，这种伺服性仅仅表现在伺服电动机原来处于静止状态下。伺服电动机在自动控制系统中起执行命令的作用，因此不仅要求它在静止状态下能服从控制电压的命令而转动，而且要求它在受控起动以后，一旦信号消失，即控制电压除去，电动机立即停转。如果伺服电动机的参数设计得和一般单相异步电动机差不多，它就会和单相异步电动机一样，电动机一经转动，即使在单相励磁下，也会继续转动，这样电动机就会失去控制。伺服电动机的这种失控而自行旋转的现象称为"自转"。

自转现象显然不符合可控性的要求，那么，怎么样消除"自转"这种失控现象呢？

从单相异步电动机理论可知，单相绕组通过电流产生的脉振磁场可以分解为正向旋转磁场和反向旋转磁场。正向旋转磁场产生正转矩 T_+，起拖动作用；反向旋转磁场产生负转矩 T_-，起制动作用。正转矩 T_+ 和负转矩 T_- 与转差率 s 的关系如图 2.27 虚线所示，电动机的电磁转矩 T 应为正转矩 T_+ 和负转矩 T_- 的合成，在图中用实线表示。

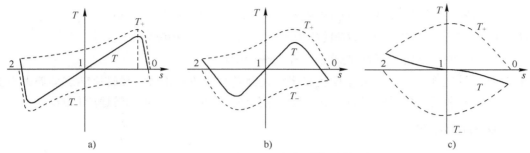

图 2.27　交流伺服电动机自转的消除

如果交流伺服电动机的参数与一般的单相异步电动机一样，那么转子电阻较小，其机械特性如图 2.27a 所示，当电动机正向旋转时，$s_+ < 1$，$T_+ > T_-$，合成转矩即电动机电磁转矩 $T = T_+ - T_- > 0$，因此，即使控制电压消失后，即 $U_c = 0$，电动机在只有励磁绕组通电的情况下运行，仍有正向电磁转矩，电动机转子仍会继续旋转，只不过电动机转速稍有降低而已，于是产生"自转"现象而失控。

"自转"的原因是控制电压消失后，电动机仍有与原转速方向一致的电磁转矩。消除"自转"的方法是消除与原转速方向一致的电磁转矩，同时产生一个与原转速方向相反的电磁转矩，使电动机在 $U_c = 0$ 时停止转动。可以通过增加转子电阻的办法来消除"自转"。

增加转子电阻后，正向旋转磁场产生的最大转矩 T_{m+} 时的临界转差率 s_{m+} 为

$$s_{m+} \approx \frac{r_2'}{x_1 + x_2} \tag{2.25}$$

s_{m+} 随转子电阻 r_2' 的增加而增加，而反向旋转磁场产生的最大转矩所对应的转差率 $s_{m+} = 2 - s_{m-}$ 相应减小，合成转矩即电动机电磁转矩则相应减小，如图 2.27b 所示。如果继续增加转子电阻，使正向磁场产生最大转矩时的 $s_{m+} \geqslant 1$，正向旋转的电动机在控制电压消失后的电磁转矩为负值，即为制动转矩，使电动机制动到停止；若电动机反向旋转，则在控制电压消失后的电磁转矩为正值，也为制动转矩，也使电动机制动到停止，从而消除"自转"现象，如图 2.27c 所示，因此要消除交流伺服电动机的"自转"现象，在设计电动机时，必须满足：

$$s_{m+} \approx \frac{r_2'}{x_1 + x_2} \geqslant 1 \tag{2.26}$$

即：$r_2' \geqslant x_1 + x_2$。增大转子电阻 r_2'，使 $r_2' \geqslant x_1 + x_2$ 不仅可以消除"自转"现象，还可以扩大交流伺服电动机的稳定运行范围。但转子电阻过大，会降低起动转矩，从而影响快速响应性能。

3．控制方法

伺服电动机不仅需具有起动和停止的伺服性，而且还需具有转速的大小和方向的可控性。

如果将交流伺服电动机的控制电压 $\dot{U}_c$ 的相位改变 180°，则控制绕组内的电流以及由该电流所建立的磁动势在时间上的变化也改变 180°，若控制绕组内的电流原来为超前于励磁电流，相位改变了 180°，即变为滞后于励磁电流。由旋转磁场理论可知，旋转磁场的旋转方向是由电流超前相的绕组转向滞后相的绕组，于是电动机的旋转方向也改变了，因此控制电压 $\dot{U}_c$ 的相位改变 180°，可以改变交流伺服电动机的旋转方向。如果控制电压 $\dot{U}_c$ 的相位不变而大小改变，气隙内旋转磁场的幅值大小也会做相应的改变。从异步电动机的电磁转矩 $T_{em} = C_T \Phi_m I_2 \cos\varphi_2$ 的性质可知，电磁转矩的大小与气隙内旋转磁场的幅值 Φ_m 成正比，电磁转矩改变了，电动机的转速也就会改变，因此改变控制电压 $\dot{U}_c$ 的大小和相位，就可以控制电动机的转速和方向。交流伺服电动机的控制方法有以下三种。

1）幅值控制：保持控制电压 $\dot{U}_c$ 的相位不变，仅仅改变其幅值来控制。

2）相位控制：保持控制电压 $\dot{U}_c$ 的幅值不变，仅仅改变其相位来控制。

3）幅-相控制：同时改变 $\dot{U}_c$ 的幅值和相位来控制。

这三种方法的实质和单相异步电动机一样，都是利用改变正转与反转旋转磁动势大小的比例，来改变正转和反转电磁转矩的大小，从而达到改变合成电磁转矩和转速的目的。

2.4.2 直流伺服电动机

直流伺服电动机的结构和普通小型直流电动机相同，由定子、转子（电枢）、换向器和机壳组成。定子的作用是产生磁场，分为永久磁铁和铁心、线圈绕组组成的电磁铁两种形式；转子由铁心和线圈组成，用于产生电磁转矩；换向器由整流子、电刷组成，用于改变电枢线圈的电流方向，保证电枢在磁场作用下连续旋转。

直流伺服电动机的工作原理和普通直流电动机相同，给电动机定子的励磁绕组通以直流电流，会在电动机中产生磁通，当电枢绕组两端加直流电压并产生电枢电流时，这个电枢电流与磁通相互作用而产生转矩就会使伺服电动机投入工作。这两个绕组其中一个断电时，电动机立即停转，它不像交流伺服电动机那样有"自转"现象，所以直流伺服电动机也是自动控制系统中一种很好的执行元件。直流伺服电动机凭借其高精度、快速响应、良好的稳定性和控制简单等特点，在工业自动化、机器人技术、航空航天和医疗设备等领域得到了广泛应用。

下面介绍直流伺服电动机的控制方式和特性。

交流伺服电动机的励磁绕组与控制绕组均装在定子铁心上，从理论上讲，这两种绕组的相互作用互相对换时，电动机的性能不会出现差异。但直流伺服电动机的励磁绕组和电枢绕组分别装在定子和转子上，由直流电动机的调速方法可知，改变电枢绕组端电压或改变励磁电流进行调速时，特性有所不同。在直流电动机的结构和技术参数确定后，其输出电磁转矩 M 是磁通 Φ 和电枢电流 I_a 的函数。直流伺服电动机电磁转矩和速度控制有两种方法，一种是改变电枢电压即改变电枢电流的方法，另一种是改变励磁电流即改变磁通的方法。

采用调节励磁电流来调节电动机电磁转矩和转速的方法，又称为弱磁调速。由于励磁线圈匝数多，电感大，对应励磁电压、电流变化慢，即响应速度慢，因此，这种方法在直流伺服系统中常作为辅助方法来使用。在大多数情况下，直流电动机的速度控制都采用调节电枢电压的方法，即保持励磁电流不变，电磁转矩是电枢电流的一元函数，不仅控制方便，而且时间常数小、响应速度快、输出转矩大、线性较好。

在输入的电枢电压 U_c 保持不变时，电动机的转速随电磁转矩 M 变化而变化的规律称为直流电动机的机械特性，如图 2.28 所示。n_0 为电磁转矩 $M=0$ 时的转速，称为理想空载转速；M_d 是转速 $n_0 =0$ 时的电磁转矩，称为电动机的堵转转矩。斜率反映了电动机电磁转矩变化引起电动机转速变化的程度。斜率越大，电动机的机械特性越软；斜率越小，电动机的机械特性越硬。在直流伺服系统中，总是希望电动机的机械特性硬一些，这样，当带动的负载变化时，引起的电动机转速变化小，有利于提高直流电动机的速度稳定性。

直流电动机在一定的电磁转矩 M（或负载转矩）下，电动机的稳态转速 n 随电枢的控制电压 U_c 变化而变化的规律，称为直流电动机的调节特性，如图 2.29 所示。其中，$n = K(U_c - U_{c0})$。U_{c0} 为起动电压，即电动机处于待转动而未转动的临界状态的控制电压。当负载越大时，其起动电压越大，直流电动机起动时，控制电压从零到 U_{c0} 的这段范围内，电动机不转动，这一区域称为电动机的死区。斜率 K 反映了电动机转速 n 随控制电压 U_c 的变化而变化快慢的关系，其大小与负载大小无关，仅取决于电动机本身的结构和技术参数。

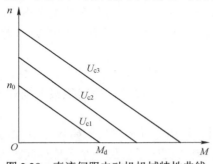

图 2.28   直流伺服电动机机械特性曲线

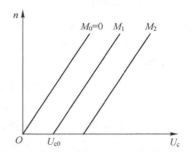

图 2.29   直流伺服电动机调节特性曲线

从上述分析可知，电枢控制时的直流伺服电动机的机械特性和调节特性都是线性的，而且不存在"自转"现象，在自动控制系统中是一种很好的执行元件。

2.4.3   步进电动机

步进电动机也是计算机控制系统中常用的一种执行元件。其作用是将脉冲电信号转换成相应的角位移或直线位移，即给一个脉冲信号，电动机就转动一个角度或前进一步，故称为步进电动机或脉冲电动机。

在非超载的情况下，步进电动机的转速、停止的位置只取决于脉冲信号的频率和脉冲数，而不受负载变化的影响，即给电动机加一个脉冲信号，电动机则转过一个步距角。这一线性关系的存在，加上步进电动机只有周期性的误差而无累积误差等特点，使得在速度、位置等控制领域采用步进电动机来控制变得非常简单。

步进电动机的角位移量 θ 或线位移量 s 与脉冲数 k 成正比；它的转速 n 或线速度 v 与脉冲频率 f 成正比。在负载能力范围内这些关系不因电源电压、负载大小、环境条件的波动而变化，因而可用于开环系统中作为执行元件，使控制系统大为简化。步进电动机可以在很宽的范围内通过改变脉冲频率来调速；能够快速起动、反转和制动。它不需要变换能直接将数字脉冲信号转换为角位移，很适合采用计算机控制。步进电动机作为控制执行元件，是机电一体化的关键产品之一，广泛应用在各种自动化控制系统和精密机械等领域。随着微电子和计算机技术的发展，步进电动机的需求量与日俱增，在国民经济各个领域都有应用。

步进电动机种类很多，按照结构和工作原理可分为反应式步进电动机、永磁式步进电动机、混合式步进电动机和特种步进电动机 4 种主要形式。虽然这 4 种形式的电动机结构和工作原理各有不同，但其基本工作原理是相同的。下面以三相反应式步进电动机为例介绍步进电动机的基本结构和工作原理。

1. 结构

图 2.30 为三相反应式步进电动机的结构示意图，它的定子、转子用硅钢片或其他软磁材

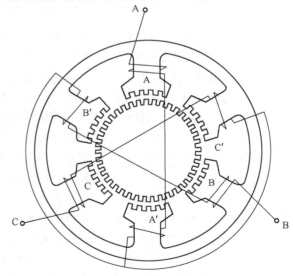

图 2.30   步进电动机结构示意图

料制成，定子上有 6 个等分的磁极，相邻磁极间的夹角为 60°。相对的两个磁极组成一相，磁极对数为 3。定子每对磁极上有一相绕组，每个磁极上各有 5 个均匀分布的矩形小齿。电动机转子上没有绕组，而是有 40 个矩形小齿均匀分布在圆周上，相邻两个齿之间的夹角为 9°。定子和转子上的矩形小齿的齿距、齿宽相等。

2. 工作原理

图 2.31 为一台三相六拍反应式步进电动机，定子上有三对磁极，每对磁极上绕有一相控制绕组，转子有四个分布均匀的齿，齿上没有绕组。

当 A 相控制绕组通电，而 B 相和 C 相不通电时，步进电动机的气隙磁场与 A 相绕组轴线重合，而磁力线总是力图从磁阻最小的路径通过，故电动机转子受到一个反应转矩，在步进电动机中称为静转矩。在此转矩的作用下，转子的齿 1 和齿 3 旋转到与 A 相绕组轴线相同的位置上，如图 2.31a 所示，此时整个磁路的磁阻最小，此时转子只受到径向力的作用而反应转矩为零。如果 B 相通电，A 相和 C 相断电，那转子受反应转矩而转动，使转子齿 2 齿 4 与定子极 B′ 对齐，如图 2.31b 所示，此时，转子在空间上逆时针转过的空间角为 30°，即前进了一步，转过这个角叫作步距角，同样地，如果 C 相通电，A 相 B 相断电，转子又逆时针转动一个步距角，使转子的齿 1 和齿 3 与定子极 C、C′ 对齐，如图 2.31c 所示。如此按 A-B-C-A 顺序不断地接通和断开控制绕组，电动机便按一定的方向一步一步地转动，若按 A-C-B-A 的顺序通电，则电动机反向一步一步转动。

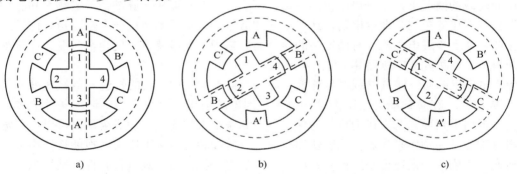

图 2.31　三相六拍反应式步进电动机的工作原理图

在步进电动机中，控制绕组每改变一次通电方式，称为一拍，每一拍转子就转过一个步距角，上述的运行方式每次只有一个绕组单独通电，控制绕组每换接三次构成一个循环，故这种方式称为三相单三拍。若按 A-AB-B-BC-C-CA-A 的顺序通电，则称为三相六拍，因单相通电和两相通电轮流进行，故又称为三相单、双六拍。

三相单、双六拍运行时步距角与三相单三拍不一样。当 A 相通电时，转子齿 1、3 和定子磁极 A、A′ 对齐，与三相单三拍一样，如图 2.32a 所示。当控制绕组 A 相 B 相同时通电时，转子齿 2、4 受到反应转矩使转子逆时针方向转动，转子逆时针转动后，转子齿 1、3 与定子磁极 A、A′ 轴线不再重合，从而转子齿 1、3 也受到一个顺时针的反应转矩，当这两个方向相反的转矩大小相等时，电动机转子停止转动，如图 2.32b 所示。当 A 相控制绕组断电而只由 B 相控制绕组通电时，转子又转过一个角度使转子齿 2、4 和定子磁极 B、B′ 对齐，如图 2.32c 所示，即三相六拍运行方式两拍转过的角度刚好和三相单三拍运行方式一拍转过的角度一样，也就是说，三相六拍运行方式的步距角是三相单三拍的一半，即为 15°。接下来的通电顺序为 BC-C-CA-A，运行原理与前半段 A-AB-B 方式一样，即通电方式每变换一次，转子继续按逆时针转过一个步距角

（$\theta_S = 15°$）。如果改变通电顺序，按 A-AC-C-CB-B-BA-A 步转动，步距角 θ_S 也是 15°。

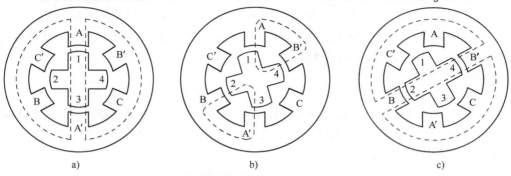

图 2.32　步进电动机的三相单、双六拍运行方式

由上面的分析可知，同一台步进电动机，其通电方式不同，步距角可能不一样，采用单、双拍通电方式，其步距角 θ_S 是单拍或双拍的一半；采用双极通电方式，其稳定性比单极要好。

上述结构的步进电动机无论采用哪种通电方式，步距角要么为 30°，要么为 15°，都太大，无法满足生产中对精度的要求，在实践中一般采用转子齿数很多、定子磁极上带有小齿的反应式结构，转子齿距与定子齿距相同，转子齿数根据步距角的要求初步决定，但准确的转子齿数还要满足自动错位的条件。

3. 驱动电源

步进电动机的控制绕组中需要一系列的有一定规律的电脉冲信号，从而使电动机按照生产要求运行。这个产生一系列有一定规律的电脉冲信号的电源称为驱动电源。

步进电动机的驱动电源主要包括变频信号源、脉冲分配器和脉冲放大器三个部分，其框图如图 2.33 所示。

图 2.33　步进电动机驱动电源框图

4. 应用

步进电动机是用脉冲信号控制的，步距角和转速大小不受电压波动和负载变化的影响，也不受各种环境条件诸如温度、压力、振动、冲击等影响，而仅仅与脉冲频率成正比。通过改变脉冲频率的高低可以大范围地调节电动机的转速，并能实现快速起动、制动、反转，而且有自锁的能力，不需要机械制动装置，不经减速器也可获得低速运行。它每转过一周的步数是固定的，只要不丢步，角位移误差不存在长期积累的情况，主要用于数字控制系统中，精度高，运行可靠。

2.4.4　液压缸

液压缸是将液压能转变为机械能的、做直线往复运动（或摆动运动）的液压执行元件。用它来实现往复运动时，可免去减速装置，运动平稳，因此在各种机械的液压系统中得到广泛应用。液压缸输出力和活塞有效面积及其两边的压差成正比；液压缸由缸筒和缸盖、活塞和活塞杆、密封装置、缓冲装置与排气装置组成。缓冲装置与排气装置视具体应用场合而定，其他装置则必不可少。液压缸凭借其强大的输出力、精确的控制、稳定的运动、宽广的工作范围、较强的恶劣环境适应能力、简单的结构和可靠性、灵活的安装方式、高效率和低噪声等特点，在工业和机械应用中具有不可替代的地位。

液压缸的结构形式多种多样，其分类方法也有多种：按运动方式可分为直线往复运动式和回转摆动式；按受液压力作用情况可分为单作用式、双作用式；按结构形式可分为活塞式、柱塞式、多级伸缩套筒式、齿轮齿条式等；按安装形式可分为拉杆、耳环、底脚、铰轴等；按压力等级可分为16MPa、25MPa、31.5MPa等。

1．活塞式液压缸

（1）双杆活塞式液压缸

活塞上所固定的活塞杆从液压缸两侧伸出的液压缸，称为双杆活塞液压缸，也称为双出杆液压缸。图 2.34 所示为双杆活塞式液压缸，它是双作用液压缸，其活塞两侧都可以被加压，因此它们都可以在两个方向上做功。

图 2.34　双杆活塞式液压缸结构及实物图

（2）单杆活塞式液压缸

活塞杆仅从液压缸的某一侧伸出的液压缸，称为单杆活塞液压缸，也称为单出杆液压缸，如图 2.35 所示。

2．柱塞式液压缸

柱塞式液压缸是一种单作用液压缸。图 2.36 所示为一种单杆柱塞缸，压力油进入缸筒时，柱塞带动运动部件向外伸出，但反向退回时必须依靠其他外力或自重才能实现，或将两个柱塞缸成对反向使用。

图 2.35　单杆活塞式液压缸剖面结构及实物图

图 2.36　柱塞式液压缸结构示意图

3．摆动式液压缸

摆动式液压缸又称回转式液压缸，也称摆动液压马达。当它通入液压油时，主轴可以输出小于 360°的往复摆动，常用于夹紧装置、送料装置、转位装置以及需要周期性进给的系统中。摆动缸根据结构主要有叶片式和齿轮齿条式两大类。叶片式摆动缸又分为单叶片和双叶片两种；齿轮齿条又可分为单作用齿轮齿条式、双作用齿轮齿条式和双缸齿轮齿条式等几种。其结构图及实物图如图 2.37 所示。

图 2.37　摆动式液压缸结构图及实物图

4．缓冲装置

在液压系统中使用液压缸驱动具有一定质量的机构，当液压缸运动至行程终点时具有较大动能，如未做减速处理，液压缸活塞与缸盖将发生机械碰撞，产生冲击、噪声，有破坏性。为缓和及防止这种危害发生，可在液压回路中设置减速装置或在缸体内设缓冲装置。

2.4.5　液压阀

液压阀是液压传动中用来控制液体压力、流量和方向的元件。其中控制压力的称为压力控制阀,控制流量的称为流量控制阀,控制通、断和流向的称为方向控制阀。液压阀是一种用压力油操作的自动化元件,它受配压阀压力油的控制,通常与电磁配压阀组合使用,可用于远距离控制水电站油、气、水管路系统的通断,常用于夹紧、控制、润滑等油路。液压阀有直动型与先导型之分,多用先导型。

1. 分类

液压阀的种类很多,按不同的分类方法可有许多种类型。

(1)按功能分

1)压力控制阀:溢流阀、减压阀、顺序阀等。

2)方向控制阀:单向阀、电磁换向阀、电液换向阀等。

3)流量控制阀:节流阀、调速阀、溢流节流阀、分流阀等。

(2)按液压系统的压力分

1)低压阀:允许使用压强≤6MPa。

2)中压阀:允许使用压强≤16MPa。

3)高压阀:允许使用压强>16MPa。

(3)按阀的工作方式分

1)开关型液压阀:工作在开和关两种工作状态,通过控制电磁铁的通断来实现。

2)模拟量液压阀:连续控制液压系统的压力、流量的变化,如比例阀、伺服阀,它是通过对比例电磁铁输入连续变化的模拟量信号来实现的。

2. 特点

1)动作灵活,作用可靠,工作时冲击和振动小,噪声小,使用寿命长。

2)流体通过液压阀时,压力损失小;阀口关闭时,密封性能好,内泄漏小,无外泄漏。

3)所控制的参量(压力或流量)稳定,受外部干扰时变化量小。

4)结构紧凑,安装、调试、使用、维护方便,通用性好。

液压阀作为液压系统的关键控制元件,其性能和可靠性直接影响液压系统的工作效率和稳定性。定期的维护和保养是保证液压阀长期稳定运行的关键。

2.4.6 液压泵

液压泵是液压系统的动力元件,是靠发动机或电动机驱动,从液压油箱中吸入油液,形成压力油排出,送到执行元件的一种装置。

1. 分类

液压泵的分类方法很多,按流量是否可调节分为变量泵和定量泵。输出流量可以根据需要来调节的称为变量泵,输出流量不能调节的称为定量泵。按液压系统中常用的泵结构分为齿轮泵、叶片泵、柱塞泵和螺杆泵。

齿轮泵:体积较小,结构较简单,对油的清洁度要求不严,价格较便宜;但泵轴受不平衡力,磨损严重,泄漏较大。

叶片泵:分为双作用叶片泵和单作用叶片泵。这种泵流量均匀、运转平稳、噪声小、工作压力和容积效率比齿轮泵高、结构比齿轮泵复杂。

柱塞泵:容积效率高、泄漏小,可在高压下工作,大多用于大功率液压系统;但结构复杂,材料和加工精度要求高、价格贵,对油的清洁度要求高。

螺杆泵:螺杆泵实质上是一种外啮合的摆线齿轮泵,泵内的螺杆可以有两个,也可以有 3

个。螺杆泵结构简单、紧凑，体积小，质量轻，运转平稳，输油均匀，噪声小，允许采用高转速，容积效率较高（达 90%～95%），对油液的污染不敏感，因此，它在一些精密机床的液压系统中得到了应用。螺杆泵的主要缺点是螺杆的形状复杂，加工较困难，不易保证精度。

2．性能参数

（1）液压泵压力

液压泵工作压力是指泵在实际工作时输出（或输入）油液的压力，由外负载决定。

额定压力是指在正常工作条件下，按试验标准规定能连续运转的最高压力。其大小受寿命的限制，若超过额定压力工作，泵的使用寿命将会比设计的寿命短。当工作压力大于额定压力时称为超载。

（2）转速

工作转速是指泵在工作时的实际转动速度。

额定转速是指在额定压力下，能连续长时间正常运转的最高转速。若泵超过额定转速工作将会造成吸油不足，产生振动和大的噪声，零件会遭受气蚀损伤，寿命降低。

最低稳定转速是指泵正常运转所允许的最低转速。在此转速下，泵不出现爬行现象。

（3）排量、流量

排量是指泵每转一周，由密封容腔几何尺寸变化而得的排出（或输入）液体的体积，常用单位是 mL/r（毫升/转）。排量可以通过调节发生变化的称为变量泵，排量不能变化的称为定量泵。

实际流量是指泵工作时出口处（或进口处）的流量。由于泵本身存在内泄漏，其实际流量小于理论流量。

（4）效率

容积效率，对液压泵是指其实际流量与理论流量的比值。

机械效率，对液压泵是指其理论转矩与实际输入转矩的比值。

总效率是指泵的输出功率与输入功率的比值。总效率等于容积效率与机械效率的乘积。

液压泵是液压系统中的关键部件之一，用于将机械能转换为液压能，通过加压液体介质来传递和控制能量。液压泵因其高效能和可靠性而被广泛应用于工程机械、制造设备、船舶、航空航天等领域。

习题

1．什么叫传感器及变送器？

2．简述压力检测的主要方法和分类。

3．简述温度检测的主要方法和分类。

4．简述热电偶测温的原理。

5．物位仪表分为哪几类？

6．简述电容式差压变送器的工作原理。

7．简述常用执行机构和执行器的工作原理。

8．简述 TT302 温度变送器的结构和工作原理。

9．简述交流、直流伺服电动机的工作原理。

10．简述步进电动机的工作原理。

11．简述液压缸的分类。

12．简述液压阀的分类和特点。

13．简述液压泵的分类和性能参数。

第3章 总线与网络通信技术

计算机内部各部件、计算机控制系统内部的不同设备之间以及计算机控制系统与其他系统之间经常需要借助于计算机总线和一些通信技术来实现数据传输和信息交换。随着工业生产规模的持续扩大，计算机控制系统的复杂度显著提升，常常需要多台计算机协同作业，以高效完成复杂的控制与管理任务。这一过程中，计算机总线和先进的通信技术成为数据传输与信息交换的基石，确保系统各组成部分间的无缝衔接。工业控制网络，鉴于其对稳定性和实时性的严苛要求，相较于普通计算机网络，展现出独特的技术特性与优势，并随着技术的演进不断发展与创新。本章将系统地介绍计算机总线技术、计算机网络技术、数据通信技术、无线通信技术的最新进展以及工业控制网络的最新发展与应用。

第3章微课视频

3.1 计算机总线

随着微处理器技术的飞速发展，计算机的应用领域不断扩大，与之相应的总线技术也得到不断创新。先后出现了 ISA、MCA、EISA、PCI、PCI Express、IEEE-1394、USB 等总线技术，同时专门面向工业控制的 CAN、FF、PROFIBUS 等现场总线技术也逐步得到应用，这使得总线技术不断提高，总线的数据传输速率也不断提升。

3.1.1 总线的基本概念

一般来说，总线就是一组线的集合，它定义了各引线的电气、机械、功能和时序特性，使计算机系统内部的各部件之间以及外部的各系统之间建立信号联系，进行数据传递。采用总线标准的目的主要有两条：一是生产厂商能按照统一的标准设计制造计算机；二是用户可以把不同生产厂商制造的各种型号的模板或设备用一束标准总线互相连接起来，因而可方便地按各自需要构成各种用途的计算机系统。

采用总线标准设计、生产的计算机模板和设备具有很强的兼容性，因为接插件的机械尺寸、各引脚的定义、每个信号的电气特性和时序等都遵守统一的总线标准。按照统一的总线标准设计和生产出来的计算机模板和设备，经过不同的组合，可以配置成各种用途的计算机系统，在此基础上设计的软件具有很好的兼容性，便于系统的扩充和升级。另外，采用总线标准设计的系统便于故障诊断和维修，同时也降低了生产和维护成本。

1. 总线的分类

总线技术应用十分广泛，从芯片内部各功能部件的连接，到芯片间的互联，再到由芯片组成的板卡模块的连接，以及计算机与外部设备之间的连接，甚至现在工业控制中应用十分广泛的现场总线，都是通过不同的总线方式实现的。

总线的分类方法比较多，按照不同的分类方法，总线有不同的名称。

（1）按照总线内部信息传输的性质分类

一般地，总线的数目、定义各不相同，但按照总线内部信息传输的性质，通常可以把总线分为数据总线（DB）、地址总线（AB）、控制总线（CB）和电源总线（PB）四部分，如图 3.1 所示。

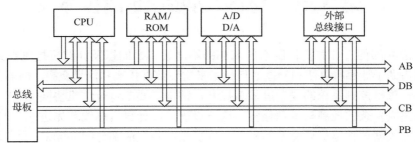

图 3.1　内部总线的结构

数据总线用于传送数据信息。数据总线是双向三态形式的总线，既可以把 CPU 的数据传送到存储器或 I/O 接口等其他部件，也可以将其他部件的数据传送到 CPU。数据总线的位数是计算机的一个重要指标，通常与 CPU 的字长相一致。例如，Intel 8086CPU 字长 16 位，其数据总线宽度也是 16 位。

地址总线是专门用来传送地址的，由于地址只能从 CPU 传向 I/O 端口或外部存储器，所以地址总线总是单向三态的，这与数据总线不同。地址总线的位数决定了 CPU 可直接寻址的内存空间大小，比如 16 位 CPU 的地址总线为 20 位，其可寻址空间为 1MB。

控制总线包括控制、时序和中断信号线，用于传递各种控制信息，如读/写信号、片选信号、中断响应信号等由 CPU 发出的信号，以及中断请求信号、复位信号、总线请求信号等发给 CPU 的信号。因此，控制总线的传送方向由具体控制信号而定，一般是双向的，控制总线的位数要根据系统的实际控制需要而定。

电源总线 PB 用于向系统提供电源。电源线和地线数目的多少取决于电源的种类和地线的分布与用法。

（2）按照总线在系统结构中的层次位置分类

依据总线在系统结构中的层次位置，一般把总线分为片内总线、内部总线和外部总线。

片内总线是在集成电路的内部，用来连接各功能单元的信息通路。由于受芯片面积及对外引脚数的限制，片内总线大多采用单总线结构，这有利于芯片集成度和成品率的提高，而对于内部数据传送速度要求较高的，也可采用双总线或三总线结构。如 CPU 芯片内部的总线，是连接 ALU、寄存器、控制器等部件的信息通路，这种总线一般由芯片生产厂家设计，计算机系统设计者并不关心，但随着微电子学的发展，出现了 ASIC 技术，用户也可以按照自己的要求借助于适当的 EDA 工具，选择适当的片内总线，设计自己的芯片。

内部总线又称为系统总线或板级总线，是计算机系统内部的模板和模板之间进行通信的总线。系统总线是计算机系统中最重要的总线，平常所说的计算机总线就是指系统总线，如 STD 总线、PC 总线、ISA 总线和 PCI 总线等。在计算机内部，计算机主板以及其他一些插件板卡（如各种 I/O 接口板卡），它们本身就是一个完整的子系统，板卡上包含有 CPU、RAM、ROM 和 I/O 接口等各种芯片，这些芯片间也是通过总线来连接的。相对于一台完整的计算机来说，各种板卡只是一个子系统，是一个局部，故又称为局部总线。因此，可以说局部总线是计算机内部各外围芯片与处理器之间的总线，用于芯片一级的互连；而系统总线是计算机中各插件板与系统板之间的总线，用于插件板一级的互连。

内部总线按各部分传输的数据性质可以分为数据总线、地址总线、控制总线和电源总线，完成对存储器或外设数据等的寻址与传送。采用内部总线母板结构，母板上各插座的同号引脚连在一起，组成计算机系统的各功能模板插入插座内，由总线完成系统内各模板间的信息传送，从而构成完整的计算机系统。内部总线标准的机械要素包括模板尺寸、接插件尺寸和针数，电气要素包括信号的电平和时序。

计算机系统与系统之间或计算机系统与外设之间的信息通路，称为外部总线，如 RS-232-C 总线、IEEE-488 总线和 USB 等。外部总线标准的机械要素包括接插件型号和电缆线，电气要素包括发送与接收信号的电平和时序，功能要素包括发送和接收双方的管理能力、控制功能和编码规则等。

图 3.2 给出了一般计算机总线结构示意图。可以看出，计算机系统的构成除了需要各种功能模板之外，还需要内部总线将各种功能相对独立的模板有机地连接起来，完成系统内部各模板之间的信息传送。计算机系统与系统之间通过外部总线进行信息交换和通信，以便构成更大的系统。

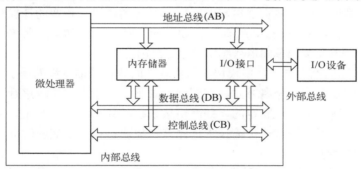

图 3.2　计算机总线结构示意图

（3）按照总线的数据传输方式分类

依据总线的数据传输方式，一般把总线分为串行总线和并行总线。

串行总线只使用一根数据信号线进行数据传输，数据在一根数据信号线上一位一位地进行传输，每一位数据都占据一个固定的时间长度。

并行总线使用多根数据信号线进行数据传输，各位数据在多根数据信号线上并行地进行传输，每一位数据都占据一根数据信号线。

计算机的内部总线一般都是并行总线，而计算机的外部总线通常分为并行总线和串行总线两种。比如 IEEE-488 总线为并行总线，RS-232-C 总线为串行总线。并行总线的优点是信号线各自独立，信号传输快，接口简单；缺点是电缆数多，由于工作频率较高时，并行的信号线之间会产生严重干扰，对每条线等长的要求也越高，所以无法持续提升工作频率。串行总线的优点是电缆线数少，便于远距离传送，同时串行传输抗干扰能力很强，容易达到较高的频率，从而获得更高的数据传输率；缺点是在同等工作频率下信号传输慢，接口复杂。

（4）按照总线的数据传输方向分类

依据总线的数据传输方向，一般把总线分为单向总线和双向总线。

单向总线中，数据信息只能从总线的一端向另一端发送，而双向总线两端均能发送数据。在计算机系统总线中，通常地址总线是单向总线，数据总线是双向总线。

2．总线的主要性能指标

尽管各种总线在设计上有许多不同之处，但从总体原则上，一种总线性能的高低是可以通过一些性能指标来衡量的。

一般从如下几个方面评价一种总线的性能高低：

1）总线时钟频率。总线的工作频率，以 MHz 表示，它是影响总线传输速率的重要因素之一。

2）总线宽度，又称总线位宽，是总线可同时传输的数据位数，用 bit（位）表示，如 8位、16 位和 32 位等。显然，总线的宽度越大，它在同一时刻就能够传输更多的数据。

3）总线传输速率，又称总线带宽，是指在总线上每秒钟传输的最大字节数，用 MB/s 表示，即每秒多少兆字节。影响总线传输速率的因素有总线宽度、总线频率等。一般地，

$$总线带宽(MB/s)= 1/8×总线宽度×总线频率 \qquad (3.1)$$

若总线工作频率 8MHz，总线宽度 8 位，则最大传输速率为 8MB/s。若工作频率 33.3MHz，总线宽度 32 位，则最大传输速率为 133MB/s。

有的地方也用 Mbit/s 作为总线带宽的单位，但此时在数值上应等于式（3.1）计算数值乘以8。以上公式主要是针对并行总线，而串行总线与并行总线的计算方式稍有不同。串行总线常常采用多条管线（或通道）的做法实现更高的速度。对这类总线，带宽的计算公式就等于"总线频率×管线数"，例如，PCI Express 就有×1、×2、×4、×8、×16 和×32 等多个版本，在第一代 PCI Express 技术中，单通道的单向信号频率可达 2.5GHz。

4）总线数据传输的握手方式。主模块与从模块之间数据传输过程的握手方式主要有同步方式、异步方式、半同步方式和分离方式。在同步方式下，总线上主模块进行一次传输所需的时间（即传输周期或总线周期）是固定的，并严格按系统时钟来统一定时主、从模块之间的传输操作。在异步方式下，采用应答式传输技术，允许从模块自行调整响应时间，即传输周期是可以改变的，故总线带宽减少。

5）多路复用。通常地址总线与数据总线在物理上是分开的两种总线。地址总线传输地址信息，数据总线传输数据信息。为了提高总线的利用率，将地址总线和数据总线共用一条物理线路，某一时刻该总线传输地址信号，另一时刻传输数据信号或命令信号，这叫总线的多路复用。采用多路复用技术，可以减少总线的数目。

6）总线控制方式，如传输方式、并发方式、设备配置方式、中断分配及仲裁方式等。

7）其他性能，如负载能力、电源电压、能否扩展总线宽度等指标。

表 3.1 给出了几种计算机总线的性能参数，从表中可以看出计算机总线技术的发展。

表 3.1　几种计算机总线性能参数

名称	ISA（PC-AT）	EISA	STD	MCA	PCI
适用机型	80286、386、486系列机	386、486、586IBM 系列机	Z-80、IBM-PC 系列机	IBM 个人机与工作站	P5 个人机、PowerPC, Alpha工作站
最大传输速率	16MB/s	33MB/s	2MB/s	33MB/s	133MB/s
总线宽度	8/16 位	32 位	8/16 位	32 位	32 位
总线频率	8MHz	8.33MHz	2MHz	10MHz	20～33MHz
同步方式	半同步	同步	异步	异步	同步
地址宽度	24	32	24	32	32/64
负载能力	8	6	无限制	无限制	3
信号线数	98	143	56	109	120
64 位扩展	不可	无规定	不可	可	可
多路复用	非	非	非	是	是

3．总线标准与模板化结构

（1）总线标准

随着计算机的广泛应用，不同用户对计算机系统功能的要求各不相同。计算机厂商为了满足用户的需要，除了以整机形式向用户出售计算机系统外，更多的则是以芯片组装成的各种插件板/卡形式出售，用户可以根据个性化需求购买相应的计算机零部件并组装成满足自己需要的计算机系统。这就要求各厂商生产的芯片和插件板/卡能相互兼容，而要互相兼容必然要求插件板/卡的几何尺寸相同，引线信号的数目和时序相同，这就要求计算机系统总线采用统一的标准，以便各计算机零部件生产厂商生产面向总线标准的计算机零部件。

所谓总线标准就是对系统总线的插座尺寸、引线数目、信号和时序所做的统一规定。在采用标准总线的系统中，底板上各插座的对应引脚都是并联在一起的，不同的插件板/卡只要满足该总线标准，就可以插在任意插座上，为用户进行功能扩充或升级提供方便。这样为了提高计算机系统的通用性、灵活性和扩展性，计算机的各部件采用模板化结构，再通过总线把各模板连接起来，称为总线的模板化结构，其核心是设计若干块通用的功能模板。

一般地，总线标准主要包括以下几方面的特性。

1）机械特性：规定模板尺寸、插头、连接器的形状、尺寸等规格位置，如插头与插座使用的标准，它们的几何尺寸、形状、引脚的个数以及排列的顺序，接头处的可靠接触等。

2）电气特性：规定信号的逻辑电平、最大额定负载能力、信号传递方向及电源电压等；并规定总线中有效的电平范围。

3）功能特性：规定每个引脚名称、功能、时序及适用协议，如地址总线用来指出地址；数据总线传递数据；控制总线发出控制信号等。

4）时间特性：时间特性是指总线中的任一根线在什么时间内有效。每条总线上的各种信号，互相存在着一种有效时序的关系，因此，时间特性一般可用信号时序图来描述。

（2）总线的模板化结构

工业控制计算机是面向工业生产过程的，不同行业的生产过程使用不同的原料，生产不同的产品。因此，不可能设计出多种固定配置的计算机来应用于各种不同的生产过程。为了解决这一难题，就需要对计算机和各种被控对象进行分析与综合，针对其共性，设计若干通用功能部件，再按总线标准设计成模板。常用的模板有 CPU、RAM/ROM、A/D、D/A、DI、DO、PIO（并行输入/输出）、SIO（串行输入/输出）等。

通过对模板品种和数量的选择与组合，就可以方便地配置成不同生产过程所需要的工业控制计算机。由于采用了模板化结构，方便了用户的选用。如果生产过程要扩大规模，改进工艺，并相应要求改变计算机的配置或增加功能，会得益于模板化结构的开放性而容易得到满足。所以模板化设计的总线结构提高了系统的灵活性、通用性和扩展性。

模板化设计也为系统的维修提供了方便。由于每块模板功能比较单一，一旦出现故障，也容易判断是哪一块模板的问题。在有备用模板的情况下，立即就可以把坏的模板换下来，系统仍能正常工作。由于模板的总线端都加了驱动和隔离，故障不会扩散到系统中的其他模板上。所以采用模板化设计的总线结构也大大提高了系统的可靠性和可维护性。

模板按功能合理地进行布局设计，总线缓冲模块接近总线插脚端，功能模块在中央，I/O 接口模块靠近引线连接器。对于那些没有 I/O 引线连接器的模板，如 CPU、RAM/ROM 等，这些部分都用作功能模块。这样使功能模板内信号流向几乎呈直线，形成了最短传输途径，减少了分布参数影响，降低了信号线间的相互干扰，提高了模板的可靠性，也便于故障的诊断和维修。

4. 总线仲裁与总线传输

（1）总线仲裁

由于在总线上存在多个设备或部件同时申请占用总线的可能性，为保证同一时刻只能有一个设备获得总线使用权，避免多对部件同时使用总线时发生信息碰撞，需对系统总线进行控制和管理，这就是总线仲裁。总线上所连接的各类设备，按其对总线有无控制功能可分为主设备和从设备两种。主设备对总线享有控制权，从设备只能响应由主设备发来的总线命令。总线上信息的传送是由主设备启动的，如某个主设备欲与另一个设备（从设备）进行通信时，首先由主设备发出总线请求信号，若多个主设备同时要使用总线时，一般采用优先级或公平策略进行仲裁。只有获得总线使用权的主设备才能开始传送数据。

总线仲裁可分集中式和分布式两种，前者将控制逻辑集中在一处（如在 CPU 中），后者将总线控制逻辑分散在与总线连接的各个部件或设备上。集中仲裁是单总线、双总线和三总线结构计算机主要采用的方式，常见的集中仲裁方式主要有链式查询方式、计数器定时查询方式和独立请求总线仲裁方式。

（2）总线传输

系统总线的最基本任务就是传送数据，这里的数据包括程序指令、运算处理的数据、设备的控制命令、状态字以及设备的输入/输出数据等。总线上的数据在主模块的控制下进行传送，从模块没有控制总线的能力，但它可对总线上传来的地址信号进行译码，并接收和执行总线主模块的命令。而在总线传输时间上，按分时方式来解决，即哪个部件获得使用，此刻就由它传送，下一部件获得使用，接着在下一时刻传送。

一般地，总线在完成一次传输周期时，可分为 4 个阶段。

1）申请分配阶段：由需要使用总线的主模块（或主设备）提出申请，经总线仲裁机构决定在下一传输周期是否能获得总线使用权。

2）寻址阶段：取得了使用权的主模块，通过总线发出本次打算访问的从模块（或从设备）的存储地址或设备地址及有关命令，启动参与本次传输的从模块。

3）数据传输阶段：主模块和从模块进行数据交换，数据由源模块发出经数据总线流入目的模块。

4）结束阶段：主模块的有关信息均从系统总线上撤除，让出总线使用权。

3.1.2　常用内部总线

内部总线是计算机内部各功能模板之间进行通信的通道，是构成完整的计算机系统的内部信息枢纽。由于历史原因，目前存在有多种总线标准，国际上已正式公布的总线标准有 STD 总线、ISA 总线、MCA 总线、EISA 总线、PC/104 总线、PCI 总线、PCI Express 总线、USB 总线等。这些总线标准都是在一定的历史背景和应用范围内产生的。

1. STD 总线

STD 总线是美国 PRO-LOG 公司 1978 年推出的一种工业标准计算机总线，STD 是 STANDARD 的缩写。该总线结构简单，全部 56 根引脚都有确切的定义。STD 总线定义了一个 8 位微处理器总线标准，其中有 8 根数据线、16 根地址线、控制线和电源线等，可以兼容各种通用的 8 位微处理器，如 8080、8085、6800、Z80、NSC800 等。通过采用周期窃取和总线复用技术，定义了 16 根数据线、24 根地址线，使 STD 总线升级为 8 位/16 位微处理器兼容总线，可以支持 16 位微处理器，如 8086、68000、80286 等。

1987 年，STD 总线被国际标准化会议定名为 IEEE-961。随着 32 位微处理器的出现，通过附加系统总线与局部总线的转换技术，1989 年美国的 EAITECH 公司又开发出对 32 位微处理器兼容的 STD32 总线。

2. ISA 总线

IBM PC 问世初始，就为系统的扩展留下了余地，设置了 I/O 扩展槽。该 I/O 扩展槽是在系统板上安装的系统扩展总线与外设接口的连接器。通过 I/O 扩展槽，用 I/O 接口控制卡实现主机板与外设的连接。当时 XT 机的数据位宽度只有 8 位，地址总线的宽度为 20 根。在 80286 阶段，以 80286 为 CPU 的 AT 机一方面与 XT 机的总线完全兼容，另一方面将数据总线扩展到 16 位，地址总线扩展到 24 根。IBM 推出的这种 PC 总线成为 8 位和 16 位数据传输的工业标准，被命名为 ISA（Industry Standard Architecture）。

ISA 总线的数据传输速率为 8MB/s，最大传输速率为 16MB/s，寻址空间为 16MB。它是在早期的 62 线 PC 总线的基础上再扩展一个 36 线插槽形成的，分成 62 线和 36 线两段，共计 98 线，其 62 线插槽的引脚排列及定义与 PC 兼容。

3. MCA 总线

由于 ISA 标准的限制，尽管 CPU 性能提高了，但系统总的性能没有根本改变。系统总线上的 I/O 和存储器的访问速度没有很大的提高，因而在强大的 CPU 处理能力与低性能的系统总线之间形成了一个瓶颈。为了打破这一瓶颈，IBM 公司推出第一台 386 计算机时，便突破了 ISA 标准，创造了一个全新的与 ISA 标准完全不同的系统总线标准——MCA（Micro Channel Architecture）标准，即微通道结构。该标准定义系统总线上的数据宽度为 32 位，并支持猝发（Burst Mode）方式，使数据的传输速率提高到 ISA 的 4 倍，达 33Mbit/s，地址总线的宽度扩展为 32 位，支持 4GB 的寻址能力，满足了 386 和 486 处理器的处理能力。

MCA 在一定条件下提高了 I/O 的性能，但它不论在电气上还是在物理上均与 ISA 不兼容，导致用户在扩展总线为 MCA 的计算机上不能使用已有的 I/O 扩展卡。另一个问题是为了垄断市场，IBM 没有将这一标准公诸于世，因而 MCA 没有形成公认的标准。

4. EISA 总线

随着 486 微处理器的推出，I/O 瓶颈问题越来越成为制约计算机性能的关键问题。为冲破 IBM 公司对 MCA 标准的垄断，以 Compaq 公司为首的 9 家兼容机制造商联合起来，在已有的 ISA 基础上，于 1989 年推出了 EISA（Extension Industry Standard Architecture）扩展标准。EISA 具有 MCA 的全部功能，并与传统的 ISA 完全兼容，因而得到了迅速的推广。

EISA 总线主要有以下技术特点：

1）具有 32 位数据总线宽度，支持 32 位地址通路。总线的时钟频率是 33MHz，数据传输速率为 33Mbit/s，并支持猝发传输方式。

2）总线主控（Bus Master）技术。扩展卡上有一个称为总线主控的本地处理器，它不需要系统主处理器的参与，而直接接管本地 I/O 设备与系统存储器之间的数据传输，从而能使主处理器发挥其强大的数据处理功能。

3）与 ISA 总线兼容，支持多个主模块。总线仲裁采用集中式的独立请求方式，优先级固定。EISA 提供了中断共享功能，允许用户配置多个设备共享一个中断。而 ISA 不支持中断共享，有些中断分配给某些固定的设备。

4）扩展卡的安装十分容易，自动配置，无需 DIP 开关。EISA 系统借助于随产品提供的配置文件能自动配置系统的扩展板。EISA 系统对各个插槽都规定了相应的 I/O 地址范围，使用这种 I/O 端口范围的插件不管插入哪个插槽中都不会引起地址冲突。

5）EISA 系统能自动地根据需要进行 32、16、8 位数据间的转换，这保证了不同 EISA 扩展板之间、EISA 系统扩展板与 ISA 扩展板之间的相互通信。

6）具有共享 DMA，总线传输方式增加了块 DMA 方式、猝发方式，在 EISA 的几个插槽和主机板中分别具有各自的 DMA 请求信号线，允许 8 个 DMA 控制器，各模块可按指定优先级占用 DMA 设备。

7）EISA 还可支持多总线主控模块和对总线主控模块的智能管理。最多支持 6 个总线主控模块。

5. PC/104 总线

PC/104 是 ISA（IEEE-996）标准的延伸。1992 年 PC/104 作为基本文件被采纳，叫作 IEEE-P996.1，兼容 PC 嵌入式模块标准。PC/104 是一种专门为嵌入式控制而定义的工业控制总线。IEEE-P996 是 ISA 工业总线规范，IEEE 协会将它定义 IEEE-P996.1，PC/104 实质上就是一种紧凑型的 IEEE-P996，其信号定义和 PC/AT 基本一致，但电气和机械规范却完全不同。其小型化的尺寸（90mm×96mm）、极低的功耗（典型模块为 1~2W）和堆栈的总线形式，受到了众多从事嵌入式产品生产厂商的欢迎，在嵌入式系统领域逐渐流行开来。

6. PCI 总线

微处理器的飞速发展使得增强的总线标准如 EISA 和 MCA 也显得落后。这种发展的不同步，造成硬盘、视频卡和其他一些高速外设只能通过一个慢速而且狭窄的路径传输数据，使得 CPU 的高性能受到很大影响。而局部总线打破了这一瓶颈。从结构上看，局部总线好像是在 ISA 总线和 CPU 之间又插入一级，将一些高速外设如图形卡、网络适配器和硬盘控制器等从 ISA 总线上卸下，直接通过局部总线挂接到 CPU 总线上，使之与高速 CPU 总线相匹配。

PCI 总线（Peripheral Component Interconnect，外围设备互连总线）是 1992 年以 Intel 公司为首设计的一种先进的高性能局部总线。它支持 64 位数据传送、多总线主控模块和线性猝发读写和并发工作方式。

PCI 总线的主要特点如下：

1）高性能。PCI 总线标准是一整套的系统解决方案。它能提高硬盘性能，可出色地配合影像、图形及各种高速外设的要求。PCI 局部总线采用的数据总线为 32 位，可支持多组外围部件及附加卡。传送数据的最高速率为 132Mbit/s。它还支持 64 位地址/数据多路复用，其 64 位设计中的数据传输速率为 264Mbit/s。而且由于 PCI 插槽能同时插接 32 位和 64 位卡，实现 32 位与 64 位外设之间的通信。

2）线性猝发传输。PCI 总线支持一种称为线性猝发的数据传输模式，可以确保总线不断满载数据。外设一般会由内存某个地址顺序接收数据，这种线性或顺序的寻址方式，意味着可以由某一个地址自动加 1，便可接收数据流内下一个字节的数据。线性猝发传输能更有效地运用总线的带宽传送数据，以减少无谓的地址操作。

3）采用总线主控和同步操作。PCI 的总线主控和同步操作功能有利于 PCI 性能的改善。总线主控是大多数总线都具有的功能，目的是让任何一个具有处理能力的外设暂时接管总线，以加速执行高吞吐量、高优先级的任务。PCI 独特的同步操作功能可保证微处理器能够与这些总线主控同时操作，不必等待后者的完成。

4）具有即插即用（Plug Play）功能。PCI 总线的规范保证了自动配置的实现，用户在安装扩展卡时，一旦 PCI 插卡插入 PCI 槽，系统 BIOS 将根据读到的关于该扩展卡的信息，结合系统的实际情况，自动为插卡分配存储地址、端口地址、中断和某些定时信息。

5）PCI 总线与 CPU 异步工作。PCI 总线的工作频率固定为 33MHz，与 CPU 的工作频率无关，可适合各种不同类型和频率的 CPU。因此，PCI 总线不受处理器的限制。加上 PCI 支持 3.3V 电压操作，使 PCI 总线不但可用于台式机，也可用于便携机、服务器和一些工作站。

6）兼容性强。由于 PCI 的设计是要辅助现有的扩展总线标准，因此它与 ISA、EISA 及 MCA 完全兼容。这种兼容能力能保障用户的投资。

7）低成本、高效益。PCI 的芯片将大量系统功能高度集成，节省了逻辑电路，耗用较少的线路板空间，使成本降低。PCI 部件采用地址/数据线复用，从而使 PCI 部件用以连接其他部件的引脚数减少至 50 以下。

PCI 总线的主要性能如下：

1）总线时钟频率为 33.3MHz/66.6MHz。

2）总线宽度为 32 位/64 位。

3）最大数据传输速率为 133MHz/266MHz。

4）支持 64 位寻址。

5）适应 5V 和 3.3V 电源环境。

PCI 局部总线已形成工业标准。它的高性能总线体系结构满足了不同系统的需求，低成本的 PCI 总线构成的计算机系统达到了较高的性能/价格比水平。因此，PCI 总线被应用于多种平台和体系结构中。

PCI 总线的组件、扩展板接口与处理器无关，在多处理器系统结构中，数据能够高效地在多个处理器之间传输。与处理器无关的特性，使 PCI 总线具有很好的 I/O 性能，最大限度地使用各类 CPU/RAM 的局部总线、各类高档图形设备和各类高速外设，如 SCSI、HDTV、3D 等。PCI 总线特有的配置寄存器为用户使用提供了方便。系统嵌入自动配置软件，在加电时自动配置 PCI 扩展卡，为用户提供了简便的使用方法。

用 PCI 总线构建的计算机系统结构图如图 3.3 所示。CPU/Cache/DRAM 通过一个 PCI 桥连接。外设板卡，如 SCSI 卡、网卡、声卡、视频卡、图像处理卡等高速外设，挂接在 PCI 总线上。基本 I/O 设备，或一些兼容 ISA 总线的外设，挂接在 ISA 总线上。ISA 总线与 PCI 总线之间由扩展总线桥连接。典型的 PCI 总线一般仅支持 3 个 PCI 总线负载，由于特殊环境需要，专门的工业 PCI 总线可以支持多于 3 个的 PCI 总线负载。外插板卡可以是 3.3V 或 5V，两者不可通用。3.3V、5V 的通用板是专门设计的。在图 3.3 所示系统中，PCI 总线与 ISA 总线，或者 PCI 总线与 ESIA 总线，PCI 总线与 MCA 总线是并存在同一系统中。

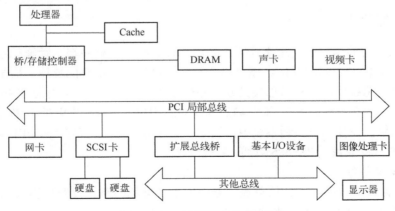

图 3.3　PCI 计算机系统结构图

7．PCI Express 总线

PCI Express（简称 PCI-E）是新型的总线和接口标准，它原来的名称为"3GIO"，由英特尔提出。后交由 PCI-SIG 认证发布后才改名为"PCI Express"。这个新标准的目标是全面取代现行的总线标准，最终实现总线标准的统一。它的主要优势是数据传输速率高，最新的 PCIE5.0 的吞吐量可达 64GB/s，而且还有相当大的发展潜力。

PCI Express 和 PCI 不同的是实现了传输方式从并行到串行的转变。PCI Express 采用点对点的串行连接方式，这和以前的并行通道大为不同，它允许和每个设备建立独立的数据传输通道，不用再向整个系统请求带宽，这样可轻松实现其他接口设备可望而不可即的高带宽。

PCI Express 接口根据总线接口对位宽的要求不同而有所差异，分为 PCI Express1X、2X、4X、8X、16X 甚至 32X，由此 PCI Express 的接口长短也不同。1X 最小，往上则越大。同时，PCI Express 不同接口还可以向下兼容其他 PCI Express 小接口的产品，即 PCI Express 4X 的设备可以插在 PCI Express 8X 或 16X 上进行工作。

PCI Express 主要有如下新功能：

1）性能方面。PCI Express 总线只需要从芯片组中引出很少的引脚，使得主板布线难度大大降低（其引线数目比现在的 PCI 总线减少大约 75%），但是却具有比现在的 PCI 高得多的带宽和传输速率，另外在配置的灵活性方面 PCI Express 也优于 PCI。它可以根据所连接的硬件设备的不同，使用不同的频率同其联系通信。

2）多种连接方式。这是与 PCI 总线非常不同的地方，PCI Express 总线可以"走出机箱"。也就是说，PCI Express 可以如同现在的 USB 或者 Fire wire 一样，通过计算机上的一定接口同外部采用相应符合 PCI Express 标准接口的设备进行连接和通信。

3）点对点总线。相对于 PCI 这种"总线式"的连接方式，一旦 PCI 总线有瓶颈现象发生，将会影响所有连接其上的 PCI 设备。PCI Express 总线采用了点对点技术，这样每个 PCI Express 设备都是直接同系统芯片进行交流，而不再存在带宽问题。

4）高级功能。PCI Express 可以使用多种不同的信号协议，包括它本身的协议。它还具有高级电源管理和监视功能，这样所有的 PCI Express 设备都会支持热插拔。在 PCI Express 中，诸如内存纠错等功能都会成为标准功能。

5）跨平台的兼容性。PCI Express 最大的优点之一就是它的跨平台兼容性。符合 PCI2.3 规范的板卡可以在低带宽的 PCI Express 插槽上使用。采用了点到点连接技术的 PCI Express 在每个设备都有自己专用的连接，不需要向共享总线请求带宽。

3.1.3　常用外部总线

外部总线又称为通信总线，用于计算机之间、计算机与远程终端、计算机与外部设备以及计算机与测量仪器仪表之间的通信。该类总线不是计算机系统已有的总线，而是利用电子工业或其他领域已有的总线标准。外部总线又分为并行总线和串行总线，并行总线主要有 IEEE-488 总线，串行总线主要有 RS-232-C、RS-422、RS-485、IEEE-1394 以及 USB 总线等，在计算机接口、计算机网络以及计算机控制系统中得到了广泛应用。下面主要介绍 IEEE-488 总线、RS-232-C 总线、RS-422 总线、RS-485 总线、USB 总线。

1．IEEE-488 总线

IEEE-488 总线是一种并行外部总线，专门用于计算机与测量仪器、输入/输出设备，以及这些仪器设备之间的并行通信。当用 IEEE-488 总线标准建立一个由计算机控制的测试系统

时，不用再加一大堆复杂的控制电路，IEEE-488 总线以机架层叠式智能仪器为主要器件，构成开放式的积木测试系统。

IEEE-488 总线的主要特性如下：

1）数据传输速率≤10Mbit/s。

2）连接在总线上的设备（包括主机）≤15 个。

3）设备间的最长距离≤2m。

4）整个系统的电缆总长度≤20m，若电缆长度超过 20m，则会因延时而改变定时关系，从而造成可靠性变差。这种情况应增加调制解调器（MODEM）加以解决。

5）所有数据交换都必须是数字化的。

6）总线规定使用 24 线的组合插头座，并采用负逻辑，即用小于+0.8V 的电平表示逻辑"1"，用大于 2V 的电平表示逻辑"0"。

IEEE-488 总线上所连接的设备可按控者、讲者和听者三种方式工作，这三种设备之间是用一条 24 线的无源电缆互连起来的。该总线的连接情况如图 3.4 所示。

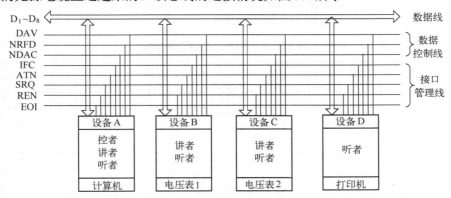

图 3.4　IEEE-488 总线的连接示例

该总线系统中的控者一般是计算机，用于管理整个系统的通信。比如，启动系统中的设备，使之进入受控状态；指定某个设备为讲者、某个设备为听者，并让讲者和听者之间直接通信；处理系统中某些设备的服务请求等。

该总线系统中的讲者功能是通过总线发送信息，而听者功能则是接收别的设备通过总线发送来的信息。

一种设备可以具备几种接口功能，但不一定要包括所有的功能。例如，图 3.4 中的电压表既有从控者那里接收选择工作状态命令的功能（听功能），又有把测量结果送给打印机的功能（讲功能）；而打印机只要有能够从总线上接收要打印信息的功能（听功能）。

为了实现系统中各仪器设备互相通信，IEEE-488 总线对系统的基本特性、接口功能、异步通信联络的方式、接口消息的编码等都做了规定。按照这些规定，不同厂家生产的仪器设备就可以简便地用一条 24 线的无源电缆互连起来，组成一个自动测试和数据处理系统。

2. RS-232-C 总线

RS-232-C 总线是一种串行外部总线，专门用于数据终端设备（Data Terminal Equipment，DTE）和数据通信设备（Data Communication Equipment，DCE）之间的串行通信，是 1969 年由美国电子工业协会（EIA）从 CCITT 远程通信标准中导出的一个标准。当初制定该标准的目的是使不同生产厂家生产的设备能够达到接插的"兼容性"。

（1）RS-232-C 总线的引脚定义

RS-232-C 总线的接口连接器采用 DB-9 插头和插座，其中阳性插头（DB-9-P）与计算机相连，阴性插座（DB-9-S）与外设相连，有的设备上也使用 DB-25 连接器，图 3.5a 是 DB-9 连接器的 9 针引脚编号，图 3.5b 是 DB-25 连接器的 25 针引脚编号。

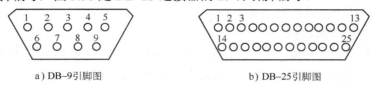

a）DB-9引脚图   b）DB-25引脚图

图 3.5　DB-9 和 DB-25 引脚编号

表 3.2 给出了 RS-232-C 总线引脚的分配情况，RS-232-C 的 25 个引脚只定义了 20 个。通常使用的 RS-232-C 接口信号只有 9 根引脚，即常用的 9 针串口引线，其插头插座在 RS-232-C 的机械特性中都有规定。其中，最基本的三根线是发送数据线 2、接收数据线 3 和信号地线 7，一般近距离的 CRT 终端、计算机之间的通信使用这三条线就足够了。其余信号线通常在应用 MODEM 或通信控制器进行远距离通信时才使用。

表 3.2　RS-232-C 总线引脚分配

DB-25 引脚	DB-9 引脚	功能	名称	方向
1		保护地		
2	3	发送数据	TXD	DCE
3	2	接收数据	RXD	DTE
4	7	请求发送	RTS	DCE
5	8	允许发送	CTS	DTE
6	6	数据通信设备准备好	DSR	DTE
7	5	信号地（公共回线）	GND	DTE
8	1	数据载体检测	CD	DTE
9		保留		
10		保留		
11		保留		
12		次信道载波检测		
13		次信道清除发送		
14		次信道发送数据		
15		发送时钟	TXC	DCE
16		次信道接收数据		
17		接收时钟	RXC	DTE
18		保留		
19		次信道请求发送		
20	4	数据终端准备好	DTR	DCE
21		信号质量检测		
22	9	振铃指示	RI	DTE
23		信号速率检测		
24		发送时钟	TXC	DCE
25		保留		

常用的 9 根引脚分为两类：一类是基本的数据传送引脚，另一类是用于 MODEM 的控制和反映其状态的引脚。

基本数据传送引脚包括 TXD、RXD 和 GND（2、3、7 引脚）。TXD 为数据发送引脚，数据发送时，发送数据由该引脚发出，在不传送数据时，异步串行通信接口维持该引脚为逻辑

"1"。RXD 为数据接收引脚，来自通信线的数据信息由该引脚进入接收设备。GND 为信号地，该引脚为所有电路提供参考电位。

MODEM 控制和状态引脚分为两组，一组为 DTR 和 RTS，负责从计算机通过 RS-232-C 接口送给 MODEM，其中，DTR 为数据终端准备好引脚，用于通知 MODEM，计算机准备好了；RTS 为请求发送引脚，用于通知 MODEM，计算机请求发送数据。另一组为 DSR、CTS、CD 和 RI，负责接收从 MODEM 通过 RS-232-C 接口送给计算机的状态信息。其中，DSR 为数据通信设备准备好引脚，用于通知计算机，MODEM 准备好了；CTS 为允许发送引脚，用于通知计算机，MODEM 可以接收数据了；CD 为数据载体检测引脚，用于通知计算机，MODEM 与电话线另一端的 MODEM 已经建立了联系；RI 为振铃信号指示引脚，用于通知计算机，有来自电话网的信号。

（2）RS-232-C 的电气连接方式

EIA 的 RS-232-C 及 CCITT（国际电话电报咨询委员会）建议采用如图 3.6 所示的电气连接方式。

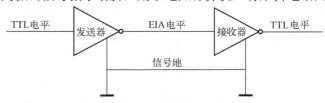

图 3.6　RS-232-C 电气连接方式

这种连接方式的主要特点如下：

1）非平衡的连接方式。即每条信号线只有一条连线，信道噪声会叠加在信号上并全部反映到接收器中，因而会加大通信误码率，但却最大限度降低了通信成本。

2）点对点通信。只用一对收发设备完成通信工作，其驱动器负载为 3～7kΩ。

3）公用地线。所有信号线共用一条信号地线，在短距离通信时有效地抑制了噪声干扰；但不同信号线间会通过公用地线产生干扰。

（3）RS-232-C 的电气参数

电气连接方式决定了其电气参数，RS-232-C 的电气参数主要有：

1）引线信号状态。RS-232-C 标准引线状态必须是以下三种之一，即 SPACE/MARK（空号/传号）、ON/OFF（通/断）或逻辑 0/逻辑 1。

2）引线逻辑电平。在 RS-232-C 标准中，规定用-3～-15V 表示逻辑 1；用 3～15V 表示逻辑 0。可以看出，从逻辑 1 到逻辑 0 之间有-3～3V（6V）的过渡区，这说明即使信号线受到干扰，其信号逻辑也很难发生变化。此外，RS-232-C 标准还规定发送端与接收端之间必须保证 2V 的噪声容限。噪声容限是指发送端必须达到的逻辑电平绝对值下限与接收端识别输入所需绝对值下限之差。由于 RS-232-C 接收绝对值下限为|-3|V=3V，噪声容限为 2V，则发送端下限绝对值必须为 3V+2V=5V。也就是说，在发送端，其逻辑电平分别为：5～15V 表示逻辑 0；-5～-15V 表示逻辑 1。

3）旁路电容。RS-232-C 终端一侧的旁路电容 C 小于 2500pF。

4）开路电压。RS-232-C 的开路电压不能超过 25V。

5）短路抑制性能。RS-232-C 的驱动电路必须能承受电缆中任何导线短路，而不至于损坏所连接的任何设备。

（4）RS-232-C 的通信速率

RS-232-C 标准的电气连接方式决定其通信速率不可能太高。非平衡连接及共用地线都会使信号质量下降，通信速率也因此受到限制（最高通信速率为 115200bit/s）。除此之外，由于受噪声的影响，RS-232-C 标准规定通信距离应小于 15m。

（5）RS-232-C 总线的通信结构

RS-232-C 的典型数据通信结构如图 3.7 所示。

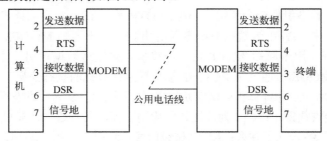

a) 使用MODEM设备的远距离通信线路

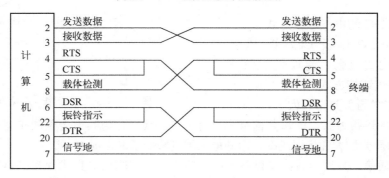

b) 不用MODEM的直接通信线路

图 3.7　RS-232-C 的典型数据通信结构

图 3.7a 是使用 MODEM 设备的远距离通信线路。数据终端设备 DTE，如计算机、终端显示器，通过 RS-232-C 接口和数据通信设备 DCE 如 MODEM 连接起来，再通过电话线和远程设备进行通信。电话线的两端都有 DCE，即 MODEM 设备。MODEM 除具有调制和解调功能外，还必须具有控制功能和反映状态的功能。这些控制功能用来完成与 RS-232-C 接口以及电话线另一端的 MODEM 进行信息交换和联络控制。使用了最常用的 5 根信号线，提供了两个方向的数据线（发送和接收数据）和一对控制数据传输的握手线 RTS 和 DSR。

图 3.7b 是不用 MODEM 的直接通信线路。在实际使用中，若进行近距离通信，即不通过电话线进行远距离通信，则不需要使用 DCE，而直接把 DTE 连接起来，称为零调制解调器连接，因为此时 MODEM 已经退化成了一个线路交叉。两个 DTE 之间可以利用表 3.2 列出的常用 9 根线进行通信双方的握手联络。

还有一种简单的连接线路，如图 3.8 所示，仅用 3 根基本的数据传送线：发送数据线 2、接收数据线 3 和信号地线 7。一般近距离 CRT 终端与计算机之间的通信使用这 3 根线就足够了，例如，PC 向单片机开发装置传送目标程序时，采用这种简单的连接线路即可。

（6）RS-232-C 的接口电路

一般 CRT 终端和计算机采用 TTL 电平，为了满足 RS-232-C 信号电平，采用集成电路 MC1488 发送器和 MC1489 接收器，进行 TTL 电平与 RS-232-C 电平的相互转换，如图 3.9 所示。

由于采用单端输入和公共信号地线，容易引进干扰。为了保证数据传输的正确性，RS-232-C 总线规定 DTE 与 DCE 之间的通信距离不大于 15m，传送信号速率不大于 20kbit/s。全双工通信的接口电路如图 3.10 所示，每个信号使用一根导线，DTE 与 DCE 之间公用一根信号地线。由于采用单端输入公共信号地线，所以容易引进干扰。

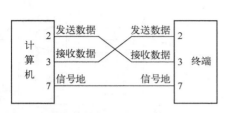

图 3.8　最简单的 RS-232-C 数据通信

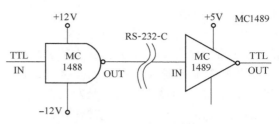

图 3.9　RS-232-C 发送和接收电路

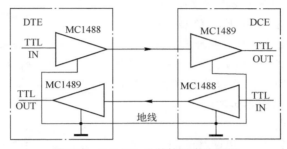

图 3.10　RS-232-C 的接口电路示例

3. RS-422 总线

为改进 RS-232-C 通信距离短、速度低的缺点，RS-422 定义了一种平衡通信接口，将传输速率提高到 10Mbit/s，在此速率下电缆允许长度为 120m，并允许在一条平衡总线上连接最多 10 个接收器。如果采用较低传输速率，如 9000bit/s 时，最长距离可达 1200m。RS-422 是一种单机发送、多机接收的单向、平衡传输的总线标准。

RS-422 标准规定了双端电气接口形式，使用双端线传送信号。它通过传输线驱动器，把逻辑电平变换成电位差，完成始端的信息传送；通过传输线接收器，把电位差转变成逻辑电平，实现终端的信息接收，如图 3.11 所示。在电路中规定只能有一个发送器，可以有多个接收器，可以支持点对多的通信方式。该标准允许驱动器输出为±（2～6）V，接收器能检测到的输入信号电平可低到 200mV。

RS-422 的数据信号采用差分传输方式传输。RS-422 有 4 根信号线，两根发送、两根接收，RS-422 的收与发是分

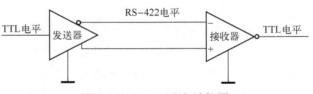

图 3.11　RS-422 电气连接图

开的，支持全双工的通信方式。由于接收器采用高输入阻抗和驱动能力比 RS-232 更强的发送驱动器，故允许在相同传输线上连接多个接收节点，最多可接 10 个节点。一个主设备，其余为从设备，从设备之间不能通信，所以 RS-422 支持点对多的双向通信。RS-422 四线接口由于采用单独的发送和接收通道，因此不必控制数据方向，各装置之间任何必需的信号交换均可以按软件方式（XON/XOFF 握手）或硬件方式（一对单独的双绞线）实现。 RS-422 的最长传输距离为 1200m，最大传输速率为 10Mbit/s。其平衡双绞线的长度与传输速率成反比，在 100kbit/s 速率以下，才可能达到最长传输距离。只有在很短的距离下才能获得最高传输速率。RS-422 需要连接一个终端电阻，要求其阻值约等于传输电缆的特性阻抗。在短距离传输（300m 以内）时可不需连接终端电阻，终端电阻需接在传输电缆的最远端。为了满足 RS-422-A 标准，采用集

成电路 MC3487 发送器和 MC3486 接收器，如图 3.12 所示。

4．RS-485 总线

RS-485 是一种多发送器的电路标准，它是 RS-422-A 性能的扩展，是真正意义上的总线标准。它允许在二根导线（总线）上挂接 32 台 RS-485 负载设备。负载设备可以是发送器、接收器或组合收发器（发送器和接收器的组合）。图 3.13 给出了 RS-485 的接口示意图，从图中可以看出，它也是差分驱动（发送器）电路，在发送控制允许（高电平）的情况下，TXD 端的 TTL 电平经发送器转换成 RS-485 标准的差分信号，送至 RS-485 总线。RS-485 总线上的差分信号，在接收允许（低电平）的情况下，经接收器转换后变成 TTL 电平信号，供计算机或设备接收。

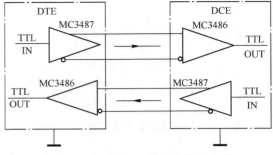

图 3.12　RS-422-A 接口电路示意图

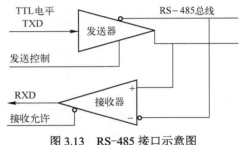

图 3.13　RS-485 接口示意图

RS-485 具有以下特点：

1）电气特性上，逻辑"1"以两线间的电压差为 2～6V 表示；逻辑"0"以两线间的电压差为 -2～-6V 表示。接口信号电平比 RS-232-C 降低了，不易损坏接口电路的芯片，且该电平与 TTL 电平兼容，可方便与 TTL 电路连接。

2）传输速率上，数据最高传输速率为 10Mbit/s。

3）接口方式上，采用平衡驱动器和差分接收器的组合，抗共模干扰能力增强。

4）传输距离上，最长传输距离为 1200m，在总线上允许连接多达 128 个收发器，即具有多站能力和多机通信功能，用户可以利用单一的 RS-485 方便地建立起半双工通信网络。

因 RS-485 接口具有良好的抗噪声干扰性，长的传输距离和多站能力等上述优点就使其成为首选的串行接口。RS-485 接口组成的网络，一般只需两根连线，所以 RS-485 接口均采用屏蔽双绞线传输。

RS-485 与 RS-422 的主要区别在于：

1）硬件线路上，RS-422 至少需要 4 根通信线，而 RS-485 仅需 2 根；RS-422 不能采用总线方式通信，但可以采用环路方式通信，而 RS-485 两者均可。

2）通信方式上，RS-422 可以全双工，而 RS-485 只能半双工。

RS-485 与 RS-422 的比较见表 3.3。

表 3.3　RS-485 与 RS-422 比较

比较项目		RS-422	RS-485
驱动方式		平衡	平衡
可连接的台数		1 台驱动器，10 台接收器	32 台驱动器，32 台接收器
最长传输距离		1200m	1200m
最大传输速率	12m	10Mbit/s	10Mbit/s
	120m	1Mbit/s	1Mbit/s
	1200m	100kbit/s	100kbit/s
驱动器输出电压	无负载时	±5V	±5V
	有负载时	±2V	±1.5V

（续）

比较项目		RS-422	RS-485
驱动器负载电阻		100Ω	54Ω
驱动器输出电流	上电	无规定	±100μA 最大（−7V≤V_{com}≤12V）
	断电	±100μA 最大（−0.25V≤V_{com}≤6V）	±100μA 最大
接收器输入电压		−7～12V	−7～12V
接收器输入灵敏度		±200mV	±200mV
接收器输入电阻		>12kΩ	>12kΩ

　　在计算机控制系统中，通常主机提供了 RS-232-C 标准接口，而控制系统往往分布较远，单独由 RS-232-C 不能实现远距离的通信任务，就需要进行与 RS-485 或 RS-422 的转换。利用 RS-485 网络功能，可以很方便地实现 RS-485 通信网络。完成这种转换的器件很多，可以分为有源和无源两种，有源转换器需提供标准电源，无源转换器利用 RS-232-C 内部的电源信号供电。

　　利用 JMW1801 可以方便地实现 RS-232-C 与 RS-485 的转换，搭建起 RS-485 通信网络，如图 3.14 所示。

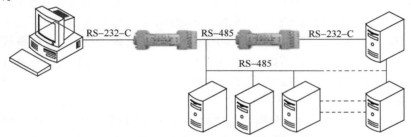

图 3.14　由 RS-232-C/RS-485 协议转换器实现的串行通信结构

5．通用串行总线（USB）

　　通用串行总线 USB 的规范是 IBM、Compaq、Intel、Microsoft、NEC 等多家公司联合制订的。基于通用连接技术，实现外设的简单快速连接，达到方便用户、降低成本、扩展 PC 连接外设范围的目的。普通的串、并口设备需要单独的供电系统，而 USB 总线接口可以为外设提供电源。先后推出了 USB 1.0、USB 1.1、USB 2.0、USB 3.0、USB 3.1 和 USB 3.2 总线标准。在 USB 1.1 版本中定义了两种速度的传输工作模式，低速（Low Speed）模式和全速（Full Speed）模式，低速模式下数据传输速率为 1.5Mbit/s，全速模式下 USB 的传输速率峰值达到了 12Mbit/s。在 USB 2.0 版本中推出了高速（High Speed）模式，将 USB 总线的传输速率提高到了 480Mbit/s 的水平。

　　目前，USB 协议已经得到广泛应用，计算机系统的外设几乎都支持 USB 协议，PC、服务器、数码类产品几乎都把 USB 接口作为其基本配置，这主要得益于 USB 本身所具有的特点。采用 USB 接口的设备支持热拔插，使用户在开机状态时即可将设备连接到计算机主机上，免除了用户重新启动过程。USB 接口可以同时连接 127 台 USB 设备。速度方面，USB 1.1 总线规范定义了 12Mbit/s 的带宽，足以满足大多数诸如键盘、鼠标、MODEM、游戏手柄以及摄像头等设备的要求，而 USB 2.0 所提供的 480Mbit/s 的传输速率，更是满足了硬盘读写、音视频处理等需要高速数据传输的场合，USB 2.0 定义了一个与 USB 1.1 相兼容的架构。USB 3.0 在保持与 USB 2.0 的兼容性的同时，最大传输带宽提高到 5.0Gbit/s。根据 USB-IF 最新的 USB 命名规范，原来的 USB 3.0 和 USB 3.1 将不会再被命名，所有的 USB 标准都被叫作 USB 3.2，考虑到兼容性，USB 3.0～USB 3.2 分别被叫作 USB 3.2 Gen 1、USB 3.2 Gen 2、USB 3.2 Gen 2×2。

表 3.4 给出了 USB 协议提供的三种速率及其适用范围。USB 总线能够提供 500mA 的电流，可以免除一些耗电量比较小的设备连接外接电源。

表 3.4　USB 传输速率及其适用范围

传输模式	速率	适用类别	特性	应用
低速	10～20kbit/s	交互设备	低价格、热拔插、易用性	键盘、鼠标、游戏杆
全速	500kbit/s～12Mbit/s	电话、音频、压缩视频	低价格、易用性、热拔插、限定带宽和延迟	ISDN、PBX、POTS
高速	25～480Mbit/s	视频、磁盘	高带宽、限定延迟、易用性	音视频处理、磁盘

（1）USB 设备及其体系结构

USB 总线是一种串行总线，支持在主机与各式各样即插即用的外设之间进行数据传输。它由主机预定传输数据的标准协议，在总线的各种外设上分享 USB 总线带宽。当总线上的外设和主机在运行时，允许自由添加、设置、使用以及拆除一个或多个外设。

USB 总线系统中的设备可以分为三个类型，一是 USB 主机，在任何 USB 总线系统中，只能有一个主机。主机系统中提供 USB 总线接口驱动的模块，称作 USB 总线主机控制器。二是 USB 集线器（HUB），类似于网络集线器，实现多个 USB 设备的互连，主机系统中一般整合有 USB 总线的根（节点）集线器，可以通过次级的集线器连接更多的外设。三是 USB 总线的设备，又称 USB 功能外设，是 USB 体系结构中的 USB 最终设备，如打印机、扫描仪等，接受 USB 系统的服务。

USB 总线连接外设和主机时，利用菊花链的形式对端点加以扩展，形成了如图 3.15 所示的金字塔型的外设连接方法，最多可以连接 7 层，127 台设备，有效地避免了 PC 上插槽数量对扩充外设的限制，减少 PC I/O 接口的数量。

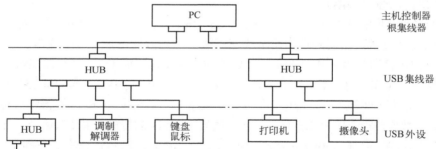

图 3.15　基于 USB 总线的外设连接

（2）USB 设备的电气连接

USB 连接分为上行连接和下行连接。所有 USB 外设都有一个上行的连接，上行连接采用 A 型接口，下行连接一般采用 B 型接口，这两种接口不可简单地互换，这样就避免了集线器之间循环往复的非法连接。一般情况下，USB 集线器输出连接口为 A 型口，而外设及 HUB 的输入口为 B 型口。所以 USB 电缆一般采用一端 A 口、一端 B 口的形式。USB 电缆中有四根导线：一对互相绞缠的标准规格线，用于传输差分信号 D+和 D-，另有一对符合标准的电源线 V_{BUS} 和 GND，用于给设备提供+5V 电源。USB 连接线具有屏蔽层，以避免外界干扰。USB 电缆如图 3.16 所示，USB 连接线定义见表 3.5。

图 3.16　USB 的电缆

表 3.5　USB 连接线定义

连接序号	信号名称	典型连接线
1	V_{BUS}（电源正）	红
2	D−（负差分信号）	白
3	D+（正差分信号）	绿
4	GND（电源地）	黑
外层	屏蔽层	—

两根双绞的数据线 D+、D−用于收发 USB 总线传输的数据差分信号。低速模式和全速模式可在用同一 USB 总线传输的情况下自动地动态切换。数据传输时，调制后的时钟与差分数据一起通过数据线 D+、D−传输出去，信号在传输时被转换成 NRZI 码（不归零反向码）。为保证转换的连续性，在编码的同时还要进行位插入操作，这些数据被打包成有固定时间间隔的数据包，每一数据包中附有同步信号，使得收方可还原出总线时钟信号。USB 对电缆长度有一定的要求，最长可为 5m。终端设备位于电缆的尾部，在集线器的每个端口都可检测终端是否连接或分离，并区分出高速或低速设备。

图 3.17 和图 3.18 分别给出了 USB 1.1 中全速 USB 设备、低速 USB 设备与 USB 主机的连接方法。

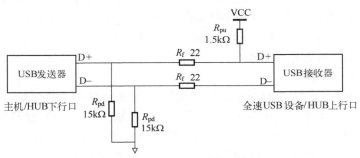

图 3.17　全速 USB 总线设备连接方法

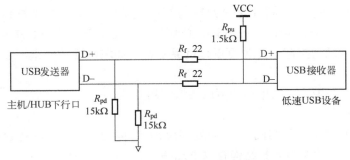

图 3.18　低速 USB 总线设备连接方法

区分全速和低速连接主要在于设备端，全速连接法需要在 D+上接一个 1.5kΩ 的上拉电阻，而低速接法是将此电阻接到 D−上。在进行信息传输之前，无论数据是发送给 USB 设备还是来自给定的 USB 设备，主机软件首先都必须检测 USB 设备是否存在，同时还要检测该设备是一个全速设备还是一个低速设备。USB 集线器通过监视差分数据线来检测设备是否已连接到集线器的端口上，当没有设备连接到 USB 端口时，D+和 D−通过下拉电阻 R_{pd} 连接到地，电平都是近地的。而 USB 设备必须至少在 D+和 D−线的任意一条上有一个上拉电阻 R_{pu}，由于

R_{pu}=1.5kΩ，R_{pd}=15kΩ，所以当 USB 设备连接到集线器上时，数据线上会有 90%的 VCC 电压，当集线器检测到一条数据线电压接近 VCC 的时候，而另一条保持近地电压，并且这种情况超过 2.5μs 时，就认为设备已经连接到该端口上。集线器再通过检测是哪根数据线电压接近 VCC 来判别是哪一类 USB 设备连接到其端口上，如果 D+电平接近 VCC，D-近地，则所连设备为全速设备；而如果 D-电平接近 VCC，D+近地，则所连设备为低速设备；当 D+和 D-的电压都降到 0.8V 以下，并持续 2.5μs 以上，就认为该设备已经断开连接。

3.2　计算机网络

3.2.1　计算机网络概述

计算机网络是指把若干台地理位置不同且具有独立功能的计算机或设备，通过通信设备和线路相互连接起来，以实现信息的传输和资源共享的一种计算机系统。也就是说，计算机网络是将分布于不同地理位置上的计算机或设备通过有线或无线的通信链路连接起来，不仅能使网络中的各台计算机或设备（或称为节点）之间相互通信，而且还能共享某些节点（如服务器）上的系统资源。所谓资源包括硬件资源（如大容量磁盘、光盘以及打印机等）、软件资源（如语言编辑器、文本编辑器、工具软件及应用程序等）和数据资源（如数据文件和数据库等）。

随着网络技术的发展，出现了多种类型的网络分类方法，按其跨度、拓扑结构、管理性质、交换方式和功能，可进行如下分类。

（1）按网域的跨度划分

1）局域网 LAN（Local Area Network）。局域网一般指规模较小的网络，即计算机硬件设备不大，通信线路不长（不超过几十千米），采用单一的传输介质，覆盖范围限于单位内部或建筑物内，通常由一个单位自行组网并专用。局域网只有和广域网互联，进一步扩大应用范围，才能更好地发挥其作用。但在与广域网相连时，应考虑网络的安全性。

2）区域网 MAN（Metropolitan Area Network）。其规模比局域网要大一些，通常覆盖一个区域城市，故又称城域网，覆盖范围在 WAN 与 LAN 之间，其运行方式与 LAN 类似。

3）广域网 WAN（Wide Area Network）。广域网顾名思义就是一个非常大的网，它不但可以把多个局域网或区域网连接起来，也可以把世界各地的局域网连接起来，它的传输装置和媒体通常由电信部门提供。

在计算机控制系统中一般采用局域网或局域网的互联。

（2）按拓扑结构划分

在计算机通信网络中，网络的拓扑（Topology）结构是指网络中的各台计算机、设备之间相互连接的方式。常用的网络拓扑结构有以下几种。

1）星形网。星形网是以一台中心处理机为主而构成的网络，其他入网的计算机仅与该中心处理机之间有直接的物理链路，中心处理机采用分时的方法为入网机器服务。

2）环形网。入网机器通过中继器接入网络，每个中继器仅与两个相邻的中继器有直接的物理线路，所有的中继器及其物理线路构成了一个环状的网络系统，环形网也是局域网的一种主要形式。

3）总线型网。所有入网机器共用一条传输线路，机器通过专用的分接头接入线路。由于线路对信号的衰减作用，总线型网仅用于有限的区域，常用于组建局域网。

4）网状网络。利用专门负责数据通信和传输的节点机构成的网络，入网机器直接接入节点机进行通信，网状网络主要用于地理范围大、入网机器多的环境，如构造广域网。

由于不同拓扑结构的网络往往采用不同的网络控制方法，具有不同的性质，适应不同的应用环境，因此计算机控制系统的网络可以根据应用的不同，选择或者混合不同的网络拓扑结构。一般来讲，计算机控制系统的网络拓扑结构以总线型网为多。

（3）按管理性质划分

1）公用网。由电信部门组建、管理和控制，网络内的传输和转换可供任何部门和个人使用；公用网常用于远程网络的构建，支持用户的远程通信。

2）专用网。由用户部门组建经营的网络，不允许其他用户和部门使用；由于投资因素，专用网常为局域网或者是通过租借电信部门的线路而组建的广域网。

计算机控制系统中的网络常为专用网，由于近年来计算机控制系统的需求变化，特别是对于远程监控需求的增加，使用专用网互连公用网的方式来组建各种计算机控制网络也普遍增多，这也是计算机控制系统应用网络的发展趋势。

（4）按交换方式划分

1）电路交换网。类同电话方式，电路交换网具有建立链路、数据传输和释放链路三个阶段；通信过程中，自始至终占用该链路，且不允许其他用户共享其信道资源。

2）报文交换网。交换机采用具有"存储—转发"能力的计算机，用户数据可以暂时保存在交换机内，等待线路空闲时，再进行用户数据的一次传输。

3）分组交换网。分组交换网类同报文交换技术，但规定了交换机处理和传输数据的长度（称为分组），不同用户的数据分组可以交织出现在网络中的物理链路上传输。

目前，大多数计算机网络（包括广域网和局域网）都采用分组交换技术，只是分组的大小有所不同。

（5）按功能划分

1）通信子网。网络中面向数据通信的资源集合，主要支持用户数据的传输；该子网包括传输线路、交换机和网络控制中心等硬件设施。

2）资源子网。网络中面向数据处理的资源集合，主要支持用户的应用；该子网由用户的主机资源组成，包括接入网络的用户主机，以及面向应用的外设（如终端）、软件和可共享的数据（如公共数据库）等。

通信子网和资源子网的划分是一种逻辑划分，它们可能使用相同或不同的设备。电信部门组建的网络通常理解为通信子网，而用户部门的入网设备则被认为属于资源子网。计算机控制系统的网络一般是局域网，网络设备具有数据传输和处理的功能，因此，从功能上划分计算机控制系统的网络意义不大。

3.2.2　OSI 模型

OSI（Open Systems Interconnection）模型是由国际标准化组织提出的一个概念模型，旨在标准化不同计算机系统之间的通信功能。该模型包含 7 层结构，每一层都定义了特定的功能，以实现网络中不同实体之间的互连性、互操作性和应用的可移植性。

1. OSI 模型结构

计算机网络体系结构实质上是定义和描述一组用于计算机及其通信设施之间互连的标准和规范的集合，遵循这组规范可以很方便地实现计算机设备之间的通信。国际标准化组织联合了许多厂商和专家，在各自提出的计算机网络结构的基础上，提出了开放式系统互连基本参考模型（Open Systems Interconnection/Reference Model，OSI/RM）。

OSI 模型描述了两台计算机间的通信应该如何发生。现在越来越多的销售商转向 OSI，而使这个标准成为一个实用的标准。OSI 模型划分了 7 个层次，每一层次都由一个定义得很好的界面接口与其他层次分隔开来，如图 3.19 所示。

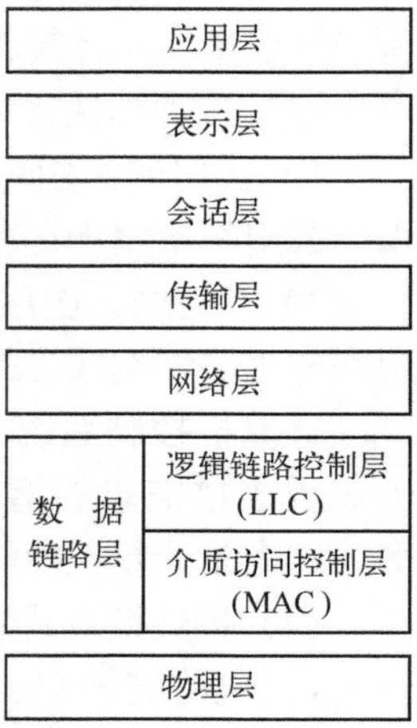

（1）物理层（Physical Layer）

OSI 模型的这个部分提供了建立网络的物理及电气连接特性，如双绞线电缆、光缆、同轴电缆、连接器等。可以认为这一层是一个硬件层，通常做成芯片、印制电路板（网络适配器）和电缆等。

（2）数据链路层（Data Link Layer）

在信息传输的这个过程中，电脉冲信号进入或离开网络电缆。代表数据信息的网络电信号（位模式、编码方法和令牌）的含义只有而且仅有这一层知道。这一层能够发现并通过要求重新传送损坏的信息包纠正错误。一般将其划分为一个介质访问控制（Medium Access Control，MAC）层和一个逻辑链路控制（Logical Link Control，LLC）层。MAC 子层负责网络访问（无论是令牌传递还是带冲突的逻辑链路控制检测）

| 应用层 |
| 表示层 |
| 会话层 |
| 传输层 |
| 网络层 |
| 数据链路层 逻辑链路控制层（LLC） / 介质访问控制层（MAC） |
| 物理层 |

图 3.19　OSI 模型

和网络控制。LLC 子层工作于 MAC 子层之上，主要负责发送和接收用户的数据信息。这一层的大部分或全部内容由网络适配器上的芯片实现，而再往上的各层则是由软件来实现的。

（3）网络层（Network Layer）

这一层切换路由信息包，使之到达它们的目的地。网络层负责寻址及传送信息包。

（4）传输层（Tansport Layer）

当同一时刻有多个信息包在传送时，传输层将控制信息报文组成部件的顺序并规范输入的信息流。如果来了一个重复的信息包，传输层将识别出它是重复的并将其丢弃。

（5）会话层（Session Layer）

这一层的功能是使运行于两个工作站上的应用程序能够协调其间的通信使之成为一个独立的会话，可以把它当作一个高度结构化的对话。会话层负责会话的建立，支持会话期间对信息包的发送与接收的管理及结束会话。

（6）表示层（Presentation Layer）

当各种计算机打算彼此传送信息时，表示层可将数据转换为机器内部的数字格式或者完成其逆过程。

（7）应用层（Application Layer）

OSI 模型中的这一层可以被应用程序使用。一条将要通过网络传输的信息报文在这一层进入 OSI 模型向下一层传送，最后传输至物理层，并在打包后传输至其他工作站。之后由目的工作站的物理层向上传送，经过那个工作站中的应用层直至到达需要这份信息报文的应用程序。

2．OSI 层间通信

OSI 的层间通信具有两种意义：相邻层之间的通信和对等层之间的通信。

相邻层之间通信发生在相邻的上下层之间，属于局部问题，标准中定义了通信的内容（服务原语），未规定这些内容的具体表现形式和层间通信实现的具体方法。

在 OSI 环境中，对等层是指不同开放系统中的相同层次，对等层之间的通信发生在不同开放系统的相同层次之间，属于对等层实体之间的信息交换，以保证相应层次功能的实现和服务的提供。标准中利用定义协议来规定对等层之间的交换信息格式和交换时序。

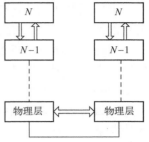

在 OSI 环境中，对等层之间的通信是目的，相邻层之间的通信是手段。通过相邻层之间的通信，实现对等层之间的通信。为了保证相关服务的实现，要求对等实体的合作，但是对等实体之间并没有直接的通路，必须借助相邻下层的服务来实现，这种过程继续下去，直至物理层进行实际的数据传输，如图 3.20 所示。

图 3.20　OSI 的层间通信

3.2.3　计算机局域网络

对于一个单位而言，为了更方便地利用本单位的资源，往往建立计算机局域网，将有限地理范围内的多台计算机通过传输介质连接起来，通过功能完善的网络软件，实现计算机之间的相互通信和共享资源。

美国电气和电子工程协会（IEEE）于 1980 年 2 月成立局域网标准化委员会（简称 802 委员会）专门对局域网的标准进行研究，并提出 LAN 的定义。根据 IEEE 802 标准，LAN 协议参照了 OSI 模型的物理层和数据链路层，并没有涉及第 3～7 层。

LAN 允许中等地域的众多独立设备通过中等速率的物理信道直接互连进行通信。其中，中等地域表明网络的覆盖的范围有限，一般在 1～25km（典型的小于 5km）内，通常在单个建筑物内，或者一组相对靠近的建筑群内。

描述和比较 LAN 时，常考虑如下 4 个方面。

1）网络拓扑。指组网时的电缆铺设形式，常用的有总线型、环形和星形。

2）传输介质。指用于连接网络设备的电缆类型；常用的有双绞线、同轴电缆和光纤电缆，也可以考虑用微波、红外线、Wi-Fi 和蓝牙等无线方式。

3）传输技术。使用传输介质进行通信的技术，通常有基带传输和带宽传输。

4）访问控制方法。网络设备访问传输介质的控制方法，常用的有竞争、令牌传递和时间片等。

1. 局域网的拓扑结构

构成局域网的网络拓扑结构主要有星形结构、总线型结构、环形结构和混合形结构。

（1）星形结构

星形结构由中央节点和分支节点所构成，各个分支节点均与中央节点具有点到点的物理连接，分支节点之间没有直接的物理通路，如图 3.21 所示。任何两个分支节点之间的通信都要通过主节点，该主节点集中来自各分支节点的信息，按照一种集中式的通信控制策略，把集中到主节点的信息转发给相应的分支节点。因此主节点的信息存储容量大，通信处理量大，硬、软件较复杂。而各分支节点的通信处理负担却较小，只需具备简单的点到点的通信功能。典型的网络系统是基于电路交换的电话交换网。

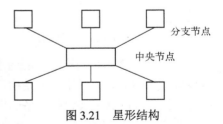

图 3.21　星形结构

星形拓扑结构属于集中型网络，易于将信息流汇集起来，从而提高全网络的信息处理效率，适用于各站之间信息流量较大的场合；但是可靠性较低，如果主节点发生故障，那么将影响全网络的通信。

（2）总线型结构

采用无源传输介质作为广播总线，利用电缆抽头将各种入网设备接入总线；为了防止传输信号的反射，总线两端使用终接器（也称终端适配器），如图 3.22 所示。在总线型拓扑结构中，网络中的所有节点都直接连接到同一条传输介质上，这条传输介质称为总线。各个节点将依据一定的规则分时地使用总线来传输数据，发送节点发送的数据帧沿着总线向两端传播，总线上的各个节点都能接收到这个数据帧，并判断是否发送给本节点，如果是，则该数据帧保留下来，否则丢弃该数据帧。总线型网络的"广播式"传输是依赖于数据信号沿总线向两端传播的特性来实现的。

图 3.22　总线型结构

总线型结构属于分散型网络，其结构灵活，易于扩展。一个站发生故障不会影响其他站的工作，可靠性高。

（3）环形结构

每个节点都是通过中继器连接到环形网上，如图 3.23 所示。所有分散节点用通信线路连接成环形网，通过逐个节点传递来达到线路共用，网上信息沿单方向围绕着线路进行循环（顺时针或逆时针）。

环形拓扑结构属于分散型网络，环形网的信号经每个中继器整形、放大后再传送，不但传送距离远，而且能保证信号的质量。这种网络结构的主要缺点是，一旦有一个中继器出现故障，就会导致环路的断路，使全网陷于瘫痪，另外因为它是共用通信线路，所以不适用于信息流量大的场合。

（4）混合形结构

混合形结构是将上述各种拓扑混合起来的结构，常见的有树形（总线结构的演变或者总线和星形的混合）、环星形（星形和环形拓扑的混合）等，图 3.24 即为环星形结构。

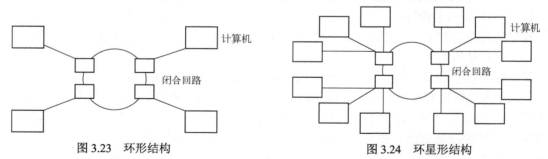

图 3.23　环形结构　　　　　　　　　　　　　图 3.24　环星形结构

在组网选择拓扑结构时，应当考虑费用、灵活性和可靠性等因素。费用因素除传播媒体和所需设备（如网卡等，对于星形结构，应考虑中央节点的费用）本身的费用之外，还应包括安装费用等。灵活性因素主要包括设备的更新、移动和增删节点的方便性。可靠性因素主要包括媒体接触以及个别节点故障对整个网络的影响，拓扑结构的选择应使故障检测和故障隔离较为方便。

2．局域网网络协议

根据 IEEE 802 标准，LAN 协议参照了 OSI 模型的物理层和数据链路层，并没有涉及第 3～7 层。LAN 协议把链路层又分成逻辑链路控制层 LLC 和介质访问控制层 MAC。从应用层到网络层的高层功能完全由软件来实现，它提供了两个站之间的端—端服务。而最低两层（物理层和链路层）功能上基本由硬件来完成，并制造出相应的集成电路芯片。因此 LAN 协议的实现极为容易和方便，LAN 得到广泛的应用。

（1）物理层

局域网的物理层协议类似于一般网络的物理层。在发送和接收时，对数据（信息）位流进行编码或解码。根据 IEEE 802 标准，基带传输采用曼彻斯特编码或差动曼彻斯特编码，传输介质为双绞线或同轴电缆，对于采用 CSMA/CD 技术的网络进行载体监听和冲突检测。

（2）逻辑链路控制层

逻辑链路控制层（LLC）采用 IEEE 802 标准。LLC 为高层服务，向上提供高层接口。在发送时，把数据装配成带有站地址段、控制段、信息段和 CRC 段的帧。在接收时，拆卸帧，执行站地址识别和 CRC 校验，并把接收数据传送给上层。LLC 向下提供介质访问控制层的接口。

（3）介质访问控制层

在局域网络中，由于各节点通过公共传输通路（也称为信道）传输信息，因此任何一个物理信道在某一时间段内只能为一个节点服务，即被某节点占用来传输信息，这就产生了如何合理使用信道、合理分配信道的问题，也就是各节点既充分利用信道的空间时间传送信息，也不至于发生各信息间的互相冲突。介质访问控制层的功能就是合理解决信道的分配。目前局部网络常用的介质访问控制方式有三种，即冲突检测的载波侦听多路访问（Carrier Sense Multiple Access with Collision Detection，CSMA/CD）、令牌环（Token Ring）和令牌总线（Token Bus）。三种方式都是 IEEE 802 委员会认可的国际标准。

3. 传输介质

用于局域网的传输技术主要有有线传输和无线传输两类，有线传输使用的介质包括双绞线、同轴电缆和光导纤维，无线传输介质为大气层，使用的技术包括微波、红外线和激光。传输介质的选择受到网络拓扑结构的约束，通常考虑费用、容量、可靠性和环境等因素。

（1）双绞线

双绞线是一种低廉、易于连接的传输介质，它由两根绝缘导线以螺旋形绞合形成。通常将一对或多对双绞线组合在一起，并用坚韧的塑料套装，组成双绞线电缆，可支持模拟和数字信号传输。随着结构化布线系统的推广，双绞线在局域网中的应用越来越广泛。

（2）同轴电缆

同轴电缆的芯线为铜导线，外层为绝缘材料，绝缘材料的外套是金属屏蔽层，最外面是一层绝缘保护材料。单根同轴电缆的直径为 1.02～2.54cm。同轴电缆具有辐射小和抗干扰能力强的特点，常用于工业电视或者有线电视。当用于 LAN 时，通信距离可达数千米，传输速率可达 100Mbit/s，甚至更高。50Q 的同轴电缆常用于数字信号传输（基带传输）；75Q 的同轴电缆为工业（有线电视）所设计，在局域网的应用中，可支持模拟和数字信号传输；93Q 的同轴电缆也在专门的局域网中被应用。

（3）光导纤维（光纤）

光纤是近年来发展起来的通信传输介质，具有误码率低、频带宽、绝缘性能高、抗干扰能力强、体积小和重量轻的特点，在数据通信中的地位越来越显著。光纤采用非常细的石英玻璃纤维（50～100μm）为中心，外罩一层折射率较低的玻璃层和保护层。当光线从高折射率的媒体（中心）射向低折射率的媒体（玻璃层）时，光线会反射回高折射率的芯线，这种反射的过程不断进行，保证了光线沿着芯线的传输。一根或者多根光导纤维可以组合在一起形成光缆。

（4）无线传输

无线传输是一种利用电磁波信号可以在自由空间中传播的特性进行信息交换的传输方式，近些年信息传输领域中，发展最快、应用最广的就是无线传输技术。目前常见的无线传输介质主要有无线电波、红外线、微波和激光。

无线局域网与传统的局域网主要不同之处就是传输介质不同，传统局域网一般通过有线传输介质进行连接，而无线局域网则采用空气作为传输介质。因为它摆脱了有线传输介质的束缚，所以这种局域网的最大特点就是自由，只要在网络的覆盖范围内，可以在任何一个地方与服务器及其他工作站连接，而不需要铺设传输电缆，使用非常方便。

4．传输技术

局域网中，利用传输介质传输信号的技术可分为基带传输和宽带传输两种。

（1）基带传输

保持数据波的原样进行传输称为基带传输，此时的数据信号为电子或者光脉冲；由于数据波具有直流至高频的频谱特性，数据传输将占整个信道；通常数据波信号的传输会随着距离的增加而减弱，随着频率的增加而容易发生畸变，因此，基带传输不适合于高速和远距离传输，除非传输介质的性能很好（如光纤）。

（2）宽带传输

采用调制的方法，以连续不断的电磁波信号来传输数据信号的方法称为宽带传输。在 LAN 环境中，常采用频分多路复用的技术，支持多路信号的传输。对于不采用频分多路复用技术的宽带传输称为单通道的宽带技术。与基带传输相比较，宽带传输可以提供较高的传输速率和抗干扰能力。

3.2.4　计算机网络互联设备

互联的网络使得一个网络用户可以与另一个网络用户相互交换信息，实现更大范围的资源共享。互联设备是实现网络互联的基础，按连接网络的不同，网络互联设备分为中继器、集线器、网桥、交换机、路由器和网关等。用户在构建网络系统和连接系统的网络时，正确的选择互联设备尤为重要。

（1）中继器

中继器是最简单的网络互联设备，负责两个节点的物理层按位传递信息，完成信号的复制、调整和放大功能，以此来延长网络的长度。

（2）集线器

集线器（HUB）可以说是一种特殊的中继器，作为网络传输介质的中央节点，克服了介质单一通道的缺陷。以集线器为中心的优点是，当网络系统中的某条线路或节点出现问题时，不会影响网上其他节点的正常工作。

（3）网桥

网桥是连接两个局域网的设备，工作在数据链路层，用它可以完成具有相同或相似体系结构网络系统的连接。网桥是为各种局域网存储转发数据而设计的，网桥可以将不同的局域网连在一起，组成一个扩展的局域网。

（4）交换机

交换机是一种具有使用简单、价格低、性能高等特点的交换产品，体现了桥接技术的复杂交换技术，和网桥一样也是工作在数据链路层。与网桥相比不同点是，交换机存储转发延迟小，远远超过了网桥互联网络之间的转发性能。

（5）路由器

路由器是一种典型的网络层设备，它在两个局域网之间转发数据包，完成网络层的中继任务，路由器负责在两个局域网的网络层间按包传输数据。路由器的主要工作是为经过路由器的每个数据包寻找一条最佳传输路径，并将该数据包有效地传送到目的站点。

（6）网关

网关是连接两个协议差别很大的计算机网络时使用的设备。它可以将具有不同体系结构的计算机网络连接在一起，网关属于最高层（应用层）的设备。有些网关可以通过软件来实现协议的转换，并起到与硬件类似的作用，但这是以消耗机器的资源为代价来实现的。

3.3　数据通信技术

数据通信是 20 世纪 50 年代随着计算机技术和通信技术的迅速发展，以及两者之间的相互渗透与结合而兴起的一种新的通信方式，是计算机技术与通信技术相结合的产物。在计算机控制领域，随着现代工业生产规模的不断扩大和自动化水平的不断提高，对生产过程的控制、优化、管理以及决策日趋复杂，数字化的仪器仪表应用也越来越多，而且往往需要几台、几十台计算机协同工作才能完成繁多的控制和管理任务。因而计算机与数字化的仪器仪表之间、计算机之间的数据共享和信息交换问题，都必须通过数据通信来解决。

3.3.1　数据通信概述

计算机与计算机之间、计算机与仪器设备之间的数据交换称为数据通信。

1. 数据通信模型

数据通信与传统的电话、电报通信有相似之处。它们都需要一个通信网络（如电话交换网、用户电报网及专用通信网络）来传输数据信号，并且与数据处理相关。

任何一个通信系统都可以借助如图 3.25 所示的通信系统模型来抽象地进行描述。

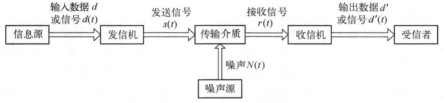

图 3.25　通信系统模型示意框图

信息源产生的待交换信息可用数据 d 来表示，而 d 通常是一个随时间变化的信号 $d(t)$，它是发信机的输入信号。由于信号 $d(t)$ 往往不适合在传输介质中传送，因此必须由发信机将它转换成适合于在传输介质中传送的发送信号 $s(t)$。当信号通过传输介质进行传送时，信号或多或少地会受到来自各种噪声源的干扰，从而引起畸变和失真等。因而在接收端收信机接收到的信号是 $r(t)$，它可能不同于发送机发送的信号 $s(t)$。收信机将依据 $r(t)$ 和传输介质的特性，把 $r(t)$ 转换成输出数据 d' 或信号 $d'(t)$。当然，转换后的数据 d' 或信号 $d'(t)$ 只是输入数据 d 或信号 $d(t)$ 的近似值或估计值。最后，受信者将从输出数据 d' 或信号 $d'(t)$ 中识别出被交换的信息。

2. 模拟通信、数字通信和数据通信

通信传输的信息很多，可以是语音、图像、文字、数据等，它们大致可以分成两类：连续信息和离散信息。连续信息是指信息的状态随时间而连续变化；离散信息则指信息的状态是可列的或是离散的。

信息必须借助信号（载体）来传输。在通信中有两种基本的传输信号：模拟信号和数字信号。模拟信号是指该信号的波形可以表示成时间的连续函数，如图 3.26a 所示。它是用电参量（如电压、电流）的变化来模拟信号源发送的信号。例如，电话信号就是将语音声波的强弱转换成电压的大小来传输的。而数字信号的特征是其幅度不是时间的连续函数，它只能取有限个离散值。在通信领域通常取两个离散值，即用"0"和"1"来表示的二进制数字信号，如图 3.26b 所示。

以模拟信号作为载体来传输信息称为模拟通信；以数字信号作为载体来传输信息称为数字通信；借助模拟通信或数字通信的方法，信息源产生的信息，传输给受信者的整个过程称为通信。如果信息源产生的是数据，则整个过程又称为数据通信。

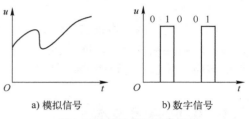

a) 模拟信号　　　　b) 数字信号

图 3.26　传输信号示意图

3．数据编码或调制

在各种计算机和终端设备构成的数据通信系统中，内部信息是用二进制数表示的，而外部信息则以各种图形字符表示。数据通信的输入设备把字符换成二进制数，输出设备则把二进制数变换成字符。因而，为了实现正常通信，需要对二进制数和字符的对应关系做一个统一的规定。这种规定称为编码。

在数据传输中，除了需要传输信息的内容之外，还要传输各种控制信息，用以控制计算机和终端设备协调一致的动作，以及识别报文的组成和格式。这些控制信息是以与控制字符相对应的二进制数来表示的。在信息的传输过程中，控制字符只作数据传输系统内部控制用，一般不需要打印输出。

随着数据通信技术的发展，编码的标准化日益显得重要起来。目前广泛采用的是美国信息交换标准码（American Standard Code for Information Interchange，ASCII）。这种码中的每个字符都由一个唯一的 7 位二进制数（bit）组合表示，因此，可以表示 128 个不同的字符，其中包括数字、符号和控制字符。

在实际使用中，ASCII 码的字符几乎总是以每个字符 8bit 的方式来储存和传输的。其中，第 8 位有各种用法。例如，在起止式异步通信中，当数据位为 7 位时，第 8 位使得每一 8 位码组中的"1"的个数总是奇数（奇校验）或偶数（偶校验），从而可以检测出因传输错误而发生的一个 bit 错或奇数个 bit 错的那些码元组。PC 则把第 8 位作为附加位，使 ASCII 码能表示 256 个字符，通常称为"扩展 ASCII 码"。ASCII 编码标准中有 27 个用于通信控制的控制符，对它们的含义解释，可查阅参考文献。

常用的调制方法有振幅调制、频率调制和相位调制三种。

1）振幅调制：用原始脉冲信号去控制载波的振幅变化，这种调制是利用数字信号的 1 或 0 去接通或断开连续的载波，相当于用一个开关控制载波一样，故又称为振幅键控（Amplitude Shift Keying，ASK）。

2）频率调制：用原始脉冲信号去控制载波的频率变化。其中调频信号可分为两种：一种是相位连续的调频信号，另一种是相位不连续的调频信号，频率调制又称为频率键控（Frequency Shift Keying，FSK）。

3）相位调制：用原始脉冲信号去控制载波的相位变化。调相信号可分为两种：一种是绝对移相，另一种是相对移相，相位调制又称相位键控（Phase Shift Keying，PSK）。

4．数据传输方式

（1）基带传输与频带传输

所谓基带，是指电信号所固有的频带。直接将这些电脉冲信号进行传输，就称为基带传输。因基带信号所包含的频率成分范围很宽，故不适合远距离传输。若不直接对这些电脉冲信号进行传输，而是对这些信息先进行调制，然后再传输，则称为频带传输。频带传输由于其频率成分窄，可以做到远距离传输。

（2）串行传输与并行传输

按传输数据的时空顺序分类，数据通信的传输方式可以分成串行传输和并行传输两种。数据在一个信道上按位依次传输的方式称为串行传输；反之，数据在多个信道上同时传输的方式称为并行传输。

在并行通信中，传输速率是以每秒多少字节（B/s）来表示的。而在串行通信中，传输速率是用波特率来表示的。

波特率是指单位时间内传送二进制数据的位数，其单位是位/秒（bit/s）。它是衡量串行通信速度快慢的重要指标。

常用的标准波特率是 110bit/s、300bit/s、600bit/s、1200bit/s、2400bit/s、4800bit/s、9600bit/s、19200bit/s 和 38400bit/s。

（3）信息传送方式

按照通信线路上信息传送的方向，可分成三种传送方式：全双工通信方式、半双工通信方式和单工通信方式。

1）全双工：当数据的发送和接收分流，分别由两根不同的传输线传送时，通信双方都能在同一时刻进行发送和接收操作，这样的传送方式就是全双工。

2）半双工：使用同一根传输线既作接收又作发送，虽然数据可在两个方向上传送，但通信双方不能同时发送和接收，这样的传送方式就是半双工。

3）单工：数据只能从一方发送到的另一方，数据流向固定。

在实际应用中，半双工应用最为广泛。

（4）多路复用技术

为了提高传输效率，人们希望把多路信号用一条信道进行传输，其作用相当于把单条传输信道划分成多条信道，以实现通信信道的共享，这就是多路复用技术。

常用的多路复用技术有两种：频分多路复用和时分多路复用。

1）频分多路复用（Frequency Division Multiplexing，FDM）：把信道的频谱分割成若干互不重叠的小频段，每条小频段都可以看作一条子信道，而且相邻的频段之间留有一段空闲频段，以保证数据在各自的频段上可靠地传输。

2）时分多路复用（Time Division Multiplexing，TDM）：把信道的传输时间分割成许多时间段。当有多路信号准备传输时，每路信号占用一个指定的时间段，在此时间段内，该路信号占用整个信道进行传输。为了使接收端能够对复合信号进行正确分离，接收端与发送端的时序必须严格同步，否则将造成信号间的混乱。

（5）同步技术

所谓同步，就是接收端要按照发送端所发送的每个码元的起止时间来接收数据，也就是接收端和发送端要在时间上取得一致。如果收、发两端同步不好，将会导致通信质量下降，甚至完全不能工作。常用的同步方式有两种：一种是启停同步技术，与其相对应的传输方式称异步通信方式；另一种是自同步方式，与其相对应的传输方式称为同步通信方式。

异步通信方式（Asynchronous Data Communication，ASYNC）每次传送一个字符的数据。用一个起始位表示传输字符的开始，用 1～2 个停止位表示字符的结束，一个字符构成一帧信息，如图 3.27 所示。

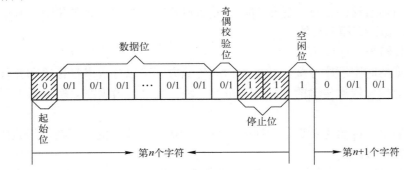

图 3.27　异步通信信息帧格式

异步通信信息帧的第一位为起始位（低电平），紧跟在起始位后面的是 5～8 位数据位，数据位是要传送的有效信息；根据需要可以选择是否需要奇偶校验位，奇偶校验位为 1 位，紧跟在数据位的后面；最后为停止位，停止位可以是 1 位、$1\frac{1}{2}$ 位或 2 位。从起始位开始到停止位结束就是 1 帧信息。该帧信息之后跟着空闲位，空闲位至少是 1 位，并且为高电平，如果无数据发送，则为空闲状态，也就是每个信息帧之间的间隔可用空闲位延续任意长。

发送端发送时，从低位到高位逐位顺序发送。为了对传送的信息进行定位，必须有发送时钟，并在发送时钟的下降沿将信息位送出，信息位宽度 T_d 为 n 倍发送时钟周期 T_c，即 $T_d=nT_c$，如图 3.28 所示。另外在接收端也必须有接收时钟，为了保证发送与接收同步，接收时钟周期 R_c 应等于发送时钟周期 T_c。但是由于收、发双方使用了各自的时钟，所以只能满足 R_c 与 T_c 近似相等。

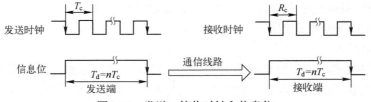

图 3.28　发送、接收时钟和信息位

接收端同步采样如图 3.29 所示。在停止位之后，接收时钟脉冲的每一个上升沿接收器进行采样，并检查接收线上的低电平是否保持 8 或 9 个连续的接收时钟周期（设 $T_d=16T_c$），就能确定是否为起始位。这样可以克服 R_c 与 T_c 之间的微小偏差，以及避免接收线上的噪声干扰，并且能够精确地确定起始位的中点，从而为接收端提供一个准确的时间基准。从这个基准算起，每隔 $16R_c$，进行一次采样（设 $n=16$），也就是在每个信息位的中点采样。这样连续采样 8 次，得到一个字节（7 位数据位和 1 位奇偶校验位），再一次采样时

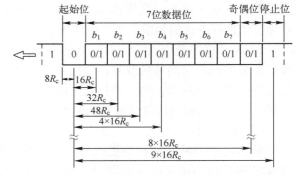

图 3.29　接收端同步采样（$n=16$）

接收线上为高电平，就认为是停止位。至此，一帧信息接收完毕。

能够完成异步通信协议的硬件称为 UART（Universal Asynchronous Receiver/ Transmitter），典型的 UART 有 INS8250、MC6850 等。

在异步通信中，每个字符要用起始位和停止位作为字符开始和结束标志，因而数据传送效率低。为了保证收、发同步，克服 R_c 与 T_c 之间的微小偏差，信息位宽度 $T_d=nT_c$，一般取 n 为 16、32、64 等，这样降低了信息传送速率。为消除这些缺点可采用同步通信方式。

同步通信（Synchronous Data Communication，SYNC）每次传送 n 个字符的数据块。用一个或两个同步字符表示传送数据块的开始，接着就是 n 个字符的数据块，字符之间不允许有空隙，当没有字符可发送时，则连续发送同步字符，如图 3.30 所示。

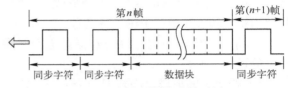

图 3.30　同步通信信息帧示例

通常由用户选择同步字符，可以选择一个特殊的 8 位二进制码（如 01111110）作为同步字符（称为单同步字符），或选择两个连续的 8 位二进制码作为同步字符（称为双同步字符）。为了保证收、发同步，收、发双方必须使用相同的同步字符。

发送端传送时，首先对被传送的原始数据进行编码，形成编码数据后再往外发送，由于每位码元包含数据状态和时钟信息，在接收端经过解码，便可以得到解码数据（称为接收数据）和解码时钟（称为接收时钟），如图 3.31 所示。因此接收端无须设置独立的接收时钟源，而由发送端发出的编码自带时钟，实现了收、发的自同步功能。

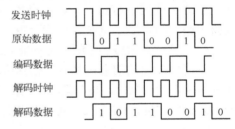

图 3.31　同步通信的编码、解码示意图

同步通信的信息帧包括同步字符和数据块，而同步字符只有 8 位或 16 位，数据块可以任意字节长，所以数据传送效率高于异步通信。另外，发送时钟周期 T_c 等于传送数据位的宽度（相当于异步通信的 $n=1$），故信息传送速率也高于异步通信。传送的编码数据中自带时钟信息，保证了收、发双方的绝对同步，但也造成了同步通信的硬件比异步通信复杂。

能够完成同步通信的硬件称为 USRT（Universal Synchronous Receiver/Transmitter）。

既能完成同步通信又能完成异步通信的硬件称为 USART，即通用同步-异步接收器/发送器。典型的 USART 接口芯片有 Z80-SIO、8251-PCI 等。

3.3.2　检错与纠错

在计算机通信过程中，由于硬件故障、软件错误或者信息干扰等各种原因，可能会出现数据传输错误。为了避免这类错误，一方面要提高计算机硬件的可靠性；另一方面可以采用检错和纠错机制，及时发现传输错误，并尽可能地纠正错误。

1．检验编码方法

差错检测技术的原理是，发送方在发送数据的基础上，生成某些校验编码，然后将该校验编码附加在数据后面一起发送。接收方接收到数据和校验码后，用校验码对收到的数据进行检验，以确立本次传输是否正确。差错检测技术的核心是校验编码，下面介绍三种常用的校验编码方法。

（1）奇偶校验（Parity Check）

奇偶校验码是一种最简单、最直观、应用最广泛的检错编码。一般由若干位有效信息（如一个字节或一帧数据），再加上一个二进制位（校验位）组成校验编码。检验位的取值（0 或 1）将使整个校验码中"1"的个数为奇数或偶数。当校验位的取值使整个校验码中"1"的个数为奇数时，称为奇校验；当"1"的个数为偶数时为偶校验。

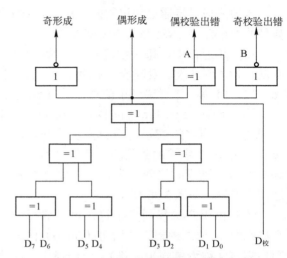

图 3.32 为奇偶校验位的形成及校验电路。该电路是一个由若干个异或门组成的塔形结构，同时给出了"偶形成""奇形成""偶校验出错"和"奇校验出错"等信号。

下面以奇校验为例，说明对信息进行奇偶校验的过程。

1）校验位的形成。当要把一个字节（$D_7 \sim D_0$）产生校验位时，就同时将它们送往奇偶校验逻辑电路，该电路产生的"奇形成"信号就是校验位。若 $D_7 \sim D_0$ 中有偶数个"1"，则"奇形成"=1，若 $D_7 \sim D_0$ 中有奇数个"1"，则"奇形成"=0。

图 3.32　奇偶校验位的形成及校验电路

2）校验检测。将读出的 9 位代码（8 位信息位和 1 位校验位）同时送入奇偶校验电路检测。若读出代码没有错误，则"奇校验出错"=0；若读出代码中的某一位上出现错误，则"奇校验出错"=1，表示这个 9 位代码中一定有某一位出现了错误，但不能确定具体的错误位置。

（2）循环冗余校验 CRC（Cyclic Redundancy Check）

发送端发出的信息由基本的信息位和 CRC 校验位两部分组成，如图 3.33 所示。发送端首先发送基本的信息位，与此同时，CRC 校验位生成器用基本的信息位除以多项式 $G(x)$。一旦基本的信息位发送完，CRC 校验也就生成，并紧接其后再发送 CRC 校验位。

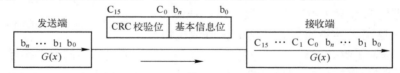

图 3.33　CRC 校验示意图

接收端在接收基本信息位的同时，CRC 检验器用接收的基本信息位除以同一个生成多项式 $G(x)$。当基本信息位接收完之后，接着接收 CRC 校验位，并同时进行这一计算。当 CRC 校验位接收完，如果这种除法的余数为 0，即能被生成多项式 $G(x)$ 除尽，则认为传输正确；否则，传输错误。

循环冗余校验的原理及其实现比较复杂，循环冗余校验的检验能力与生成多项式有关。若能针对传输信息的差错模式设计多项式，就会得到较强的检测差错能力。目前已经设计了许多生成多项式，下面三个多项式已成为国际标准：

CRC-12：$G(x) = x_{12} + x_{11} + x_3 + x_2 + x + 1$

CRC-16：$G(x) = x_{16} + x_{15} + x_2 + 1$

CRC-CITT：$G(x) = x_{16} + x_{12} + x_5 + 1$

（3）恒比码

在通信时不是原码传送，而是对待发送的数据进行编码，使之编码后的每一个字节（或每一码组）中，"1"和"0"的个数之比保持恒定，这种编码称为恒比码。我国国内电报通信就是采用恒比码编码的。用户报文中的字符要按照统一制定的标准电码本翻译成四位数字，每个数字在电传机中用一个五单位电码表示，因此每个字符实际上要用 20 个二元码。在传输过程中，只要五单位电码中出现一个码元的差错，就会产生出错数字，最终使译出的报文失去原意。

2．纠错方式

常用的纠错方式有三种：重发纠错、自动纠错和混合纠错。

（1）重发纠错方式

发送端发送能够检错的信息码（如奇偶校验码），接收端根据该码的编码规则，判断传输中有无错误，并把判断结果反馈给发送端。如果传输错，则再次发送，直到接收端认为正确为止。

（2）自动纠错方式

发送端发送能够纠错的信息码，而不仅仅是检错的信息码。接收端收到该码后，通过译码不仅能发现错误，而且能自动地纠正传输中的错误。但是，纠错位数有限，如果为了纠正比较多的错误，则要求附加的冗余码比基本信息码多，因而传输效率低，译码设备也比较复杂。

（3）混合纠错方式

这是上述两种方式的综合。发送端发送的信息码不仅能发现错误，而且还具有一定的纠错能力。接收端收到该码后，如果错误位数在纠错能力以内，则自动地进行纠错；如果错误多，超出了纠错能力，则接收端要求发送端重发，直到正确为止。

3.4　无线通信技术

无线通信是指在无线终端与中心主机或无线终端之间采用无线连接，通过无线方式传输数据。除了 3.2.3 节介绍的计算机局域网络中使用的无线通信技术，常用的无线通信技术还包括蓝牙技术、ZigBee 技术、LoRa 技术、NB-IoT 技术、5G 技术、Wi-Fi 技术等。

3.4.1　蓝牙技术

1．蓝牙概述

蓝牙（Bluetooth）是一种无线通信技术标准，用于使固定与移动设备在短距离间不需要电缆就可以交换资料，以形成个人局域网。一般使用短波特高频（UHF）无线电波，经由 2.4～2.485GHz 的 ISM 频段来进行通信，使用 IEEE 802.15 协议。1994 年由电信商爱立信发展出这个技术，蓝牙技术目前由蓝牙技术联盟（SIG）来负责维护其技术标准，其成员已超过 3 万，分布在电信、电脑、网络与消费性电子产品等领域。

图 3.34 是蓝牙技术的几种应用。蓝牙的实质是为固定设备或移动设备之间的通信环境建立通用的近距离无线接口，将通信技术与计算机技术结合起来，使各种设

图 3.34　蓝牙技术应用

备在没有电线或电缆相互连接的情况下，能在近距离范围内实现相互通信。

2．主要特点

蓝牙技术及蓝牙产品的特点主要有：

1）适用设备多，无需电缆，通过无线使计算机和电信联网进行通信。

2）工作频段全球通用，适用于全球范围内用户无界限地使用，解决了蜂窝式移动电话的"国界"障碍。蓝牙技术产品使用方便，利用蓝牙设备可以搜索到另外一个蓝牙技术产品，迅速建立起两个设备之间的联系，在控制软件的作用下，可以自动传输数据。

3）安全性和抗干扰能力强。由于蓝牙技术具有跳频的功能，有效避免了 ISM 频带遇到干扰源。蓝牙技术的兼容性较好，已经能够发展成为独立于操作系统的一项技术，实现了各种操作系统中良好的兼容性能。

4）传输距离较短。蓝牙技术的主要工作范围在 10m 左右，经过增加射频功率后的蓝牙技术可以在 100m 的范围进行工作，只有这样才能保证蓝牙在传播时的工作质量与效率，提高蓝牙的传播速度。

3．蓝牙标准

迄今为止，蓝牙已经发布了多个版本的标准，主要包括：

1）蓝牙 1.1 标准。2003 年 11 月发布，传输速率为 748～810kbit/s，因为是早期设计，容易受到同频率的产品干扰，影响通信质量。

2）蓝牙 2.0 标准。2004 年 11 月发布，传输速率为 1.8～2.1Mbit/s，支持双工模式，既可以进行语音通信，同时也可以传输档案/高质量图片。

3）蓝牙 3.0 标准。2009 年 4 月发布，传输速率提高到了最高 24Mbit/s，蓝牙 3.0 的核心是"Generic Alternate MAC/PHY"（AMP），这是一种全新的交替射频技术，允许蓝牙协议栈针对任一任务动态地选择正确射频。

4）蓝牙 4.0 标准。2010 年 7 月发布，传输速率仍然是最高 24Mbit/s，蓝牙 4.0 最重要的一个特性就是低功耗，使得蓝牙设备可通过一粒纽扣电池供电以维持工作数年之久，允许蓝牙协议栈针对任一任务动态地选择正确射频，有效覆盖范围扩大到 100m（之前的版本为 10m）。

5）蓝牙 5.0 标准。2016 年 6 月发布，传输速率提高到了最高 48Mbit/s，增强了市内定位和网联网功能，低功耗模式传输速率上限为 2Mbit/s，通信有效工作距离可达 300m。

6）蓝牙 5.2 标准。2020 年 1 月发布，通过更低的功耗和有时间限制的数据通信来实现更有效的连接。低能耗（LE）同步频道允许音频传输在多个设备间交互，另外 LE 功率控制可以优化发射机的功率。这些特性使得在蓝牙设备在 2.4GHz 频率范围内与其他无线设备得以更好地共存，传输速率比 5.0 提升 2 倍，更稳定，抗干扰性更好。

4．蓝牙应用领域

蓝牙技术已经应用到超过 3 万个联盟技术成员的 82 亿件产品之中，主要应用领域见表 3.6。

表 3.6　蓝牙技术主要应用领域

领　　域	应用实例
手机	移动电话和免提设备之间的无线通信，最初流行的应用
计算机与外设	鼠标、键盘、耳机、打印机等
可穿戴设备	智能眼镜、耳机、活动监测仪、儿童和宠物监视器、医疗救助、头部和手部安装终端以及摄像机
运动和健身	健身跟踪手环、智能手表、瑜伽垫、棒球棍等
医疗和保健	血糖监测仪、脉搏血氧仪、心率监视器、哮喘吸入器等产品
消费类电子	照相机、摄像机、电视、游戏系统，家用游戏机的手柄，包括 PS4、PSP Go、Wii、Switch

（续）

领　域	应用实例
汽车电子	蓝牙免提调用系统、车载音频娱乐系统、监测和诊断系统、防盗系统
智能家居	室内的照明、温度、家用电器、窗户和门锁等安全系统以及牙刷、鞋垫等日常用品
零售和位置服务	读卡器、条码设备、实时定位系统，应用"节点"或"标签"嵌入被跟踪物品中，读卡器从标签接收并处理无线信号以确定物品位置
工业生产	设备通信、数据传输、设备磨损检测

3.4.2　ZigBee 技术

1. ZigBee 概述

ZigBee 是基于 IEEE 802.15.4 标准的低功耗区域网协议，根据这个协议规定的技术是一种短距离、低功耗的无线通信技术。这一名称来源于蜜蜂的八字舞，由于蜜蜂（Bee）是靠飞翔和"嗡嗡"（Zig）地抖动翅膀的"舞蹈"来与同伴传递花粉所在方位信息，也就是说，蜜蜂依靠这样的方式构成了群体中的通信网络。其特点是近距离、低复杂度、自组织、低功耗、低数据速率、低成本，主要适合用于自动控制和远程控制领域，可以嵌入各种设备。简而言之，ZigBee 是一种便宜的、低功耗的近距离无线组网通信技术。

ZigBee 协议从下到上分别为物理层（PHY）、媒体访问控制层（MAC）、传输层（TL）、网络层（NWK）、应用层（APL）等。其中物理层和媒体访问控制层遵循 IEEE 802.15.4 标准的规定。

ZigBee 网络具有低功耗、低成本、低速率、支持大量节点、支持多种网络拓扑、低复杂度、快速、可靠、安全等特点。ZigBee 网络中的设备可分为协调器（Coordinator）、路由器（Router）、终端节点（EndDevice）三种角色，如图 3.35 所示。

2. ZigBee 技术特性

1）低功耗。在低耗电待机模式下，2 节 5 号干电池可支持 1 个节点工作 6～24 个月，甚至更长。这是 ZigBee 的突出优势。相比较，蓝牙能工作数周、Wi-Fi 可工作数小时。

2）低成本。通过大幅简化协议（不到蓝牙的 1/10），降低了对通信控制器的要求。按预测分析，以 8051 的 8

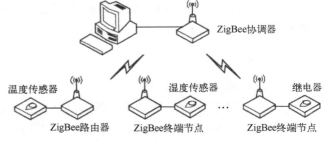

图 3.35　ZigBee 网络中的设备

位微控制器测算，全功能的主节点需要 32KB 代码，子功能节点少至 4KB 代码，而且 ZigBee 免协议专利费。每块芯片的价格大约为 2 美元。

3）低速率。ZigBee 工作在 20～250kbit/s 的速率，分别提供 250kbit/s（2.4GHz）、40kbit/s（915MHz）和 20kbit/s（868MHz）的原始数据吞吐率，满足低速率传输数据的应用需求。

4）近距离。传输范围一般介于 10～100m 之间，在增加发射功率后，可增加到 1～3km。这指的是相邻节点间的距离。如果通过路由和节点间通信的接力，传输距离将可以更远。

5）短时延。ZigBee 的响应速度较快，一般从睡眠转入工作状态只需 15ms，节点连接进入网络只需 30ms，进一步节省了电能。相比较，蓝牙需要 3～10s、Wi-Fi 需要 3s。

6）高容量。ZigBee 可采用星状、片状和网状网络结构，由一个主节点管理若干子节点，最多一个主节点可管理 254 个子节点；同时主节点还可由上一层网络节点管理，最多可组成 65000 个节点的大网。

7）高安全。ZigBee 提供了三级安全模式，包括无安全设定、使用访问控制清单（Access Control List, ACL）防止非法获取数据以及采用高级加密标准（AES 128）的对称密码，以灵活确定其安全属性。

3. ZigBee 应用领域

ZigBee 技术弥补了无线网络通信市场对低速、低功耗、低成本的需求，发展前景广阔。目前，ZigBee 技术的主要应用领域包括：

1）工业领域。利用 ZigBee 网络，数据的自动采集、分析和处理变得更加容易，例如，危险化学成分的检测、火警的早期检测和预报、高速旋转机器的检测和维护，这些应用不需要很高的数据吞吐量和连续的状态更新，重点在低功耗，从而最大限度地延长电池的寿命，减少 ZigBee 网络的维护成本。

2）农业领域。传统农业主要依靠人力监测作物的生长状况。采用了传感器和 ZigBee 网络后，农业将逐渐地转向以信息和软件为中心的生产模式，使用更多的自动化、网络化、智能化和远程控制的设备来耕种，传感器可以收集包括土壤湿度、氮浓度、pH 值、降水量、温度、空气湿度和气压等信息，这些信息和采集信息的地理位置经由 ZigBee 网络传递到中央控制设备供农民决策和参考，这样农民能够及早地准确地发现问题，从而有助于提高农作物的产量。

3）医学领域。借助于各种传感器和 ZigBee 网络，准确、实时地监测患者的血压、体温和心跳速度等信息，从而减少医生查房的工作负担，有助于医生做出快速的反应，特别是对重病和病危患者的监护和治疗。

4）消费和家用领域。由于无线技术的灵活性和易用性，无线消费电子产品已经越来越普遍，可以联网的家用设备包括电视、录像机、无线耳机、PC 外设（键盘和鼠标等）、运动与休闲器械、儿童玩具、游戏机、窗户和窗帘、照明设备、空调系统和其他家用电器等，为提高家庭的智能化水平提供了方便。

3.4.3 LoRa 技术

1. LoRa 概述

现如今正处于物联网的时代，需要功耗低、传输距离远、支持大量设备连接的 LPWAN（Low-Power Wide-Area Network，低功耗广域网络）技术，LoRa 无线技术是当今应用广泛的 LPWAN 技术。

LoRa 是 Semtech 公司于 2013 年创建的低功耗局域网无线标准，LoRa 的名字就是远距离无线电（Long Range Radio）的缩写，它最大特点就是在同样的功耗条件下比其他无线方式传播的距离更远，实现了低功耗和远距离的统一，它在同样的功耗下比传统的无线射频通信距离扩大 3～5 倍。LoRa 技术是工作在 Sub-GHz ISM 非授权频段上的，包括 433MHz、470MHz、868MHz、915MHz 等，不需要缴纳频段使用费。其采用了先进且独特的线性扩频调制技术，传输的信号通过线性调制，将原始信号的频带展宽后再进行无线传输，有着对抗衰落和多普勒频移的特性，具有很强的抗干扰能力，线性扩频使其通信性能大大增强，使得 LoRa 技术既能拥有与频移键控（FSK）那样的低功耗特性，又显著地提升了通信距离。

2. LoRa 技术特性

1）传输距离：城镇可达 2～5km，郊区可达 15km。

2）工作频率：ISM 频段包括 433MHz、470MHz、868MHz、915MHz 等。

3）标准：IEEE 802.15.4。

4）调制方式：基于扩频技术，线性调制扩频的一个变种，具有前向纠错能力。

5）容量：一个 LoRa 网关可以连接成千上万个 LoRa 节点。

6）电池寿命：长达 10 年。

7）安全：AES128 加密。

8）传输速率：几百到几十 kbit/s，速率越低，传输距离越长。

3. LoRa 应用领域

LoRa 技术是一种低功耗远程无线通信技术，广泛应用于多个领域，包括但不限于：

1）智能城市。在智能停车系统中，LoRa 技术用于实时监测停车位信息，帮助驾驶员快速找到可用停车位，减少拥堵和排放。此外，LoRa 技术还用于环境监测，实时监测空气质量、噪声水平等环境数据。

2）智慧农业。LoRa 技术用于智慧农场和智慧大田，实时上报农作物信息，智能灌溉，以及监测动物数据信息，如奶牛发情期、体重和饲养环境。

3）智能工业。在工业自动化中，LoRa 技术用于智能供应链和设备监测，实现供需匹配的精准化管理，以及实时监测设备状态，预测可能的故障。

4）智能物流。LoRa 技术用于跟踪物流包裹，提高运输效率和准确性。

5）智慧医疗。在养老院等固定场所，LoRa 技术用于实时监测老人健康信息。

LoRa 技术与目前主流的无线技术相比，有着最大节点数多、传输距离远、成本低、工作频段为非授权、具有典型的星形网络拓扑结构等优势，而为了获得更远的传输距离，其传输速率并不高，但在非视频网络传输上，这样的传输速率已经完全满足需求。

3.4.4 NB-IoT 技术

1. NB-IoT 概述

NB-IoT（Narrow Band Internet of Things，窄带物联网）是 LPWAN 的一个重要分支。2016 年 6 月，NB-IoT 获得 3GPP 批准，宣告无线产业广泛支持的 NB-IoT 标准核心协议历经两年多的研究已全部完成，标志着从现有的移动通信架构基础上，为连接越来越多的设备提供了标准。

NB-IoT 构建于蜂窝网络，只消耗大约 180kHz 的带宽，可直接部署于 GSM 网络、UMTS 网络或 LTE 网络，以降低部署成本、实现平滑升级。NB-IoT 支持待机时间长、对网络连接要求较高设备的高效连接。NB-IoT 设备电池寿命长，同时还能提供非常全面的室内蜂窝数据连接覆盖。

2. NB-IoT 技术特性

1）频谱窄：200kHz，终端发射窄带信号，提升了信号的功率谱密度、覆盖增益和频谱利用效率。

2）低速率：上行速率峰值为 5.6～204.8kbit/s，下行速率峰值为 176～234.7kbit/s，适合于小数据量、小速率应用场景。

3）低功耗：NB-IoT 设备功耗可以做到非常小，设备续航时间可以从过去的几个月大幅提升到几年。

4）低成本：NB-IoT 不需重新构建网络，射频和天线基本上都是复用的。

5）广覆盖：NB-IoT 室内覆盖能力强，不仅可以满足农村的广覆盖需求，对于厂区、地下车库、井盖这类对深度覆盖有要求的应用同样适用。

6）多连接：在同一基站的情况下，NB-IoT 可以比现有无线技术提供 50～100 倍的接入数。一个扇区能够支持 10 万个连接，支持低延时敏感度、超低的设备成本、低设备功耗和优化的网络架构。

3. NB-IoT 应用领域

NB-IoT 是技术演进和市场竞争的综合产物，未来的市场潜力很大，将来可能会被广泛应用在不同的垂直行业，融进人们的生活。

3.4.5 5G 技术

1. 5G 技术概述

第五代移动技术，即 5G，是自 2019 年由手机企业推出的全新电信网络标准。尽管运行在与 3G 和 4G 相同的无线电频率上，但 5G 在速度、延迟和带宽上实现了显著的提升，使得下载上传更快、连接更稳定，可靠性更高，自然而然地成为 4G 的升级替代技术。5G 不仅仅是一种高速网络，其对人工智能（AI）、物联网（IoT）和机器学习（ML）等颠覆性技术的支撑作用，预示着它将改变人类与互联网、社交媒体以及信息交换的方式。

2. 5G 技术特点

1）高速率：最高理论传输速率可达每 8 秒 1GB，比 4G 网络快了数百倍。

2）低延迟：5G 的延迟通常在 1ms 以下，这使得实时互动、远程控制等高延迟敏感的应用得以顺利运行。

3）大带宽：与 4G 相比，5G 网络的带宽容量提高了数十倍，轻松支持大规模设备连接和大数据处理。

4）宽覆盖：5G 技术还采用毫米波频段和新型信号处理技术，使网络覆盖范围更广。

5）优服务：5G 支持网络切片技术，根据不同应用场景提供定制化的网络服务。

6）高可靠：通过引入网络切片、边缘计算等新技术手段，5G 提高了网络的稳定性和可靠性。

7）高安全：5G 通信技术采用更高级的加密技术和身份验证机制，保护用户隐私和数据安全。多层次的安全策略如网络隔离、数据加密等也确保了用户信息的安全性。

3. 5G 技术应用领域

5G 技术的应用将极大地提升社会的信息化水平。在智慧城市、智能交通、远程医疗、工业自动化等领域，5G 可以实现各种创新应用，提高生产效率和生活质量。

1）智慧城市：5G 技术的应用使得城市管理更加高效，比如通过 5G 网络连接的智能路灯可以根据车流量自动调节亮度，既节能又环保。

2）工业领域：5G 技术的引入使得生产线上的机器人能够实时接收指令，实现精准操作，大大提高了生产效率和产品质量。

3）医疗行业：远程医疗成为可能，医生可以通过高清视频与患者进行面对面交流，甚至指导手术。在一些紧急救援场景中，5G 技术的应用可以发挥重要作用。

4）教育领域：5G 技术使得在线教育的体验大大提升，无论是直播课堂还是虚拟实验室，都因为高速的网络变得流畅无阻，学生可以在家中就享受到优质的教育资源。

5）交通领域：车联网的概念逐渐成为现实，车辆之间、车辆与路边设施之间的信息交换，可以有效预防交通事故的发生。同时，5G 技术还能帮助优化交通流量的分配，缓解城市拥堵问题。

6）娱乐领域：5G 技术的高带宽使得高清电影和游戏可以快速下载，提升了用户体验。虚拟现实（VR）和增强现实（AR）技术的结合，为用户带来了沉浸式的娱乐体验。

7）家居领域：家庭中的智能设备通过 5G 网络相互连接，可以实现更加智能化的生活场景。比如，智能冰箱可以根据存储的食物种类和数量，自动生成购物清单并发送到用户的手机上。

8）物流领域：无人驾驶的配送车辆可以在复杂的城市环境中准确无误地完成配送任务，而且可以实时回传位置信息，确保货物安全。

3.4.6　Wi-Fi 技术

1．Wi-Fi 技术概述

Wi-Fi，全称 Wireless Fidelity，翻译为"无线保真"，是一种无线网络通信技术的品牌，由 Wi-Fi 联盟所持有。该技术基于 IEEE 802.11 标准，目标是提高不同产品之间的互通性。Wi-Fi 技术的未来发展方向包括更高的数据传输速率、更好的安全性以及更广泛的应用场景。随着 Wi-Fi 6 的推出，未来的 Wi-Fi 技术将支持更多的并发连接，提供更强的数据处理能力，为用户带来更加流畅和安全的无线网络体验。

2．Wi-Fi 技术的特点

1）高带宽：Wi-Fi 能提供更宽的频带，Wi-Fi 7 最大理论速率达到 30Gbit/s，支持更多数据的快速传输。这一点在视频流、在线游戏以及大文件下载等应用场景中表现尤为明显。

2）部署、维护和扩展便利：与传统的有线网络相比，Wi-Fi 网络的建立和维护成本较低，易于安装和扩展。这使得 Wi-Fi 成为许多企业和家庭的首选网络解决方案。

3）移动性能相对较弱：Wi-Fi 在室外或长距离的应用中信号易受干扰，且难以保持高性能。

4）安全性相对较差：开放的 Wi-Fi 网络可能容易受到黑客攻击，因此在使用公共 Wi-Fi 时需格外小心。

3．Wi-Fi 技术应用领域

Wi-Fi 技术的应用领域广泛，能为家庭、办公、教育等领域带来了便利和价值。

1）家庭应用：Wi-Fi 可以让家庭成员方便地在各个房间使用互联网，无须担心线路布置问题。

2）办公室应用：在办公室部署 Wi-Fi 可以让员工方便地使用网络进行工作，提高工作效率。

3）公共场所应用：在咖啡馆、机场、图书馆等公共场所，Wi-Fi 的部署可以吸引更多的客户。

4）教育领域应用：学校可以部署 Wi-Fi，方便学生在线学习、查阅资料，提高教学质量。

此外，基于 Wi-Fi 的定位也获得很多的关注，因为在城市地区密集布置多个低成本的 Wi-Fi 接入口（AP）能够提供更高的精确度，许多手持设备比如手机、笔记本电脑等都是基于 Wi-Fi 进行定位。

3.5　工业控制网络

计算机、通信技术和微电子技术的迅猛发展、相互渗透和结合，促成了信息技术的革命。信息已经成为一项重要的生产力要素在社会各行业发挥着重要作用。信息化是企业迈向信息经济的必由之路，信息经济是以信息为主导的全面经济活动，而企业信息化就是企业用信息化去推动企业的管理、生产和销售。企业网的建设成为企业基础设施建设的重要内容。工业企业网是指应用于工业领域的网络，是工业企业的管理和信息基础设施。它是一种综合集成技术，涉及计算机技术、通信技术、多媒体技术、控制技术和现场总线等。在功能上，工业网络的结构可分为信息网和控制网两层，信息网位于工业网的上层，是企业数据共享和传输的载体，这一层主要采用以太网技术；控制网位于工业网的下层，与信息网紧密地集成在一起，具有独立性和完整性，这一层主要采用现场总线。

3.5.1　现场总线技术

在现代工业控制中，由于被控对象、测控装置等物理设备的地域分散性，以及控制与监控等任务对实时性的要求，工业控制内在地需要一种分布实时控制系统来实现控制任务。

在分布式实时控制系统中，不同的计算设备之间的任务交互是通过通信网络，以信息传递的方式实现的。为了满足任务的实时要求，要求任务之间的信息传递必须在一定的通信延迟时间内。

工业通信网络的采用，不仅为实现过程分布控制提供了现实可行的条件，而且对系统的实时性提出了强烈的要求。为了满足工业控制中对时间限制的要求，通常采用具有确定的、有限排队延迟的专用实时通信网络。

典型的实时通信网络就是现场总线，它应用在生产现场，在测量控制设备间实现双向串行多节点的数字通信，又称为开放式、数字化、多点通信的低层控制网络，被誉为自动化领域的计算机局域网。它把各个分散的测量控制设备转换为网络节点，以现场总线为纽带，连接成为可以互相通信、沟通信息，共同完成自控任务的网络化控制系统。

1. 现场总线技术特征

现场总线完整地实现了控制技术、计算机技术与通信技术的集成，具有以下几项技术特征：

1）现场设备已成为以微处理器为核心的数字化设备，彼此通过传输介质（双绞线、同轴电缆或光纤）以总线拓扑相连。

2）网络数据通信采用基带传输（即数字信号传输），数据传输速率高（为 Mbit/s 或 10Mbit/s 级），实时性好，抗干扰能力强。

3）废弃了集散控制系统（DCS）中的 I/O 控制站，将这一级功能分配给通信网络完成。

4）分散的功能模块，便于系统维护、管理与扩展，提高可靠性。

5）开放式互连结构，既可与同层网络相连，也可通过网络互连设备与控制级网络或管理信息级网络相连。

6）互操作性。在遵守同一通信协议的前提下，可将不同厂家的现场设备产品统一组态，构成所需要的网络。

2. 常用的现场总线标准

国际上发达国家的厂商看到了现场总线的广阔前景，纷纷投入很大的人力、物力进行研究开发。目前已经出现了 40 多种现场总线，已形成了目前多种现场总线并存的，各不相让相互竞争的局面。

多种总线并存，就意味着有多种标准，这就严重束缚了总线的应用和发展，国际电工协会（IEC）于 1999 年认定通过了 8 种现场总线为现行的现场总线标准（IEC 61158），它们分别是：

1）基金会现场总线（Foundation Fieldbus，FF）。该总线是由以美国 Fisher-Rosemount 公司为首的联合了横河、ABB、西门子、英维斯等 80 家公司制定的 ISP 协议和以 Honeywell 公司为首的联合欧洲等地 150 余家公司制定的 WorldFIP 协议于 1994 年 9 月合并的，在过程自动化领域得到了广泛的应用。基金会现场总线采用国际标准化组织 ISO 的开放式系统互连 OSI 的简化模型，即物理层、数据链路层、应用层，增加了用户层。FF 分低速 H1 和高速 H2 两种通信速率，前者传输速率为 31.25kbit/s，通信距离可达 1900m，支持总线供电和本质安全防爆环境；后者传输速率为 1Mbit/s 和 2.5Mbit/s，通信距离为 750m 和 500m，支持双绞线、光缆和无线发射，协议符合 IEC 1158-2 标准。其物理媒介的传输信号采用曼彻斯特编码。

2）CAN（Controller Area Network，控制器局域网）。该总线由德国 BOSCH 公司推出，广

泛用于离散控制领域，其总线规范已被 ISO 国际标准化组织制定为国际标准，得到了 Intel、Motorola、NEC 等公司的支持。CAN 协议分为两层：物理层和数据链路层。CAN 的信号传输采用短帧结构，传输时间短，具有自动关闭功能和较强的抗干扰能力。CAN 支持多主工作方式，并采用了非破坏性总线仲裁技术，通过设置优先级来避免冲突，通信距离最远可达 10km/5kbit/s，通信速率最高可达 40m/1Mbits，网络节点数实际可达 110 个。

3）Lonworks。该总线由美国 Echelon 公司推出，并由 Motorola、Toshiba 公司共同倡导。采用 ISO/OSI 模型的全部 7 层通信协议，采用面向对象的设计方法，通过网络变量把网络通信设计简化为参数设置。通信速率为 300bit/s～1.5Mbit/s，直接通信距离可达 2700m（78kbit/s），被誉为通用控制网络。采用 Lonworks 技术和神经元芯片的产品，被广泛应用在楼宇自动化、家庭自动化、保安系统、办公设备、交通运输、工业过程控制等行业。

4）DeviceNet。DeviceNet 是一种低成本的通信连接，也是一种简单的网络解决方案，有着开放的网络标准。DeviceNet 具有的直接互联性，不仅改善了设备间的通信，而且提供了相当重要的设备级阵地功能。DeviceNet 基于 CAN 技术，传输速率为 125～500kbit/s，每个网络的最大节点为 64 个，采用多信道广播信息发送方式。位于 DeviceNet 网络上的设备可以自由连接或断开，不影响网上的其他设备，而且设备的安装布线成本也较低。

5）PROFIBUS。PROFIBUS 是德国标准（DIN 19245）和欧洲标准（EN 50170）的现场总线标准，由 PROFIBUS-DP、PROFIBUS-FMS、PROFIBUS-PA 系列组成。DP 用于分散外设间高速数据传输，适用于加工自动化领域；FMS 适用于纺织、楼宇自动化、可编程控制器、低压开关等；PA 用于过程自动化的总线类型。PROFIBUS 支持主-从系统、纯主站系统、多主多从混合系统等几种传输方式。PROFIBUS 的传输速率为 9.6kbit/s～12Mbit/s，最远传输距离在 9.6kbit/s 下为 1200m，在 12Mbit/s 下为 200m，可采用中继器延长至 10km，最多可挂接 127 个站点。

6）HART。HART 是 Highway Addressable Remote Transducer 的缩写，最早由 Rosemount 公司开发。其特点是在现有模拟信号传输线上实现数字信号通信，属于模拟系统向数字系统转变的过渡产品。其通信模型采用物理层、数据链路层和应用层三层，支持点对点主从应答方式和多点广播方式。HART 能利用总线供电，可满足本质安全防爆的要求，并可用于由手持编程器与管理系统主机作为主设备的双主设备系统。

7）CC-Link。CC-Link 是 Control Communication Link（控制与通信链路系统）的缩写，1996 年 11 月，由三菱电机为主导的多家公司推出，在亚洲占有较大份额。在其系统中，可以将控制和信息数据以 10Mbit/s 高速传送至现场网络，具有性能卓越、使用简单、应用广泛、节省成本等优点。其不仅解决了工业现场配线复杂的问题，同时具有优异的抗噪性能和兼容性。CC-Link 是一个以设备层为主的网络，同时也可覆盖较高层次的控制层和较低层次的传感层。

8）WorldFIP。WorldFIP 的北美部分与 ISP 合并为 FF 以后，WorldFIP 的欧洲部分仍保持独立，在欧洲市场占有重要地位，特别是在法国占有率大约为 60%。WorldFIP 的特点是具有单一的总线结构来适用不同应用领域的需求，而且没有任何网关或网桥，用软件的办法来解决高速和低速的衔接。

除了以上 8 种现场总线标准以外，常见的现场总线标准还有：

1）ISA/SP50。1984 年，美国仪表学会 ISA（Instrument Society of America）下属的标准实施 SP（Standard and Practice）第 50 组，简称 ISA/SP50 开始制定现场总线标准。1992 年，国际电工委员会 IEC 批准了 SP50 物理层标准。

2）ISP 和 ISPF。1992 年，由 Siemens、Foxboro、Rosemount、Fisher、Yokogawa（横河）、

ABB 等公司成立 ISP 组织，以德国标准 PROFIBUS 为基础制定的总线标准。1993 年成立了 ISP 基金会 ISPF（ISP Foundation）。

3）INTERBUS。INTERBUS 是德国 Phoenix 公司推出的现场总线，2000 年 2 月成为国际标准 IEC 61158。其采用集总帧型的数据环通信，具有低速率、高效率的特点，并严格保证了数据传输的同步性和周期性；该总线的实时性、抗干扰性和可维护性也非常出色。

4）P-NET。P-NET 是一个开放式的现场总线协议，由丹麦的 Proces-Data A/S 公司在 1983 年开发。管理机构为国际 P-NET 用户组织。与传统布线相比，P-NET 总线技术在工业控制中具有相当的优势，简化了设计和安装，减少了布线的数量和费用。

3.5.2　工业以太网

以太网（Ethernet）由于其应用的广泛性和技术的先进性，已逐渐垄断了商用计算机的通信领域和过程控制领域中上层的信息管理与通信，并且有进一步直接应用到工业现场的趋势。工业以太网是基于 IEEE 802.3 的强大的区域和单元网络，提供了一个无缝集成到新的网络世界的途径。

（1）以太网优点

与目前的现场总线相比，以太网具有以下优点：

1）应用广泛。以太网是目前应用最为广泛的计算机网络，受到广泛的技术支持。几乎所有的编程语言都支持以太网的应用开发，如 Java、Visual C++、Visual Basic、Delphi 等。如果采用以太网作为现场总线，可以有多种开发工具、开发环境供选择。

2）成本低廉。以太网的应用最为广泛，受到硬件开发与生产厂商的高度重视与广泛支持，有多种硬件产品供用户选择。而且由于应用广泛，硬件价格也相对低廉。目前以太网网卡的价格只有 PROFIBUS、FF 等现场总线的十分之一。

3）通信速率高。目前以太网的通信速率为 100Mbit/s，1000Mbit/s 的快速以太网已开始广泛应用，10Gbit/s 以太网技术逐渐成熟。其速率比目前的现场总线快得多。以太网可以满足对带宽的更高要求。

4）软、硬件资源丰富。由于以太网已应用多年，人们对以太网的设计、应用等方面有很多的经验，对其技术也十分熟悉。大量的软件资源和设计经验可以显著降低系统的开发和培训费用，从而可以显著降低系统的整体成本，并大大加快系统的开发和推广速度。

5）可持续发展潜力大。在这信息瞬息万变的时代，企业的生存与发展在很大程度上依赖于一个快速而有效的通信管理网络，信息技术与通信技术的发展将更加迅速，也更加成熟，由此保证了以太网技术不断地持续向前发展。

因此，如果工业控制领域采用以太网作为现场设备之间的通信网络平台，可以避免现场总线技术游离于计算机网络技术的发展主流之外，从而使现场总线技术和一般网络技术互相促进，共同发展，并保证技术上的可持续发展，在技术升级方面无需单独的研究投入。这一点是任何现有现场总线技术所无法比拟的。同时机器人技术、智能技术的发展都要求通信网络有更高的带宽、更好的性能，通信协议有更高的灵活性。这些要求以太网都能很好地满足。

（2）以太网存在的问题

正是由于以太网具有上述优势，使得它受到越来越多的关注，但是以太网应用于工业现场设备之间的通信还存在着一些问题。

1）通信实时性。长期以来，以太网通信响应的"不确定性"是它在工业现场设备中应用的致命弱点和主要障碍之一。众所周知，以太网采用冲突检测载波监听多点访问（Carrier Sense

Multiple Access with Collision Detection，CSMA/CD）机制解决通信介质层的竞争。以太网的这种机制导致了非确定性的产生。因为在一系列碰撞后，报文可能会丢失，节点与节点之间的通信将无法得到保障，从而使控制系统需要的通信确定性和实时性难以保证。随着互联网技术的发展，以太网也得到了迅速的发展，使通信确定性和实时性得到了增强。

首先，在网络拓扑上，采用星形连接代替总线型结构，使用网桥或路由器等设备将网络分割成多个网段（Segment）。在每个网段上，以一个多口集线器为中心，将若干个设备或节点连接起来。这样，挂接在同一网段上的所有设备形成一个冲突域（Collision Domain），每个冲突域均采用 CSMA/CD 机制来管理网络冲突。这种分段方法可以使每个冲突域的网络负荷和碰撞概率都大大减小。

其次，使用以太网交换技术，将网络冲突域进一步细化。用交换式集线器代替共享式集线器，使交换机各端口之间可以同时形成多个数据通道，正在工作的端口上的信息流不会在其他端口上广播，端口之间信息报文的输入和输出已不再受到 CSMA/CD 介质访问控制协议的约束。因此，在以太网交换机组成的系统中，每个端口就是一个冲突域，各个冲突域通过交换机实现了隔离。

再次，采用全双工通信技术，可以使设备端口间两对双绞线（或两根光纤）上可以同时接收和发送报文帧，从而也不再受到 CSMA/CD 的约束，这样，任一节点发送报文帧时不会再发生碰撞，冲突域也就不复存在。

总之，采用星形网络结构、以太网交换技术，可以大大减少（半双工方式）或完全避免碰撞（全双工方式），从而使以太网的通信确定性得到了大大增强，并为以太网技术应用于工业现场控制清除了主要障碍。

此外，通过降低网络负载和提高网络传输速率，可以使传统共享式以太网上的碰撞大大降低。实际应用经验表明，对于共享式以太网来说，当通信负荷在 25%以下时，可保证通信畅通；当通信负荷在 5% 左右时，网络上碰撞的概率几乎为零。由于工业控制网络与商业网不同，每个节点传送的实时数据量很少，一般仅为几位或几个字节，而且突发性的大量数据传输也很少发生，因此完全可以通过限制每个网段站点的数目，降低网络流量。

对于紧急事务信息，则可以根据 IEEE 802.3，应用报文优先级技术，使优先级高的报文先进入排队系统接受服务。通过这种优先级排序，使工业现场中的紧急事务信息能够及时成功地传送到中央控制系统，以便得到及时处理。

2）互操作性。由于以太网（IEEE 802.3）只映射到 ISO/OSI 参考模型中的物理层和数据链路层，TCP/IP 映射到网络层和传输层，而对较高的层次如会话层、表示层、应用层等没有做技术规定。目前 RFC（Request For Comment）组织文件中的一些应用层协议，如 FTP、HTTP、Telnet、SNMP、SMTP 等，仅仅规定了用户应用程序该如何操作，而以太网设备生产厂家还必须根据这些文件定制专用的应用程序。这样不仅不同生产厂家的以太网设备之间不能互相操作，而且即使是同一厂家开发的不同的以太网设备之间也有可能不可互相操作。究其原因，就是以太网上没有统一的应用层协议，因此这些以太网设备中的应用程序是专有的，而不是开放的，不同应用程序之间的差异非常大，相互之间不能实现透明互访。

要解决基于以太网的工业现场设备之间的互可操作性问题，唯一而有效的方法就是在以太网+TCP（UDP）/IP 的基础上，制订统一并适用于工业现场控制的应用层技术规范，同时可参考 IEC 有关标准，在应用层上增加用户层，将工业控制中的功能块 FB（Function Block）进行标准化，通过规定它们各自的输入、输出、算法、事件和参数，并把它们组成可在某个现场设备中执行的应用进程，便于实现不同制造商设备的混合组态与调用。

3）网络生存性。所谓网络生存性，是指以太网应用于工业现场控制时，必须具备较强的网络可用性。任何一个系统组件发生故障，不管它是否是硬件，都会导致操作系统、网络、控制器和应用程序以致整个系统瘫痪，则说明该系统的网络生存能力非常弱。因此，为了使网络正常运行时间最大化，需要以可靠的技术来保证在网络维护和改进时，系统不发生中断。

为提高工业以太网的生存能力，提高基于以太网的控制系统的可用性，可采用以下方法：在进行基于以太网的控制系统设计时，通过可靠性设计提高现场设备的可靠性；采用环型冗余以太网结构网络，以提高系统的可恢复性；采用智能设备管理系统，对现场设备进行在线监视和诊断、维护管理。

4）网络安全性。目前工业以太网已经把传统的三层网络系统（即信息管理层、过程监控层、现场设备层）合成一体，使数据的传输速率更快、实时性更高，它可以接入 Internet，实现了数据的共享，使工厂高效率的运作，但同时也引入了一系列的网络安全问题。

对此，一般可采用网络隔离（如网关隔离）的办法，如采用具有包过滤功能的交换机将内部控制网络与外部网络系统分开。该交换机除了实现正常的以太网交换功能外，还作为控制网络与外界的唯一接口，在网络层中对数据包实施有选择的通过（即所谓的包过滤技术）。也就是说，该交换机可以依据系统内事先设定的过滤逻辑，检查数据流中每个数据包的部分内容后，根据数据包的源地址、目的地址、所用的 TCP 端口与 TCP 链路状态等因素来确定是否允许数据包通过。只有完全满足包过滤逻辑要求的报文才能访问内部控制网络。

此外，还可以通过引进防火墙机制，进一步实现对内部控制网络访问进行限制、防止非授权用户得到网络的访问权、强制流量只能从特定的安全点去向外界以及限制外部用户在其中的行为等效果。

5）本质安全与安全防爆技术。在生产过程中，很多工业现场不可避免地存在易燃、易爆与有毒等场合。对应用于这些工业现场的智能装备以及通信设备，都必须采取一定的防爆技术措施来保证工业现场的安全生产。

现场设备的防爆技术包括两类，即隔爆型（如增安、气密、浇封等）和本质安全型。 与隔爆型技术相比，本质安全技术采取抑制点火源能量作为防爆手段，可以带来以下技术和经济上的优点：结构简单，体积小，重量轻，造价低；可在带电情况下进行维护和更换；安全可靠性高；适用范围广。实现本质安全的关键技术为低功耗技术和本安防爆技术。

以太网系统的本质安全包括几个方面，即工业现场以太网交换机、传输介质以及基于以太网的变送器和执行机构等现场设备。由于目前以太网收发器本身的功耗都比较大，一般都在 60～70mA（5V 工作电源），因此相对而言，基于以太网的低功耗现场设备和交换机设计比较困难。

在目前的技术条件下，对以太网系统采用隔爆防爆的措施比较可行，即通过对以太网现场设备（包括安装在现场的以太网交换机）采取增安、气密、浇封等隔爆措施，使设备本身的故障产生的电火能量不会外泄，以保证系统使用的安全性。

3.5.3 工业控制网络结构

前面讨论了现场总线和工业以太网络，现场总线实时性好、稳定性高、可靠性高、技术成熟，但也存在着总线标准多、不同总线标准的设备之间互连困难、现场总线的数据传送速度比以太网慢等不足之处。

工业以太网传送速度快、不存在现场总线的多种标准的问题，但在实时性、可靠性、安全性等方面还没有得到很好的解决，很多技术还有待成熟。目前，工业以太网用于现场设备控制还没有得到广泛的应用，但是一种发展趋势。

目前，一般采用以太网和现场总线相结合来构成一个企业的工业控制网络。工业控制网络的结构可分为三个层次，从下到上依次为现场设备控制层、过程监控层和信息管理层。

（1）现场设备控制层

现场设备层网络位于最底层，主要用于控制系统中大量现场设备之间测量与控制信息以及其他信息（如变送器的零点漂移、执行机构的阀门开度状态、故障诊断信息等）的传输。 这些信息报文的长度一般都比较小，通常仅为几位（bit）或几个字节（byte），因此对网络传输的吞吐量要求不高，但对通信响应的实时性和确定性要求较高。目前现场设备网络主要由现场总线如 FF、PROFIBUS、WorldFIP、DeviceNet、P2NET 等低速网段组成。

（2）过程监控层

过程监控网络位于中间，主要用于将采集到的现场信息置入实时数据库，进行先进控制与优化计算、集中显示、过程数据的动态趋势与历史数据查询、报表打印。这部分网络主要由传输速率较高的网段（如 100Mbit/s 以太网）组成。

（3）信息管理层

企业信息管理网络位于最上层，它主要用于企业的生产调度、计划、销售、库存、财务、人事以及企业的经营管理等方面信息的传输。管理层上各终端设备之间一般以发送电子邮件、下载网页、数据库查询、打印文档、读取文件服务器上的计算机程序等方式进行信息的交换，数据报文通常都比较长，数据吞吐量比较大，而且数据通信的发起是随机的、无规则的，因此要求网络必须具有较大的带宽。目前企业管理网络主要由快速以太网（100Mbit/s、1000Mbit/s、10Gbit/s 等）组成。

工业控制网络采用这种网络结构可以充分发挥现场总线和以太网各自的优势，使得工业生产过程的控制和管理更好地结合起来，加强企业的信息化建设。

3.5.4　工业互联网

当前全球经济社会发展正面临全新挑战与机遇，一方面，上一轮科技革命的传统动能规律性减弱趋势明显，导致经济增长的内生动力不足；另一方面，以互联网、大数据、人工智能为代表的新一代信息技术创新发展日新月异，加速向实体经济领域渗透融合，深刻改变各行业的发展理念、生产工具与生产方式，带来生产力的又一次飞跃。在新一代信息技术与制造技术深度融合的背景下，在工业数字化、网络化、智能化转型需求的带动下，以泛在互联、全面感知、智能优化、安全稳固为特征的工业互联网（Industrial Internet）应运而生、蓄势兴起，正在全球范围内不断颠覆传统制造模式、生产组织方式和产业形态，推动传统产业加快转型升级、新兴产业加速发展壮大。

工业互联网的概念最早由通用电气于 2012 年提出，随后美国五家行业联手组建了工业互联网联盟（IIC），将这一概念大力推广开来。除了通用电气这样的制造业巨头，加入该联盟的还有 IBM、思科、英特尔和 AT&T 等 IT 企业。

工业互联网是链接工业全系统、全产业链、全价值链，支撑工业智能化发展的关键基础设施，是新一代信息技术与制造业深度融合所形成的新兴业态和应用模式，是互联网从消费领域向生产领域、从虚拟经济向实体经济拓展的核心载体。

工业互联网属于泛互联网的目录分类，它是全球工业系统与高级计算、分析、传感技术及互联网的高度融合，通过人、机、物的全面互联，实现全要素、全产业链、全价值链的全面连接，推动形成全新的工业生产制造和服务体系。

工业互联网的本质和核心是通过工业互联网平台把设备、生产线、工厂、供应商、产品和客户紧密地连接融合起来，可以帮助制造业拉长产业链，形成跨设备、跨系统、跨厂区、跨地区的互联互通，从而提高效率，推动整个制造服务体系智能化；还有利于推动制造业融通发展，实现制造业和服务业之间的跨越发展，使工业经济各种要素资源能够高效共享。

工业互联网由网络、平台和应用三个部分构成，如图 3.36 所示。

"网络"是实现各类工业生产要素泛在深度互联的基础，包括工厂内网和外网两部分。内网通过建设低延时、高可靠的工业互联网网络基础设施，实现数据在工业生产各个环节的无缝传递，支撑形成实时感知、协同交互、智能反馈的生产模式；外网打通工业企业与设计、物流、金融和用户之间的联系，实现技术流、资金流、物流的优化配置。

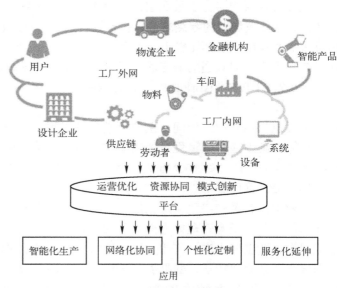

图 3.36　工业互联网的基本构成

"平台"是工业全要素链接的枢纽，连接网络、设备和应用，通过海量数据汇聚、建模分析与应用开发，实现运营优化、资源协同和模式创新，支撑工业生产方式、商业模式创新和资源高效配置。

"应用"是工业互联网的核心功能，直接为用户提供具体服务，包括智能化生产、网络化协同、个性化定制、服务化延伸等方面。

工业互联网是新一代信息通信技术与工业经济深度融合的全新工业生态、关键基础设施和新型应用模式，对支撑制造强国和网络强国建设，提升产业链现代化水平，推动经济高质量发展和构建新发展格局，都具有十分重要的意义。

2019 年 1 月，工信部印发《工业互联网网络建设及推广指南》，明确提出以构筑支撑工业全要素、全产业链、全价值链互联互通的网络基础设施为目标，着力打造工业互联网标杆网络、创新网络应用。2021 年 2 月，工信部印发《工业互联网创新发展行动计划（2021—2023年）》，大力推进工业互联网新型基础设施建设量质并进，实现工业互联网整体发展阶段性跃升，推动经济社会数字化转型和高质量发展。2023 年 8 月，中国互联网络信息中心发布的统计报告显示：中国具有影响力的工业互联网平台达 240 个，国家工业互联网大数据中心体系基本建成，有力促进了制造业数字化和智能化。

习题

1. 什么叫总线？为什么要制定计算机总线标准？
2. 计算机总线可以分为哪些类型？

3．评价总线的性能指标有哪些？

4．STD 总线有哪些特点？

5．常用的 PC 总线有哪些？各有什么特点？

6．简述 PCI 总线的性能特点。

7．简述 RS-232-C、RS-485 和 RS-422 总线的特点和性能。

8．RS-232-C 总线常用的有哪些信号？如何通过该接口实现远程数据传送？

9．什么是平衡方式和不平衡传输方式？试比较两种方式的性能。

10．USB 数据传输方式有哪几种？USB 协议中是如何区分高速设备和低速设备的？

11．按照网络的拓扑结构，计算机网络可以分为哪几类？并对每类加以说明。

12．按照网络的交换方式，计算机网络可以分为哪几类？并对每类加以说明。

13．OSI 模型分为哪七层？并对每层的功能进行说明。

14．目前局部网络常用的介质访问控制方式有哪三种？对每种的工作原理进行说明，并说明其特点及应用范围。

15．在局域网中常用的传输介质有哪几种？

16．常用的调制方法有哪三种？对每种进行说明。

17．写出异步通信的数据帧格式，并说明其工作原理。

18．写出同步通信的数据帧格式，并说明其工作原理。

19．常用的检验编码的方法有哪几种？并加以说明。

20．纠错方式有哪三种？并加以说明。

21．列举常见的无线通信技术。

22．目前企业信息化网络可分为哪三个层次？每个层次都有什么功能？

23．什么是工业互联网？

第4章 过程通道与人机接口

在计算机控制系统中，过程通道负责连接计算机与生产过程，实现信息的双向传递和转换，包括模拟量、数字量的输入/输出。而人机接口则是计算机与操作人员之间的沟通桥梁，通过显示器和键盘等设备，使操作人员能实时了解生产状况并发出控制指令。这两大组件协同工作，实现了生产过程的精确控制与高效运行。本章将深入解析数字量输入/输出通道、模拟量输出通道、模拟量输入通道以及人机接口的具体功能与实现方式。

第4章微课视频

4.1 数字量输入/输出通道

在计算机控制系统中，需要处理的最基本的输入/输出信号就是数字量（开关量）信号，这些信号包括：开关的闭合与断开、指示灯的亮与灭、继电器或接触器的吸合与释放、电机的起动与停止、设备的安全状况等。这些信号的共同特征是以二进制的逻辑"1"和逻辑"0"出现的。在计算机控制系统中，对应的二进制数码的每一位都可以代表生产过程中一个状态，这些状态都被作为控制的依据。

4.1.1 数字量信号的分类

数字量一般分为电平式和触点式，电平式是高电平或低电平；触点式为触点闭合或触点断开。其中触点式一般又分为机械触点和电子触点，如按钮、旋钮、行程开关、继电器等触点是机械触点，晶体管输出型的接近开关和光电开关等的输出触点是电子触点。

4.1.2 数字量输入通道

数字量输入通道（Digital Input，DI），其任务是把外界生产过程的开关状态信号或数字信号送至计算机。

1. 数字量输入通道的结构

数字量输入通道主要由输入缓冲器、输入调理电路、地址译码及控制电路等组成，如图4.1所示。

2. 输入调理电路

数字量输入通道的基本功能是接收外部装置或生产过程的状态信号。这些状态信号的形式可能是电压、电流、开关的触点等，因此会引起瞬时的高压、过低压、接触抖动等现象。为了将外部开关量引入计算机，必须将现场输入的状态信号经转换、保护、滤波、隔离等措施转换成计算

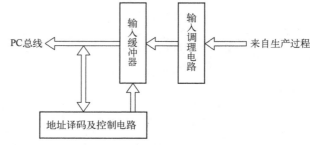

图4.1 数字量输入通道结构

机能够接收的逻辑信号，这些功能称为信号调理。下面针对不同的情况分别介绍相应的信号调理技术。

（1）小功率输入调理电路

图 4.2 所示为从开关、继电器等机械触点输入信号的电路。它将触点的接通和断开动作转换为 TTL 电平与计算机相连。为了消除由于触点的机械抖动而产生的振荡信号，一般采用加入有较长时间常数的积分电路来消除这种振荡，如图 4.2a 所示为一种简单的、采用积分电路消除开关抖动的方法；也可以采用如图 4.2b 所示的 R-S 触发器消除开关抖动的方法。

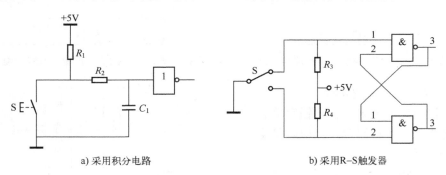

a) 采用积分电路　　　　　　　　　　b) 采用R-S触发器

图 4.2　小功率输入调理电路

（2）大功率输入调理电路

在大功率系统中，需要从电磁离合器等大功率器件的接点输入信号。这种情况下，为了使接点工作可靠，接点两端至少要加 12V 或 24V 以上的直流电压，相对于交流来讲，直流电平的响应快，电路简单，因而被广泛采用。这种电路，由于可能存在着干扰或不安全的因素，可用光电耦合器进行隔离，以克服干扰并起到安全的目的，如图 4.3 所示。

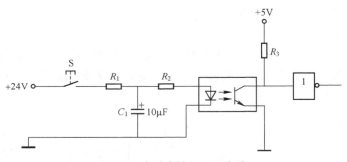

图 4.3　大功率输入调理电路

3. 常用的几种数字量输入的接线方式

在工业现场中，经常用到的数字量输入有按钮、接近开关、光电开关、旋转编码器等。其中按钮是无源接点，晶体管输出型的接近开关、光电开关和旋转编码器等的输出有 NPN 和 PNP 两种方式。下面分别以源极和漏极输入为例，介绍工业中常见的几种数字量输入的接线方法。

漏极输入的数字量输入接线原理框图如图 4.4 所示。输入用光电耦合器隔离，这是为防止混入输入接点的振动噪声和输入线的噪声引起误动作。

源极输入的数字量输入接线原理框图如图 4.5 所示。输入用光电耦合器隔离，提高系统的抗干扰能力。

4.1.3　数字量输出通道

数字量输出通道（Digital Output，DO），其任务是把计算机送出的数字信号（或开关信号）传送给开关器件，如指示灯、继电器，控制它们的通断或亮灭等。

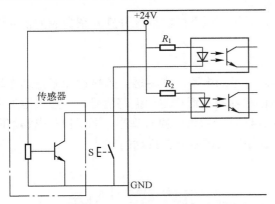

图 4.4　漏极输入的数字量输入接线原理框图

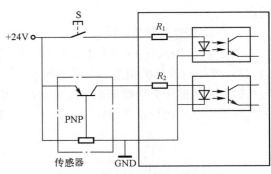

图 4.5　源极输入的数字量输入接线原理框图

1．数字量输出通道的结构

数字量输出通道主要由输出锁存器、输出驱动电路、地址译码及控制电路等组成，如图 4.6 所示。

2．输出驱动电路

输出驱动电路主要有三种类型：晶体管输出驱动电路、继电器输出驱动电路和固态继电器输出驱动电路。

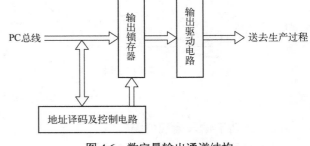

图 4.6　数字量输出通道结构

（1）晶体管输出驱动电路

晶体管输出驱动电路如图 4.7 所示，适合于小功率直流驱动。输出锁存器后加光电耦合器，光电耦合器之后加一个晶体管，增大驱动能力，输出动作可以频繁通断，输出的响应时间在 0.2ms 以下。

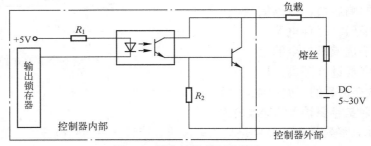

图 4.7　晶体管输出驱动电路

（2）继电器输出驱动电路

继电器输出驱动电路如图 4.8 所示，适用于交流或直流驱动。输出锁存器后用光电耦合器隔离，之后加一级放大，然后驱动继电器线圈。隔离方式为机械隔离，由于机械触点的开关速度限制，因此输出变化速度慢，输出的响应时间在 10ms 以上，同时继电器输出型是有寿命的，开关次数有限。

（3）固态继电器（SSR）输出驱动电路

固态继电器（SSR）输出驱动电路如图 4.9 所示，适用于交流驱动。固态继电器（SSR）是一种四端有源器件，图 4.9 为固态继电器的结构和使用方法。输入输出之间采用光电耦合器进行隔离。零交叉电路可使交流电压变化到 0V 附近时让电路接通，从而减少干扰。电路接通以后，由触发器电路给出晶闸管的触发信号。

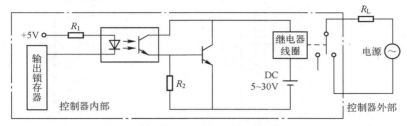

图 4.8　继电器输出驱动电路

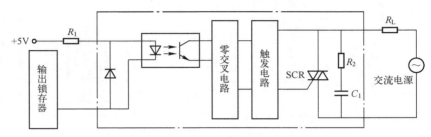

图 4.9　固态继电器输出驱动电路

4.1.4　数字量输入/输出通道的标准化设计

在计算机控制系统中，数字量输入/输出通道使用极其普遍。在设计上，一般都将数字量的输入通道和输出通道做在同一块模板上，这样可以节省硬件成本，充分利用计算机的有限资源，方便用户使用。图 4.10 给出了 PC 总线下的数字量输入/输出模板的原理图。该系统共有 8 路数字量输入和 8 路数字量输出，可分为两部分，第一部分是地址译码部分，用于选通相应的通道；第二部分就是输入和输出接口部分。

（1）地址译码部分

利用比较器 74LS688 使 $\overline{CS}$ 为低电平，再通过 74LS138 译码器译码产生 8 个连续的地址，第一个地址对应于 8 位数字量输入，第二个地址对应于 8 位数字量输出，剩余的 6 个地址可以作为其他芯片的片选，因此可实现 64 路数字量输入或输出。由于篇幅所限，图中设计的为 8 位数字量输出和 8 位数字量输入。图中 AEN 信号接至 74LS688 的 $\overline{OE}$，表示此数字量输入/输出模板不支持 DMA 传送，在 DMA 周期中不能访问此模板。

由于计算机中可能存在多个输入/输出模板，模板的地址可能发生冲突。为了防止发生地址冲突，在该模板中设置了波段开关（SW1），通过改变波段开关的设置，可以改变模板的地址，这样该模板的地址是可变的，就不会和其他已存在的模板发生地址冲突。

（2）输入/输出接口部分

输出采用 74LS273 输出锁存器，输入采用 74LS244 输入缓冲器。图中的 74LS245 是双向三态数据缓冲器，通过 DIR 来控制数据的传输方向，把 $\overline{IOR}$ 接至 74LS245 的 DIR，用 $\overline{IOR}$ 信号来控制数据的流向。当 $\overline{IOR}$ =0 时，表示读信号有效，数据从 74LS245 的 B 口流向 A 口，如果译码电路产生的地址选通 U3(74LS244)，则 8 位数字量输入计算机。数字量输出过程类同，只要将"读"I/O 端口的地址改为"写"I/O 端口地址即可。

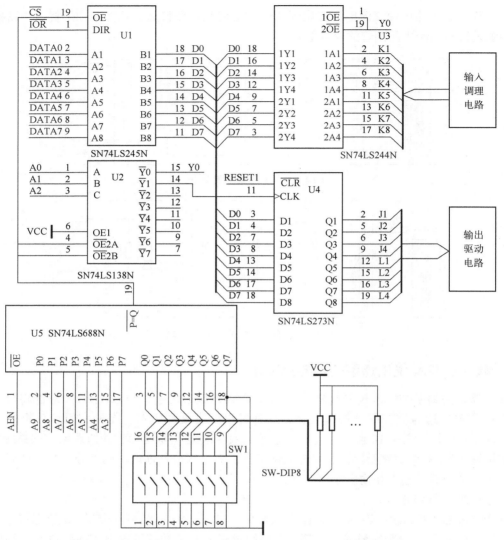

图 4.10　PC 总线的数字量输入/输出模板原理图

4.2　模拟量输出通道

在计算机控制系统中，模拟量输出通道的任务是把计算机输出的数字信号转换成模拟电压或电流信号，以控制调节阀或驱动相应的执行机构，达到计算机控制的目的。模拟量输出通道一般由接口电路、控制电路、数/模转换器和电压/电流（V/I）变换器构成，其核心是数/模转换器，简称 D/A 或 DAC。

4.2.1　D/A 转换器分类及特点

D/A 转换器的分类方法很多，按照解码网络结构不同，D/A 转换器可分为倒 T 型电阻网络 D/A 转换器、T 型电阻网络 D/A 转换器、权电流 D/A 转换器等。T 型电阻网络 D/A 转换器特点：输出只与电阻比值有关，且电阻取值只有两种，易于集成，但电阻网络各支路存在传输时间差异，易造成动态误差，对转换精度和转换速度有较大影响。倒 T 型电阻网络 D/A 转换器特点：既具有 T 型网络的优点，又避免了它的缺点，转换精度和转换速度都得到提高。权电流型 D/A 转换器特点：引入了恒流源，减少了由模拟开关导通电阻、导通压降引起的非线性误差，且电流直接流入运放输入端，传输时间小，转换速度快，但其电路较复杂。

1）按模拟开关电路的类型：CMOS 型和双极型 D/A 转换器。双极型 D/A 转换器，转换速度高，其建立时间（稳定时间）可缩短到数十至数百纳秒。CMOS 型 D/A 转换器中采用 CMOS 模拟开关及驱动电路，虽然这种电路有制造容易、造价低的优点，但转换速度目前尚不如双极型的高。

2）按数字量输入方式：并行输入和串行输入 D/A 转换器。因为串行输入可以节省引脚，因此很多新型的 D/A 转换器都采用这种输入方式。

3）按模拟量输出方式：电流输出和电压输出 D/A 转换器。

4）按转换的分辨率：低分辨率、中分辨率和高分辨率 D/A 转换器。

5）按输出信号形式：电流输出型和电压输出型 D/A 转换器。

6）按输出通道的数量：单路输出型和多路输出型 D/A 转换器。

4.2.2　D/A 转换器原理及主要性能参数

1. D/A 转换器的工作原理

D/A 转换器输入的数字量是由二进制代码按数位组合起来表示的，任何一个 n 位的二进制数，均可用以下表达式表示：

$$\text{DATA}=D_0 2^0+D_1 2^1+D_2 2^2+\cdots+D_{n-1} 2^{n-1} \tag{4.1}$$

其中，$D_i=0$ 或 $1(i=0,1,\cdots,n-1)$；2^0，2^1，$\cdots$，2^{n-1} 分别为对应数位的权。在 D/A 转换中，要将数字量转换成模拟量，必须先把每一位代码按其"权"的大小转换成相应的模拟量，然后将各分量相加，其总和就是与数字量相应的模拟量，这就是 D/A 转换的基本原理。

D/A 转换器的原理框图如图 4.11 所示，它主要由 4 部分组成：基准电压 V_{REF}、T 型（R-$2R$）电阻网络、位切换开关 $\text{BS}_i(i=0,1,\cdots,n-1)$ 和运算放大器 A。

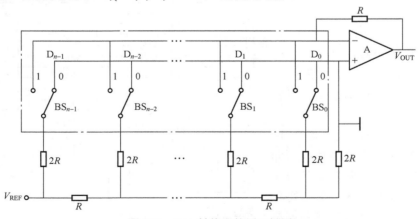

图 4.11　D/A 转换器的原理框图

D/A 转换器输入的二进制数从低位到高位（$D_0 \sim D_{n-1}$）分别控制对应的位切换开关（$\text{BS}_0 \sim \text{BS}_{n-1}$），它们通过 R-$2R$ 型电阻网络，在各 $2R$ 支路上产生与二进制数各位的权成比例的电流，再经运算放大器 A 相加，并按比例转换成模拟电压 V_{OUT} 输出。D/A 转换器的输出电压 V_{OUT} 与输入的二进制数 $D_0 \sim D_{n-1}$ 的关系式为

$$V_{OUT} = -V_{REF}(D_0 2^0 + D_1 2^1 + D_2 2^2 + \cdots + D_{n-1} 2^{n-1})/2^n \tag{4.2}$$

其中，$D_i = 0$ 或 $1(i=0,1,\cdots,n-1)$，n 表示 D/A 转换器的位数。

2．D/A 转换器的主要性能参数

（1）分辨率

分辨率反映了 D/A 转换器对模拟量的分辨能力，定义为基准电压与 2^n 之比值，其中 n 为 D/A 转换器的位数，如 8 位、10 位、12 位等。例如，基准电压为 5V，那么 8 位 D/A 转换器的分辨率为 5V/256=19.53mV，12 位 D/A 转换器的分辨率为 1.22mV。它就是与输入二进制数最低有效位 LSB（Least Significant Bit）相当的输出模拟电压，简称 1LSB。在实际使用中，一般用输入数字量的位数来表示分辨率大小，分辨率取决于 D/A 转换器的位数。

（2）稳定时间（又称转换时间）

稳定时间是指输入二进制数变化量满量程时，D/A 转换器的输出达到离终值±1/2LSB 时所需的时间。对于输出是电流型的 D/A 转换器来说，稳定时间是很快的，约几 μs，而输出是电压的 D/A 转换器，其稳定时间主要取决于运算放大器的响应时间。

（3）绝对误差

绝对误差指在全量程范围内，D/A 转换器的实际输出值与理论值之间的最大偏差。该偏差用最低有效位 LSB 的分数来表示，如±1/2LSB 或±1LSB。

4.2.3 D/A 转换器芯片及接口电路

D/A 转换器的种类很多，下面仅从使用角度介绍两种常用的 D/A 转换器：8 位 D/A 转换器芯片 DAC0832 和 12 位 D/A 转换器芯片 DAC1210。

1．8 位 D/A 转换器芯片 DAC0832

（1）DAC0832 的主要特性

DAC0832 是 8 位数/模转换芯片，DAC0832 具有以下主要特性：

1）与 TTL 电平兼容。

2）分辨率为 8 位。

3）建立时间为 1μs。

4）功耗为 20mW。

5）电流输出型 D/A 转换器。

（2）DAC0832 结构框图及引脚说明

DAC0832 的结构框图 4.12 所示。DAC0832 具有双缓冲功能，即输入数据可分别经过两个寄存器保存。第一个寄存器称为 8 位输入寄存器，数据输入端可直接连接到数据总线上；第二个寄存器为 8 位 DAC 寄存器。引脚说明如下。

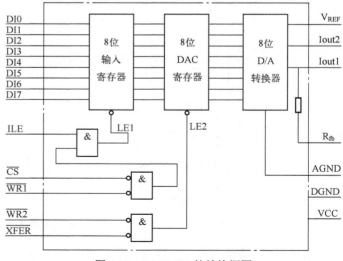

图 4.12　DAC0832 的结构框图

DI0～DI7：8 位数据输入端。

ILE：输入锁存允许信号，高电平有效。此信号是用来控制 8 位输入寄存器的数据是否能被锁存的控制信号之一。

$\overline{CS}$：片选信号，低电平有效。此信号与 ILE 信号一起用于控制 $\overline{WR1}$ 信号能否起作用。

$\overline{WR1}$：写信号 1，低电平有效。在 ILE 和 $\overline{CS}$ 有效的情况下，此信号用于控制将输入数据锁存于输入寄存器中。

ILE、$\overline{CS}$、$\overline{WR1}$ 是 8 位输入寄存器工作时的三个控制信号。

$\overline{WR2}$：写信号 2，低电平有效。在 $\overline{XFER}$ 有效的情况下，此信号用于控制将输入寄存器中的数字传送到 8 位 DAC 寄存器中。

$\overline{XFER}$：传送控制信号，低电平有效。此信号和 $\overline{WR2}$ 控制信号是决定 8 位 DAC 寄存器是否工作的控制信号。

8 位 D/A 转换器接收被 8 位 DAC 寄存器锁存的数据，并把该数据转换成相对应的模拟量，输出信号端如下。

Iout1：DAC 电流输出 1，它是逻辑电平为 1 的各位输出电流之和，此信号一般作为运算放大器的差动输入信号之一。

Iout2：DAC 电流输出 2，它是逻辑电平为 0 的各位输出电流之和，此信号一般作为运算放大器另一个差动输入信号。

为保证转换电压的范围、保证电流输出信号转换成电压输出信号、保证 DAC0832 的正常工作，应具有以下几个引线端。

R_{fb}：反馈电阻引脚，该电阻被制作在芯片内，用作运算放大器的反馈电阻。

V_{REF}：基准电压输入引脚。一般在-10～10V 范围内，由外电路提供。

VCC：逻辑电源。一般在 5～15V 范围内。最佳为 15V。

AGND：模拟地。芯片模拟电路接地点。

DGND：数字地。芯片数字电路接地点。

（3）DAC0832 的工作过程

DAC0832 的工作过程如下：

1）CPU 执行输出指令，输出 8 位数据给 DAC0832。

2）在 CPU 执行输出指令的同时，使 ILE、$\overline{WR1}$、$\overline{CS}$ 三个控制信号端都有效，8 位数据锁存在 8 位输入寄存器中。

3）当 $\overline{WR2}$、$\overline{XFER}$ 两个控制信号端都有效时，8 位数据再次被锁存到 8 位 DAC 寄存器，这时 8 位 D/A 转换器开始工作，8 位数据转换为相对应的模拟电流，从 Iout1 和 Iout2 输出。

（4）DAC0832 的工作方式

针对使用两个寄存器的方法，形成了 DAC0832 的三种工作方式，分别为双缓冲方式、单缓冲方式和直通方式。

1）双缓冲方式：是指数据通过两个寄存器锁存后送入 D/A 转换电路，执行两次写操作才能完成一次 D/A 转换。这种方式特别适用于要求同时输出多个模拟量的场合。

2）单缓冲方式：是指两个寄存器中的一个处于直通状态，输入数据只经过一级缓冲送入 D/A 转换器电路。在这种方式下，只需执行一次写操作，即可完成 D/A 转换，可以提高 DAC 的数据吞吐量。

3）直通方式：是指两个寄存器都处于直通状态，即 ILE、$\overline{WR1}$、$\overline{CS}$、$\overline{WR2}$ 和 $\overline{XFER}$ 都处于有效电平状态，数据直接送入 D/A 转换器电路进行 D/A 转换。

（5）DAC0832 接口电路

DAC0832 是 8 位的 D/A 转换器，可以连接数据总线为 8 位、16 位或更多位的 CPU。当连接 8 位 CPU 时，DAC0832 的数据线 DI0～DI7 可以直接接到 CPU 的数据总线 D_0～D_7；当连接 16 位或更多位的 CPU 时，DAC0832 的数据线 DI0～DI7 接到 CPU 数据总线的低 8 位（D_0～D_7）。为了提高数据总线的驱动能力，D_0～D_7 可经过数据总线驱动器（如 74LS244），再接到 DAC0832 的数据输入端（DI0～DI7）。

图 4.13 所示为 DAC0832 与 CPU 之间的接口电路，CPU 数据总线（D_0～D_7）经总线驱动器接至 DAC0832 的数据端，CPU 的地址总线经地址译码电路产生 DAC0832 芯片的片选信号；图中 DAC0832 工作在单缓冲方式，当进行 D/A 转换时，CPU 只需执行一条输出指令，就可以将被转换的 8 位数据通过 D_0～D_7 经过总线驱动器传给 DAC0832 的数据输入端，并立即启动 D/A 转换，在运放输出端 Vout 输出对应的模拟电压。用汇编语言编写的程序如下：

```
MOV  DX , ADDR        ；将端口地址赋给 DX 寄存器
OUT  DX , AL          ；将累加器 AL 的内容送给 DAC0832，进行 D/A 转换
RET
```

2. 12 位 D/A 转换器芯片 DAC1210

DAC1210 是 12 位 D/A 转换器芯片，内部原理框图如图 4.14 所示。其原理和控制信号（$\overline{CS}$、$\overline{WR1}$、$\overline{WR2}$ 和 $\overline{XFER}$）的功能基本上同 DAC0832，但有两点区别：一是它是 12 位的，有 12 条数据输入线（DI0～DI11），其中 DI0 为最低位，DI11 位最高位，比 DAC0832 多了 4 条数据输入线。二是可以用字节控制信号 BYTE1/$\overline{2}$ 控制数据的输入，当该信号为高电平时，12 位数据（DI0～DI11）同时存入第一级的两个输入寄存器；当该信号为低电平时，只将低 4 位数据（DI0～DI3）存入低 4 位输入寄存器。

图 4.15 所示为 12 位 D/A 转换器 DAC1210 与 8 位 CPU 的接口电路。为了用 8 位数据线（D_0～D_7）来传送 12 位被转换数据（DI0～DI11），CPU 需分两次传送被转换数据。首先使 BYTE1/$\overline{2}$ 为高电平，将被转换的高 8 位（DI4～DI11）传送给高 8 位输入寄存器；再使 BYTE1/$\overline{2}$ 为低电平，将低 4 位（DI0～DI3）传送给低 4 位输入寄存器；最后使 $\overline{XFER}$ 有效，将 12 位输入寄存器的状态传给 12 位 DAC 寄存器，并启动 D/A 转换。

选用 16 位或 16 位以上的 CPU 时，可以一次性地将 12 位数据送给 D/A 转换器，实现起来很方便。可以直接将 CPU 的数据线的低 12 位经过数据总线驱动器接到 DAC1210 的数据端（DI0～DI11），此时引脚 BYTE1/$\overline{2}$ 为高电平。

4.2.4 D/A 转换器的输出

在计算机控制中，外部执行机构有电流控制的，也有电压控制的，因此可根据不同的情况，使用不同的输出方式。D/A 转换的结果若是与输入二进制码成比例的电流，则称为电流 DAC，若是与输入二进制码成比例的电压，则称为电压 DAC。

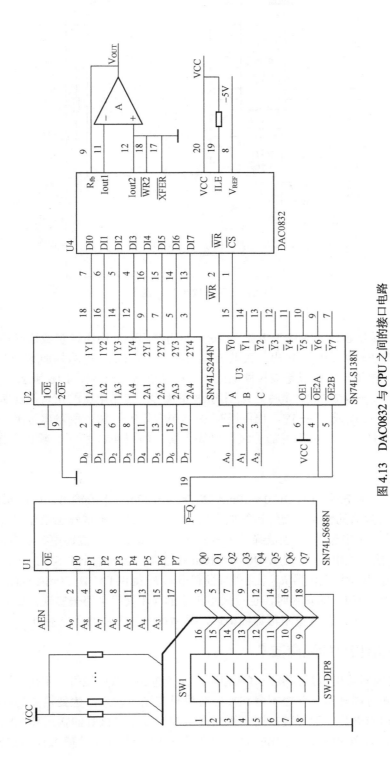

图 4.13　DAC0832 与 CPU 之间的接口电路

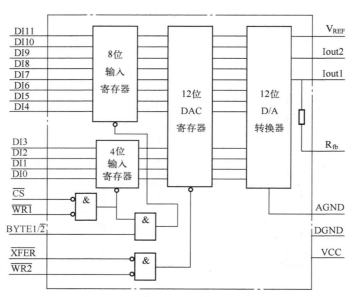

图 4.14　DAC1210 原理框图

1. 电压输出

常用的 D/A 转换芯片大多属于电流 DAC，然而在实际应用中，多数情况需要电压输出，这就需要把电流输出转换为电压输出，采取的措施是用电流 DAC 电路外加运算放大器。输出的电压可以是单极性电压，也可以是双极性电压。单极性电压输出如图 4.16 所示。

输出电压为 $V_{out}=-i(R_f+R_p)$，其中，R_p 用于调整量程，输出电压的正负值视所加参考电压极性而定，可以有 0～5V 或 0～-5V，也可以有 0～10V 或 0～-10V 等输出范围。若需双极性电压输出，可在单极性电压输出后再加一级运算放大器，如图 4.17 所示。输出范围为-5～5V 和-10～10V。

2. 电流输出

当电流输出时，经常采用的 DC 0～10mA 或 DC 4～20mA 电流输出，如图 4.18 所示。

图中，D/A 转换器的输出电流经运算放大器 A1 和 A2 变换成输出电压 V_{out}，再经晶体管 VT_1 和 VT_2 变换成输出电流 I_{out}。当选择开关 S 的 1—2 短接时，通过调整零点电位器 R_{p1} 和量程电位器 R_{p2}，为外接负载电阻 R_L 提供 DC 0～10mA 电流；当选择开关 S 的 1—3 短接时，通过调整零点电位器 R_{p1} 和量程电位器 R_{p2}，为外接负载电阻 R_L 提供 DC 4～20mA 电流。

实现电压/电流（V/I）的转换时，也可采用集成的 V/I 转换电路来实现，如高精度 V/I 变换器 ZF2B20 和 AD694 等，在这里不再详细讲述，具体可参见芯片的用户手册。

4.2.5　D/A 转换器接口的隔离技术

由于 D/A 转换器输出直接与被控对象相连，容易通过公共地线引入干扰，因此要采取隔离措施。通常采用光电耦合器，使控制器和被控对象只有光的联系，达到隔离的目的。光电耦合器由发光二极管和光电晶体管封装在同一管壳内组成，发光二极管的输入和光电晶体管的输出具有类似于普通晶体管的输入-输出特性。一般有两种隔离方式：模拟信号隔离和数字信号隔离。

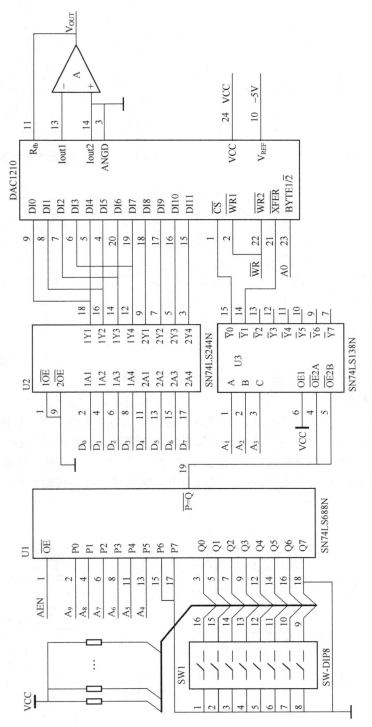

图 4.15　DAC1210 与 8 位 CPU 的接口电路

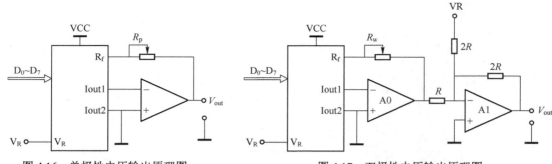

图 4.16　单极性电压输出原理图　　　　　　图 4.17　双极性电压输出原理图

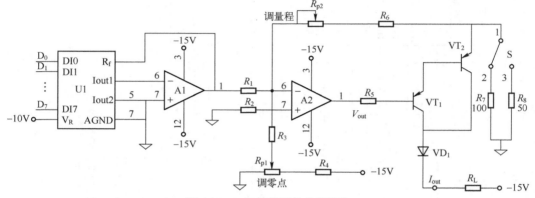

图 4.18　D/A 转换器的电流输出

1. 模拟信号隔离方法

利用光电耦合器的线性区，可使 D/A 转换器的输出电压经光电耦合器变换成输出电流（如 DC 0～10mA 或 DC 4～20mA），这样就实现了模拟信号的隔离，如图 4.19 所示。该图中转换器的输出电压经两级光电耦合器变换成输出电流，这样既满足了转换的隔离，又实现了电压/电流变换。为了取得良好的变换线性度和精度，在应用中应挑选线性好、传输比相同并始终工作在线性区的两只光电耦合器。

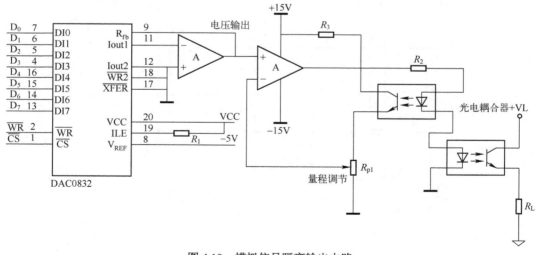

图 4.19　模拟信号隔离输出电路

模拟信号隔离方法的优点是，只使用少量的光电耦合器，成本低；缺点是调试困难，如果光电耦合器挑选不合适，将会影响变换的精度和线性度。

目前出现了集成的线性光耦芯片，在一个线性光耦芯片里有两个线性好、传输比相同并始终工作在线性区的光电耦合器，因此采用集成的光耦解决了挑选及调试困难的问题。

2. 数字信号隔离方法

利用光电耦合器的开关特性，可以将转换器所需的数据信号和控制信号作为光电耦合器的输入，其输出再接到 D/A 转换器上，实现数字信号的隔离，如图 4.20 所示。图中，CPU 的数据信号 $D_0 \sim D_7$、控制信号 $\overline{WR}$ 和译码电路产生的片选信号 $\overline{CS}$ 都作为光电耦合器的输入，光电耦合器的输出接至 D/A 转换器，这样就实现了 CPU 和 D/A 转换器的隔离，同样也就实现了 CPU 和被控对象的隔离。

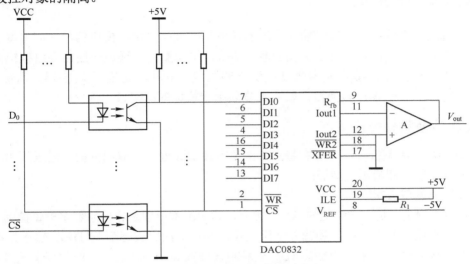

图 4.20　数字信号隔离输出电路

数字信号隔离的优点是调试简单，不影响转换的精度和线性度；缺点是使用较多的光电耦合器，成本高。

4.2.6　D/A 转换器模板的标准化设计

1. D/A 转换器模板的设计原则

根据用户对 D/A 输出的具体要求，应合理地选择 D/A 转换芯片及相关的外围电路，如 D/A 转换器的分辨率、稳定时间和绝对误差等。在设计中，一般没有复杂的电路参数计算，但需要掌握各类集成电路的性能指标及引脚功能，以及与 D/A 转换器模板连接的 CPU 或计算机总线的功能、接口及其特点。在硬件设计的同时还须考虑软件的设计，并充分利用计算机的软件资源；原则上，不增加硬件成本就能实现的功能应由硬件来实现；需要通过增加硬件成本才能实现，同时软件也能实现的功能应由软件来实现。因此，只有做到硬件和软件的合理结合，才能在较少硬件投资的情况下，设计出同样功能的 D/A 转换器模板。此外还应考虑以下几点：

1）安全可靠。尽量选用性能好的元器件，并采用光电隔离技术。

2）性能与经济的统一。一个好的设计不仅体现在性能上应达到预定的指标，还必须考虑设计的经济性，在选择集成电路芯片时，应综合考虑速度、精度、工作环境和经济性等因素。

3）通用性。从通用性出发，在设计 D/A 转换器模板时应考虑以下三个方面，即符合总线标准、用户可以任意选择口地址和输入方式。

2. D/A 转换器模板的设计

D/A 转换器模板的设计步骤是，确定性能指标、设计电路原理图、设计和制造电路板、焊接和调试电路板。首先按照设计原则和性能指标来设计和选择集成电路芯片。在设计电路板时，应注意数字电路和模拟电路分别排列走线，避免交叉，连线尽量短。模拟地（AGND）和数字地（DGND）分别走线，通常在总线引脚附近一点接地。如果采用光电耦合器隔离，那么隔离前、后电源线和地线要独立。然后进行焊接，但在焊接前必须严格筛选元器件，并保证焊接质量。最后分步调试，一般是先调数字电路部分，再调模拟电路部分，并按性能指标逐项考核。

4.3 模拟量输入通道

在计算机控制系统中，模拟量输入通道的任务是把被控对象的模拟信号（如温度、压力、流量和成分等）转换成计算机可以接收的数字信号。模拟量输入通道一般由多路模拟开关、前置放大器、采样保持器、模/数转换器和控制电路组成。其核心是模/数转换器，简称 A/D 或 ADC。本节将主要讨论 A/D 转换器，以及 A/D 转换器模板的结构。

4.3.1 A/D 转换器分类及特点

A/D 转换器的类型很多，也各有特点，主要有逐次逼近型、双积分型、电压频率转换型、$\sum$-Δ 型、并联比较型和流水线型等。

（1）逐次逼近型 ADC

逐次逼近型 ADC 是一种常见的 ADC 类型，它的基本原理是它使用数字电路控制 DAC 输出一个变化的电压，并用此电压和输入电压比较，经过多次比较逐渐使 DAC 输出接近输入电压，从而得出数字输出。逐次逼近型 ADC 的特点速度较高、功耗低，在低分辨率（<12 位）时成本较低，但高分辨率（>12 位）时成本较高。

（2）双积分型 ADC

双积分型 ADC，它先对输入采样电压和基准电压进行两次积分，以获得与采样电压平均值成正比的时间间隔，同时在这个时间间隔内，用计数器对标准时钟脉冲（CP）计数，计数器输出的计数结果就是对应的数字量。双积分型 ADC 输入端采用了积分器，对交流噪声的干扰有很强的抑制能力，因此其突出的优点是抗干扰能力强，稳定性好，可实现高精度模/数转换；主要缺点是转换速度低，因此这种转换器大多应用于要求精度较高而转换速度要求不高的仪器仪表中，例如用于多位高精度数字直流电压表中。

（3）电压频率转换型 ADC

电压频率转换型（Voltage-Frequency Converter）ADC 首先将输入的模拟信号转换成频率，然后用计数器将频率转换成数字量。从理论上讲，这种 ADC 的分辨率几乎可以无限增加，只要采样时间长到满足输出频率和分辨率要求的累积脉冲个数的宽度即可。其优点是分辨率高、功耗低、电路简单、对环境适应能力强、价格低廉，但是需要外部计数电路共同完成 A/D 转换。

（4）$\sum$-Δ 型 ADC

$\sum$-Δ 型 ADC 由积分器、比较器、1 位 D/A 转换器和数字滤波器等组成。原理上近似于积分型，将输入电压转换成时间（脉冲宽度）信号，用数字滤波器处理后得到数字值。这种转换器的转换精度极高，达到 16～24 位的分辨率，价格低廉，弱点是转换速度比较慢，比较适合于对检测精度要求很高但对速度要求不是太高的检验设备。

（5）并联比较型 ADC

并联比较型 ADC 采用各量级同时并行比较，各位输出码也是同时并行产生，所以转换速度快是它的突出优点，同时转换速度与输出码位的多少无关。并联比较型 ADC 的缺点是成本高、功耗大。因为 n 位输出的 ADC 需要 $2n$ 个电阻、（$2n$-1）个比较器和 D 触发器，以及复杂的编码网络，其元件数量随位数的增加，以几何级数上升。所以这种 ADC 适用于要求高速、低分辨率的场合。

（6）流水线型 ADC

流水线型 ADC 已成为最流行的 ADC 架构，采样速率从每秒几兆采样（MSPS）到100MSPS 以上。分辨率范围从较高采样率的 16 位到较低采样率的 2 位。这些分辨率和采样率涵盖了广泛的应用，包括 CCD 成像、超声医学成像、数字接收器、基站、数字视频（例如HDTV）、xDSL、电缆调制解调器和快速以太网。

4.3.2　A/D 转换器原理及主要性能参数

A/D 转换器通过一定的电路将模拟量转换为数字量，模拟量可以是电压、电流等电信号，也可以是压力、温度、湿度、位移、声音等非电信号。但在 A/D 转换前，输入 A/D 转换器的输入信号必须经各种传感器及变送器把各种物理量转换成电压信号。A/D 转换后，输出的数字信号可以有 8 位、10 位、12 位和 16 位等。

1．A/D 转换器的工作原理

实现 A/D 转换的方法很多，在这里主要介绍以下三种方法。

（1）逐次逼近法

逐次逼近式 A/D 是一种比较常见的 A/D 转换电路，转换的时间为μs 级。采用逐次逼近法的A/D 转换器由一个比较器、D/A 转换器、缓冲寄存器及控制逻辑电路组成，如图 4.21 所示。它的基本原理是从高位到低位逐位试探比较，好像用天平称物体，从重到轻逐级增减砝码进行试探。

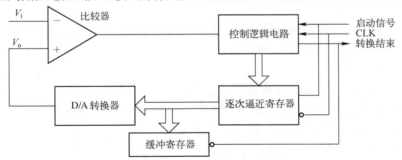

图 4.21　逐次逼近式 A/D 转换器原理框图

逐次逼近法转换过程是，初始化时将逐次逼近寄存器各位清零；转换开始时，先将逐次逼近寄存器最高位置 1，送入 D/A 转换器，经 D/A 转换后生成的模拟量送入比较器，称为 V_o，与送入比较器的待转换的模拟量 V_i 进行比较，若 $V_o < V_i$，该位 1 被保留，否则被清除。然后置逐次逼近寄存器次高位为 1，将寄存器中新的数字量送 D/A 转换器，输出的 V_o 再与 V_i 比较，若 $V_o < V_i$，该位 1 被保留，否则被清除。重复此过程，直至逼近寄存器最低位。转换结束后，将逐次逼近寄存器中的数字量送入缓冲寄存器，得到数字量的输出。逐次逼近的操作过程是在一个控制电路的控制下进行的。

（2）双积分法

采用双积分法的 A/D 转换器由电子开关、积分器、比较器和控制逻辑等部件组成，如图 4.22 所示。

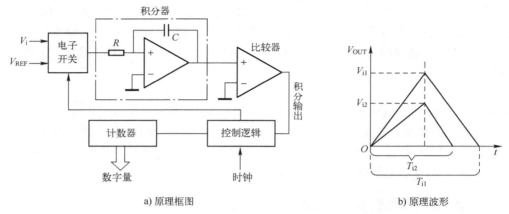

a) 原理框图   b) 原理波形

图 4.22   双积分式 A/D 转换器的原理框图和波形

它的基本原理是将输入电压变换成与其平均值成正比的时间间隔，再把此时间间隔转换成数字量，属于间接转换。

双积分法 A/D 转换的过程是，先将开关接通待转换的模拟量 V_i，V_i 采样输入积分器，积分器从零开始进行固定时间 T 的正向积分，时间 T 到后，开关再接通与 V_i 极性相反的基准电压 V_{REF}，将 V_{REF} 输入积分器，进行反向积分，直到输出为 0V 时停止积分。V_i 越大，积分器输出电压越大，反向积分时间也越长。计数器在反向积分时间内所计的数值，就是输入模拟电压 V_i 所对应的数字量，实现了 A/D 转换。

双积分式 A/D 每进行一次转换，都要进行一次固定时间的正向积分和一次积分时间与输入电压成正比的反向积分，故称为双积分。双积分式 A/D 转换器的转换时间较长，一般需要 40～50ms。

由于双积分式 A/D 转换器具有器件少、使用方便、抗干扰能力强、数据稳定、价格便宜等优点，在计算机非快速控制系统中，经常选用此类 A/D 转换器。

（3）电压频率转换法

采用电压频率转换法的 A/D 转换器，由计数器、控制门及一个具有恒定时间的时钟门控制信号组成，如图 4.23 所示。它的工作原理是 V/F 转换电路把输入的模拟电压转换成与模拟电压成正比的脉冲信号。

采用电压频率转换法的工作过程是，当模拟电压 V_i 加到 V/F 的输入端，便产生频率 f 与 V_i 成正比的脉冲，在一定的时间内对该脉冲信号计数，时间到，统

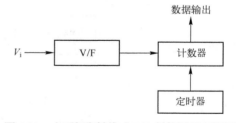

图 4.23   电压频率转换式 A/D 转换器原理框图

计到计数器的计数值正比于输入电压 V_i，从而完成 A/D 转换。典型的 V/F 转换芯片 LM331 与微机的定时器和计数器配合起来完成 A/D 转换。

2. A/D 转换的主要性能参数

（1）分辨率

分辨率是指 A/D 转换器能分辨的最小模拟输入量。通常用能转换成的数字量的位数来表

示，如 8 位、10 位、12 位、16 位等。位数越高，分辨率越高。例如，对于 8 位 A/D 转换器，当输入电压满刻度为 5V 时，其输出数字量的变化范围为 0～255，转换电路对输入模拟电压的分辨能力为 5V/255=19.6mV。

（2）转换时间

转换时间是 A/D 转换器完成一次转换所需的时间。转换时间是编程时必须考虑的参数。若 CPU 采用无条件传送方式输入 A/D 转换后的数据，从启动 A/D 芯片转换开始，到 A/D 芯片转换结束，需要一定的时间，此时间为延时等待时间。实现延时等待的一段延时程序，要放在启动转换程序之后，此延时等待时间必须大于或等于 A/D 转换时间。

（3）量程

量程是指所能转换的输入电压范围。

（4）精度

精度是指与数字输出量所对应的模拟输入量的实际值与理论值之间的差值。A/D 转换电路中与每一个数字量对应的模拟输入量并非是单一的数值，而是一个范围 Δ。例如，对满刻度输入电压为 5V 的 12 位 A/D 转换器，Δ=5V/FFFH=1.22mV，定义为数字量的最小有效位 LSB。

若理论上输入的模拟量 A，产生数字量 D，而输入模拟量 $A\pm\Delta/2$ 还是产生数字量 D，则称此转换器的精度为 1/2LSB。

目前常用的 A/D 转换器的精度为 1/4～2LSB。

4.3.3　A/D 转换器芯片及接口电路

A/D 转换器的种类很多，既有中分辨率的，也有高分辨率的；不仅有单极性电压输入，也有双极性电压输入；转换速度也有快、慢之分。下面从应用角度介绍两种常用的 8 位 A/D 转换器芯片 ADC0809 和 12 位 A/D 转换器芯片 AD574，要掌握该芯片的外特性和引脚功能，以便正确地使用。

1．8 位 A/D 转换器芯片 ADC0809

（1）ADC0809 的主要特性

ADC0809 是 CMOS 单片型逐次逼近式 A/D 转换器，ADC0809 的主要特性如下：

1）它是具有 8 路模拟量输入、8 位数字量输出功能的 A/D 转换器。

2）转换时间为 100μs。

3）模拟输入电压范围为 0～5V，不需零点和满刻度校准。

4）低功耗，约 15mW。

（2）ADC0809 结构框图及引脚说明

ADC0809 的结构框图和引脚如图 4.24 所示，主要包括以下几个部分。

1）通道选择开关：可采集 8 路模拟信号，通过多路转换开关，实现分时采集 8 路模拟信号。IN0～IN7：8 路模拟信号输入端。

2）通道地址锁存和译码：用来控制通道选择开关。通过对 ADDA、ADDB、ADDC 三个地址选择端的译码，控制通道选择开关，接通某一路的模拟信号，采集并保持该路模拟信号，输入 DAC0809 比较器的输入端。

ADDA、ADDB、ADDC：地址输入端，用于选通 8 路模拟输入中的一路。

ALE：地址锁存允许信号。输入，高电平有效，用来控制通道选择开关的打开与闭合。ALE=1 时，接通某一路的模拟信号；ALE=0 时，锁存该路的模拟信号。

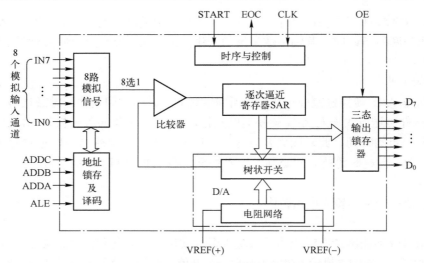

图 4.24　ADC0809 的结构框图和引脚

3）逐次逼近 A/D 转换器：逐次逼近 A/D 转换器包括比较器、8 位树状开关 D/A 转换器、逐次逼近寄存器。

START：A/D 转换启动信号。输入，高电平有效。

EOC：A/D 转换结束信号。输出，高电平有效。

CLK：时钟脉冲输入端。要求时钟频率不高于 640kHz。

VREF（+）、VREF（−）：基准电压。−VREF 为 0V 或−5V，+VREF 为 5V 或 0V。

4）8 位锁存器和三态门：经 A/D 转换后的数字量保存在 8 位锁存寄存器中，当输出允许信号 OE 有效时，打开三态门，转换后的数据通过数据总线传送到 CPU。由于 ADC0809 具有三态门输出功能，因而 ADC0809 数据线可直接挂在 CPU 数据总线上。

$D_0 \sim D_7$：8 位数字量输出端。

（3）ADC0809 的工作过程

对 ADC0809 的控制过程如下：

1）首先确定 ADDA、ADDB、ADDC 三位地址，决定选择哪一路模拟信号。

2）使 ALE 端接收一正脉冲信号，使该路模拟信号经选择开关到达比较器的输入端。

3）使 START 端接收一正脉冲信号，START 的上升沿将逐次逼近寄存器复位，下降沿启动 A/D 转换。

4）EOC 输出信号变低，指示转换正在进行。

5）A/D 转换结束，EOC 变为高电平，指示 A/D 转换结束。此时，数据已保存到 8 位三态输出锁存器中。此时 CPU 就可以通过使 OE 信号为高电平，打开 ADC0809 三态输出，由 ADC0809 输出的数字量传送到 CPU。

（4）CPU 读取 A/D 转换器数据的方法

CPU 要读取 A/D 转换器的数据的方法有三种：查询法、定时法和中断法。

1）查询法：CPU 在启动 A/D 转换之后，不断地查询转换结束信号 EOC 的状态，即执行输入指令，读 EOC 并判断其状态，如果 EOC 为"0"，表示 A/D 转换正在进行；反之 EOC 为"1"，表示 A/D 转换已经结束。一旦 A/D 转换结束，CPU 立即执行输入指令，产生输出允许信号 OE，读取 A/D 转换数据（$D_0 \sim D_7$）。查询法适合于转换时间比较短的 A/D 转换器。

优点：接口电路设计简单。

缺点：A/D 转换期间独占 CPU，致使 CPU 运行效率降低。

2）定时法：如果已知 A/D 转换器的转换时间为 T0，那么在 CPU 启动 A/D 转换之后，只需延时等待该段时间，就可以读取 A/D 转换的数据。延时等待的时间不能小于 A/D 转换器的转换时间。定时法适合于转换时间比较短的 A/D 转换器。

优点：接口电路设计比查询法简单，不必读取 EOC 的状态。

缺点：A/D 转换期间独占 CPU，致使 CPU 运行效率降低；另外还必须知道 A/D 转换器的转换时间。

3）中断法：CPU 在启动 A/D 转换之后，就转去执行别的程序，一旦 A/D 转换结束，EOC 就变为高电平，EOC 信号可作为中断申请信号，通知 CPU 转换结束，可以读入经 A/D 转换后的数据。中断服务程序所要做的事情是，使 OE 信号变为高电平，打开 ADC0809 三态输出，由 ADC0809 输出的数字量传送到 CPU。中断法适合于转换时间比较长的 A/D 转换器。

优点：A/D 转换期间 CPU 可以处理其他的程序，从而提高 CPU 的运行效率。

缺点：接口电路复杂。

（5）ADC0809 接口电路

图 4.25 为 ADC0809 和 PC 系统总线的接线图。

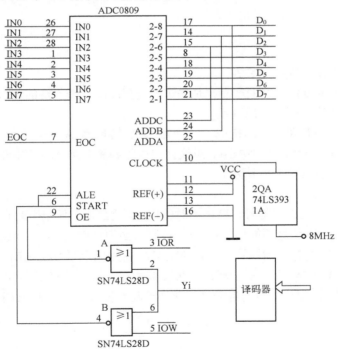

图 4.25　ADC0809 接口电路

ADC0809 的接口设计需考虑的问题如下：

1）ADDA、ADDB、ADDC 三端可直接连接到 CPU 地址总线 A_0、A_1、A_2 三端，但此种方法占用的 I/O 口地址多。每一个模拟输入端对应一个口地址，8 个模拟输入端占用 8 个口地址，对于微机系统外设资源的占用太多，因而一般 ADDA、ADDB、ADDC 分别接在数据总线的 D_0、D_1、D_2 端，通过数据线输出一个控制字作为模拟通道选择的控制信号。

2）ALE 信号为启动 ADC0809 选择开关的控制信号，该控制信号可以和启动转换信号 START 同时有效。

3）ADC0809 芯片只占用一个 I/O 口地址，即启动转换用此口地址，输出数据也用此口地址，区别是启动转换还是输出数据用 $\overline{\text{IOR}}$、$\overline{\text{IOW}}$ 信号来区分。

【例 4.1】 利用图 4.25，采用无条件传送方式，编写一段程序，实现轮流从 IN0～IN7 采集 8 路模拟信号，并把采集到的数字量存入 0100H 开始的 8 个单元内。

程序如下：

```
MOV DI, 0100H;    设置存放数据的首址
MOV BL,08H;       采集 8 次计数器
MOV AH,00H;       选 0 通道
AA1: MOV AL, AH
MOV DX, ADPORT;   设置 ADC0809 芯片地址
OUT DX, AL;       使 ALE、START 有效，选择模拟通道
MOV CX, 0050H;
WAIT: LOOP WAIT;  延时，等待 A/D 转换
IN AL,DX;         使 OE 有效，输入数据，见图 4.25
MOV [DI],AL;      保存数据
INC AH;           换下一个模拟通道
INC DI;           修改数据区指针
DEC BL
JNZ AA1
```

2. 12 位 A/D 转换器芯片 AD574

AD574 是美国模拟器件公司的产品，是先进的高集成度、低价格的逐次逼近式转换器。

（1）AD574 的结构框图及引脚说明

AD574 由两片大规模集成电路构成。一片为 D/A 转换器 AD565，另一片集成了逐次逼近寄存器 SAR、转换控制电路、时钟电路、总线接口电路和高分辨比较器电路。

AD574 的结构框图如图 4.26 所示。

引脚信号说明如下。

$12/\overline{8}$：数据输出方式选择信号，高电平时输出 12 位数据，低电平时与 A_0 信号配合输出高 8 位或低 4 位数据。$12/\overline{8}$ 信号不能用 TTL 电平控制，必须直接接至+5V 或数字地。

A_0：转换数据长度选择控制信号。在转换状态，A_0 为低电平可使 AD574 进行 12 位转换，A_0 为高电平时可使 AD574 进行 8 位转换。在读数状态，如果 $12/\overline{8}$ 为低电平，当 A_0 为低电平时，则输出高 8 位数据，而 A_0 为高电平时，则输出低 4 位数据；如果 $12/\overline{8}$ 为高电平，则 A_0 的状态不起作用。

$\overline{\text{CS}}$：片选信号。

$R/\overline{C}$：读出或转换控制选择信号。当为低电平时，启动转换；当为高电平时，可将转换后的数据读出。

CE：芯片允许信号。该信号与 $\overline{\text{CS}}$ 信号一起有效时，AD574 才可以进行转换或从 AD574 输出转换后的数据。

VCC：正电源，其范围为 0～16.5V。

REF IN：参考电压输入。

REF OUT：+10V 参考电压输出，具有 1.5mA 的带负载能力。

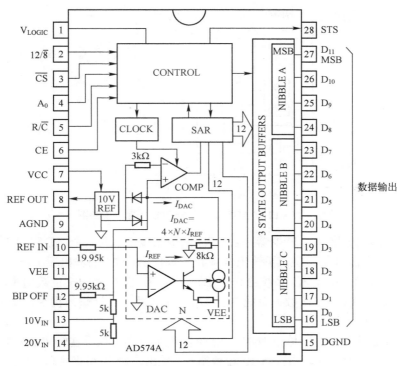

图 4.26　AD574 结构框图

AGND：模拟地。

DGND：数字地。

VEE：负电源，可选-11.4～-16.5V 之间的电压。

$10V_{IN}$：单极性输入，输入电压范围为 0～10V；双极性输入，输入电压范围为-5～5V。

$20V_{IN}$：单极性输入，输入电压范围为 0～20V；双极性输入，输入电压范围为-10～10V。

STS：状态输出信号，转换时为高电平，转换结束为低电平。

D_0～D_{11}：输出转换的数据线。

（2）AD574 的工作过程

AD574 的工作过程分为启动转换和转换结束后读出数据两个过程。启动转换时，首先使 $\overline{CS}$、CE 信号有效，AD574 处于转换工作状态，且 A_0 为 1 或为 0，根据所需转换的位数确定，然后使 $R/\overline{C}=0$，启动 AD574 开始转换。$\overline{CS}$ 视为选中 AD574 的片选信号，$R/\overline{C}$ 为启动转换的控制信号。转换结束，STS 由高电平变为低电平。可通过查询法，读入 STS 线端的状态，判断转换是否结束。

输出数据时，首先根据输出数据的方式，即是 12 位并行输出，还是分两次输出，以确定 $12/\overline{8}$ 是接高电平还是接低电平；然后在 CE=1、$\overline{CS}$=0、$R/\overline{C}$=1 的条件下，确定 A_0 的电平。若为 12 位并行输出，A_0 端输入电平信号可高可低；若分两次输出 12 位数据，A_0=0，输出 12 位数据的高 8 位，A_0=1，输出 12 位数据的低 4 位。由于 AD574 输出端有三态缓冲器，D_0～D_{11} 数据输出线可直接接在 CPU 数据总线上。

（3）AD574 接口电路

图 4.27 为 12 位 AD574 与 8088CPU 的接口电路图。

AD574 的接口设计应考虑以下几个方面：

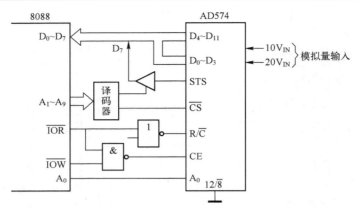

图 4.27　12 位 AD574 与 8088CPU 的接口电路图

1）因 AD574 是 12 位 A/D 转换器，若 CPU 的数据线是 8 位，则 AD574 的 12 位数据要分两次输出到 CPU，先输出高 8 位，再输出低 4 位。因而 AD574 的输出端 $D_4 \sim D_{11}$ 接 CPU 系统总线的 $D_0 \sim D_7$，$D_0 \sim D_3$ 接 CPU 系统总线的 $D_4 \sim D_7$；若 CPU 有 16 位数据线，则 AD574 的 $D_0 \sim D_{11}$ 12 位可直接接在 CPU 数据总线 $D_0 \sim D_{11}$ 位上，执行一次输入指令，即可把 12 位 A/D 转换结果输入 CPU 中。

2）$12/\overline{8}$ 引脚的电平要求。在转换时，$12/\overline{8}$ 的电平可高可低，在输出数据时，根据 12 位数据输出是一次输出还是两次输出。当 12 位数据一次输出，$12/\overline{8}$ 引脚接高电平；当 12 位数据分两次输出时，$12/\overline{8}$ 引脚接低电平。在图 4.27 中设计为两次输出，所以 $12/\overline{8}$ 接一个固定低电平。

3）根据前面所讲述 AD574 的工作过程可知，无论是转换过程还是输出数据，AD574 的控制引脚 $\overline{CS}=0$、CE=1，因而在图 4.27 中利用译码器的输出作为 $\overline{CS}$ 引脚的控制信号，读、写信号经与非逻辑输出后的信号作为 CE 的控制信号，即无论是读还是写，CE 信号都有效。

4）STS 信号是由 AD574 芯片本身产生的一个状态信号，该信号反映转换过程是否结束。因而该信号可以连接到 CPU 的中断申请 INTR 端，利用中断方式判断 A/D 转换是否结束；也可以通过查询方式，把 STS 线连接到数据总线的某一根数据线上，查询该数据线的高低电平，判断转换是否结束。

需要注意的是，STS 线不可直接连接到数据总线上，要经过一个三态门再连接到数据总线上，此三态门的开启可通过一个地址线进行控制。

AD574 的地址分配需考虑的是：第一，取高 8 位数据，启动转换要使 $A_0=0$，地址值选为 278H；第二，取低 4 位数据，要使 $A_0=1$，所以地址值为 279H；第三，为打开 STS 状态信号的通路，三态门的地址可选为 27AH。

启动 A/D 转换并采用查询方式，采集数据的程序如下：

```
MOV DX,278H
OUT DX,AL;        启动转换，R/C̄=0，C̄S̄=0，CE=1，A₀=0
MOV DX,27AH;      设置三态门地址
AA1：IN AL,DX;    读取 STS 状态
TEST AL,80H;      测试 STS 电平
JNE AA1; STS=1    等待，STS=0 向下执行
MOV DX,278H
IN AL,DX;         读高 8 位数据，R/C̄=1，C̄S̄=0，CE=1，A₀=1
MOV AH,AL;        保存高 8 位数据
```

```
MOV DX,279H
IN AL,DX;          读低 4 位数据，R/C̄=1，C̄S̄=0，A₀=1，CE=1
```

4.3.4　A/D 转换器的外围电路

1. I/V 变换

很多变送器的输出信号为 0～10mA 或 4～20mA，由于 A/D 转换器的输入信号只能是电压信号，如果模拟信号是电流时，必须先把电流转换为电压才能进行 A/D 转换，这样就需要 I/V 变换电路。

（1）无源 I/V 变换

无源 I/V 变换主要是利用无源器件电阻来实现的，并加滤波和输出限幅等保护措施，如图 4.28 所示。对于 0～10mA 输入信号，可取 R_1=100Ω，R_2=500Ω，且 R_2 为精密电阻，这样当 I 为 0～10mA 电流时，输出的 V 为 0～5V；对于 4～20mA 输入信号，可取 R_1=100Ω，R_2=250Ω，且 R_2 为精密电阻，这样当输入的电流为 4～20mA 时，输出的 V 为 1～5V。

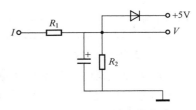

图 4.28　无源 I/V 变换电路

（2）有源 I/V 变换

有源 I/V 变换主要是利用有源器件运算放大器、电阻来实现的，如图 4.29 所示。该同相放大电路的放大倍数为

$$A = 1 + \frac{R_4}{R_3} \qquad (4.3)$$

若取 R_3=100kΩ，R_4=150kΩ，R_1=200Ω，则 0～10mA 输入对应于 0～5V 的电压输出。若取 R_3=100kΩ，R_4=25kΩ，R_1=200Ω，则 4～20mA 输入对应于 1～5V 的电压输出。

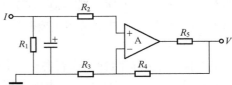

图 4.29　有源 I/V 变换电路

2. 多路模拟开关

在计算机控制中，往往是几路或几十路被测信号共用一只 A/D 转换器，因此常利用多路模拟开关轮流切换被测信号，采用分时 A/D 转换方式。理想的多路模拟开关其开路电阻无穷大，其接通时的导通电阻为零。此外还希望切换速度快、噪声小、寿命长、工作可靠。

常用的多路模拟开关 CD4501 的结构和引脚如图 4.30 所示，它由三根地址线（A、B、C）及控制线（EN̄）的状态来选择 8 个通道 S_0～S_7 之一，其真值表见表 4.1。

CD4501 是八选一的多路模拟开关，除了 CD4501 外，还有很多种多路模拟开关，常见的有 AD7501、LF13508 等。它们的基本原理相同，在具体的参数上有所区别，如开关切换的速度、导通电阻、模拟开关的路数等。

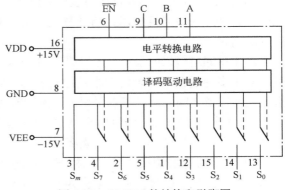

图 4.30　CD4501 的结构和引脚图

表 4.1　CD4501 真值表

输入状态				ON
$\overline{EN}$	C	B	A	
0	0	0	0	0
0	0	0	1	1
0	0	1	0	2
0	0	1	1	3
0	1	0	0	4
0	1	0	1	5
0	1	1	0	6
0	1	1	1	7
1	×	×	×	None

3. 前置放大器

前置放大器的任务是将模拟输入的小信号放大到 A/D 转换的量程范围之内。为了能适应多种小信号的放大需求，可以设计可变增益放大器。现在一些变送器的输出都是标准的电压信号或标准的电流信号，前置放大器在 A/D 转换电路中不常用。

4. 采样保持电路

在 A/D 转换期间，如果输入信号变化较大，就会引起转换误差。所以，一般情况下采样信号都不直接送至 A/D 转换器转换，还需增加采样保持器作信号保持，采样保持器把采样值保持到 A/D 转换结束。采样保持器主要应用于逐次逼近式 A/D 转换器，双积分的 A/D 转换器可以不加采样保持器。

采样保持电路有两种工作状态，一种是采样状态，另一种是保持状态。在采样状态，输出随输入而变化；在保持状态，输出保持不变。

目前，有的采样保持电路集成在一个芯片中，为专用的采样保持芯片，如 AD583K、AD582K 等芯片；还有的采样保持电路和 A/D 转换芯片集成在一起，如 12 位 AD1674 芯片。

4.3.5　A/D 转换器接口的隔离技术

因为 A/D 通道的输入直接与被控对象相连，所以容易通过公共地线引入干扰。为了克服这些干扰，必须采取隔离技术，将计算机与被控对象之间，多通道输入时每个输入通道之间实现电气隔离。

对于单通道输入的信号，可以采用与 D/A 隔离技术相一致的隔离方法来实现，这里不再重复。对于多通道输入，若仅要求被控对象与计算机隔离，同样可以采用前面的隔离方法。若要求通道与通道之间隔离，可以采用以下两种方法：

1）每个通道使用一个独立的 A/D 转换器件，然后采用单通道隔离技术，实现通道与通道之间、通道与计算机之间的完全隔离。

2）选用特殊的切换开关，如松下公司的光隔离器件 AQW214，它相当于半导体继电器，控制端为一发光二极管，输入电流为 3～50mA，输出端为一对触点，与控制端电气隔离，隔离电压交直流均大于 400V，触点容量电流为 130mA，输出端间的电容典型值为 3.9pF，导通电阻典型值为 9.8Ω，闭合时间为 0.2ms，恢复时间为 0.08ms，完全可以满足模拟切换开关的要求，并在电气上实现了点与点的隔离。

4.3.6　A/D 转换器模板的标准化设计

A/D 转换器模板设计中应考虑的内容很多，大致有以下几个部分：

1）采样保持器。当所采集的信号变化很快时，为了保证数据不发生误码，一定要用采样保持器；当多个输入通道要同步采样时，也应采用采样保持器。

2）输入跟随或信号放大处理。当信号源的负载能力较差时，如来的信号是安全栅的输出，建议在 A/D 器件以前加一级运放跟随来提高 A/D 转换通道的输入阻抗。当有小信号输入时，如毫伏或微伏信号，则需加放大电路，而且在设计放大电路时，还应考虑运放的输入失调电压等指标。

3）多路模拟信号的切换技术。当有多路模拟信号输入时，应考虑选用何种模拟开关进行切换，模拟开关的导通电阻、开路电阻对信号源是否有影响。

4）隔离技术。对可靠性要求很高，或环境很恶劣的应用场所，均应考虑信号的隔离技术。

5）A/D 的转换精度和速度。在设计 A/D 转换器模板时，A/D 的转换精度必须满足系统指标的要求，还有转换速度也必须满足，宁快勿慢。

6）参考基准电压。大多数 A/D 转换器件需外接基准电压。而基准电压的选取，直接关系到 A/D 转换的精度，它应与 A/D 的转换精度一起考虑，如温度系数、长期稳定性等。

4.4　人机接口

在计算机控制系统中，操作人员与计算机之间常常需要互通信息，操作人员需要了解过程中的工作参数、指标、结果等。在必要时，还要人工干预计算机的某些控制过程，如修改某些控制指标、选择控制算法、对过程重新组态等。人机接口是指操作人员与计算机之间互相交换信息的接口，通过这些接口，可以显示生产过程的状况、供操作人员操作和显示操作结果。目前常用的人机接口有键盘、鼠标、触摸屏、显示器和打印机等。

4.4.1　键盘

键盘是一组按键或开关的集合，键盘接口向计算机提供被按键的代码。常用的键盘有两种：一种是编码键盘，自动提供被按键的编码（比如 ASCII 码或二进制编码）；另一种是非编码键盘，仅仅简单地提供按键的通或断状态（"0"或"1"），而按键的扫描和识别则由用户的键盘程序来实现。前者使用方便，但结构复杂，成本高；后者电路简单，便于用户自行设计。

1. 独立连接式键盘

这是最简单的一种键盘，每个按键互相独立地接通一条数据线，也就是每个按键都作为一个独立数字量（开关量）输入。如图 4.31 所示，其中 $S_0 \sim S_3$ 为开关，$S_4 \sim S_7$ 为点动按钮，本书统称按键。任何一个按键被按下，与之相连的输入数据线被置"0"（低电平）；反之，断开按键，该线为"1"（高电平）。

常用的机械式按键，由于弹性触点的振动，按键闭合或断开时，将会产生抖动干扰。抖动干扰将会引起键盘扫描程序的误判断。为此，必须采用硬件或软件的方法来消除抖动干扰。硬件方法一般采用单稳态触发器或滤波器来消振，软件方法一般采用软件延时或重复扫描的方法，即多次扫描的状态皆相同，则认为此按键状态已稳定。

独立连接式键盘的优点是电路简单，适用于按键数较少的情况。但其缺点是浪费电路，对于按键数较多的情况，应采用矩阵连接式键盘。

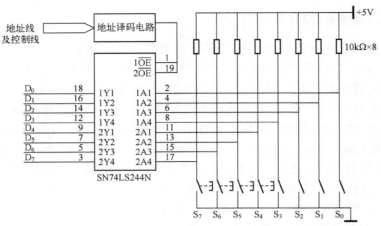

图 4.31　独立连接式键盘电路示例

2. 矩阵连接式键盘

为了减少按键的输入线和简化电路，可将按键排列成矩阵式，如图 4.32 所示。在每条行线和列线的交叉处，并不直接相连，而是通过一个按键来接通。采用这种矩阵结构只需 M 条行输出线和 N 列输入线，就可以连接 $M \times N$ 个按键。按照一个字节的输出和输入线，最多可以连接 8×8 只按键，为简便起见，图 4.32 仅画出了 4×4 只按键。

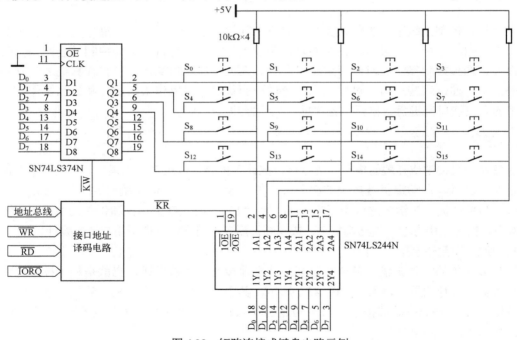

图 4.32　矩阵连接式键盘电路示例

由键盘扫描程序的行输出和列输入来识别按键的状态。下面以图 4.32 所示的 4×4 键盘为例来说明矩阵式键盘的工作过程。

1）输出 0000 到 4 根行线，再输入 4 根列线的状态。如果列输入为 1111，则无一按键被按下；否则，有按键被按下。在这一步只能判断出哪列上有按键被按下，不能识别具体是哪个按键被按下。假设 S_{15} 被按下，若行 0～行 3 输出为 0000，列 0～列 3 输入为 1110，只能判断列 3 上有按键被按下，但无法识别列 3 上的哪个按键被按下。这一步通常称为键扫描。

2）在确定了有键被按下后，接下来的就是要确定哪个按键被按下。为此采用行扫描法，即逐行输出行扫描信号"0"，再根据输入的列线状态，判定哪个按键被按下。这一步通常称为键识别。

行扫描过程如下：第一次行 0～行 3 输出 0111，扫描行 0，此时输入列 0～列 3 的状态为 1111，表示被按键不在行 0；第二次行 0～行 3 输出 1011，扫描行 1，输入列 0～列 3 的状态仍为 1111；第三次行 0～行 3 输出 1101，扫描行 2，输入列 0～列 3 的状态仍为 1111；第四次行 0～行 3 输出 1110，扫描行 3，输入列 0～列 3 的状态为 1110；表示被按键在行 3 列 3 上，即按键 S_{15} 被按下。

3）确定被按键后，再根据该键的功能进行相应的处理，这一步通常称为键处理。

为了消除按键抖动干扰，可采用软件延时法来消除。在键盘扫描周期，每行重复扫描 n 次，如果 n 次的列输入状态相同，则表示按键已稳定。

3．二进制编码键盘

二进制编码键盘是编码键盘的一种，二进制编码键盘的按键状态对应二进制数。二进制编码键盘可以通过优先级编码器来完成。

4．智能式键盘

智能式键盘的特点是，在键盘的内部装有专门的微处理器如 Intel8048 等，由这些微处理器来完成键盘开关矩阵的扫描、键盘扫描值的读取和发送。这样，键盘作为一个独立的输入设备就可以和主机脱离，仅仅依靠传输线和主机进行通信。下面以微机系统中增强型 101 键的扩展键盘为例，介绍智能式键盘的结构以及键盘扫描的发送。

（1）增强型扩展键盘的结构

增强型 101 键的扩展键盘被广泛应用于各种微机系统中，成为目前键盘的主流。它的按键开关均为无触电式的电容开关，属于非编码式键盘，即不是由硬件电路直接输出按键的编码，而是通过固化在单片机内的键盘扫描程序（用行列扫描法）来周期性地扫描键盘开关矩阵，识别出按键的位置，然后向系统的键盘接口电路发送该键的扫描码。

（2）键盘扫描码的发送

对智能式键盘来说，键盘内部的单片机根据按键的位置向主机接口发送的仅是该按键位置对应的键扫描码。当按键被按下时，输出的数据成为接通扫描码；当按键松开时，输出的数据成为断开扫描码。

4.4.2　鼠标

鼠标是近几年应用越来越广泛的输入设备之一。它有机械式、半光电式、光电式之分，具有操作简单、方便等优点。在图形输入、操作项目选择方面，它比键盘输入有着明显的快捷性和直观性，特别在 Windows 环境下的应用软件，几乎都需要使用鼠标作为输入工具。因此，鼠标已成为与键盘并用的基本的输入手段。

在计算机控制系统中，鼠标作为一种常见的输入设备，广泛用于人机交互界面（HMI）中。鼠标在计算机控制系统中的作用不仅限于传统的桌面计算和办公自动化，还扩展到各种工业控制、过程监控和其他专业领域。高精度、可靠性和人体工程学设计是鼠标在这些领域中应用的关键要求。随着技术的进步，鼠标在智能化、AR/VR 交互和多模态输入方面的发展将进一步提升其在计算机控制系统中的作用和应用潜力。

4.4.3　触摸屏

触摸屏输入技术是近年来发展起来的一种新技术。它是用户利用手指或其他介质直接与屏幕接触，进行相应的信息选择，并向计算机输入信息的一种输入设备。目前的主要产品可分为监视器与触摸屏一体式和分离式两种类型。系统由触摸检测装置和触摸屏控制卡两部分组成。触摸控制卡上有自己的 CPU 及固化的监控程序，它将触摸检测装置送来的位置信息转换成相关的坐标信息并传送给计算机，接收和执行计算机的指令。

1．分类

从工作原理来分，触摸屏有 5 类产品。

1）电阻式触摸屏。触摸屏表面是一层胶，底层是玻璃，当中是两片导体，导体之间填满绝缘物。当电阻式触摸屏受到触碰时，其间的绝缘物被压力推开而导电。由于触碰点的电阻值发生了变化，使感测信号的电压值也随之变化，并将电压值转换成接触点的坐标值，使计算机能根据坐标来确定用户输入的信息是何种信息。这类触摸屏的优点是承受环境干扰能力强，缺点是透光性和手感较差。

2）电容式触摸屏。它是在一片玻璃表面贴上一层透明的特殊金属导电物质，当有导体触碰时就改变了四周的电容值，从而检测出触摸点的位置。这种触摸屏要求触碰介质必须是导电物质。由于电容量会随着接地、绝缘率的变化而变化，这类触摸屏的稳定性较差。

3）红外线式触摸屏。这类触摸屏的外框四周是红外线发射的接收感测元件，形成一个小型红外线探测网。任何物体伸入网区内都将使接触点的红外线特性发生改变，从而探测出触点的位置。这种触摸屏的响应速度快，不易受电流、电压、静电的干扰，比较适合在某些恶劣的环境中使用。但它要求使用时尽可能使触摸介质与触摸屏保持垂直，否则容易引起误判和误操作。

4）表面声波式触摸屏。它由计算机监视器发送一种高频声波跨越触摸屏表面，当手指触及屏幕时，屏幕表面上特定区域内的声波被阻止引起声波衰减而确定点坐标。这类装置的缺点是对气候变化十分敏感而影响使用。

5）遥控力感式触摸屏。这类触摸屏由两块平行板和平行板间的多个传感器组成。传感器是由两片平行片组成的电容器。当屏幕上某位置被触摸时，传感器之间的距离会发生变化，从而引起平行片电容的变化，由电容量的变化值进而可确定触点的坐标值。遥控力感式触摸屏是最新的成果之一，它对触摸介质和环境因素均无限制，是一种较理想的方式，但目前的造价较高。

2．特点

目前，国外在触摸屏方面发展较快，并已渗透到工业控制的各个领域。与传统的计算机输入技术相比，使用触摸屏对操作人员不需要进行任何培训，并有如下特点：

1）人机界面友好。在图形技术的支持下，可以设计出非常漂亮的触摸屏画面。与现在工业控制系统中广泛使用的标准键盘和触摸式键盘相比，触摸屏能根据操作人员输入的不同信息，变换不同的控制信息界面，使人机对话更加明了和直接，更容易被操作人员，尤其是未经培训的使用者所接受。

2）简化信息输入设备。目前在生产配料、生产流程控制方面大多使用键盘和控制台作为人机对话的工具。使用触摸屏可以简化信息输入设备。一个庞大的工业控制台，经过适当的改造以后，仅用一台触摸屏即可代替。

3）便于系统维护和改造。对传统的计算机控制台方式来说，如需对系统进行某些功能方面的改造，那么也需同时改造控制台。然而，触摸屏只需根据系统的改变进行相应的界面调整即可。此外，触摸屏采用标准的接口，维护也很方便。

目前，触摸屏在可靠性方面有待进一步改进，现在还难以在气候条件恶劣的环境下使用，只能在环境条件相对稳定的控制室或办公室环境中使用。另外，现今的触摸屏还难以做到标准键盘那样的定位输入，因此也不适合于用作绘图程序的输入设备。但目前触摸屏在美观、实用、操作简单方面的优势已十分明显,反应速度也能满足要求。此外,触摸屏在简化控制设备方面的潜力也是很大的。随着触摸屏的技术及其制造工艺的不断进步,相信它们的可靠性将会得到迅速的提高,从而进一步推动触摸屏在工业控制领域中的普及应用。

4.4.4 显示器

在计算机系统中,显示器是人机信息交换的主要窗口。键盘输入的指令、程序和运算结果等都要通过它来显示。在实际工业控制计算机系统中,一般需要将计算机采集或处理中的信息动态地显示出来。常用的显示技术有指示灯方式、LED 方式、模拟屏显示方式以及液晶显示方式。

工业显示器是应用在工业上的设备,和普通的显示器有着很大的区别。工业显示器的结构用料一般都是采用铝合金的,散热性能良好。工业显示器对环境的要求很高,不仅要适应各种不同工业环境,还要保持稳定运行。

1. 工业显示屏和普通显示屏的主要区别

工业显示屏和普通显示屏的主要区别如下:

1)耐用性。工业显示屏通常需要能够在恶劣的环境条件下工作,如高温、低温、湿度、振动等。因此,工业显示屏相对于普通显示屏来说更加耐用,并具有更高的防护等级,以确保正常运行。

2)温度范围。工业显示屏能够在更广泛的温度范围内正常工作。普通显示屏通常适用于常见的室温环境,而工业显示屏可以在极端温度下运行,如在极寒或高温的工业环境中。

3)抗振能力。工业显示屏通常具有更好的耐振性能,能够抵抗由机器设备振动和冲击所造成的干扰。这对于在工厂、车间或其他需要高度稳定性的环境中使用的显示屏至关重要。

4)防尘防水。工业显示屏通常具有更高的防尘和防水性能,以便在工业环境中避免灰尘、油污、水等物质对其造成损害。这些特性使得工业显示屏可以在需要清洁和维护的环境中使用。

5)高亮度和对比度。工业显示屏通常具有更高的亮度和对比度,以便在各种照明条件下清晰可见。这对于在室外光线强烈或光线不均匀的环境中使用的工业显示屏尤为重要。

6)长时间工作。工业显示屏通常需要长时间稳定运行,因此它们具有更高的可靠性和稳定性。它们能够 24/7 连续运行,并且能够长时间保持高质量的图像和性能。

7)背光技术。工业显示屏通常采用更先进的背光技术,如 LED 背光,以提供更高的亮度和更广的颜色范围。

8)可定制性。工业显示屏通常可以根据特定的工业应用进行定制,以满足特定需求和要求。它们可以与其他工业系统和设备集成,提供更广泛的功能和交互性。

综上所述,工业用显示屏相对于普通显示屏来说具有更高的耐用性、抗振性、防尘防水性能和稳定性。它们适用于各种工业环境,并为这些环境提供高质量的图像显示和可靠的性能。

2. 工业显示器的分类

工业显示器有以下 5 类产品:

1)嵌入式工业显示器。嵌入式工业显示器,顾名思义,设备必须嵌入客户的产品中。客户产品必须有一个大中型的控制柜,除了显示器面板,其余都嵌入客户端设备中,背面用挂钩固定,大型控制柜需根据工业显示器的嵌入式安装图的开口尺寸开孔安装。

2)壁挂式工业显示器。壁挂式工业显示器是可挂起的,不仅可以挂在墙上,还可以安装在客户设备上,显示器可根据客户要求调整角度。使用合适的安装臂,工业显示器可安装在任何位置供用户观看,一般用于小型、中型和大型的设备。

3)机架式工业显示器。一般来说,机架式工业显示器需要安装在机柜上,例如安装在 19in 的机柜上,因此其宽度为标准的 19in,安装孔是标准的,尺寸基本都是固定的。机架式工业显示器一般应用于大型机柜，如电信、电源和大型服务器。

4）开放式工业显示器。工业显示器没有面框，只有内部显示面板，客户主要应用在小尺寸的设备上，一般显示器的安装空间不大，例如 ATM 机、商用 POS 等，它们通常安装在客户设备内。

5）内嵌式工业显示器。简单来说，内嵌式工业显示器就是在客户的机柜和设备中反向安装，是安装在客户端设备内部的显示器。和开放式工业显示器不一样的地方，它是从设备里面安装，其边缘与客户设备外壳的边缘重合。内嵌式工业显示器通常用于大中型设备，如电力、机械和医疗行业。

3．其他数字形显示方式

对于一些专用系统，如小型的采集或控制监视系统，还会用到其他一些显示装置。常用的有 LED 八段显示器，可用来显示数字，其中七段构成一个"8"字形，通过点亮不同的字段来表示不同的数字，另一段用于表示小数点。这样，用多个八段显示器就可以实现多个数字组合；颜色有红、黄、绿等几种颜色可供选择。这种器件目前已形成系统化，具有体积小、可靠性高、亮度清晰等特点，已得到广泛应用。

此外，还有利用 LED、指示灯和其他附属装置构成的大屏幕模拟显示等显示手段可供使用。

4.4.5　打印机

打印机是计算机系统中最常用的输出设备之一。打印机的种类很多，从它与计算机的连接方式来分，有并行接口打印机和串行接口打印机两种；从打印原理来分，有点阵式打印机、喷墨式打印机、激光式打印机、热敏式打印机和磁式打印机等；从打印的色彩分，有单色、双色、彩色打印机三种。在工业控制系统中已广泛采用了各种类型的打印机。除了打印生产过程中的各种记录数据和汇总报表供分析、保存之外，相当重要的作用是用于打印事故追忆信息。当发生报警时，也需要同时启动打印机，将报警信息打印出来供操作人员做事故分析之用。

目前，市场上可供选用的打印机品种很多。价格贵的高档彩色打印输出设备，可打印出颜色鲜艳、像素均匀的各种复杂图像来。点阵式打印机的价格一般较低，缺点是打印质量欠佳，噪声大；喷墨式打印机靠喷墨技术产生字符和图像，打印质量高，工作噪声低；激光式打印机的打印质量更高，成本也稍高。

习题

1．什么是过程通道？过程通道由哪几部分组成？

2．画出数字量输入/输出通道的结构。

3．在数字量输入调理电路中，采用积分电容或 RS 触发器是如何消除按键抖动的？

4．数字量输出驱动电路有哪三种形式？各有什么特点？

5．画出 D/A 转换器原理框图，并说明 D/A 转换的原理。

6．D/A 转换器接口的隔离技术有哪两种？并说明每种隔离技术的特点。

7．列出三种 A/D 转换器的实现方法，并加以说明。

8．A/D 转换器的外围电路有哪些？并说明每种电路的功能。

9．简述矩阵式键盘的工作原理。

10．简述触摸屏的特点。

11．简述工业显示器和普通显示器的主要区别。

12．简述工业显示器的分类。

第5章　数据处理与控制策略

计算机控制系统的设计，是指在给定系统性能指标的前提下设计出控制器的控制规律和相应的数字控制算法。对数字控制器的设计一般有连续化设计和离散化设计两类。

计算机控制系统在工业现场使用时，通过输入通道采集的各种生产过程参数可能混杂了干扰噪声，这些噪声会影响系统的运行，导致控制失灵。计算机控制系统的抗干扰不可能完全依靠硬件解决，因此一般需要进行数字滤波，并且还需根据实际需要用数据处理技术对数据进行预处理。

第 5 章微课视频

数控技术和运动控制装备是制造工业现代化的重要基础。这个基础是否牢固直接影响一个国家的经济发展和综合国力，关系到一个国家的战略地位。目前，世界上各工业发达国家均采取重大措施来发展自己的数控技术及其相关产业。

计算机控制系统中的控制策略是指基于控制理论、在被控对象数学模型或操作人员的先验知识基础上设计并用计算机软件实现的数字控制器或某种控制算法。早期的工业过程控制系统受经典控制理论和常规仪表的限制，难以处理工业过程中存在的时变、非线性、强耦合和不确定性等复杂情况，一般采用常规 PID 控制器进行控制，其控制目标是保证生产的基本平稳和安全运行。随着工业现代化发展中提出高效益、高柔性控制的综合要求，常规控制已不能满足新的控制要求，各种新型的先进过程控制（Advanced Process Control，APC）策略应运而生，在工业过程控制中得到许多成功的应用。

本章将详细介绍常用的数字滤波和数据处理算法、数字控制器的设计技术、数字控制技术、数字 PID 控制算法和常用的先进控制方案。

5.1　数字滤波和数据处理

在计算机控制系统中，由于被控对象所处的环境比较恶劣，常存在各种干扰源，如环境温度、电场、磁场等，可能会使测量信号偏离真实值；另外，计算机控制系统信号的输入是每隔一个采样周期断续地进行的，如将温度、压力、流量等属性通过一定的转换技术转换为电信号，然后将电信号转换为数字化的数据。在多次转换中由于转换技术的客观原因或主观原因造成采样数据中掺杂了少量的噪声数据，影响了最终数据的准确性。

为了防止噪声对数据结果的影响，除了采用更加科学的采样技术外，还要采用一些必要的技术手段对原始数据进行整理、统计，数字滤波技术是最基本的处理方法，它可以剔除数据中的噪声，提高数据的代表性。

数字滤波是指在计算机中利用某种计算方法对原始输入数据进行数学处理，去掉原始数据中掺杂的噪声数据，提高信号的真实性，获得最具有代表性的数据集合。随着数字化技术的发展，数字滤波技术已成为数字化仪表和计算机在数据采集中的关键性技术。

通过数字滤波得到的比较真实的被测参数，有时不能直接使用，还需要做某些处理，例如，合理性判别、孔板流量计差压信号的开二次方运算、流量信号的温度和压力补偿、热电偶信号的线性化处理等。

5.1.1 数字滤波

这里所说的数字滤波技术是指在软件中对采集到的数据进行消除干扰的处理。一般来说，除了在硬件中对信号采取抗干扰措施之外，还要在软件中进行数字滤波的处理，以进一步消除附加在数据中的各式各样的干扰，使采集到的数据能够真实地反映现场的工艺实际情况。

采用数字滤波的优点体现为：一是不需要增加硬件设备，只需在计算机得到采样数据之后，执行一段根据预定滤波算法编制的程序即可达到滤波的目的；二是数字滤波稳定性好，一种滤波程序可以反复调用，使用方便灵活。因此，数字滤波技术在计算机控制系统中获得了广泛应用。这里将介绍几种常用的数字滤波方法。

1．平均值滤波法

（1）算术平均值滤波

算术平均值滤波就是对某一被测参数连续采样多次，计算其算术平均值作为该点采样结果。这种方法可以降低系统的随机干扰对采集结果的影响。它实质上是对采样数据 $y(i)$ 的 m 次测量值进行算术平均，作为时刻 kT 的有效输出采样值 $\overline{y(k)}$，即

$$\overline{y(k)} = \frac{1}{m} \sum_{i=0}^{m-1} y(k-i) \tag{5.1}$$

m 值决定了信号平滑度和灵敏度。随着 m 的增大，平滑度提高，灵敏度降低。应视具体情况选取 m，以便得到满意的滤波效果。为方便求平均值，m 值一般取 2、4、8、16 之类 2 的整数幂，以使用移位来代替除法。通常，流量信号取 8 项或 16 项，压力取 4 项或 8 项，温度、成分等缓慢变化的信号取 2 项。

这种方法可以有效地消除周期性的干扰。同样，这种方法可以推广为连续几个周期进行平均。为提高运算速度，可以利用上次运算结果 $\overline{y(k-1)}$，通过递推平均滤波算式

$$\overline{y(k)} = \overline{y(k-1)} + \frac{y(k)}{m} - \frac{y(k-m)}{m} \tag{5.2}$$

得到当前采样时刻的递推平均值。

（2）加权平均值滤波

由式（5.1）可以看出，算术平均值滤波法对每次采样值给出相同的加权系数，即 $1/m$，实际上有些场合需要增加新采样值在平均值中的比重，这时可采用加权平均值滤波法，其算式为

$$\overline{y(k)} = \sum_{i=0}^{m-1} a_i y(k-i) \tag{5.3}$$

式中，a_i 为加权系数，且满足 $0 \leqslant a_i \leqslant 1$，$\sum_{i=0}^{m-1} a_i = 1$。加权系数体现了各次采样值在平均值中所占的比例，可以根据具体情况确定，一般采样次数越靠后，加权系数越大。合理地选择 a_i，可以获得更好的滤波效果。

这种滤波方法可以根据需要突出信号的某一部分，抑制信号的另一部分，适用于纯滞后较大、采样周期短的过程。为了提高运算速度，也可以改进为加权递推平均值滤波方法。

平均值滤波法主要用于对压力、流量等周期性的采样值进行平滑加工，但对偶然出现的脉冲性干扰的平滑作用尚不理想，因而不适用于脉冲性干扰比较严重的场合。

2．中值滤波法

所谓中值滤波是对某一参数连续采样 n 次（一般取 n 为奇数），然后把 n 次的采样值从小到大或从大到小排列，再取中间值作为本次采样值。

中值滤波法对于去掉由于偶然因素引起的波动或采样器不稳定造成的误差所引起的脉动干扰比较有效。若变量变化比较慢，则采用中值滤波法效果比较好，但对快速变化的参数（如流量），则不宜采用中值滤波法。

实际使用时，n 的值要选择得当。如果 n 值过小，可能起不到去除干扰的作用；n 过大，会造成采样数据的时延过大，造成系统性能变差。n 一般取 3～5。

如果将平均值滤波和中值滤波结合起来使用，滤波效果会更好。方法是连续采样 n 次，并按大小排序，从首尾各舍掉 1/3 个大数和小数，再将剩余 1/3 的数据进行算术平均，作为本次采样的有效数据；亦可去掉采样值中的最大值和最小值，将余下 $(n-2)$ 个采样值算术平均。

3．惯性滤波法

前面几种方法基本上属于静态滤波，主要适用于变化过程比较快的参数，如压力、流量等。对于慢速随机变量，如果采用短时间内连续采样取平均值的方法，其滤波效果不够理想。

为提高滤波效果，可以仿照模拟系统 RC 低通滤波器的方法，将普通硬件 RC 低通滤波器的微分方程用差分方程来表示，用软件算法来模拟硬件滤波器的功能。

典型 RC 低通滤波器的动态方程为

$$T_\mathrm{f} \frac{\mathrm{d}y}{\mathrm{d}t} + y = x \tag{5.4}$$

其中，$T_\mathrm{f}=RC$，称为滤波器时间常数；x 是测量值；y 是经滤波后的测量值。式（5.4）离散化可得低通滤波算法

$$y(k) = ay(k-1) + (1-a)x(k) \tag{5.5}$$

式中，$a=T_\mathrm{f}/(T_\mathrm{f}+T)$，且 $0<a<1$，称为滤波系数。当 $a\to 1$ 时，相当于不采用当前测量值，当前输出等于前一步输出值，新测量信号完全滤掉；当 $a\to 0$ 时，当前输出值 $y(k)$ 等于测量值 $x(k)$，相当于不滤波。通常选择 $0<a<1$，滤波后的数值与当前测量值及前一步滤波值有关。

这种滤波方法模拟了具有较大惯性的低通滤波功能，主要适用于高频和低频的干扰信号。

4．程序判断滤波

经验表明，许多物理量的变化都需要一定的时间，相邻两次采样值之间的变化有一定的限度。程序判断滤波的方法是，根据生产经验，确定两次采样输入信号可能出现的最大偏差 Δy。若超过此偏差值，则表明该输入信号是干扰信号，应该去掉；如小于此偏差值，则可以将信号作为本次采样值。

如果采样信号受到随机干扰，如大功率用电设备起动或停止、造成电流的尖峰干扰或误检测，以及变送器不稳定而引起的严重失真等，使得采样数据偏离实际值较远，可以采用程序判断滤波。程序判断滤波一般分两种。

（1）限幅滤波

限幅滤波的作用是把两次相邻的采样值相减，求出增量（用绝对值表示），然后将其与两次采样允许的最大偏差 Δy_0 比较。若小于或等于 Δy_0，则取本次采样值，若大于 Δy_0，则取上次采样值。即

$$|y(k) - y(k-1)| \begin{cases} \leqslant \Delta y_0, & 则 y(k) = y(k) \\ > \Delta y_0, & 则 y(k) = y(k-1) \end{cases} \tag{5.6}$$

Δy_0 是可供选择的常数，应视被调量变化速度而定，一般由输入信号最大可能变化速度 V_f 及采样周期 T 来决定，即 $\Delta y_0 = V_f T$。因此，一定要按照实际情况来确定 Δy_0，否则非但达不到滤波效果，反而会降低控制品质。

（2）限速滤波

限幅滤波是用两次采样值来决定采样的结果，而限速滤波最多可用三次采样值来决定采样结果。其方法是，当 $|y(k)-y(k-1)| > \Delta y_0$ 时，不像限幅滤波那样用 $y(k-1)$ 作为本次采样值，而是再采样一次，取得 $y(k+1)$，然后根据 $|y(k+1)-y(k)|$ 与 Δy_0 的大小关系来决定本次采样值。具体判别如下：

$$|y(k)-y(k-1)| \begin{cases} \leqslant \Delta y_0, & \text{则} y(k) = y(k) \\ > \Delta y_0, & \text{采样} y(k+1) \rightarrow |y(k+1)-y(k)| \begin{cases} \leqslant \Delta y_0, & \text{则} y(k+1) = y(k+1) \\ > \Delta y_0, & \text{则} y(k+1) = \dfrac{y(k)+y(k+1)}{2} \end{cases} \end{cases}$$

$$(5.7)$$

限速滤波是一种折中的方法，既照顾了采样的实时性，又顾及了采样值变化的连续性。

数据采集所采用的检测技术不同，检测对象不同，数据的采集频率、信噪比不同，各种数字化滤波算法各有优缺点，在实际应用中要根据情况综合运用上述的方法，比如在中值滤波法中，加入平均值滤波，借以提高滤波的性能，保证数据准确、快速地反映被检测对象的实际情况，为生产管理提供有效的数据。

在计算机应用高度普及的今天，不断有许多新的滤波方法出现，如众数滤波、移动滤波、复合滤波等，限于篇幅，本书不做详细介绍。

5.1.2 数据处理

在数据采集和处理系统中，计算机通过数字滤波方法可以获得有关现场的比较真实的被测参数，但此信号有时不能直接使用，需要进一步进行数学处理或给用户特别提示。

1. 线性化处理

计算机从模拟量输入通道得到的检测信号与该信号所代表的物理量之间不一定成线性关系。例如，差压变送器输出的孔板差压信号同实际的流量之间成二次方根关系；热电偶的热电动势与其所测温度之间是非线性关系等。而在计算机内部参与运算与控制的二进制数应与被测参数之间成线性关系，这样既便于运算又便于数字显示，因此还须对数据做线性化处理。

在常规自动化仪表中，常引入"线性化器"来补偿其他环节的非线性，如二极管阵列、运算放大器等，都属于硬件补偿，这些补偿方法一般精度不太高。在计算机数据处理系统中，用计算机进行非线性补偿，方法灵活，精度高。常用的补偿方法有计算法、插值法和折线法。

（1）计算法

当参数间的非线性关系可以用数学方程来表示时，计算机可按公式进行计算，完成非线性补偿。在过程控制中较为常见的两个非线性关系是差压与流量、温度与热电动势之间的关系。

用孔板测量气体或液体流量，差压变送器输出的孔板差压信号 ΔP 同实际流量 F 之间成二次方根关系，即

$$F = k\sqrt{\Delta P} \tag{5.8}$$

式中，k 为流量系数。

用数值分析方法计算二次方根，可采用牛顿迭代法。设 $y = \sqrt{x}$ （$x > 0$），则

$$y(k) = \frac{1}{2}\left[y(k-1) + \frac{x}{y(k-1)} \right] \qquad (5.9)$$

热电偶的热电动势同所测温度之间也是非线性关系。例如，R 型热电偶在 1664.5～1768.1 范围内，可按下式求温度：

$$T = a_4 E^4 + a_3 E^3 + a_2 E^2 + a_1 E + a_0 \qquad (5.10)$$

式中，E 为热电动势（MV）；T 为温度（℃）；a_0=3.406177836×10^4；a_1=-7.023729171×10^0；a_2=5.582903813×10^{-4}；a_3=-1.952394635×10^{-8}；a_4=2.560740231×10^{-13}。

式（5.10）可以写成

$$T = \{[(a_4 E + a_3)E + a_2]E + a_1\}E + a_0 \qquad (5.11)$$

可用式（5.11）将非线性化的关系分成多个线性化的式子来实现。

（2）插值法

计算机非线性处理应用最多的方法就是插值法。其实质是找出一种简单的、便于计算处理的近似表达式来代替非线性参数。用这种方法得到的公式叫作插值公式。常用的插值公式有多项式插值公式、拉格朗日插值公式和线性插值公式等，这里只介绍第一种。

假设已知函数 $y=f(x)$ 在 $n+1$ 个相异点 $a<X_0<X_1<\cdots<X_n=b$ 处的函数值为

$$f(X_0)=f_0,\ f(X_1)=f_1,\ \cdots,\ f(X_n)=f_n$$

希望找到一种插值函数 $P_n(X)$，使其最大限度地逼近 $f(x)$，并且在 X_i（$i=0,1,\cdots,n$）处与 $f(X_i)$ 相等，则函数 $P_n(X)$ 称为 $f(X_i)$ 的插值函数，X_i 称为插值点。

插值函数 $P_n(X)$ 可用一个 n 次多项式来表示，即

$$P_n(X) = C_n X^n + C_{n-1} X^{n-1} + \cdots + C_1 X + C_0 \qquad (5.12)$$

可将其作为所求的近似表达式，使其满足条件：$P_n(X_i)=f_i$（$i=0,1,\cdots,n$）。

多项式系数 C_0，C_1，$\cdots$，C_n 应满足下列方程组：

$$\begin{cases} C_n X_0^n + C_{n-1} X_0^{n-1} + \cdots + C_0 = f_0 \\ C_n X_1^n + C_{n-1} X_1^{n-1} + \cdots + C_0 = f_1 \\ \quad\vdots \\ C_n X_n^n + C_{n-1} X_n^{n-1} + \cdots + C_0 = f_n \end{cases} \qquad (5.13)$$

由式（5.13）可以求解系数 C_0，C_1，$\cdots$，C_n，将其代入式（5.12）即可求出近似表达式。式（5.12）称为函数 $f(X_i)$ 以 X_0，X_1，$\cdots$，X_n 为基点的插值多项式。

（3）折线法

上述两种方法都可能会带来大量运算，对于小型工控机来说，占用内存比较大。为简单起见，可以分段进行线性化，即用多段折线代替曲线。

线性化过程是，首先判断测量数据处于哪一折线段内，然后按相应段的线性化公式计算出线性值。折线段的分法并不是唯一的，可以视具体情况和要求来定。当然，折线段数越多，线性化精度越高，软件的开销也就相应增加。

此外，还可将非线性关系转化为表格形式存在计算机内，在线的工作量仅仅是根据采样值查表获得相应结果。

2. 校正运算

有时来自被控对象的某些检测信号与真实值有偏差，这时需要对这些检测信号进行补偿，力求补偿后的检测值能反映真实情况。

例如，用孔板测量气体的体积流量，当被测气体的温度和压力与设计的基准温度和基准压力不同时，必须对式（5.8）计算出的流量 F 进行温度、压力补偿。一种简单的补偿公式为

$$F_0 = F\sqrt{\frac{T_0 P_1}{T_1 P_0}} \tag{5.14}$$

式中，T_0 为设计孔板的基准绝对温度；P_0 为设计孔板的基准绝对压力；T_1 为被测气体的实际绝对温度；P_1 为被测气体的实际绝对压力。

3. 标度变换

在计算机控制系统中，生产中的各个参数都有不同的数值和量纲，如压力的单位为 Pa，流量的单位为 m³/h，温度的单位为℃等，这些参数都经过变送器转换成 A/D 转换器能接收的 0～5V 电压信号，又由 A/D 转换成 00～0FFH（8 位）的数字量，它们不再是带量纲的参数值，而是仅代表参数值的相对大小。为方便操作人员操作以及满足一些运算、显示和打印的要求，必须把这些数字量转换成带有量纲的数值，这就是所谓的标度变换。标度变换有不同的类型，它取决于被测参数传感器的类型，设计时应根据实际情况选择适当的标度变换方法。

（1）线性参数标度变换

所谓线性参数，指一次仪表测量值与 A/D 转换结果具有线性关系，或者说一次仪表是线性刻度的。其标度变换公式为

$$A_x = A_0 + (A_m - A_0)\frac{N_x - N_0}{N_m - N_0} \tag{5.15}$$

式中，A_0 为一次测量仪表的下限；A_m 为一次测量仪表的上限；A_x 为实际测量值（工程量）；N_0 为仪表下限对应的数字量；N_m 为仪表上限对应的数字量；N_x 为测量值所对应的数字量。

A_0、A_m、N_0、N_m 对于某一个固定的被测参数来说是常数，不同的参数有不同的值。为使程序简单，一般把被测参数的起点 A_0（输入信号为 0）所对应的 A/D 输出值看作 0，即 $N_0=0$，这样式（5.15）可化为

$$A_x = \frac{N_x}{N_m}(A_m - A_0) + A_0 \tag{5.16}$$

有时，工程量的实际值还需经过一次变换，如电压测量值是电压互感器的二次测量的电压，与一次测量的电压还有一个互感器的变比问题，这时式（5.16）应再乘上一个比例系数：

$$A_x = k\left[\frac{N_x}{N_m}(A_m - A_0) + A_0\right] \tag{5.17}$$

例如，某热处理炉温度测量仪表的量程为 200～1000℃，在某一时刻计算机采样并经数字滤波后的数字量为 0CDH，设仪表量程为线性的，可以按照上述方法求出此时的温度值。

由以上叙述可知，$A_0=200℃$，$A_m=1000℃$，$N_x=0CDH=(205)_D$，$N_m=0FFH=(255)_D$，根据式（5.16）可得此时温度为

$$A_x = \frac{N_x}{N_m}(A_m - A_0) + A_0 = \left[\frac{205}{255}(1000 - 200) + 200\right]℃ \approx 843℃$$

在计算机控制系统中，为了实现上述转换，可把它设计成专门的子程序，把各个不同参数所对应的 A_0、A_m、N_0、N_m 存放在存储器中，然后当某一参数要进行标度变换时，只要调用标度变换子程序即可。

（2）非线性参数标度变换

在过程控制中，最常见的非线性关系是差压变送器信号 ΔP 与流量 F 的关系（见式（5.8）），据

此，可得测量流量时的标度变换式

$$\frac{G_x - G_0}{G_m - G_0} = \frac{k\sqrt{N_x} - k\sqrt{N_0}}{k\sqrt{N_m} - k\sqrt{N_0}}$$

即

$$G_x = \frac{\sqrt{N_x} - \sqrt{N_0}}{\sqrt{N_m} - \sqrt{N_0}}(G_m - G_0) + G_0 \tag{5.18}$$

式中，G_0 为流量仪表下限值；G_m 为流量仪表上限值；G_x 为被测量的流量值；N_0 为差压变送器下限所对应的数字量；N_m 为差压变送器上限所对应的数字量；N_x 为差压变送器所测得的差压值（数字量）。

4．越限报警处理

在计算机控制系统中，为了安全生产，对于一些重要的参数或系统部位，都设有上、下限检查及报警系统，以便提醒操作人员注意或采取相应的措施。其方法就是把计算机采集的数据经计算机进行数据处理、数字滤波、标度变换之后，与该参数上、下限给定值进行比较。如果高于（或低于）上限（或下限），则进行报警；否则就作为采样的正常值，以便进行显示和控制。例如，锅炉水位自动调节系统中，水位的高低是非常重要的参数，水位太高将影响蒸汽的产量，水位太低则有爆炸的危险，所以要做越限报警处理。

报警系统一般发出声光报警信号，灯光多采用发光二极管（LED）或白炽灯等，声响则多采用电铃、电笛等。有些地方也采用闪光报警的方法，即使报警的灯光（或发声装置）按一定的频率闪烁（或发声）。在某些系统中还需要增加一些功能，如记下报警的参数、时间，打印输出，自动处理（自动切换到手动、切断阀门、打开阀门）等功能。

报警程序的设计方法主要有两种：一种是全软件报警程序，这种方法的基本做法是把被测参数，如温度、压力、流量、速度、成分等，经传感器、变送器、A/D 转换器送入计算机后，再与规定的上、下限值进行比较，根据比较的结果进行报警或处理，整个过程都由软件实现。另一种是直接报警程序，这种方法采用硬件申请中断的方法，直接将报警模型送到报警口中。这种报警方法的前提条件是被测参数与给定值的比较是在传感器中进行的。

5．死区处理

从工业现场采集到的信号往往会在一定的范围内不断地波动，或者说有频率较高、能量不大的干扰叠加在信号上，这种情况往往出现在应用工控板卡的场合，此时采集到的数据有效值的最后一位不停地波动，难以稳定。这种情况下可以把不停波动的值进行死区处理，只有当变化幅度超出某值时才认为该值发生了变化，比如编程时可以先将数据除以 10，然后取整，去掉波动项。

上面介绍的只是一些有关计算机控制系统中数据处理的最常用的知识，在实际应用中，还必须根据具体情况做具体的分析和应用。

5.2　数字控制器的设计技术

大多数计算机控制系统是由处理数字信号的过程控制计算机和连续的被控过程组成的数字信号与连续信号并存的"混合系统"，由此产生了下面两种对过程计算机控制系统的数字控制器的分析和设计方法。

5.2.1　数字控制器的连续化设计技术

数字控制器的连续化设计是忽略控制回路中所有的零阶保持器和采样器，在 S 域中按连续系统进行设计，然后通过某种近似将连续控制器离散化为数字控制器，并由计算机来实现。

在图 5.1 所示的计算机控制系统中，$G(s)$ 是被控对象的传递函数，$H(s)$ 是零阶保持器的传递函数，$D(z)$ 是数字控制器的脉冲传递函数。现在的设计问题是，根据已知的系统性能指标和 $G(s)$ 来设计出数字控制器 $D(z)$。

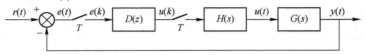

图 5.1　计算机控制系统结构图

数字控制器的连续化设计步骤如下。

1．设计假想的连续控制系统

采用连续系统的设计方法（如频率特性法、根轨迹法等）设计出假想的连续控制器 $D(s)$，如图 5.2 所示。

图 5.2　假想的连续控制系统结构图

2．选择采样周期 T

根据采样定理，采样周期 $T \leqslant \pi/\omega_{\max}$。由于被控对象的物理过程及参数的变化比较复杂，致使模拟信号的最高角频率 $\omega_{\max}$ 很难确定。采样定理仅从理论上给出了采样周期的上限，实际采样周期的选择要受到多方面因素的制约。

1）从系统控制品质的要求来看，希望采样周期取得小些，这样才能接近于连续控制，不仅控制效果好，而且可采用模拟 PID 控制参数的整定方法。

2）从执行机构的特性来看，由于执行机构的响应速度较低，如果采样周期过短，执行机构来不及响应，所以采样周期不能过短。

3）从控制系统抗干扰和快速响应的要求出发，采样周期应尽量短。

4）从计算工作量来看，则希望采样周期长些。

5）从计算机的成本考虑，采样周期应尽量长。

6）采样周期的选取，还应考虑被控对象的时间常数 T_p 和纯滞后时间 τ，当 $\tau < 0.5T_p$ 时，可选 $T=(0.1 \sim 0.2)T_p$；当 $\tau > 0.5T_p$ 时，可选 $T=\tau$。

由上述分析可知，采样周期的选择，应全面考虑。

3．将 $D(s)$ 离散化为 $D(z)$

将连续系统离散化的方法有很多，如双线性变换法、后向差分法、前向差分法、冲击响应不变法、零极点匹配法、零阶保持法等。在这里，主要介绍常用的双线性变换法、后向差分法和前向差分法。

（1）双线性变换法

由 Z 变换的定义可知，$z = \mathrm{e}^{sT}$，利用级数展开可得

$$z = \mathrm{e}^{sT} = \frac{\mathrm{e}^{\frac{sT}{2}}}{\mathrm{e}^{-\frac{sT}{2}}} = \frac{1 + \frac{sT}{2} + \cdots}{1 - \frac{sT}{2} + \cdots} \approx \frac{1 + \frac{sT}{2}}{1 - \frac{sT}{2}} \tag{5.19}$$

式（5.19）称为双线性变换或 Tustin 近似。

为了由 $D(s)$ 求解 $D(z)$，由式（5.19）得

$$s = \frac{2z - 2}{Tz + T} \tag{5.20}$$

且有

$$D(z) = D(s)\Big|_{s = \frac{2z-2}{Tz+T}} \tag{5.21}$$

式（5.21）就是利用双线性变换法由 $D(s)$ 求取 $D(z)$ 的计算公式。

（2）前向差分法

利用级数展开可将 $z = e^{sT}$ 写成以下形式：

$$z = e^{sT} = 1 + sT + \cdots \approx 1 + sT \tag{5.22}$$

式（5.22）称为前向差分法或欧拉法的计算公式。

为了由 $D(s)$ 求取 $D(z)$，由式（5.22）可得

$$s = \frac{z - 1}{T} \tag{5.23}$$

且

$$D(z) = D(s)\Big|_{s = \frac{z-1}{T}} \tag{5.24}$$

式（5.24）便是前向差分法由 $D(s)$ 求取 $D(z)$ 的计算公式。

（3）后向差分法

利用级数展开可将 $z = e^{sT}$ 写成以下形式：

$$z = e^{sT} = \frac{1}{e^{-sT}} \approx \frac{1}{1 - sT} \tag{5.25}$$

为了由 $D(s)$ 求取 $D(z)$，由式（5.25）可得

$$s = \frac{z - 1}{Tz} \tag{5.26}$$

且

$$D(z) = D(s)\Big|_{s = \frac{z-1}{Tz}} \tag{5.27}$$

式（5.27）便是后向差分法由 $D(s)$ 求取 $D(z)$ 的计算公式。

4．设计由计算机实现的控制算法

设数字控制器 $D(z)$ 的一般形式为

$$D(z) = \frac{u(z)}{E(z)} = \frac{b_0 + b_1 z^{-1} + \cdots + b_m z^{-m}}{1 + a_1 z^{-1} + \cdots + a_n z^{-n}} \tag{5.28}$$

式中，$n \geq m$，各系数 a_i、b_i 为实数，且有 n 个极点和 m 个零点。式（5.28）可改写为

$$u(z) = (-a_1 z^{-1} - a_2 z^{-2} - \cdots - a_n z^{-n})u(z) + (b_0 + b_1 z^{-1} + \cdots + b_m z^{-m})E(z)$$

在时域中可表示为

$$u(k) = -a_1 u(k-1) - a_2 u(k-2) - \cdots - a_n u(k-n) + b_0 e(k) + b_1 e(k-1) + \cdots + b_m e(k-m) \tag{5.29}$$

利用式（5.29）即可实现计算机编程，因此式（5.29）称为数字控制器 $D(z)$ 的控制算法。

5．校验

设计完控制器 $D(z)$ 并求出控制算法后，需要检验其闭环特性是否符合设计要求，此时可采用数字仿真来验证，若满足设计要求，设计结束，否则应修改设计。

5.2.2　数字控制器的离散化设计技术

在被控对象的特性不太清楚的情况下，人们可以充分利用成熟的连续化设计技术（如 PID

控制器设计技术），并把它移植到计算机上予以实现，以达到满意的控制效果。但是连续化设计技术要求相当短的采样周期，因此只能实现较简单的控制算法。由于控制任务的需要，当所选择的采样周期比较大或对控制质量要求比较高时，必须从被控对象的特性出发，直接根据计算机控制理论（采样控制理论）来设计数字控制器，这类方法称为离散化设计方法。离散化设计技术比连续化设计技术更具有一般意义，它完全是根据采样控制系统的特点进行分析和综合，并导出相应的控制规律和算法。

在图 5.3 所示的计算机控制系统框图中，$G_c(s)$ 是被控对象的连续传递函数，$D(z)$ 是数字控制器的脉冲传递函数，$H(s)$ 是零阶保持器的传递函数，T 是采样周期。

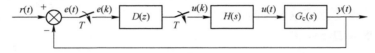

图 5.3　计算机控制系统框图

定义广义对象的脉冲传递函数为

$$G(z) = \frac{B(z)}{A(z)} Z\big[H(s)G_c(s)\big] = Z\left[\frac{1-e^{-Ts}}{S}G_c(s)\right] \tag{5.30}$$

可得图 5.3 对应的闭环脉冲传递函数为

$$\Phi(z) = \frac{D(z)G(z)}{1+D(z)G(z)} \tag{5.31}$$

由式（5.31）求得

$$D(z) = \frac{1}{G(z)}\frac{\Phi(z)}{1-\Phi(z)} \tag{5.32}$$

若已知 $G_c(s)$ 且可根据控制系统性能指标要求构造 $\Phi(z)$，则可由式（5.30）和式（5.32）求得 $D(z)$。由此可得出数字控制器的离散化设计步骤。

1）根据控制系统性能指标要求和其他约束条件，确定所需闭环脉冲传递函数 $\Phi(z)$。

2）根据式（5.30）求广义对象的脉冲传递函数 $G(z)$。

3）根据式（5.32）求数字控制器的脉冲传递函数 $D(z)$。

4）根据 $D(z)$ 求取控制算法的递推计算公式。

由 $G(z)$ 求取控制算法可按以下方法实现：

设数字控制器 $G(z)$ 的一般形式为

$$D(z) = \frac{U(z)}{E(z)} = \frac{\displaystyle\sum_{i=0}^{m}b_i z^{-i}}{1+\displaystyle\sum_{i=0}^{n}a_i z^{-i}} \quad (n \geqslant m) \tag{5.33}$$

数字控制器的输出 $U(z)$ 为

$$U(z) = \sum_{i=0}^{m}b_i z^{-i}E(z) - \sum_{i=0}^{n}a_i z^{-i}U(z) \tag{5.34}$$

因此，数字控制器 $D(z)$ 的计算机控制算法为

$$u(k) = \sum_{i=0}^{m}b_i e(k-i) - \sum_{i=0}^{n}a_i u(k-i) \tag{5.35}$$

按照式（5.35）即可编写出控制算法程序。

需要指出的是，不管是按连续系统进行控制系统设计还是按离散系统进行控制系统设计，都可采用基于经典控制理论的常规控制策略或基于现代控制理论的先进控制策略，采用哪种控制策略往往与被控对象的过程特点、得到的数学模型以及对系统的控制精度要求有关，与采用哪种方法无直接关系。

5.3　数控技术

数值控制（Numerical Control, NC）广泛地应用在铣床、车床、加工中心、线切割机、焊接机、气割机等自动控制系统中。装有数字程序控制系统的机床叫作数控机床，数控机床具有能加工形状复杂的零件、加工精度高、生产效率高、批量加工等特点，是实现机床自动化的一个重要方向。数控技术和数控机床是实现柔性制造（Flexible Manufacturing，FM）和计算机集成制造（Computer Integrated Manufacturing，CIM）的最重要的基础技术之一。

5.3.1　数控技术概述

数值控制是近代发展起来的一种自动控制技术，国家标准（GB/T 8129—2015）定义其为"用数值数据的控制装置，在运行过程中，不断地引入数值数据，从而对某一生产过程实现自动控制"。采用数控技术的控制系统称为数控系统，采用了数控系统的设备称为数控设备，以计算机为核心的数控系统称为计算机数控（Computer Numerical Control，CNC）系统。

数控机床是一种典型的数控设备，由于数控技术是与机床控制密切结合发展起来的，因此以往讲数控即指机床数控。世界上第一台数控机床是 1952 年美国麻省理工学院（MIT）伺服机构实验室开发出来的，当时的主要动机是为了满足高精度和高效率加工复杂零件的需要。随着数控技术的发展，它的应用范围越来越广阔，在机械、纺织、印刷、包装等众多行业中都出现了许多数控设备。

数控设备的构成如图 5.4 所示。图 5.4 中计算机数控系统 CNC 是数控设备的核心，它的功能是接收输入的控制信息，完成数控计算、逻辑判断、输入/输出控制等功能。被控对象可以是机床、雕刻机、焊接机、机械手、绘图仪、套色印刷机械、包装机械等。CNC 通过输入通道获得被控对象的各种反馈信息，如工作机构的当前位置、某一部件是否到位、润滑系统的压力是否符合要求等。

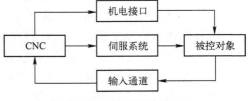

图 5.4　数控设备的组成

5.3.2　数控技术原理

首先分析图 5.5 所示的平面曲线图形如何用计算机在绘图仪或数控加工机床上重现，以此来简要说明数字控制的基本原理。

1）将图 5.5 所示的曲线分割成若干段，它们可以是直线段，也可以是曲线段。图 5.5 中分割成了三段，即 $\overline{ab}$、$\overline{bc}$ 和 $\overset{\frown}{cd}$，把 a、b、c、d 四点坐标记下来并发送给计算机。图形分割的原则是应保证线段所连的曲线（或折线）与原图形的误差在允许范围之内。由图可见，显然 $\overline{ab}$、$\overline{bc}$ 和 $\overset{\frown}{cd}$ 比 $\overline{ab}$、$\overline{bc}$ 和 $\overline{cd}$ 要精确得多。

2）给定 a、b、c、d 各点坐标 x 和 y 值之后，需要确定各坐标值之间的中间值，求得这些中间值的数值计算方法称为插值或插补。插补计算的宗旨是通过给定的基点坐标，以一定的速度连续定出一系列中间点，而这些中间点的坐标值以一定的精度逼近给定的线段。从理论上讲，插补可用任意函数，但为了简化插补运算过程和加快插补速度，常用直线插补和二次曲线插补两种形式。所谓直线插补是指在给定的两个基点之间用一条近似直线来逼近，也就是说，由此定出的中间点连接起来的折线近似于一条直线，而并不是真正的直线。所谓二次曲线插补是指在给定的两个基点之间用一条近似曲线来逼近，也就是说，实际的中间点连线是一条近似于曲线的折线弧。常用的二次曲线有圆弧、抛物线和双曲线等。对图 5.5 所示的曲线来说，显然 ab 和 bc 段用直接插补，cd 段用圆弧插补是合理的。

3）在插补运算过程中定出的各中间点，以脉冲信号形式去控制 x、y 方向上的步进电动机，带动绘图笔、刀具等，绘出图形或加工出所要求的轮廓。这里的每一个脉冲信号代表步进电动机走一步，即绘图笔或刀具在 x 或 y 方向移动一个位置。对应于每个脉冲移动的相对距离称为脉冲当量，又称为步长，常用 Δx 和 Δy 来表示，一般取 $\Delta x = \Delta y$。

图 5.6 是一段用折线逼近直线的直线插补线段，其中（x_0, y_0）代表该线段的起点坐标值，（x_e, y_e）代表终点坐标值，则 x 方向和 y 方向应移动的总步数 N_x 和 N_y 分别为

$$N_x = \frac{x_e - x_0}{\Delta x}, \qquad N_y = \frac{y_e - y_0}{\Delta y} \tag{5.36}$$

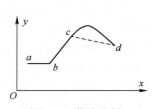

图 5.5　曲线分割

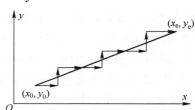

图 5.6　用折线逼近直线段

如果把 Δx 和 Δy 定义为坐标增量值，即 x_0、y_0、x_e、y_e 均是以脉冲当量定义的坐标值，则

$$N_x = x_e - x_0, \qquad N_y = y_e - y_0 \tag{5.37}$$

所以，插补运算就是如何分配 x 和 y 方向上的脉冲数，使实际的中间点轨迹尽可能地逼近理想轨迹。实际的中间点连接线是一条由 Δx 和 Δy 的增量组成的折线，只是由于实际的 Δx 和 Δy 的值很小，人眼分辨不出来，看起来似乎和直线一样而已。显然，Δx 和 Δy 的增量值越小，就越逼近理想的直线段，图中均以"→"代表 Δx 和 Δy 的长度。

实现直线插补和二次曲线插补的方法有很多，常见的有逐点比较法（又称富士通法或醉步法）、数字积分法（又称数字微分分析器法，即 DDA 法）、数字脉冲乘法器（又称 MIT 法，由麻省理工学院首先使用）等，其中又以逐点比较法使用最广。

数控技术现已广泛应用于各类机床及非金属切削机床上，如绘图仪、弯管机等，品种繁多。但就其控制原理及主要性能而言，可按下列几种原则进行分类。

1．按控制方式分类

（1）点位控制数控系统

一些数控机床，如坐标钻床、坐标磨床、数控冲床等，只要求控制刀具行程终点的坐标值，即要求获得准确的孔系坐标位置，而从一个孔到另一个孔是按什么轨迹移动则没有要求，此时可以采用点位控制数控系统。这种系统，为了保证定位的准确性，根据其运动速度和定位精度要求，可采用多级减速处理。

（2）直线控制数控系统

一些数控机床，如数控车床、数控镗铣床、加工中心等，不仅要求准的定位功能，而且要

求从一点到另一点之间进行直线移动，并能控制位移速度，且在运动过程中进行切削加工，以适应不同刀具及材料的加工。

（3）轮廓控制数控系统

现代数控机床绝大多数都具有两坐标或两坐标以上的联动功能，即可以加工曲线或曲面零件。这类数控系统的控制特点是能够控制刀具沿工件轮廓曲线不断运动，并在运动过程中将工件加工成某一形状。这种方式借助插补器进行，插补器根据加工的工件轮廓向每一坐标轴分配速度指令，以获得图纸坐标点之间的中间点。这类数控系统主要用于铣床、车床、磨床、齿轮加工机床等。

上述三种控制方式中点位控制最简单，因为它的运动轨迹没有特殊要求，运动时又不加工，所以它的控制电路只要具有记忆（记下刀具应走的移动量和已走过的移动量）和比较（将所记忆的两个移动量进行比较，当两个数值的差为零时，刀具立即停止）的功能即可，不需要插补运算。和点位控制相比，直线控制要进行直线加工，控制电路要复杂一些。轮廓控制要控制刀具准确地完成复杂的曲线运动，所以控制电路复杂，且需要进行一系列的插补计算和判断。

2．按系统结构分类

（1）开环数控系统

这是早期数控机床采用的数控系统，其执行机构多采用步进电动机或脉冲马达。数控系统将零件程序处理后，输出指令脉冲信号驱动步进电动机，控制机床工作台移动，进行加工。图 5.7 给出了开环数控系统的结构图。

图 5.7 开环数控系统结构图

这种驱动方式不设置检测元件，指令脉冲送出后，没有反馈信息，因此称为开环控制。这类控制系统容易掌握，调试方便，维修方便，但控制精度和速度受到限制。

（2）全闭环数控系统

与开环控制系统不同，这种系统不仅接收数控系统的驱动指令，还同时接收由工作台上检测元件测出的实际位置反馈信息，将实际位置与目标位置进行比较，并根据其差值及时进行修正，因此可以消除因传动系统误差而引起的误差。图 5.8 为全闭环数控系统的结构图。该系统的执行部件多采用直流电动机（小惯量伺服电动机和力矩电动机）作为驱动元件，测量元件采用光电编码器、光栅、感应同步器等。

采用全闭环数控系统可以获得很高的加工精度，但是由于包含了很多机械传动环节，会直接影响伺服系统的调节参数。因此，全闭环系统的设计和调整都有较大的困难，处理得不好常常会造成系统不稳定。全闭环数控系统主要用于高精度机床。

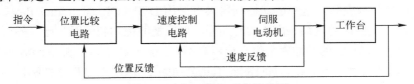

图 5.8 全闭环数控系统结构图

（3）半闭环数控系统

将测量元件从工作台移到执行机构端就构成了半闭环数控系统，由于工作台不在控制环里，测量元件安装在执行机构端，环路短，刚性好，容易获得稳定的控制特性，广泛应用于各类连续控制的数控机床上。图 5.9 为半闭环数控系统结构图。

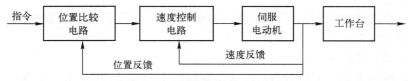

图 5.9 半闭环数控系统结构图

5.3.3 运动控制系统

1. 运动控制起源

运动控制起源于早期的伺服控制。简单地说，运动控制就是对机械运动部件的位置、速度等进行实时的控制管理，使其按照预期的运动轨迹和规定的运动参数进行运动。早期的运动控制技术主要是伴随着数控技术、机器人技术和工厂自动化技术的发展而发展的。早期的运动控制器实际上是可以独立运行的专用控制器，往往无需另外的处理器和操作系统支持，可以独立完成运动控制功能、工艺技术要求的其他功能和人机交互功能。这类控制器可以成为独立运行的运动控制器。这类控制器主要针对专门的数控机械和其他自动化设备而设计，往往已根据应用行业的工艺要求设计了相关的功能，用户只需要按照其协议要求编写应用加工代码文件，利用 RS-232 或者 DNC 方式将其传输到控制器，由控制器完成相关的动作。这类控制器往往不能离开其特定的工艺要求而跨行业应用，控制器的开放性仅仅依赖于控制器的加工代码协议，用户不能根据应用要求重组自己的运动控制系统。通用运动控制器的发展成为市场的必然需求。

2. 通用运动控制技术

20 世纪 90 年代，通用运动控制技术作为自动化技术的一个重要分支，在国际上发达国家，例如美国，已进入快速发展的阶段。近年来，随着运动控制技术的不断进步和完善，通用运动控制器作为一个独立的工业自动化控制类产品，被越来越多的产业领域接受，并且已经达到引人瞩目的市场规模。

典型的运动控制系统主要由运动部件、传动机构、执行机构、驱动器和运动控制器构成，整个系统的运动指令由运动控制器给出，因此运动控制器是整个运动控制系统的灵魂。用户必须使用通用运动控制器提供的标准功能进行二次开发，根据自己的应用系统的工艺条件，应用运动控制器的相关功能，开发出集成了自己的工艺特点和行业经验的应用系统。同时，用户还需要了解构成运动控制系统的其他部件，必须保证机械系统的完备，才能集成出高质量的运动控制系统。

目前，通用运动控制器从结构上主要分为如下三大类。

1）基于计算机标准总线的运动控制器。它是把具有开放体系结构、独立于计算机的运动控制器与计算机相结合构成的。这种运动控制器大多采用 DSP（Digital Signal Processing）或微机芯片作为 CPU，可完成运动规划、高速实时插补、伺服滤波控制和伺服驱动、外部 I/O 之间的标准化通用接口功能，它开放的函数库可供用户根据不同的需求在 DOS 或 Windows 等平台下自行开发应用软件，组成各种控制系统，如 Delta Tau 公司的 PMAC 多轴运动控制器和固高科技（深圳）有限公司的 GT 系列运动控制器产品等。目前这种运动控制器是市场上的主流产品。

2）Soft 型开放式运动控制器。它提供给用户最大的灵活性，其运动控制软件全部装在计算机中，而硬件部分只有计算机与伺服驱动和外部 I/O 之间的标准化通用接口。就像计算机中可以安装各种品牌的声卡、CD-ROM 和相应的驱动程序一样。用户可以在 Windows 平台和其他操作系统的支持下，利用开放的运动控制内核开发所需的控制功能，构建各种类型的高性能运动控制系统，从而提供给用户更多的选择和灵活性。基于 Soft 型开放式运动控制器开发的典型产品有美国 MDSI 公司的 Open CNC、德国 PA（Power Automation）公司的 PA8000NT、美国 Soft Servo 公司的基于网络的运动控制器和固高科技（深圳）有限公司的 GO 系列运动控制器产品等。Soft 型开放式运动控制的特点是开发、制造成本相对较低，能够给予系统集成商和开发商更加个性化的开发平台。

3）嵌入式结构的运动控制器。这种运动控制器是把计算机嵌入运动控制器中的一种产品，它能够独立运行。运动控制器与计算机之间的通信依然靠计算机总线，实质上是基于总线的运动控制器的一种变种。对于标准总线的计算机模块，这种产品采用了更加可靠的总线连接方式（采用针式连接器），更加适合工业应用。在使用中，采用如工业以太网、RS-485、SERCOS、PROFIBUS 等现场网络通信接口连接上位计算机或控制面板。嵌入式运动控制器也可配置软盘和硬盘驱动器，甚至可以通过 Internet 进行远程诊断，例如美国 ADEPT 公司的 SmartController、固高科技公司的 GU 嵌入式运动控制平台系列产品等。

基于 PC 总线的开放式运动控制器是目前自动化领域应用最广、功能最强的运动控制器，并且在全球范围内得到了广泛的应用。基于 PC 总线的运动控制系统的典型构成如图 5.10 所示。

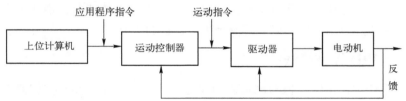

图 5.10   基于 PC 总线的运动控制系统的典型构成

这种开放式结构的运动控制系统能充分利用 PC 的资源，可以利用第三方软件资源完成用户应用程序开发，将生成的应用程序指令通过总线传输给运动控制器。基于 PC 总线的运动控制器是整个控制系统的核心，它接收来自上位 PC 的应用程序命令，按照设定的运动模式，完成相应的实时运动规划（点位运动、多轴插补协调运动或多轴同步协调运动），向驱动器发出相应的运动指令。

随着工业现场网络总线技术的发展，基于网络的运动控制器获得了极大的发展，并已经开始应用于多轴同步控制中。越来越多的传统的以机械轴同步的系统开始采用网络运动控制器控制的电动机轴控制，这样可以减少系统维护和增加系统柔性。

根据运动控制的特点和应用可将运动控制器分为以下三种：点位控制运动控制器、连续轨迹控制运动控制器和同步控制运动控制器。相应的典型应用范围包括以下几个方面。

1）点位控制：PCB 钻床、SMT、晶片自动输送、IC 插装机、引线焊接机、纸板运送机驱动、包装系统、码垛机、激光内雕机、激光划片机、坐标检验、激光测量与逆向工程、键盘测试、来料检验、显微仪、定位控制、PCB 测试、焊点超声扫描检测、自动织袋机、地毯编织机、定长剪切、折弯机控制。

2）连续轨迹控制：数控车、铣床、雕刻机、激光切割机、激光焊接机、激光雕刻机、数控冲压机床、快速成型机、超声焊接机、火焰切割机、等离子切割机、水射流切割机、电路板特型铣、晶片切割机。

3）同步控制：套色印刷、包装机械、纺织机械、飞剪、拉丝机、造纸机械、钢板展平、钢板压延、纵剪分条等。

运动控制技术已经成为现代化的"制器之技"，运动控制器不但在传统的机械数控行业有着广泛的应用，而且在新兴的电子制造和信息产品的制造业中也起着不可替代的作用。通用运动控制技术已逐步发展成为一种高度集成化的技术，不但包含通用的多轴速度、位置控制技术，而且与应用系统的工艺条件和技术要求紧密相关。事实上，应用系统的技术要求，特别是一个行业的工艺技术要求也促进了运动控制器的功能发展。通用运动控制器的许多功能都是同工艺技术要求密切相关的，通用运动控制器的应用不但简化了机械结构，甚至会简化生产工艺。

5.4 数字 PID 控制算法

在工业过程控制中，按偏差的比例（P）、积分（I）和微分（D）进行控制的 PID 控制具有原理简单、易于实现、适用面较宽等优点，多年来一直是应用最广泛的一种控制器，技术人员和操作人员对它也最为熟悉。在计算机用于工业控制之前，气动、液动和电动的 PID 模拟调节器在过程控制中占有垄断地位。在计算机用于过程控制之后，虽然出现了许多只能用计算机才能实现的先进控制策略，但有资料表明，采用 PID 的计算机控制回路（包括 DDC 控制回路）仍占 85% 以上。当然，许多计算机控制系统中的 PID 控制算法并非只是简单地重现模拟 PID 控制器的功能，而是在算法中结合了计算机控制的特点，根据具体情况，增加了许多功能模块，使传统的 PID 控制更加灵活多样，以更好满足生产过程的需要。

5.4.1 标准数字 PID 控制算法

在模拟控制系统中，按给定值与测量值的偏差 e 进行控制的 PID 控制器是一种线性调节器，其 PID 表达式如下：

$$u(t) = K_c \left[e(t) + \frac{1}{T_i} \int_0^t e(t) \mathrm{d}t + T_d \frac{\mathrm{d}e(t)}{\mathrm{d}t} \right] + u_0 \tag{5.38}$$

式中，K_c、T_i、T_d 分别为模拟调节器的比例增益、积分时间和微分时间；u_0 为偏差 $e = 0$ 时的调节器输出，常称为稳态工作点。

由于计算机控制系统是时间离散系统，控制器每隔一个控制周期 T 进行一次控制量的计算并输出到执行机构（该控制周期与前面数据处理中提到的采样周期往往不同，一般要更大一些，但在不会引起混淆的情况下，这两者又常常不加以仔细区分，本章下面也不再细分）。因此，要实现式（5.38）所示的 PID 控制规律，就要将其离散化。设控制周期为 T，则在控制器的采样时刻 $t = kT$ 时，通过下述差分方程

$$\int e \mathrm{d}t \approx \sum_{j=0}^k T e(j), \quad \frac{\mathrm{d}e}{\mathrm{d}t} \approx \frac{e(k) - e(k-1)}{T}$$

可得到式（5.38）的数字算式为

$$u(k) = K_c \left\{ e(k) + \frac{T}{T_i} \sum_{j=0}^k e(j) + \frac{T_d}{T} [e(k) - e(k-1)] \right\} + u_0 \tag{5.39A}$$

或写成

$$u(k) = K_c e(k) + K_i \sum_{j=0}^k e(j) + K_d [e(k) - e(k-1)] + u_0 \tag{5.39B}$$

式中，$u(k)$ 是采样时刻 $t = kT$ 时的计算输出；$K_i = \dfrac{K_c T}{T_i}$ 称为积分系数；$K_d = \dfrac{K_c T_d}{T}$ 称为微分系

数。式（5.39A）和（5.39B）给出的是执行机构在采样时刻 kT 的位置或控制阀门的开度，所以被称为位置型 PID 算法。

从式（5.39A）和式（5.39B）可看出，式中的积分项 $\sum\limits_{j=1}^{k} e(j)$ 需要保留所有 kT 时刻之前的偏差值，计算烦琐，占用很大内存，实际使用也不方便，所以在工业过程控制中常采用另一种被称为增量型 PID 控制算法的算式。采用这种控制算法得到的计算机输出是执行机构的增量值，其表达式为

$$\Delta u(k) = u(k) - u(k-1)$$
$$= K_c \left\{ [e(k) - e(k-1)] + \frac{T}{T_i} e(k) + \frac{T_d}{T} [e(k) - 2e(k-1) + e(k-2)] \right\} \tag{5.40}$$

或写为

$$\Delta u(k) = K_c [e(k) - e(k-1)] + K_i e(k) + K_d [e(k) - 2e(k-1) + e(k-2)] \tag{5.41}$$

可见，除当前偏差值 $e(k)$ 外，采用增量式 PID 算法只需保留前两个采样周期的偏差，即 $e(k-2)$ 和 $e(k-1)$，在程序中简单地采用平移法即可保存，免去了保存所有偏差的麻烦。增量 PID 算法的优点是编程简单、数据可以递推使用、占用内存少、运算快。更进一步，为了编程方便，式（5.41）还可写成

$$\Delta u(k) = (K_c + K_i + K_d)e(k) - (K_c + 2K_d)e(k-1) + K_d e(k-2)$$
$$= Ae(k) - Be(k-1) + Ce(k-2) \tag{5.42}$$

但此式中的系数 A、B、C 已不能直观地反映比例、积分和微分的作用和物理意义，只反映了各次采样偏差对控制作用的影响，故又称之为偏差系数控制算法。

由增量 PID 算法得到 k 采样时刻计算机的实际输出控制量为

$$u(k) = u(k-1) + \Delta u(k) \tag{5.43}$$

5.4.2　数字 PID 控制算法的改进

在计算机控制系统中，PID 控制规律是由软件来实现的，因此它的灵活性很大。一些原来在模拟 PID 控制器中无法实现的问题，在计算机控制系统中都可以得到解决，于是产生了一系列的改进算法，以满足不同被控对象的要求。下面介绍几种常用的数字 PID 改进算法。

1. 实际微分 PID 控制算法

PID 控制中，微分的作用是扩大稳定域，改善动态性能，近似地补偿被控对象的一个极点，因此一般不轻易去掉微分作用。从前面的推导可知，标准的模拟 PID 算式（5.38）与数字 PID 算式（5.39）～式（5.42）中的微分作用是理想的，故它们被称为理想微分的 PID 算法。而模拟调节器由于反馈电路硬件的限制，实际上实现的是带一阶滞后环节的微分作用。计算机控制虽可方便地实现理想微分的差分形式，但实际表明，理想微分的 PID 控制效果并不理想。尤其是具有高频扰动的生产过程，若微分作用响应过于灵敏，容易引起控制过程振荡。另外，在DDC 系统中，计算机对每个控制回路输出的时间都很短暂，驱动执行机构动作需要一定时间，如果输出较大，执行机构一下子达不到应有的相应开度，输出将失真。因此，在计算机控制系统中，常常采用类似模拟调节器的微分作用，称为实际微分作用。

图 5.11 是理想微分 PID 控制算法与实际微分 PID 控制算法在单位阶跃输入时，输出的控制作用。从图中可以看出，理想微分作用只能维持一个采样周期，且作用很强。当偏差较大时，受工业执行机构限制，这种算法不能充分发挥微分作用。而实际微分作用能缓慢地保持多个采

样周期，使工业执行机构能较好地跟踪微分作用输出。另外，由于实际微分 PID 控制算法中的一阶惯性环节，使得它具有一定的数字滤波能力，因此，抗干扰能力也较强。

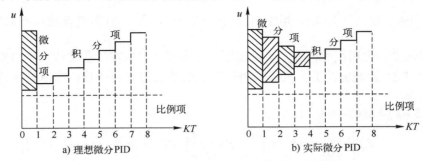

a) 理想微分 PID   b) 实际微分 PID

图 5.11   数字 PID 控制算法的单位阶跃响应示意图

理想微分 PID 与实际微分 PID 算式的区别主要在于后者比前者多了个一阶惯性环节，如图 5.12 所示。

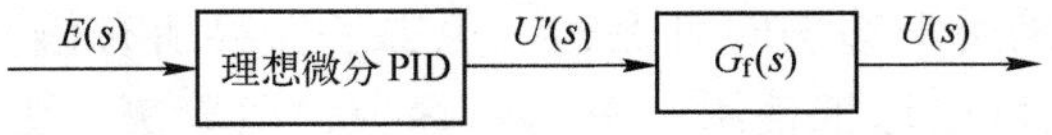

图 5.12   实际微分 PID 控制算法示意框图

图中

$$G_f(s) = \frac{1}{T_f s + 1} \tag{5.44}$$

$$u'(t) = K_c \left[e(t) + \frac{1}{T_i} \int_0^t e(t)\mathrm{d}t + T_d \frac{\mathrm{d}e(t)}{\mathrm{d}t} \right]$$

所以

$$T_f \frac{\mathrm{d}u}{\mathrm{d}t} + u(t) = u'(t)$$

$$T_f \frac{\mathrm{d}u}{\mathrm{d}t} + u(t) = K_c \left[e(t) + \frac{1}{T_i} \int_0^t e(t)\mathrm{d}t + T_d \frac{\mathrm{d}e(t)}{\mathrm{d}t} \right] \tag{5.45}$$

将式（5.45）离散化，可得实际微分 PID 位置型控制算式

$$u(k) = au(k-1) + (1-a)u'(k) \tag{5.46}$$

式中，$a = \dfrac{T_f}{T + T_f}$；$u'(k) = K_c \left\{ e(k) + \dfrac{1}{T_i} \int_0^t e(t)\mathrm{d}t + T_d \dfrac{\mathrm{d}e(t)}{\mathrm{d}t} \right\}$。

其增量型控制算式为

$$\Delta u(k) = a\Delta u(k-1) + (1-a)\Delta u'(k) \tag{5.47}$$

式中，$\Delta u'(k) = K_c \left\{ \Delta e(k) + \dfrac{T}{T_i} e(k) + \dfrac{T_d}{T} [\Delta e(k) - \Delta e(k-1)] \right\}$。

实际微分还可以有其他形式的算式，如图 5.12 中的一阶惯性环节改为一阶超前/一阶滞后环节，或将理想微分作用改为微分/一阶惯性环节。

2. 微分先行 PID 控制算法

当控制系统的给定值发生阶跃变化时，微分动作将使控制量 u 大幅度变化，这样不利于生产的稳定操作。为了避免因给定值变化给控制系统带来超调量过大、调节阀动作剧烈的冲击，可采用如图 5.13 所示的方案。

这种方案的特点是只对测量值（被控量）进行微分，而不对偏差微分，也即对给定值无微分作用。这种

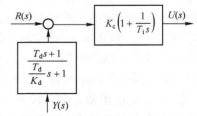

图 5.13   微分先行 PID 控制算法示意框图

方案称为"微分先行"或"测量值微分"。考虑正反作用的不同，偏差的计算方法也不同，即

$$\begin{cases} e(k) = y(k) - r(k) & （正作用） \\ e(k) = r(k) - y(k) & （反作用） \end{cases} \tag{5.48}$$

标准 PID 增量算式（4.41）中的微分项为 $\Delta u_d(k) = K_d[e(k) - 2e(k-1) + e(k-2)]$，改进后的微分作用算式则为

$$\begin{cases} \Delta u_d(k) = K_d[y(k) - ye(k-1) + y(k-2)] & （正作用） \\ \Delta u_d(k) = -K_d[y(k) - ye(k-1) + y(k-2)] & （反作用） \end{cases} \tag{5.49}$$

但要注意，对串级控制的副回路而言，由于给定值是由主回路提供的，仅对测量值进行微分的这种方法不适用，仍应按原微分算式对偏差进行微分。

3. 积分分离 PID 算法

采用标准的 PID 算法时，当扰动较大或给定值大幅度变化时，由于产生较大的偏差，加上系统本身的惯性及滞后，在积分作用下，系统往往产生较大的超调和长时间的振荡。对温度、成分等缓慢过程，这种现象更为严重。为克服这种对系统的不良影响，可采用积分分离 PID 算法。其基本思想是，在偏差 $e(k)$ 较大时，暂时取消积分作用；当偏差 $e(k)$ 小于某一设定值 A 时，才将积分作用投入，即

当 $|e(k)| > A$ 时，用 P 或 PD 控制；

当 $|e(k)| \leq A$ 时，用 PI 或 PID 控制。

式中，A 值需要适当选取。A 过大，起不到积分分离的作用；若 A 过小，即偏差 $e(k)$ 一直在积分区域之外，长期只有 P 或 PD 控制，系统将存在余差。

为保证引入积分作用后的系统稳定性不变，在投入积分作用的同时，比例增益 K_c 应相应减少。也即在编制 PID 控制软件时，比例增益 K_c 应根据积分作用是否起作用而变化，显然这是轻而易举可以实现的。

4. 遇限切除积分 PID 算法

在实际工业过程控制中，控制变量因受到执行机构机械性能与物理性能的约束，其输出大小和输出的速率总是限制在一个有限的范围内，例如

$$u_{\min} \leq u \leq u_{\max} \quad （绝对值）$$

$$|\dot{u}| \leq u_v \quad （速　率）$$

但由于长期存在偏差或偏差较大时，计算出的控制量有可能溢出或小于零，即计算机运算出的控制量 $u(k)$ 超过 D/A 所能表示的数值范围。如果将 D/A 的极限数值对应于执行机构的动作范围（如 8 位 D/A 的 FFH 对应于调节阀全开，00H 对应于调节阀全关），当执行机构已到了极限位置，仍然不能消除偏差时，由于积分作用存在，虽然 PID 的运算结果继续增大或减少，但执行机构已没有相应的动作，这种现象称为积分饱和。控制量超过极限的区域称为饱和区。积分饱和的出现将使超调量增加，控制品质变坏。遇限切除积分的 PID 算法是抑制积分饱和的方法之一。其基本思想是，一旦计算出的控制量 $u(k)$ 进入饱和区，则对控制量输出值限幅，令 $u(k)$ 为极限值。同时增加判别程序，在 PID 算法中只执行削弱积分饱和项的积分运算，而停止进行增大积分饱和项的运算。

5. 提高积分项积分的精度

在 PID 控制算法中，积分项的作用是消除余差。为提高其积分项的运算精度，可将前面数字PID 算式中积分的差分方程取为 $\int_0^t e(t)\mathrm{d}t = \sum_{j=0}^{k} \dfrac{e(j) + e(j+1)}{2} T$，即用梯形替代原来的矩形计算。

5.4.3　数字 PID 参数整定

数字 PID 控制系统和模拟 PID 控制系统一样，需要通过参数整定才能正常运行。随着计算机运算能力的提高，可以选择较短的采样周期 T，使它相对于被控对象的时间常数 T_p 更小。数字 PID 控制参数的整定过程是，首先按模拟 PID 控制参数的整定方法来选择参数，然后适当调整，同时考虑采样周期对整定参数的影响。

1．稳定边界法（临界比例度法）

选用纯比例控制，给定值 r 作阶跃扰动。从较大的比例度开始，逐渐减小，直到被控变量出现临界振荡为止，记下临界周期 T_u 和临界比例度 δ_u（比例度 δ 和比例增益 K_c 是互为倒数关系）。然后，按表 5.1 经验公式计算 K_c、T_i 和 T_d。

表 5.1　稳定边界法整定 PID 参数

控制规律	δ	T_i	T_d
P	$2\delta_u$	—	—
PI	$2.2\delta_u$	$0.85T_u$	—
PID	$1.6\delta_u$	$0.50T_u$	$0.13T_u$

2．动态特性法（响应曲线法）

在系统处于开环情况下，首先做被控对象的阶跃曲线，如图 5.14 所示。从该曲线上求得对象的纯滞后时间 τ、时间常数 T_τ 和放大系数 K。然后按表 5.2 经验公式计算 K_c、T_i 和 T_d。

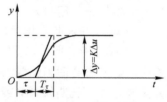

图 5.14　被控对象阶跃响应曲线

表 5.2　动态特性法整定 PID 参数

控制规律	$\tau/T_\tau \leqslant 0.2$			$0.2 \leqslant \tau/T_\tau \leqslant 1.5$		
	δ	T_i	T_d	δ	T_i	T_d
P	$K\tau/T_\tau$	—	—	$2.6k\dfrac{\frac{\tau}{T_c}-0.08}{\frac{\tau}{T_c}+0.7}$	—	—
PI	$1.1K\tau/T_\tau$	3.3τ	—	$2.6k\dfrac{\frac{\tau}{T_c}-0.08}{\frac{\tau}{T_c}+0.6}$	$0.8T_c$	—
PID	$0.85K\tau/T_\tau$	2τ	0.5τ	$2.6k\dfrac{\frac{\tau}{T_c}-0.15}{\frac{\tau}{T_c}+0.88}$	$0.81T_c+0.19\tau$	$0.25T_i$

3．基于偏差积分指标最小的整定参数法

由于计算机的运算速度快，这就为使用偏差积分指标整定 PID 控制参数提供了可能，常用以下三种指标：

$$\text{ISE} = \int_0^\infty e^2(t)\mathrm{d}t \tag{5.50}$$

$$\text{IAE} = \int_0^\infty |e(t)|\mathrm{d}t \tag{5.51}$$

$$\text{ITAE} = \int_0^\infty t|e(t)|\mathrm{d}t \tag{5.52}$$

最佳整定参数应使这些积分指标最小，不同积分指标所对应的系统输出被控变量响应曲线稍有差别。一般情况下，ISE 指标的超调量大，上升时间快。IAE 指标的超调量适中，上升时间稍快；ITAE 指标的超调量小，调整时间也短。

4．试凑法

在实际工程中，常常采用试凑法进行参数整定。

增大比例系数 K_c 一般将加快系统的响应，使系统的稳定性变差。

减小积分时间 T_i 将使系统的稳定性变差，使余差（静差）消除加快。

增大微分时间 T_d 将使系统的响应加快，但对扰动敏感的响应，可使系统稳定性变差。

在试凑时，可参考上述参数对控制过程的影响趋势，按照先比例，后积分，最后微分的步骤进行参数整定。

1）首先只整定比例部分。将比例系数由小变大，观察相应的响应，直到得到反应较快、超调较小的响应曲线。若系统的静差较小，在满足要求时可采用纯比例控制。

2）如果纯比例控制，有较大的余差，则需要加入积分作用。同样，积分时间从大变小，增加积分作用的同时可适当减小比例增益，使系统保持良好的动态性能，反复调整比例增益和积分时间，以得到满意的动态性能。

3）若使用比例积分控制，反复调整仍达不到满意效果，则可加入微分环节。在整定时，微分时间从小变大，相应调整比例增益和积分时间，逐步试凑，以得到满意的动态性能。

5.5　常规控制方案

前面所讨论的是单回路的数字 PID 控制系统。在一般情况下，单回路的 PID 系统已经能够满足工业过程对控制的要求，因此它是一种应用最基本和最广泛的控制系统。但在实际生产过程中，还有相当一部分的被控对象由于本身的动态特性或工艺操作条件等原因，对控制系统提出一些特殊要求。这时需要在单回路 PID 控制的基础上，组成多回路的控制系统。对于计算机控制系统而言，在基本的数字 PID 控制回路基础上实现多回路控制，并不增加多少工作量，但控制功能和效果却有显著提高。下面介绍最常用的串级控制系统、前馈控制系统和纯滞后补偿等多回路控制系统。

5.5.1　串级控制系统

当被控系统中同时有几个干扰因素影响同一个被控量时，如果仍采用单回路控制系统，只控制其中一个变量，将难以满足系统的控制性能。串级控制系统是在原来单回路控制的基础上，增加一个或多个控制内回路，用以控制可能引起被控量变化的其他因素，从而克服被控对象的时滞特性，提高系统动态响应的快速性。一个通用的计算机串级控制系统框图如图 5.15 所示。

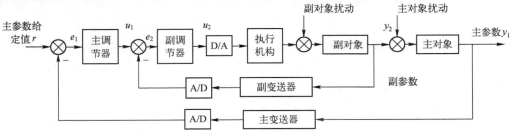

图 5.15　通用的计算机串级控制系统示意框图

从图中可以看出，通用的串级系统在结构上形成了两个闭环。其中外面的闭环称为主环或主回路，用于最终保证被调量满足工艺要求；里面的闭环称为副环或副回路，用于克服被控对象所受到的主要干扰。系统中有两个调节器，其中主调节器具有自己独立的给定值，其输出作为副调节器的给定值，副调节器的输出则送到执行机构去控制生产过程。由于整个闭环副回路可以作为一个等效对象来考虑，主回路的设计便与一般单回路控制系统没有什么大的区别。而副参数的选择应使副回路的时间常数较小，调节通道短，反应灵敏。当然，副回路还可以根据情况选择多个，形成多串级系统。

在串级控制系统中，主、副调节器的选型很重要。对于主调节器，因为要减少稳态误差，提高控制精度，同时使系统反应灵敏，最终保证被控量满足工艺要求，所以一般宜采用 PID 控制；对于副调节器，在控制系统中通常是承担着"粗调"的控制任务，故一般采用 P 或 PI 控制。在计算机控制系统中，不管串级控制多少级，计算的顺序总是从最外面的回路向内回路进行。对于图 5.15 所示的双回路串级控制系统，在每个采样周期的计算顺序为（设主调节器采用 PID，副调节器采用 PI）：

1）计算主回路的偏差 $e_1(k)$

$$e_1(k) = r_1(k) - y_1(k) \tag{5.53}$$

2）计算主回路 PID 控制器的输出 $u_1(k)$

$$u_1(k) = u_1(k-1) + \Delta u_1(k) \tag{5.54}$$

$$\Delta u_1(k) = K_{e1}[e_1(k) - e_1(k-1)] + K_{i1}e_1(k) + K_{d1}[e_1(k) - 2e_1(k-1) + e_1(k-2)] \tag{5.55}$$

3）计算副回路的偏差 $e_2(k)$

$$e_2(k) = u_1(k) - y_2(k) \tag{5.56}$$

4）计算副回路 PID 控制器的输出 $u_2(k)$

$$u_2(k) = u_2(k-1) + \Delta u_2(k) \tag{5.57}$$

$$\Delta u_2(k) = K_{e2}[e_2(k) - e_2(k-1)] + K_{i2}e_2(k) \tag{5.58}$$

根据采用周期的不同，串级控制系统的控制方式有两种。一种是异步采样控制，即主回路的采样控制周期 T_1 是副回路采样控制周期 T_2 的整数倍。这是考虑到一般串级系统中主对象的响应速度慢，副对象的响应速度快的缘故；另一种是同步采样控制，即主、副回路的采样控制周期相同。但因为副对象的响应速度较快，故应以副回路为准。

从控制原理的角度看，串级控制系统较单回路控制系统有更好的控制性能，因此串级控制系统通常适用于下列几种情况：

1）用于抑制系统的主要干扰。通常副回路抑制干扰的能力比单回路控制高出十几倍乃至上百倍。通常将主要扰动置于副回路中，主参数可获得更强的抑制干扰的能力。

2）用于克服对象的纯滞后。当对象的纯滞后比较大时，若采用单回路控制则过渡时间较长，超调量较大，主参数的控制质量较差。采用串级控制后，由于副调节器的作用，可以减小等效时间常数，提高工作频率，有效克服纯滞后的影响，改善系统的控制性能。

3）用于减少对象的非线性影响。对于具有非线性的对象，设计时将非线性尽可能地包含在副回路中。由于副回路是随动系统，能够适应操作条件和负荷的变化，自动改变副调节器的给定值，因此具有一定的自适应能力。

5.5.2 前馈控制系统

反馈控制的前提是被控量在某种干扰的作用下偏离给定值，产生偏差之后，通过对偏差进行控制，以抑制干扰的影响。如果干扰不断地作用，则系统将出现波动，尤其是被控对象滞后大时，波动就更为严重。不同于反馈控制的思想，前馈控制是按某个干扰量进行控制器的设计。一旦测量到有干扰，即对它直接产生校正作用，使得干扰在影响到被控对象之前已被抵消。前馈控制是一种开环控制系统，在控制算法与参数选择适当的情况下，可以取得很好的控制效果。

在实际生产过程控制中，由于前馈控制是开环控制，且只能针对某一特定的干扰实施控制作用，因此很少单独被采用。通常是采用前馈、反馈控制相结合的方案，其典型结构如图 5.16 所示。

图中，$G_f(s)$ 是前馈控制器的传递函数，$G_d(s)$ 为对象干扰通道的传递函数，$G(s)$ 是对象控制通道的传递函数，PID 为反馈控制系统的控制器。按照前馈控制的原理，要使前馈作用完全补

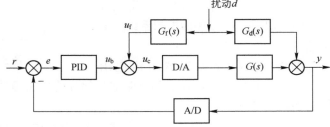

图 5.16　典型的前馈-反馈计算机控制系统示意框图

偿干扰的影响，则应使干扰引起的被控量变化为零。由此可推出，前馈控制器的传递函数应为

$$G_f(s) = -\frac{G_d(s)}{G(s)} \tag{5.59}$$

计算机前馈-反馈控制算法的流程如下：

1）计算反馈控制的偏差 $e(k)$

$$e(k) = r(k) - y(k) \tag{5.60}$$

2）计算反馈控制器（PID）的输出 $u_b(k)$

$$u_b(k) = u_b(k-1) + \Delta u_b(k) \tag{5.61}$$

3）计算前馈控制器 $G_f(s)$ 的输出 $u_f(k)$

$$u_f(k) = u_f(k-1) + \Delta u_f(k) \tag{5.62}$$

4）计算前馈-反馈控制的输出 $u_c(k)$

$$u_c(k) = u_b(k) + u_f(k) \tag{5.63}$$

在前馈-反馈控制回路中，前馈控制快速、敏感，具有一定智能功能。但它的控制是针对具体的干扰所设计的，对整个系统而言是不准确的。反馈控制是慢速的然而却是准确的，而且在负荷条件不明及干扰无法测量的条件下还有控制能力。因此，前馈-反馈控制可使两种回路相互补充、相互适应，既可发挥前馈控制作用及时的优点，又能保持反馈控制能克服多个干扰和具有对被控量实行反馈检验的长处，是过程控制中一种十分有效的控制方式。有时，为了得到更好的控制效果，也往往采取前馈-串级控制。

5.5.3　纯滞后补偿控制系统

在工业过程控制中，由于物料或能量的传输延迟，许多被控对象具有纯滞后。由于纯滞后的存在，被控量不能及时反映系统所受到的干扰影响。即使测量信号已到达调节器，执行机构接收调节信号后迅速作用于对象，也需要经过纯滞后时间 τ 以后才能影响到被控量，使之发生变化。在这样一个调节过程中，必然会产生较明显的超调或振荡以及较长的调节时间。因而，具有纯滞后的对象被公认为是过程控制的难点之一。

早在 20 世纪 50 年代末，史密斯（Smith）就提出了一种纯滞后控制器，常被称为史密斯预

估器或史密斯补偿器。其基本思想是按照过程的动态特性建立一个模型加入反馈控制系统中，使被延迟了 τ 的被控量超前反映到调节器，让调节器提前动作，从而可明显地减少超调量，加快调节过程。由于模拟仪表很难实现这种补偿，所以这种方法在很长一段时间里在工程中并不能应用。而现在用计算机控制系统已可以方便地实现各种纯滞后补偿的方法，纯滞后对象的控制也得到重视。图 5.17 是史密斯预估控制系统的示意框图。

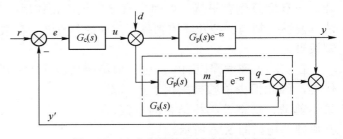

图 5.17　史密斯预估控制系统示意框图

图中，$G_c(s)$ 是控制器的传递函数，$G_p(s)$ 为被控对象中不含纯滞后 $e^{-\tau s}$ 部分的传递函数。图中点画框即为史密斯预估器，其等效传递函数 $G_s(s)$ 为

$$G_s(s) = G_p(s)(1 - e^{-\tau s}) \tag{5.64}$$

经推导，史密斯预估控制系统的闭环传递函数为

$$G(s) = \frac{G_c(s)G_p(s)}{1 + G_c(s)G_p(s)} e^{-\tau s} \tag{5.65}$$

从式（5.65）看出，纯滞后 $e^{-\tau s}$ 被移到闭环控制回路之外，它将不会影响系统的稳定性。拉氏变换的位移定理说明，$e^{-\tau s}$ 仅是将控制作用在时间坐标上推移了一个时间 τ，控制系统的过渡过程及其他性能指标都与被控对象特性为 $G_p(s)$（即没有纯滞后）时完全相同。因而，控制器可以按无纯滞后的对象进行设计。

史密斯预估器是实现这种控制方案的关键。设采样周期为 T，则由于纯滞后 τ 的存在，信号要延迟 $N(N=\tau/T)$ 个周期。为此，要在内存中专门设定 N 个单元存放信号 $m(k)$ 的历史数据。实施时，在每个采样周期，把新得到的 $m(k)$ 存入 0 号单元，同时把 0 号单元原来存放的数据移到 1 号单元，1 号单元原来存放的数据移到 2 号单元，依次类推，N 号单元里的内容即为 $m(k)$ 滞后 N 个采样周期后的信号 $q[q=m(k-N)]$。

1）计算反馈回路的偏差 $e(k)$

$$e(k) = r(k) - y'(k) = r(k) - y(k) - \hat{y}(k) \tag{5.66}$$

2）计算控制器的输出 $u(k)$

$$u(k) = u(k-1) + \Delta u(k) \tag{5.67}$$

3）史密斯预估器的输出

$$\hat{y} = m(k) - m(k-N) \tag{5.68}$$

其中，$m(k)$ 根据被控对象的数学模型 $G_p(s)$ 的差分形式和控制器的输出 $u(k)$ 计算得到。

假设被控对象可以用一阶惯性环节加纯滞后的串联（许多工业过程可用此模型来近似）模型来表示，即

$$G(s) = G_p(s)e^{-\tau s} = \frac{K_p}{1 + T_p s} e^{-\tau s} \tag{5.69}$$

式中，K_p 为被控对象的放大倍数；T_p 为被控对象的时间常数；τ 为纯滞后时间。史密斯预估器的传递函数为

$$G_s(s) = \frac{\hat{Y}(s)}{U(s)} = G_p(s)(1 - e^{-\tau s}) = \frac{K_p(1 - e^{-NTs})}{1 + T_p s} \tag{5.70}$$

相应的差分方程为

$$\hat{y}(k) = a\hat{y}(k-1) + b[u(k-1) - u(k-N-1)] \tag{5.71}$$

史密斯预估控制器为解决纯滞后控制问题提供了一条有效的途径，但遗憾的是它存在两个不足之处，在应用时应引起重视。一是史密斯预估器对系统受到的负荷干扰无补偿作用；二是史密斯预估控制系统的控制效果严重依赖于对象的动态模型精度，特别是纯滞后时间，因此模型的失配或运行条件的改变都将影响到控制效果。针对这些问题，许多学者又在史密斯预估器的基础上研究了不少的改进方案。

需要指出的是，在上述多回路控制系统中采用 PID 调节器时，为了获得更好的控制性能，可以考虑采用各种 PID 的改进算法，如实际微分、微分先行等。

5.6　先进控制方案

5.6.1　预测控制系统

1. 预测控制概况

从 1978 年 Richalet 等人提出模型预测启发式控制算法（MPHC）以来，预测控制已经取得了很大的发展，已经形成了三个分支：非参数化模型的预测控制系统（包括 MPHC、MAC、DMC、PFC）、参数化模型的预测控制系统（包括 GPC、GPP）和滚动时域控制系统（RHC），并且在实际复杂工业过程中得到了成功应用，受到工程界的欢迎和好评。预测控制不是某一种统一理论的产物，而是在工业生产过程中逐渐发展起来的，是工程界和控制理论界协作的产物。

预测控制系统的应用几乎遍及各个工业领域，如蒸馏塔催化裂化装置、天然气传输网络、工业机器人、医学工程领域、水泥厂等。而且，国外著名的控制工程公司都开发了各自的商品化软件，这标志着预测控制作为一种主要的先进控制策略已成为工业过程控制中的新宠儿。但现有的预测控制软件大都是嵌入在这些著名软件公司开发的专用平台上的，应用者必须购买专业平台才能使用，价格昂贵，在我国只得到了有限的推广，且有些情况下从国外购进的软件不适用于国内生产边界条件的变化，不能充分发挥其作用。

目前预测控制研究的热点问题主要有：

1）进一步开展对预测控制的理论研究，探讨算法中主要设计参数对稳定性、鲁棒性及其他控制性能的影响，给出参数选择的定量结果。

2）研究存在建模误差及干扰时预测控制的鲁棒性，并给出定量分析结果。

3）建立高精度的信息预测模型。

4）研究新的滚动优化策略。

5）建立有效的反馈校正方法。

6）研究非线性系统的预测控制。

7）加强应用研究。

2. 预测控制的基本原理

总的来说，预测控制属于一种基于模型的多变量控制算法，也称为模型预测控制。预测控制算法的种类虽然多，但都具有相同的三个要素——预测模型、滚动优化和反馈校正，这三个要素也是预测控制区别于其他控制方法的基本特征，同时也是预测控制在实际工程应用中取得成功的关键。

（1）预测模型

预测控制是一种基于模型的多变量控制算法，这一模型称为预测模型。对于预测控制来讲，只注重模型的功能，而不注重模型的形式。预测模型的功能就是根据历史信息和未来输入，预测未来输出。从方法的角度讲，只要具有预测功能的信息集合，无论其有什么样的表现形式，均可作为预测模型。因此，状态方程、传递函数这类传统的模型都可作为预测模型，对于线性稳定对象，阶跃响应、脉冲响应这类非参数模型，也可直接作为预测模型使用。非线性系统、分布参数系统的模型，只要具备上述功能，也可在这类系统进行预测控制时作为预测模型使用。因此，预测控制打破了传统控制中对模型结构的严格要求，更着眼于在信息的基础上根据功能要求按最方便的途径建立模型。

（2）滚动优化

预测控制的最主要特征是在线优化。预测控制这种优化控制算法是通过某一性能指标的最优来确定未来的控制作用的。这一性能指标涉及系统未来的行为，通常可取对象输出在未来的采样点上跟踪某一期望轨迹的方差最小；也可取更广泛的形式，如要求控制能量为最小，而同时保持输出在某一给定范围内等。性能指标中涉及的系统未来的行为，是根据预测模型由未来的行为、未来控制策略决定的。

预测控制作为一种优化控制算法，与通常的离散最优控制算法不同，它不是采用不变的全局优化目标，而是采用滚动式有限时域优化策略。在每一采样时刻，优化指标只涉及从该时刻起未来有限的时间，而在下一采样时刻，这一优化时段同时往前推移。这意味着优化过程不是一次离线进行，而是反复在线进行的。这种有限优化目标的局部性，使其在理想情况下只能得到全局次优解，但其滚动实施却能顾及由于模型失配、时变、非线性及干扰等引起的不确定性，并及时进行补偿，始终把新的优化建立在实际的基础上，使控制保持实际上的最优。这种启发式滚动优化策略，兼顾了对未来长时间的理想优化和实际存在的不确定性的影响，是最优控制对对象和环境不确定性的妥协。在复杂的工业环境中，预测控制要比建立在理想条件下的最优控制更加实际有效。

预测控制的优化方式使其在控制的全过程中表现为动态优化，而在每一步的控制中则表现为静态的参数优化，即在每一采样周期内，确定有限控制序列以使性能指标达到最优。这种静态求解的特点允许采用多样化的控制目标及处理有约束问题。因此，可根据实际过程的控制需要构造相应的目标函数，并考虑各种约束条件，然后求解这一静态优化问题，实现有约束的预测控制。

（3）反馈校正

所有的预测控制算法在进行滚动优化时，都强调了优化的基点应与实际一致。这意味着在控制的每一步，都要检测实际输出信息，并通过引入误差预测或模型辨识对未来做出较准确的预测。这种反馈校正的必要性在于：作为基础的预测模型只是对象动态特性的粗略描述，由于实际系统中存在非线性、时变、干扰等因素，基于不变模型的预测不可能和实际完全相符，这就需要采用附加的预测手段补充模型预测的不足，或者对基础模型进行在线修正。滚动优化只有建立在反馈校正的基础上，才能体现出其优越性。这种利用实际信息对模型预测的修正，是克服系统中所存在的不确定性的有效手段。

如果不考虑各种预测控制算法的具体公式，而是对其中蕴含的方法机理加以分析，则预测控制的三个基本特征：预测模型、滚动优化和反馈校正，正是一般控制论中模型、控制和反馈概念的具体体现。由于对模型结构要求不多，预测控制可以根据对象的特点和控制的要求以最方便的方式集结信息，建立预测模型。由于优化模式和预测模式的非经典性，预测控制可以把实际系统中的不确定因素考虑在优化过程中，形成动态的优化控制，并可以处理带约束和多种形式的优化目标。由此可见，预测控制的优化模式是对传统最优控制的修正，它使建模简化，并考虑了不确定性及复杂性的影响，更加贴近复杂控制的实际要求。

由概念和基本特征，可以得出预测控制的以下基本特点：

1）模型预测控制算法综合利用过去、现代和将来（模型预测）的信息，而传统算法，如PID 等，却只利用过去和现在的信息。

2）对模型要求低。现代控制理论之所以在过程工业中难以大规模应用，重要的原因之一是对模型精度要求太高，而预测控制就成功地克服了这一点。

3）模型预测控制算法用滚动优化取代全局一次优化，每个控制周期不断进行优化计算，不仅在时间上满足了实时性的要求，而且突破了传统全局一次优化的局限，把稳态优化与动态优化相结合。

4）用多变量的控制思想取代传统控制手段的单变量控制。因此在应用于多变量问题时，预测控制也常常称为多变量预测控制。

5）能有效处理约束问题。在实际生产中，往往希望将生产过程的设定状态推向设备及工艺条件的边界上（安全边界、设备能力边界、工艺条件边界等）运行，这种状态常会产生使操纵变量饱和、使被控变量超出约束的问题。所以能够处理约束问题就成为使控制系统能够长期、稳定、可靠运行的关键技术。

各种预测控制算法具有如下相同的计算步骤：

1）估计/测量读取当前系统状态。即通过传感器或测量设备获取系统的当前状态，包括各种输入和输出参数。

2）基于模型进行预测。利用系统的数学模型，根据当前的输入和输出数据，预测未来一段时间内系统的行为。这一步通常涉及对系统动态方程的迭代求解，以预测未来的状态变量。

3）优化问题求解。在预测的基础上，通过优化算法计算最优的控制输入序列，使系统的性能指标达到最佳。这些性能指标可能包括跟踪误差、稳定性、资源利用率等，并且需要考虑各种约束条件。

4）实施控制策略。从优化问题得到的最优控制序列中，选择第一个控制输入作为当前时刻的实施命令。在下一个控制周期中，重复上述步骤，形成滚动优化控制。

5）反馈修正。在实际应用中，由于模型的不完美和外界干扰，预测和控制过程中可能会出现误差。因此，需要不断反馈校正模型参数和控制策略，以提高控制的准确性和鲁棒性。

3．常见预测控制系统

（1）模型算法控制系统

模型算法控制（Model Algorithmic Control, MAC）于 20 世纪 60 年代末在法国工业企业中的锅炉和分馏塔控制中首先得到应用。此后 Richalet 和 Mehtra 等人对其进行了研究，并取得了不少结果。

模型算法控制系统内部模型采用基于脉冲响应模型，用过去和未来的输入/输出信息，根据内模预测系统未来的输出状态，用模型输出误差反馈校正后，与参考输入轨迹进行比较，应用二次型性能指标进行滚动优化，计算当前时刻应加于系统的控制动作，完成整个控制循环，图 5.18 给出了其算法原理图。由于这种算法先预测系统未来的输出状态，再去确定当前时刻的控制动作，即先预测后控制，所以具有预见性，明显优于先有信息反馈、再产生控制动作的经典反馈控制系统。

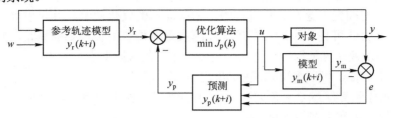

图 5.18　MAC 控制系统原理简图

（2）广义预测控制系统

1984 年 Clarke 等在保持最小方差自校正控制原理的基础上，汲取 DMC 和 MAC 中的多步预测优化策略，提出广义预测控制（GPC）算法。GPC 是一种基于辨识被控过程参数模型且带有自适应机制的预测控制算法，其原理如图 5.19 所示。该模型的模型参数比非参数模型要少，因而减少了预测控制算法的计算量。同时，为了克服模型参数失配对预测准确性的影响，引入了自适应控制的在线递推算法估计模型参数，并用估计的参数更新原来的模型参数。由于将自适应与预测控制相结合，能及时修正因过程参数慢时变所引起的预测误差，实现在线估计参数，从而改善了系统的动态特性。GPC 控制方法使系统抗负载扰动、随机噪声、时延变化等能力显著提高，具有较强的鲁棒性，可用于有纯时延、开环不稳定的非最小相位系统。

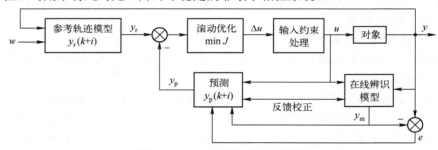

图 5.19　GPC 控制算法原理简图

广义预测控制在工业控制领域具有广泛的应用，如：

1）在化工生产过程中，GPC 可以有效地控制温度、压力、流量等参数，确保产品质量和生产效率。

2）在冶金工业中，用于高炉控制、连铸过程控制等，提高生产稳定性和能源利用率。

3）在电力系统中，用于电压和频率的控制，保障电网稳定运行。

4）在航空航天领域，应用于飞行器姿态控制、轨道控制等，提升飞行稳定性和精度。

5.6.2　模糊控制系统

1. 模糊控制概况

模糊控制是一种利用模糊逻辑处理复杂控制任务的智能控制技术，是源于人们对处理不确定性和模糊信息的理论探索。1956 年，Lotfi A. Zadeh 首次提出模糊集合的概念，并引入模糊逻辑作为处理那些无法用传统的精确逻辑方法来描述和处理问题的一种手段。与传统的二值逻辑不同，模糊逻辑允许变量在[0，1]范围内具有部分隶属度，从而能够更自然地处理现实世界中的不确定性和模糊性。自此之后，模糊逻辑理论迅速发展，并在控制工程、人工智能、模式识别等领域得到广泛应用。模糊控制作为模糊逻辑的一种重要应用形式，也随之逐步完善和普及。模糊控制是一种基于模糊逻辑的控制方法，用于处理非线性、不确定性和复杂系统中的控制问题。它通过将专家经验和模糊规则融入控制策略中，实现对复杂系统的有效控制，具有较高的鲁棒性和适应性。

目前模糊控制研究的热点问题主要有：

1）将深度学习引入模糊控制系统，以自动生成和优化模糊规则及隶属度函数，实现更加智能化的控制系统。

2）利用大数据技术，从大量历史数据中提取知识和规律，优化模糊控制系统的设计并结合数据挖掘和机器学习技术，提高模糊控制系统的性能和可靠性。

3）研究如何提高模糊控制系统在不确定环境下的鲁棒性，确保系统在外部干扰和参数变化下仍能稳定工作。

4）将自适应技术引入模糊控制系统，使模糊控制系统能够根据环境变化动态调整控制策略，提高系统的灵活性和适应性。

5）加强模糊控制在新兴领域中的应用。

2. 模糊控制的工作原理

模糊控制的核心思想是利用经验和模糊逻辑规则，将复杂系统的控制问题转换为简单的模糊规则推理过程，从而实现对系统的有效控制。其工作原理主要包括模糊化、模糊规则库、模糊推理和去模糊化四个部分。

（1）模糊化

模糊化是将精确的输入数据转换为模糊值，从而使得这些输入能够在模糊逻辑规则中进行推理和处理，并通过隶属度函数将这些精确数值映射到模糊集合中，得到相应的隶属度值。这一步不仅降低了对系统精确数学模型的依赖，还增强了系统对不确定性和模糊性的处理能力。模糊化过程是实现模糊控制的基础，它将现实中的模糊性引入控制系统，为后续的模糊推理和去模糊化奠定了基础。

（2）模糊规则库

模糊规则库是模糊控制系统的核心组成部分，它由一组"如果-那么"形式的模糊规则构成。这些规则用于描述输入变量与输出变量之间的模糊关系，是模糊控制过程中的知识表示和决策基础。模糊规则库的设计依赖于领域专家的经验和实际应用需求，通常需要综合考虑系统的动态特性和操作目标。模糊规则库的构建过程包括规则的选择、规则的数量和规则的形式等。规则的选择需要根据实际系统的需求和行为特征，确保规则库能够全面覆盖系统的操作范围。规则的数量应适当，以平衡控制精度与计算复杂度。规则的形式则需符合模糊逻辑的基本原则，确保推理过程的合理性和有效性。

（3）模糊推理

模糊推理将模糊化后的输入值通过"如果-那么"的模糊规则，将模糊化后的输入值转换为模糊输出。模糊推理基于模糊逻辑运算，能够处理非线性和不确定性问题，从而实现对复杂系统的有效控制。常见的模糊推理模型包括 Mamdani 模型和 Sugeno 模型。Mamdani 模型通过模糊逻辑运算处理规则，例如，使用"最小-最大"法则来计算模糊交集和并集；而 Sugeno 模型则使用线性函数来描述输出，根据输入变量的加权平均值计算输出。

（4）去模糊化

去模糊化的主要任务是将模糊推理过程中生成的模糊输出转换为具体的、可操作的精确控制信号反馈到控制系统中。去模糊化的过程确保了模糊控制系统在实际操作中的有效性和实用性。常用的去模糊化方法是重心法（Centroid Method）和最大隶属度法（Max Membership Method）。去模糊化不仅要考虑计算的精度和效率，还需考虑实际应用的需求。例如，在工业控制中，去模糊化方法的选择可能会影响系统的稳定性和响应速度；在家电控制系统中，快速而有效的去模糊化方法能够提高用户体验和设备性能。因此，在设计模糊控制系统时，选择合适的去模糊化方法对于系统的整体表现至关重要。

3．模糊控制在机器人控制系统中的应用

在机器人控制系统中，模糊控制同样发挥了重要作用，尤其是在处理复杂环境中的运动控制和任务执行时。机器人系统在实际应用中往往需要应对动态变化的环境、不可预测的干扰和复杂的任务要求，模糊控制系统能够根据传感器获取的模糊信息进行智能决策，提升机器人的操作能力和灵活性。例如，机器人在执行任务时需要规划最优路径以避开障碍物和完成任务。模糊控制可以根据环境中的障碍物信息、机器人当前位置和目标位置等模糊信息，生成最优路径。例如，模糊控制可以设定"如果前方有障碍物且距离较近，则调整路径角度"的规则，通过模糊推理生成调整路径的控制信号，从而实现平滑避障和有效导航。

5.6.3　神经网络控制系统

神经网络控制系统是一种结合了神经网络技术与控制理论的先进控制策略，通过利用神经网络的非线性建模能力和自适应能力，实现对复杂系统的精准控制。与传统控制系统主要依赖于精确的数学模型不同，神经网络控制系统则侧重于从数据中学习和优化控制策略，能够应对复杂、多变的环境和系统动态。神经网络控制系统的基本构成包括三个主要部分：神经网络模型、控制器设计和优化算法。

1．神经网络模型

神经网络模型是一种灵感来源于生物神经系统的计算模型，用于模拟和解决复杂系统的模式识别、预测和分类问题，是神经网络控制系统的基础。神经网络模型通过对系统进行实验或从历史数据中获取输入和输出信息，构建训练数据集。数据集应尽可能覆盖系统的各种操作状态和环境条件，以确保神经网络能够全面学习系统的特性，并通过训练算法来调整神经网络的权重和偏置，使其能够有效地映射输入数据到系统输出。

神经网络的结构由神经元和它们之间的连接方式决定。根据网络结构的不同，神经网络可以分为前馈神经网络（Feedforward Neural Network, FNN）、卷积神经网络（Convolutional Neural Network, CNN）、递归神经网络（Recurrent Neural Network, RNN）等。

（1）前馈神经网络

前馈神经网络（FNN）是最基本的神经网络模型，通常由多个神经元组成，分布在输入层、隐藏层和输出层之间，构成一种层次化的结构。输入层接收外部数据，隐藏层通过神经元的非线性变换对数据进行特征提取，输出层则生成最终的预测结果。每一层中的神经元与下一层中的神经元之间通过带有权重的连接相连，这些权重在训练过程中被不断调整，以优化网络性能，信息在网络中单向流动（前馈），没有循环或反馈。前馈神经网络主要用于分类和回归任务。

（2）卷积神经网络

卷积神经网络（CNN）是专为处理二维数据（如图像）而设计的神经网络模型，其基本构件包括卷积层、池化层和全连接层。卷积层是 CNN 的核心部分，通过卷积核（或滤波器）对输入数据进行局部感知和特征提取。卷积核在输入数据上滑动，执行点积运算，生成特征图（Feature Map）。这种局部感知能力使 CNN 能够捕捉图像的局部特征，如边缘和纹理。池化层通过下采样操作减小特征图的尺寸，同时保留重要信息，减少计算量和过拟合。常见的池化操作有最大池化（Max Pooling）和平均池化（Average Pooling）。最大池化选取池化窗口内的最大值，平均池化则计算平均值。在经过多个卷积层和池化层的特征提取后，CNN 通常使用全连接层进行分类或回归任务。全连接层将前一层的输出展平成一维向量，并通过权重矩阵和激活函数生成最终的输出。卷积神经网络在图像分类、目标检测和语音识别等领域表现出色。

（3）递归神经网络

递归神经网络（RNN）是一种专为处理序列数据（如时间序列、文本和语音信号）而设计的神经网络模型。RNN 的基本单元是递归神经元，这些神经元在序列数据的每一个时间步上都会执行相似的操作。与传统的前馈神经网络不同，RNN 具有内部循环结构，其输入不仅包括当前时间步的数据，还包括前一时间步的隐藏状态。这种结构使 RNN 能够保留和利用历史信息来生成输出。RNN 的这种独特"记忆"功能，使得它在处理动态时间序列数据时表现出色。RNN 在自然语言处理、时间序列预测等领域有着广泛的应用。

2．控制器设计

神经网络控制器利用其非线性映射能力，通过实时调整网络的权重来优化控制策略，实现复杂的控制目标。常见的神经网络控制器包括直接控制器和间接控制器。直接控制器通过神经网络直接生成控制信号，而间接控制器则结合传统控制方法，通过神经网络对系统进行辨识和预测，再生成控制信号。与传统的 PID 控制器相比，神经网络控制器能够不依赖于精确的系统物理模型处理更复杂的控制任务，并具有自适应能力，能够通过在线学习和实时调整权重来优化控制策略，适应系统参数变化和环境变化，保持系统的稳定性。

3．优化算法

神经网络控制系统中常用损失函数（Loss Function, LF）对控制器的性能进行评估。损失函数是衡量神经网络输出与实际目标之间差异的函数。它将预测误差量化为一个标量值，利用优化算法最小化损失函数，并通过反向传播算法调整神经网络的权重和偏置，使损失函数值逐渐减小，从而使得控制器能够更准确地跟踪目标和稳定系统。

优化算法的主要目标是找到能够使损失函数最小化的神经网络参数。神经网络训练过程通常包括前向传播、损失计算、反向传播和参数更新四个步骤。在这些步骤中，优化算法负责参数更新，通过最小化损失函数，使得神经网络的预测结果更接近真实目标。常见的优化算法包括梯度下降法、随机梯度下降法、动量法以及自适应优化算法等。

5.6.4　数字孪生系统

数字孪生（Digital Twin）最早出现于 1960 年，当时美国宇航局（NASA）为了监控和模拟飞行器在太空中的运行状态，开发了数字仿真技术，通过物理仿真和计算机建模来实时监控航天器的状态并进行故障诊断，这种技术可以看作数字孪生的早期雏形。2002 年，密歇根大学 Michael Grieves 教授首次提出了一个新兴的产品生命周期管理（PLM）概念，其中包括了物理产品、虚拟产品和它们之间的数据连接，这个概念就是今天数字孪生的基础。在随后的十几年中，随着物联网（IoT）、大数据和人工智能技术的发展，数字孪生逐渐从概念走向现实，并在多个领域得到广泛应用。

数字孪生技术是一种将现实世界中的物理实体、过程或系统通过数字化技术在虚拟环境中进行镜像和实时模拟的先进技术；是充分利用物理模型、传感器、运行历史等数据，集成多学科、多物理量、多尺度、多概率的仿真过程；在虚拟空间中完成映射，从而反映相对应的实体装备的全生命周期过程，实现对物理实体的监控、分析、优化和预测。其技术架构涉及多个关键部分，包括传感器与数据采集、数据传输与通信协议、虚拟模型的创建与仿真、数据存储与管理，以及数据分析与机器学习。

数字孪生技术是以物理实体真实场景数据为依托，以真实和仿真模型运行数据实时交互优化为机制，自运行的虚拟空间映射模型；对每个设备元件的实物均可虚拟化表示，可以让工业互联网的电子技术，得到更大的发挥空间；虚拟化模型能够在数字孪生技术的支持下预测物理资产未来的发展状态，有利于管理人员对管理策略进行优化。借助数字孪生技术，可以让物理孪生体与数字孪生技术体实现有效的联系，通过通信技术将两者紧密联系，保障物理实体的运行效率进一步提升，同时对相关数据以及信息进行梳理和分析，开展进一步的优化工作。

5.6.5　基于人工智能的下一代控制系统

基于人工智能（Artificial Intelligent, AI）的控制系统是一种利用先进的人工智能技术，以及传感器、执行器等设备相互协作，实现对系统自动化、智能化控制的系统。其核心在于能够自主学习和适应环境变化。与传统控制系统相比，基于 AI 的控制系统具有更强的自学习、自适应和决策能力，能够更好地处理复杂的动态环境和不确定性因素。采用 AI 技术来开发工业控制系统成为控制策略发展的新趋势。

1. 基于 AI 的控制系统的基本特点

1）数据驱动建模。利用大量的历史数据和实时数据，训练 AI 模型，如神经网络、深度学习模型，构建系统的动态模型。

2）在线学习和自适应控制。AI 控制系统具备自主学习的能力，能够实现 AI 模型的在线更新和自适应调整，可以根据环境变化和历史数据自我调整，保持最佳控制性能。

3）智能优化算法。应用遗传算法、粒子群优化、蚁群算法等智能优化算法，求解控制问题中的复杂优化问题；利用机器学习算法进行实时决策，根据环境变化调整系统参数；能有效处理系统中的非线性关系和不确定性因素，提高控制精度和稳定性。

4）多智能体系统。通过多智能体协作，实现对大型复杂系统的分布式控制和协调优化。

基于 AI 的智能控制已经在多个领域展现出强大的应用潜力。例如，在工业自动化的制造业中，AI 控制系统用于优化生产流程，提高生产效率和产品质量；在智能交通系统中，实现交通流量的智能调控、交通信号灯的优化控制，提升交通系统的效率和安全性；在机器人控制中，应用于机器人路径规划、运动控制和任务分配，提高机器人自主性和灵活性；在电力系统和智能电网中，利用 AI 控制系统实现能量优化分配、负荷预测和需求响应；在无人驾驶方面，实现自动驾驶汽车的环境感知、路径规划和车辆控制，提高行驶安全性和效率。

基于深度强化学习（Deep Reinforcement Learning, DRL）的控制，在各个领域中不断呈现出更加独特的优势特征。首先，基于 DRL 的控制器通过有条不紊的持续练习来进行学习，并在学习中试图接近甚至超出物理设备运行极限的情况，因此有能力发现以往专家系统中不容易获得的细微异常，有助于控制器获取更全面的信息，做出更优化的决策输出；其次，基于 DRL 的控制器还可以学习识别局部短期的次优行为，从而在全局长期内实现收益的最优化；另外，基于 DRL 的控制器可以处理有关产品质量或设备状态的视觉信息，管理并评估输入信息用于指导其决策过程。

2. 未来发展趋势

基于 AI 的控制系统的未来发展趋势，主要包括：

1）边缘计算与智能控制。在边缘设备上实现更为智能的控制，减少对中心服务器的依赖。

2）多模态整合。将视觉、语言、传感器等多模态信息整合到控制系统中，提高系统感知能力。

3）云端协同。通过云端协同，实现多个控制系统的信息共享和协同工作。

4）实时数据传输。实现智能控制系统和人工智能之间的实时数据传输，确保信息同步。

5）协同决策机制。设计能够协同决策的算法，实现更加智能的系统调控。

3. 挑战与应对方法

未来，基于 AI 的控制系统的发展还会面临一些挑战：

1）安全性。需要建立健全的安全机制，防范潜在的网络攻击。

2）伦理问题。智能决策中需要考虑伦理和道德问题，确保系统行为合乎社会价值观。

3）安全与隐私。建立安全机制保障数据传输和存储的安全性，尊重个体隐私。

4）算法透明度。提高人工智能算法的透明度，使决策过程更容易理解。

基于 AI 的控制系统在现代工业、交通、能源等领域展现出巨大的应用潜力。通过结合 AI 技术，控制系统能够实现自学习、自适应和智能决策，提高系统的效率和稳定性，满足不断发展的技术需求和复杂环境的挑战。

习题

1. 数字控制器的连续化设计步骤是什么？

2. 某系统的连续控制器为 $D(s)=\dfrac{u(s)}{E(s)}=\dfrac{1+T_1 s}{1+T_2 s}$，试用双线性变换法、前向差分法、后向差分法分别求取数字控制器 $D(z)$。

3. 什么是数字滤波？常用的数字滤波方法有哪些？分别适用于什么场合？

4. 什么是数控技术？数控设备主要由哪几部分组成？

5. 什么是插补、直线插补和二次曲线插补？

6. 通用运动控制器从结构上主要分为哪三类？

7. 已知模拟 PID 的算式为 $u(t)=K_c\left[e(t)+\dfrac{1}{T_i}\displaystyle\int_0^t e(t)\mathrm{d}t+T_d\dfrac{\mathrm{d}e(t)}{\mathrm{d}t}\right]$，试推导它的差分增量算式。

8. 什么是实际微分？实际微分和理想微分相比有何优点？

9. 图 5.20 为实际微分 PID 控制算法示意图，$G_f(s)=1/(T_f s+1)$，采样周期为 T，试推导实际微分控制算式。

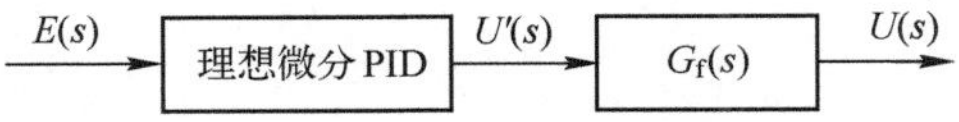

$$E(s) \longrightarrow \boxed{理想微分 PID} \xrightarrow{U'(s)} \boxed{G_f(s)} \xrightarrow{U(s)}$$

图 5.20　习题 9 的图

10. 什么叫积分分离？遇限切除积分的基本思想是什么？

11．PID 参数 K_c、T_i、T_d 对系统的动态特性和稳态特性有何影响？简述试凑法进行 PID 参数整定的步骤。

12．什么情况下可以考虑采用串级控制？串级控制在结构上有何特点？

13．简述串级控制系统在每个采样周期的计算步骤。

14．前馈控制的基本思想是什么？给出其完全补偿的条件。

15．已知一被控对象的干扰通道和控制通道的传递函数分别为 $G_D(s) = \dfrac{1}{50s+1}$，$G(s) = \dfrac{2}{30s+1}$，采样周期选择为 1s，试推导出完全补偿前馈控制器的控制算式。

16．什么是预测控制的三要素？常见的预测控制的方案有哪些？

17．简述模糊控制的基本原理。

18．神经网络控制系统由哪几部分组成？其与传统的控制系统的主要区别是什么？

19．什么是数字孪生技术？

20．基于人工智能的控制系统的基本特点是什么？

第6章　计算机控制系统中的抗干扰技术

由于工业现场的工作环境往往十分恶劣，计算机控制系统不可避免地受到各种各样的干扰。这些干扰可能会影响到测控系统的精度，使系统的性能指标下降，降低系统的可靠性，甚至导致系统运行混乱或故障，进而造成生产事故。干扰可能来自外部，也可能来自内部，它可通过不同的途径作用于控制系统，且作用程度及引起的后果与干扰的性质及强度等因素有关。

第6章微课视频

干扰是客观存在的，研究抗干扰技术就是要分清干扰的来源，探索抑制或消除干扰的措施，以提高计算机控制系统的可靠性和稳定性。本章将首先介绍干扰的种类及传播途径；然后分别讨论硬件和软件抗干扰技术；最后从设计措施方面讨论如何提高系统的可靠性。

6.1　干扰的传播途径与作用方式

干扰是指有用信号以外的噪声或造成计算机设备不能正常工作的破坏因素。产生干扰信号的原因称为干扰源。干扰源通过传播途径影响的器件或系统称为干扰对象。干扰源、传播途径及干扰对象构成了干扰系统的三个要素。抗干扰技术就是通过对这三要素中的一个或多个采取必要措施来实现的。为了有效地抑制和消除干扰，首先需要分清干扰的来源、传播途径，以及干扰的作用方式。

6.1.1　干扰的来源

计算机控制系统中干扰的来源是多方面的，有时甚至错综复杂，总体上可分为外部干扰和内部干扰。

（1）外部干扰

外部干扰与系统结构无关，是由使用条件和外部环境因素决定的。外部干扰主要有：天电干扰，如雷电或大气电离作用引起的干扰电波；天体干扰，如太阳或其他星球辐射的电磁波；周围电气设备发出的电磁波干扰；电源的工频干扰；气象条件引起的干扰，如温度、湿度、空气清洁度等；地磁场干扰；火花放电、弧光放电、辉光放电等产生的电磁波等；外部机械条件引发的干扰，如振动、冲击等。

（2）内部干扰

内部干扰是由系统的结构布局、线路设计、元器件性质变化和漂移等原因造成的，主要有：分布电容、分布电感引起的耦合感应；电磁场辐射感应；长线传输的波反射；多点接地造成的电位差引入的干扰；寄生振荡引起的干扰以及热噪声、闪变噪声、尖峰噪声等。

6.1.2　干扰的传播途径

在计算机控制系统的现场，往往有许多强电设备，它们在启动和工作过程中将产生干扰电磁场。另外控制系统还会受到来自空间传播的电磁波和雷电干扰，以及高压输电线周围交变磁场的影响等。典型的计算机控制系统的干扰环境可以用图 6.1 来表示。

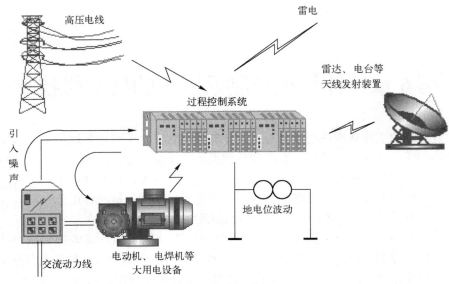

图 6.1 干扰环境

干扰传播途径主要有电场耦合、磁场耦合和公共阻抗耦合。

（1）电场耦合

电场耦合，又称静电耦合，干扰是通过电容耦合窜入其他线路的。两根导线之间会构成分布电容，印制线路板上各印制电线之间、变压器线匝之间和绕线之间都会构成分布电容。这些分布电容的存在，可以对频率为 ω 的干扰信号提供 $1/\mathrm{j}\omega C$ 的电抗通道，电场干扰就可以由该通道窜入系统，形成干扰。

图 6.2 给出两根平行导体之间电容耦合的表示方法及等效电路。图中，C_{12} 与 C_{1g}、C_{2g} 分别为导体之间与导体对地的电容，R 为导体 2 对地电阻。如果导体 1 上有干扰源 U_1 存在，导体 2 为接受干扰的导体，则导体 2 上出现的干扰电压 U_n 为

$$U_\mathrm{n} = \frac{\mathrm{j}\omega R C_{12}}{1 + \mathrm{j}\omega R(C_{12} + C_{2g})} U_1 \tag{6.1}$$

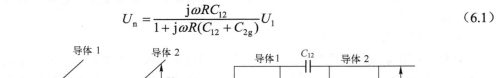

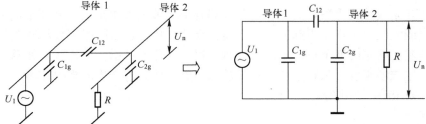

图 6.2 平行导体间的电容耦合

当导体 2 对地电阻 R 很小，使 $\mathrm{j}\omega R(C_{12}+C_{2g}) \ll 1$ 时，式（6.1）可以近似表示为

$$U_\mathrm{n} = \mathrm{j}\omega R C_{12} U_1 \tag{6.2}$$

这表明干扰电压 U_n 与干扰频率 ω 和幅度 U_1、输入电阻 R、耦合电容 C_{12} 成正比关系。

当导体 2 对地电阻 R 很大，使 $\mathrm{j}\omega R(C_{12}+C_{2g}) \gg 1$ 时，式（6.1）可以近似表示为

$$U_\mathrm{n} = \frac{C_{12}}{C_{12} + C_{2g}} U_1 \tag{6.3}$$

在这种情况下，干扰电压 U_n 由电容 C_{12} 和 C_{2g} 的分压关系及 U_1 所确定，其幅值比前一种情况大得多。

（2）磁场耦合

在任何载流导体周围都会产生磁场，当电流变化时会引起交变磁场，该磁场必然在其周围的闭合回路中产生感应电动势，干扰就是通过导体间互感耦合进系统的。在设备内部，线圈或变压器的漏磁也会引起干扰；在设备外部，平行架设的两根导线也会产生干扰，如图 6.3 所示。由于感应电磁场引起的耦合，其感应电压为

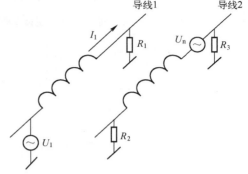

图 6.3　两导线间的磁场耦合

$$U_n = \mathrm{j}\omega M I_1 \qquad (6.4)$$

其中，ω 为感应磁场交变角频率；M 为两根导线之间的互感；I_1 为导线 1 中的电流。设某信号线与电压为 AC 220V、负荷为 10kV·A 输电线的距离为 1m，并且平行走线 10m，两线之间的互感为 4.2μH，按式（6.4）计算出信号线上感应的干扰电压 U_n 为

$$U_n = \omega M I_1 = 2\pi \times 50 \times 4.2 \times 10^{-6} \times 10000/220\,\mathrm{V} = 59.98\,\mathrm{mV}$$

可见，这样大的干扰，足以淹没小信号。

电磁场辐射会造成磁场耦合干扰，如高频电流流过导体时，在该导体周围便产生了向空间传播的电磁波。这些干扰极易通过电源线和长信号线耦合到控制系统中。另外，长线干扰具有天线效应，即能够辐射干扰波和接收干扰波。作为接收天线时，它与电磁波的极化面有密切的关系。例如，在大功率的广播电台周围，当垂直极化波的电场强度为 100mV/m 时，长度为 10cm 的垂直导体可以产生 5mV 的感应电动势，这对于控制信号来说也是一个不小的干扰。

（3）公共阻抗耦合

公共阻抗耦合干扰是由于电流流过回路间公共阻抗，使得一个回路的电流所产生的电压降影响到另一回路而引起的。在计算机控制系统中，普遍存在公共耦合阻抗，例如，电源引线、印制电路板上的地和公共电源线、汇流排等。这些汇流排都具有一定的阻抗，对于多回路来讲，就是公共耦合阻抗。当流过较大的数字信号电流时，其作用就像一根天线，将干扰引入各回路。同时，各汇流条之间具有电容，数字脉冲可以通过这个电容耦合过来。印制电路板上的"地"，实质上就是公共回流线，由于它仍然具有一定的电阻，各电路之间就通过它产生信号耦合。如图 6.4 所示，R_{p1}、R_{p2}、$\cdots$、R_{pn} 和 R_{n1}、R_{n2}、$\cdots$、R_{nn} 分别是电源和地线引线的阻抗，各独立回路电流流过公共阻抗所产生的电压降为

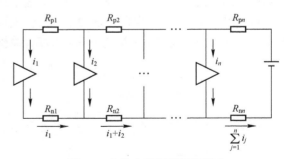

图 6.4　公共电源线的阻抗耦合

$$i_1(R_{p1} + R_{n1}),(i_1 + i_2)(R_{p2} + R_{n2}),\cdots,\left(\sum_{k=1}^{n} i_k\right)(R_{pn} + R_{nn})$$

它们分别耦合进各级电路形成干扰。对于有 N 个机柜的系统也存在这样的问题。

如图 6.5a、b 所示，系统的模拟信号和数字信号不是分开接地的，则数字信号就会耦合到模拟信号中。在图 6.5c 中模拟信号和数字信号是分开接地的，两种信号分别流入大地，这样就可以避免干扰，因为大地是一种无限吸收面。

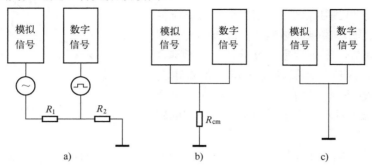

图 6.5　公共地线的阻抗耦合

6.1.3　干扰的作用方式

按干扰作用方式的不同，可分为差模干扰、共模干扰和长线传输干扰。

（1）差模干扰

差模干扰，也称串模干扰，就是串联于信号源回路之中的干扰。它串联在信号源回路中，与被测信号相加输入系统，如图 6.6a 所示，图中，U_s 为被测信号电压，U_n 为干扰信号电压。差模干扰与被测信号在回路中处于同样的地位，因此也称为常态干扰或横向干扰。在图 6.6b 中，如果邻近的导线（干扰线）中有交变电流 I_a 流过，那么 I_a 产生的电磁干扰信号就会通过分布电容 C_1 和 C_2 的耦合，引入放大器的输入端。

产生差模干扰的原因主要有分布电容的静电耦合、空间的磁场耦合、长线传输的互感、50Hz 工频干扰，以及信号回路中元件参数变化等。

（2）共模干扰

用于过程控制的计算机的地、信号放大器的地与现场信号源的地之间，通常要相隔一段距离，长达几十米甚至几百米，在两个接地点之间往往存在一个电位差 U_c，如图 6.7a 所示。这个 U_c 对放大器产生的干扰，称为共模干扰，也称为共态干扰或纵向干扰。其一般形式如图 6.7b 所示，其中，U_s 为信号源，U_c 为共模电压。这种干扰可以是直流电压，也可以是交流电压，其幅值可达几伏甚至更高，取决于现场产生干扰的环境条件和计算机等设备的接地情况。

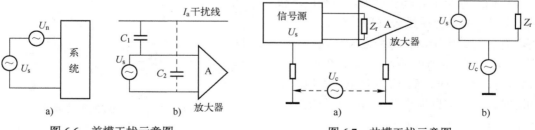

图 6.6　差模干扰示意图　　　　图 6.7　共模干扰示意图

对于系统的干扰来说，共模干扰大都通过差模干扰的形式表现出来。系统共模电压对放大器的影响，实际上是转换成差模干扰的形式而加入放大器的输入端。图 6.8 分别给出了放大器为单端输入和双端输入两种情况时的共模电压是如何引入输入端的。

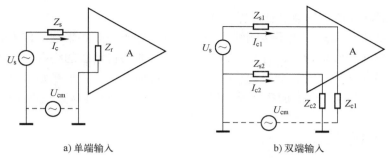

a) 单端输入　　　　　　　　　　b) 双端输入

图 6.8　两种输入方式的共模电压的引入

图 6.8a 所示为信号单端输入情况，Z_s 是信号源内阻，Z_r 是系统输入阻抗。共模干扰电压 U_{cm} 和信号源电压 U_s 相加共同作用于回路，此时，共模干扰全部以差模干扰形式作用于电路。由 U_{cm} 引起系统输入的差模电压 U_{n1} 为

$$U_{n1} = \frac{Z_s}{Z_s + Z_r} U_{cm} \tag{6.5}$$

因为 $Z_r \gg Z_s$，则

$$U_{n1} \approx \frac{Z_s}{Z_r} U_{cm} \tag{6.6}$$

其中，Z_s 是信号源内阻（含信号引线电阻），Z_r 是放大器输入阻抗。显然，Z_r 越大，或 Z_s 越小，U_{n1} 越小，越有利于抑制共模干扰。

图 6.8b 所示为放大器双端输入情况，Z_{s1}、Z_{s2} 为信号源内阻，Z_{c1}、Z_{c2} 为系统输入阻抗。共模电压 U_{cm} 引起系统输入端的差模干扰电压 U_{n2} 为

$$U_{n2} = \left(\frac{Z_{c1}}{Z_{s1} + Z_{c1}} - \frac{Z_{c2}}{Z_{s2} + Z_{c2}} \right) U_{cm} \tag{6.7}$$

若 $Z_{s1} = Z_{s2}$，$Z_{c1} = Z_{c2}$，则 $U_{n2} = 0$，系统没有引入共模干扰。实际上，两个输入端不可能做到完全对称，因此，$U_{n2} \neq 0$，也就是说，实际上总是存在一定的共模干扰电压。当 Z_{s1} 和 Z_{s2} 越小，Z_{c1} 和 Z_{c2} 越大，并且 Z_{c1} 和 Z_{c2} 越接近时，共模干扰电压就越小。

由上述分析可知，对于存在共模干扰的场合，不能采用单端输入方式，应采用双端输入方式，原因是其抗共模干扰能力强。

为了衡量一个放大器抑制共模干扰的能力，常用共模抑制比 CMRR 表示，即

$$\text{CMRR} = 20 \lg \frac{U_{cm}}{U_n} (\text{dB}) \tag{6.8}$$

其中，U_{cm} 是共模干扰电压，U_n 是由 U_{cm} 转化成的差模干扰电压。显然，单端输入方式的 CMRR 较小，说明它的抗共模抑制能力较差；而双端输入方式，由 U_{cm} 引入的差模干扰电压 U_n 较小，CMRR 较大，所以抗共模干扰能力很强。

（3）长线传输干扰

在计算机控制系统中，现场信号到控制计算机以及控制计算机到现场执行机构，都经过一段较长的线路进行信号传输，即长线传输。对于高速信号传输的线路，即在高频信号电路中，多长的导线可作为长线，取决于电路信号频率的大小，在有些情况下，可能 1m 左右的线就应作为长线看待。

信号在长线中传输会遇到三个问题，即高速变化的信号在长线中传输时出现的波反射现

象、具有信号延时和长线传输会受到外界干扰。

当信号在长线中传输时，由于传输线的分布电容和分布电感的影响，信号会在传输线内部产生正向前进的电压波和电流波，称为入射波；另外，如果传输线的终端阻抗与传输线的阻抗不匹配，当入射波到达终端时，会引起反射；同样，反射波到达传输线始端时，如果阻抗不匹配，也会引起反射。长线中信号的多次反射现象，使信号波形严重畸变，并且引起干扰脉冲。

6.2 硬件抗干扰技术

干扰是客观存在的，为了减少干扰对计算机控制系统的影响，必须采用各种抗干扰措施，以保证系统能正常工作。抗干扰是一个综合性问题，要针对不同计算机控制系统的特点，找出主要干扰源及其传播途径，既要尽可能地消除干扰源，远离干扰源，也要防止干扰信号的窜入，并做好应对干扰影响的保护措施等。抑制干扰的方法有硬件电路抗干扰和软件抗干扰，本节介绍一些常用的硬件抗干扰技术。

6.2.1 电源系统的抗干扰技术

计算机控制系统一般由交流电网供电。负荷变化、系统设备开断操作、大负荷冲击、短路和雷击等会在电网中引起电压较大波动、浪涌。另外，由于大量电力电子设备、电弧炉、感应炉、电气化铁道机车等的使用，使电网中存在大量的谐波，造成波形畸变，这些都是电源系统的干扰源。如果这些干扰进入计算机控制系统，就会影响系统的正常工作，造成控制错误、设备损坏，甚至整个系统瘫痪。

电源引入的干扰是计算机控制系统的主要干扰之一，也是危害最严重的干扰。根据工程统计，对计算机控制系统的干扰大部分是由电源耦合产生的。

1. 供电方式

为了防止产生电源干扰，计算机控制系统的供电一般采用图 6.9 所示结构。图中，交流稳压器保证交流 220V 供电，即交流电网电压在规定的波动范围内，输出的交流电压稳定在220V；交流电源滤波器，即低通滤波器，有效地抑制高频干扰的入侵，使 50Hz 的基频交流通过；最后由直流稳压器向计算机控制系统供电。

图 6.9 计算机控制系统的供电方式

交流电源滤波器可采用电容滤波器、电感电容滤波器或有源滤波器。滤波器要有良好的接地，布线接近地面，输入/输出引线应相互隔离，不可平行或缠绕在一起。

在电源变压器中设置合理的屏蔽（静电屏蔽和电磁屏蔽）是一种有效的抗干扰措施。它是在电源变压器的一次侧和二次侧之间加屏蔽层，如图 6.10 所示。电网进入电源变压器一次侧的高频干扰信号，经过静电屏蔽直接旁路到地，不会耦合到二次侧，减少交流电网引入的高频干扰。为了将控制系统和供电电网电源隔离开来，消除公共阻抗引起的干扰，同时，为了安全，可在电源变压器和低通滤波器之前增加一个隔离变压器。隔离变压器的一次侧和二次侧之间加静电屏蔽层，也可采用双屏蔽层，如图 6.11 所示。

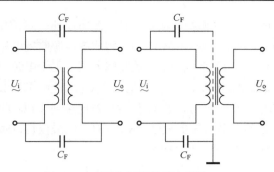

图 6.10　电源变压器的静电屏蔽

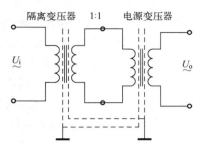

图 6.11　隔离变压器及其屏蔽

除上述一般供电方式，结合具体实际情况和要求，还可进一步采取以下几种措施，如采用开关电源、DC-DC 变换器以及 UPS 供电等，来提高电源的稳定性。其中，UPS 中设有断电监测，一旦监测到断电，将供电通道在极短的时间内（3ms）切换到电池组，电池组经逆变器输出交流代替电网交流供电，从而保证供电不中断。

2. 尖峰脉冲干扰的抑制

计算机控制系统在工业现场运行时，所受干扰的来源是多方面的。除电网电压的过电压、欠电压以及浪涌以外，对系统危害最严重的首推电网的尖峰脉冲干扰，这种干扰常使计算机程序"跑飞"或"死机"。尖峰干扰是一种频繁出现的叠加于电网正弦波上的高能脉冲，其幅度可达几千伏，宽度只有几毫微秒或几微秒，因此采用常规的抑制办法是无效的，而必须采取综合治理办法。

抑制尖峰干扰最常用的方法主要有三种：在交流电源的输入端并联压敏电阻；采用铁磁共振原理（如采用超级隔离变压器）；在交流电源输入端串入均衡器，即干扰抑制器。另外，使系统远离干扰源，对大功率用电设备采取专门措施抑制尖峰干扰的产生等都是较为可行的方法。

3. 掉电保护

过程控制计算机供电不允许中断，一旦电源中断，将影响生产。因此，计算机系统应加装不间断电源（UPS），或增加电源电压监视电路，及早监测到掉电状态，从而进行应急处理。对于没有使用 UPS 的计算机控制系统，为了防止掉电后 RAM 中的信息丢失，经常采用镍电池对 RAM 进行数据保护。图 6.12 所示为一种掉电保护电路。系统电源正常时，VD_1 导通，VD_2 截止，RAM 由主电源（+5V）供电。系统掉电后，A 点电位低于电池电压，VD_2 导通，VD_1 截止，RAM 由备用电池供电。

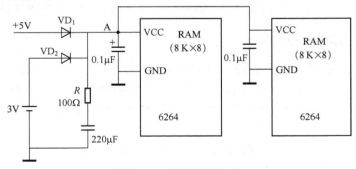

图 6.12　掉电保护电路

对直流电源电压监视可采用集成电路 μP 监控电路实现掉电保护。目前有许多种类和规格的集

成电路 μP 监控电路可供选择，具有多种功能，如有的 μP 监控电路除具有电源监视外，还具有看门狗、上电复位、备用电源切换开关等功能。图 6.13 所示为利用 MAX815 组成的电源监视电路。图中，+12V 电压经分压后，接到 MAX815 的 PFI 端，PFI 是电源电压监视输入端，用于电源电压监视。当 PFI 的输入电压下降到低于规定的复位阈值时，MAX815 将产生一个复位信号，即 $\overline{\text{RESET}}$ 有效，若连接到 CPU 的复位端，可引起计算机的复位。同时，$\overline{\text{PFO}}$ 有效，若连接到 CPU 的输入端，可引起 CPU 中断，在中断处理服务程序中进行一些必要的处理。MAX815 的最低复位阈值在出厂时设定为 4.75V，有些产品可由用户通过改变外接电阻加以调整。

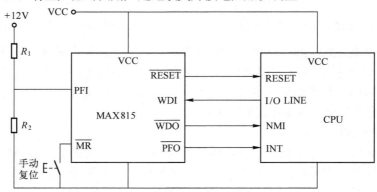

图 6.13　利用 MAX815 组成的电源监视电路

4．直流侧的抗干扰措施

电网的高频干扰，由于频带较宽，仅在交流侧采取抗干扰措施，很难保证干扰绝对不进入直流系统，因此须在直流侧采取必要的抗干扰措施。

（1）去耦法

在每块逻辑电路板的电源和地线的引入处并接一个 10～100μF 的大电容和一个 0.01～0.1μF 的小电容；在各主要集成电路芯片的电源输入端与地之间，或电路板电源布线的一些关键点与地之间，接入一个 1～10μF 的电解电容，同时为滤除高频干扰，可再并联一个 0.01μF 的小电容。

（2）增设稳压块法

在每块电路板上装上一块或几块稳压块，以稳定电路板上的电源电压，提高抗干扰能力。经常采用的稳压块有 7805、7905、7812、7912 等三端稳压块，它们的输出电压是固定的；也可采用线性调整器，如 MAX1705/1706、MAX8863T/S/R 等，它们的输出电压是可调的。

6.2.2　接地系统的抗干扰技术

接地技术对计算机控制系统极为重要，不恰当的接地会对系统产生严重的干扰，而正确的接地却是抑制干扰的有效措施之一。计算机控制系统中接地的目的通常有两个：一是为了安全，即安全接地；二是为了保证控制系统稳定可靠工作，提供一个基准电位的接地，即工作接地。

1．地线系统分析

在过程计算机控制系统中，一般有以下几种地线：模拟地、数字地、安全地、系统地和交流地。

模拟地作为传感器、变送器、放大器、A/D 和 D/A 转换中模拟电路的零电位。模拟信号有精度要求，有时信号比较小，而且与生产现场相连，因此必须认真对待。

数字地作为控制系统中各种数字电路的零电位，应该与模拟地分开，避免模拟信号受数字脉冲的干扰。

安全地的目的是使设备机壳与大地等电位，以避免机壳带电影响人身和设备的安全。通常安全地又称为保护地或机壳地，机壳包括机架、外壳、屏蔽罩等。

系统地是以上几种地的最终回流点，直接与大地相连，如图 6.14 所示。

交流地是计算机交流供电电源地，即为动力线地。它的地电位很不稳定，在交流地上任意两点之间，往往很容易有几伏甚至几十伏的电位差存在。另外，交流地也很容易带来各种干扰。因此，交流地绝对不允许与上述几种地相连，而且交流电源变压器的绝缘性要好，要避免漏电现象。

显然，正确接地是一个十分重要的问题。根据接地理论分析，低频电路应单点接地，如图 6.15a 所示。在系统中，相隔较远的各部分的地线必须汇集在一起，接在同一个接地装置上，接地线要尽量短，其电阻率也应尽量小。但在高频情况下，单点接地是不宜采用的。因为这种接地方式连线太多，线与线之间及电路各元件之间分布电容增大，高频干扰信号将通过电容耦合而混入测量信号之中。所以，在处理高频信号时，不仅连线的排列、元件的位置布局要讲究，接地方式也应采取多点接地，如图 6.15b 所示。一般来说，当频率小于 1MHz 时，可以采用单点接地；当频率高于 10MHz 时，可采用多点接地。在 1~10MHz 之间，如果单点接地，其地线长度不得超过波长的 1/20，否则应使用多点接地。单点接地的目的是避免形成地环路，从而避免地环路产生的电流引入信号回路内引起干扰。

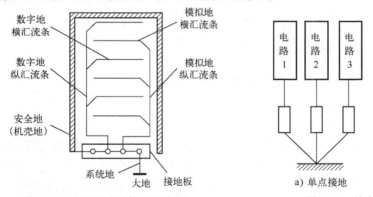

图 6.14　分别回流法接地示意图

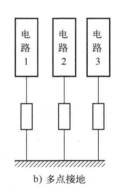

a) 单点接地　　　b) 多点接地

图 6.15　单点接地与多点接地

在过程控制计算机系统中，对上述各种地的处理一般是采用分别回流法单点接地。模拟地、数字地、安全地的分别回流法如图 6.14 所示。回流线一般采用汇流条而不采用一般的导线。汇流条由多层铜导体构成，界面呈矩形，各层之间有绝缘层。采用多层汇流条可以减少自感，从而减少干扰的窜入途径。

2．输入系统的接地

在输入通道中，为防止干扰，传感器、变送器和信号放大器通常采用屏蔽罩进行屏蔽，而信号线往往采用屏蔽信号线。屏蔽层的接地也应采取单点接地方式，关键是确定接地位置。输入信号源有接地和浮地两种情况。图 6.16a 中，信号源端接地，而接收端浮地，则屏蔽层应在信号源端接地；图 6.16b 中，信号源浮地，接收端接地，则屏蔽层应在接收端接地。这种接地方式是为了避免流过屏蔽层的电流通过屏蔽层与信号线间的电容产生对信号线的干扰。一般输入信号比较小，而模拟信号又容易受到干扰，因此，对输入系统的接地和屏蔽应格外重视。

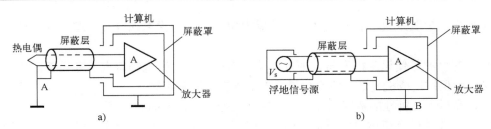

图 6.16　输入接地方式

对于高增益放大器，一般采用金属罩屏蔽起来，屏蔽罩的接地要合理。屏蔽罩与放大器之间存在寄生电容，从而使放大器的输出端到输入端有一反馈电路，如不消除，放大器有可能产生振荡。解决的办法是将屏蔽罩接到放大器的公共端，将寄生电容旁路，从而消除反馈通道。

3. 主机系统的接地

为了提高计算机的抗干扰能力，将主机外壳作为屏蔽，而把机内器件架与外壳绝缘，绝缘电阻大于 50MΩ，即机内信号地浮地。

主机与外部设备地连接后，采用一点接地，如图 6.17 所示。为避免多点接地，各机柜用绝缘板垫起来。这种接地方式安全可靠，有一定的抗干扰能力。在计算机网络系统中，对于近距离的几台计算机，可采用多机的一点接地方式，类似图 6.17；对于远距离的多台计算机之间的数据通信，通过隔离的办法分开，如采用变压器隔离技术、光电隔离技术和无线电通信技术等。

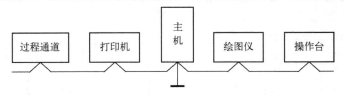

图 6.17　主机与外部设备的一点接地方式

6.2.3　过程通道的抗干扰技术

过程通道是计算机控制系统的现场数据采集输入和输出通道，包括了现场信号源、信号线、转换设备、I/O 接口电路、主机和执行机构等。过程通道涉及内容多，分布广，受干扰的可能性大，其抗干扰问题非常重要。过程通道干扰的来源是多方面的，主要有共模干扰、差模干扰和长线传输干扰。

1. 共模干扰的抑制

共模干扰产生的原因主要是不同的地之间存在共模电压，以及模拟信号系统对地的漏阻抗。共模干扰的抑制措施主要有变压器隔离、光电隔离和浮地屏蔽。

（1）变压器隔离

变压器隔离是利用隔离变压器将模拟信号电路与数字信号电路隔离开，也就是把模拟地与数字地断开，以使共模干扰电压不能构成回路，从而达到抑制共模干扰的目的。另外，隔离后的两电路应分别采用两组互相独立的电源供电，切断两部分的地线联系。

这种隔离适用于无直流分量信号的通路。对于直流信号，也可通过调制器转换成交流信号，经隔离变压器后，用解调器再转换成直流信号。如图 6.18 所示，被测信号 V_s 经放大后，首先通过调制器变换成交流信号 V_{s1}，经隔离变压器 B 传输到二次侧，然后用解调器再将它变换为直流信号 V_{s2}，再对 V_{s2} 进行 A/D 变换。

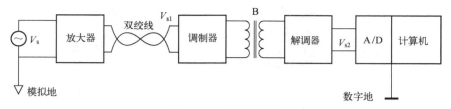

图 6.18　变压器隔离

（2）光电隔离

光电耦合器是由发光二极管和光电晶体管（或达林顿管、晶闸管等）封装在一个管壳内组成。发光二极管两端作为信号的输入，光电晶体管的发射端或集电极端作为信号的输出，内部通过光实现耦合。当输入端加电流信号时，发光二极管发光，光电晶体管受光照后因光电效应产生电流，使输出端产生相应的电信号，实现了以光为媒介的电信号传输。

由于光电耦合器是用光传送信号，两端电路无直接电气联系，因此，切断了两端电路之间地线的联系，抑制了共模干扰；其次，发光二极管动态电阻非常小，而干扰源的内阻一般很大，能够传送到光电耦合器输入端的干扰信号很小；再者，光电耦合器的发光二极管只有在通过一定电流时才能发光，而许多干扰信号虽幅值较高，但能量较小，不足以使发光二极管发光，从而可以有效地抑制干扰信号。

对于模拟信号的光电隔离，采用线性光电耦合器，如图 6.19 所示。模拟信号 V_s 经放大后，利用光电耦合器直接对其进行光电耦合传送。由于光电耦合器的线性区一般只能在某一特定的范围内，因此应保证被传信号的变化范围始终在线性区内。为了保证线性耦合，既要严格挑选特性匹配的光电耦合器，又要采取相应的非线性校正措施来减小非线性误差。另外，两部分电路应分别使用互相独立的电源供电。

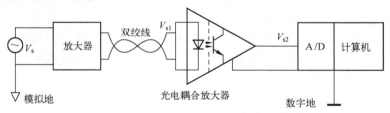

图 6.19　光电隔离

对于脉冲信号、数字信号和开关量信号的光电隔离，采用开关型的光电耦合器，其耦合电路与输入、输出信号的性质和要求有关，需根据实际情况进行设计。

（3）浮地屏蔽

浮地屏蔽是指信号放大器采用双层屏蔽，输入为浮地双端输入，如图 6.20 所示。这种屏蔽方法使输入信号浮空，达到了抑制共模干扰的目的。

图中，Z_1 和 Z_2 分别为模拟地与内屏蔽层之间绝缘阻抗和内屏蔽层与外屏蔽层（机壳）之间绝缘阻抗，其阻抗值通常很大。用于传送信号的屏蔽线的屏蔽层和 Z_2 为共模电压 U_{cm} 提供了共模电流 I_{cm1} 通路，但此电流不会产生差模干扰，因为此时模拟地与内屏蔽层是隔离的。由于屏蔽线的屏蔽层存在电阻 R_c，因此共模电压 U_{cm} 在 R_c 电阻上会产生较小的共模信号，它将在模拟量输入回路中产生共模电流 I_{cm2}，此 I_{cm2} 在模拟量输入回路中产生差模干扰电压。显然，由于 $R_c \ll Z_2$、$Z_s \ll Z_1$，故由 U_{cm} 引入的差模干扰电压信号是非常弱的。所以采用浮地输入双屏蔽电路是一种非常有效的共模抑制措施。

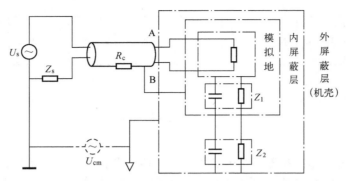

图 6.20　浮地输入双层屏蔽电路

2. 差模干扰的抑制

由于干扰信号和有效信号相串联，叠加在一起作为输入信号，因此对差模干扰的抑制较为困难。对差模干扰应根据干扰信号的特性和来源，分别采用不同的措施来抑制。

1）对于来自空间电磁耦合所产生的差模干扰，可采用双绞线作为信号线，目的是减少电磁感应，并使各个小环路的感应电动势相互反向抵消；也可采用金属屏蔽线或屏蔽双绞线。

2）根据差模干扰频率与被测信号频率的分布特性，采用相应的滤波器，如低通滤波器、高通滤波器、带通滤波器等。滤波器是一个选频电路，其功能是让指定频段的信号通过，将其余频段的信号衰减或滤除。在工业控制中，差模信号往往比被测仪器变化快，故在 A/D 转换器前采用低通滤波器，如选用无源 RC 滤波电路，或采用有源低通滤波器，都可以较好地将其滤除。

3）当对称性交变的差模干扰电压或尖峰型差模干扰成为主要干扰时，选用积分型或双积分型 A/D 转换器可以削弱差模干扰的影响。因为这种转换器是对输入信号的平均值而不是瞬时值进行转换，所以，对于尖峰型差模干扰具有抑制作用；对称性交变的差模干扰，可在积分过程中相互抵消。

4）当被测信号与干扰信号的频谱相互交错时，通常的滤波电路很难将其分开，可采用调制解调器技术。选用远离干扰频谱的某一特定频率对信号进行调制，然后进行传输，传输途中混入的各种干扰很容易被滤波环节滤除，被调制的被测信号经硬件解调后，可恢复原来的有用信号频谱。

3. 长线传输干扰的抑制

长线传输干扰主要是空间电磁耦合干扰和传输线上的波反射干扰。

（1）采用同轴电缆或双绞线作为传输线

同轴电缆对于电场干扰有较强的抑制作用，工作频率较高。双绞线对于磁场干扰有较好的抑制作用，绞距越短，效果越好。双绞线间的分布电容较大，对于电场干扰几乎没有抑制能力，而且当绞距小于 5mm 时，对于磁场干扰抑制的改善效果不显著。因此，在电场干扰较强时须采用屏蔽双绞线。

在使用双绞线时，尽可能采用平衡式传输线路。所谓平衡式传输线路，是双绞线的两根线不接地传输信号。因为这种传输方式具有较好的抗差模干扰能力，外部干扰在双绞线中的两条线中产生对称的感应电动势，相互抵消。同时，对于来自地线的干扰信号也受到抑制。

非平衡式传输线路是将双绞线其中一根导线接地的传输方式。这种情况下，双绞线间电压的一半为同相序分量，另一半为反相序分量。非平衡式传输线路对反相序分量具有较好的抑制作用，但对同相序分量则没有抑制作用，因此对于干扰信号的抑制能力较平衡式传输要差，但较单根线传输要强。

（2）终端阻抗匹配

为了消除长线的反射现象，可采用终端或始端阻抗匹配的方法。

双绞线的波阻抗为 100～200Ω，绞花越密，波阻抗越低。同轴电缆的波阻抗一般为 50～100Ω。进行阻抗匹配，首先，需要通过测试或由已知的技术数据掌握传输线的波阻抗 R_p 的大小。根据传输线的基本理论，无损耗导线的波阻抗为

$$R_p = \sqrt{\frac{L_0}{C_0}}$$ (6.9)

式中，L_0 为单位长度的电感（H）；C_0 为单位长度电容（F）。

图 6.21 给出了两种终端阻抗匹配电路。图 6.21a 中，终端阻抗 $R = R_p$，实现了终端匹配，消除了波反射。由于这种匹配电路使终端电阻变低，加大了负载，使波形的高电平下降，从而降低了高电平的抗干扰能力，但对波形的低电平没有影响。

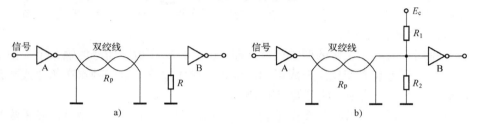

图 6.21 终端阻抗匹配

为了克服上述缺点，可采用图 6.21b 所示的终端匹配电路。其等效电阻为

$$R = \frac{R_1 R_2}{R_1 + R_2}$$ (6.10)

适当调整 R_1 和 R_2 的阻值，可使 $R = R_p$，实现阻抗匹配。这种匹配电路的优点是波形的高电平下降较少，缺点是低电平抬高，从而降低了低电平的抗干扰能力。为了同时兼顾高电平和低电平两种情况，可选取 $R_1 = R_2 = 2R_p$。实践中，宁可使高电平降低得稍多一些，而让低电平抬高得少一些，可通过适当调整 R_1 和 R_2，使 $R_1 > R_2$，当然应保证 $R = R_p$。

（3）始端阻抗匹配

始端阻抗匹配是在长线的始端串入电阻 R，通过适当的选择 R，以消除波反射，如图 6.22 所示。一般选择始端电阻 R 为

$$R = R_p - R_{sc}$$ (6.11)

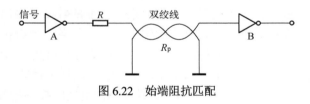

图 6.22 始端阻抗匹配

式中，R_{sc} 为门 A 输出低电平时的输出阻抗。

这种匹配方法的优点是波形的高电平不变，缺点是波形的低电平会抬高。其原因是终端门 B 的输入电流 I_{sr} 在始端匹配电阻 R 上的电压降所造成的。显然，终端所带的负载门个数越多，则低电平抬高得越显著。

6.3 软件抗干扰技术

在计算机控制系统中，虽然采用了硬件抗干扰措施，但由于干扰的频谱较广，干扰的来源多，影响复杂，仍可能会有一些干扰进入系统，作用于输入信号和系统，为此，在硬件抗干扰的基础上，应再采用软件抗干扰措施，使两者相互配合，进一步提高控制系统的可靠性。下面介绍几种软件抗干扰技术。

6.3.1 信号处理抗干扰技术

1. 数字滤波

数字滤波是一种软件算法，它实现从采样信号中提取出有效信号数值，滤除干扰信号的功能，是硬件滤波的软件实现形式。数字滤波与模拟滤波相比，具有很多优点。首先，由于采用了程序实现滤波，无需硬件器件，不受外界的影响，也无参数变化等问题，所以可靠性高，稳定性好；其次，数字滤波可以实现对频率很低（如 0.01Hz）信号的滤波，克服了模拟滤波器的不足；另外，数字滤波还可以根据信号和干扰的不同，采用不同的滤波方法和滤波参数，具有灵活、方便、功能强等优点。

当然，数字滤波不足之处在于滤波速度比硬件滤波要慢，但鉴于数字滤波器具有的上述优点，在计算机控制系统中得到了广泛的应用。数字滤波方法有很多种，这部分内容请参见 5.1 节。

2. 输入数字信号的抗干扰

数字信号是用高低电平表示的两态信号，即"0""1"。在数字信号的输入中，由于操作或外界等的干扰，会引起状态变化，造成误判。例如，操作按钮、电气触点在闭合或断开时，都存在抖动现象，若无相应措施，就可能产生错误。

对于数字信号来说，干扰信号多呈毛刺状，作用时间短。利用这一特点，在采集某一数字信号时，可多次重复采集，直到连续两次或两次以上采集结果完全一致方为有效。若多次采集后，信号总是变化不定，可停止采集，给出报警信号。对数字信号的采集不能采用多次平均方法，而是比较连续两次或两次以上采集结果是否相同。

在满足实时性要求的前提下，应根据信号的特点，适当地设置各次采集数字信号之间的延时，以适应不同宽度的干扰信号。对于每次采集的最高次数限额和连续相同次数，均可按实际情况适当调整。如果数字信号超过 8 个，可按 8 个一组进行分组处理。

3. 输出数字信号的抗干扰

由于干扰，可能使计算机输出正确数字信号在输出设备中得到的却是错误信号。输出设备有电位控制型和同步锁相型两种，前者有良好的抗"毛刺"干扰能力；后者不耐干扰，当锁存线上出现干扰时，会盲目锁存当前的数据。输出设备的惯性（响应速度）与干扰的耐受能力也有很大关系。惯性大的输出设备（如各类电磁机构）对"毛刺"干扰有一定耐受能力；惯性小的输出设备（如通信口、显示设备等）耐受能力就小一些。

在软件上可以采取以下方法提高抗干扰能力：

1）重复输出同一数据。在满足实时控制的要求前提下，重复周期尽可能短些。外部设备接收到一个被干扰的错误信号后，还来不及做出有效的反应，一个正确的输出信息又来到，就可及时防止错误动作的产生。

2）对于不能重复输出同一信号的输出装置，例如带自环型分配器和功率驱动器的步进电动机，可在软硬件上采取一些措施。

3）计算机进行数字信号输出时，应将有关可编程输出芯片的状态也一并重复设置。因为在干扰作用下，这些芯片的编程状态有可能发生变化。为了确保输出功能正确实现，输出功能模块在执行具体的数据输出之前，应该先执行芯片的编程指令，再输出有关数据。

4）采用抗干扰编码。按一定规约，将需传输的数据进行编码，在智能接收端，再按规约进行解码，并完成检错或纠错功能。

6.3.2　CPU 及程序的抗干扰技术

CPU 是计算机的核心，是整个计算机控制系统的指挥中心。它与外部设备和器件通过三总线，即数据总线、地址总线和控制总线进行连接，同时还有电源和地线。当 CPU 受到干扰不能按正常状态执行程序时，就会引起计算机控制的混乱，所以需要采取措施，使 CPU 在受到干扰的情况下，尽可能无扰地恢复正常工作。尤其是在单片机系统中，应当充分考虑系统的抗干扰性能。下面是几种常见的针对 CPU 的抗干扰措施。

1．复位

对于失控的 CPU，最简单的方法是使其复位，程序自动从头开始执行。复位方式有上电复位、人工复位和自动复位三种。上电复位是指计算机在开机上电时自动复位，此时所有硬件都从其初始状态开始，程序从第一条指令开始执行；人工复位是指操作员按下复位按钮时的复位；自动复位是指系统在需要复位的状态时，由特定的电路自动将 CPU 复位。为完成复位功能，在硬件电路上应设置复位电路。

人工复位电路简单，但不能及时使系统恢复正常，往往系统已经瘫痪，人们在无可奈何的情况下才按下复位按钮。如果软件上没有特别的措施，人工复位与上电复位具有同等作用，系统一切从头开始，这在控制系统中是不允许的。因此，人工复位主要用于各类智能测试仪器、数据采集与操作指导控制系统等，一般不用于直接控制系统。

2．掉电保护

在软件中，应设置掉电保护中断服务程序。该中断为最高优先级的非屏蔽中断，使系统能对掉电做出及时的反应。在掉电中断服务程序中，首先进行现场保护，把当时的重要状态参数、中间结果，甚至某些片内寄存器的内容一一存入具有后备电池的 RAM 中。其次，对有关外设做出妥善处理，如关闭各输入/输出口，使外设处于某一非工作状态等。最后必须在片内 RAM 的某一个或两个单元存入特定标记的数字，作为掉电标记，然后，进入掉电保护工作状态。当电源恢复正常时，CPU 重新复位，复位后应首先检查是否有掉电标记，如果有，则说明本次复位为掉电保护之后的复位，应按掉电中断服务程序相反的方式恢复现场，以一种合理的安全方式使系统继续未完成的工作。

3．指令冗余

当 CPU 受到干扰，程序"跑飞"后，往往将一些操作数当作指令代码来执行，从而引起整个程序的混乱。指令冗余技术是使程序从"跑飞"状态恢复正常的一种有效措施。所谓软件冗余，就是人为地在程序的关键地方加入一些单字节指令 NOP，或将有效单字节指令重写，当程序"跑飞"到某条单字节指令时，就不会发生将操作数当作指令来执行的错误。

除了 NOP 等单字节指令外，还可以采用指令重复技术。指令重复也是指令冗余的一种方式。指令重复是指在对于程序流向起决定作用或对系统工作有重要作用的指令后面，可重复写上这些指令，以确保这些指令的正确执行。

指令冗余会降低系统的效率，但确保了系统程序很快纳入程序轨道，避免程序混乱，况且适当的指令冗余并不会对系统的实时性和功能产生明显的影响，故在程序设计中还是被广泛采用。

指令冗余虽然将"跑飞"的程序很快地纳入程序轨道，但不能保证系统工作正常。例如，程序从一个模块"跑飞"到另一个不该去的模块，即使很快安定下来，但执行了不该执行的程序指令，同样会造成控制系统出现问题。为解决这个问题，必须采用软件容错技术，使系统的误动作减少，并消除重大误动作。

4. 软件陷阱

当程序"跑飞"到非程序区（如 EPROM 中未使用的空间、程序中的数据区等）时，指令冗余不起作用，这时可采用软件陷阱和 Watchdog（看门狗）技术。

软件陷阱是在非程序区的特定地方设置一条引导指令（看作一个陷阱），程序正常运行时不会落入该引导指令的陷阱。当 CPU 受到干扰，程序"跑飞"时，如果落入指令陷阱，将由引导指令将"跑飞"的程序强制跳转到出错处理程序，由该程序进行出错处理和程序恢复。

软件陷阱一般用在下列地方：

1）未使用的程序区。由于程序指令不可能占满整个程序存储区，总有一些地方是正常程序不会达到的区域，可在这些区域设置软件陷阱，对"跑飞"的程序进行捕捉，或在大片的 ROM 空间，每隔一段设置一个陷阱。

2）未使用的中断向量区。在编程中，最好不要为节约 ROM 空间，将未使用的中断向量区用于存放正常工作程序指令。因为当干扰使未使用的中断开放，并激活这些中断时，会进一步引起混乱。如果在这些地方设置陷阱，就能及时捕捉到错误中断。

5. 看门狗（Watchdog）技术

当程序"跑飞"到一个临时构成的死循环中时，冗余指令和软件陷阱将不起作用，造成系统完全瘫痪。看门狗技术，可以有效解决这一问题。

看门狗，也称为程序监视定时器，在硬件上，可把它看成一个相对独立于 CPU 的可复位定时系统，在软件程序的各主要运行点处，设有向看门狗发出的复位信号指令。当系统运行时，看门狗与 CPU 同时工作。程序正常运行时，会在规定的时间内由程序向看门狗发送复位信号，使看门狗的定时系统重复定时计数而输出信号。当程序"跑飞"并且其他的措施没有发挥作用时，看门狗便不能在规定的时间内得到复位信号，其输出端便会发出信号使 CPU 系统复位。为实现看门狗的目标，需要解决两个方面的问题：一是硬件电路问题，二是软件编程问题。

看门狗的实现形式可以分为硬件和软件两种。Watchdog 的硬件部分应独立于 CPU，其实现方法和电路主要有单稳电路、自带脉冲源的计数器、定时器和具有 Watchdog 功能的 μP 集成芯片等。其中，MAX793 和 MAX815 都是具有 Watchdog 功能的 μP 集成芯片，这些芯片的具体使用在这里不做详细介绍，可以参考单片机相关资料。

各种硬件形式的看门狗技术在实际应用中被证明是切实有效的。但有时，干扰会破坏中断方式控制字，导致中断关闭，与之对应的中断服务程序也就得不到执行，硬件看门狗技术将失去作用。这时，可采用软件看门狗技术予以配合。

软件看门狗的设计过程可分为如下三个部分：

1）计数器 0 监视主程序的运行时间。在主程序中设置一个标志变量，开始时，将该标志变量清 0，在主程序结束处，将标志变量赋给一个非零值 R。主程序在开始处启动计数器 0，计数器 0 开始计数，每中断一次，就将设在中断服务程序中的记录中断发生次数的整型变量加 1。设主程序正常结束时，M 的值为 P（P 值由调试程序时确定，并留有一定的裕度）。在中断服务程序中，当 M 已等于 P 时，读取标志变量；若其等于 R，可确定程序正常，若不等于，则可断定主程序已经"跑飞"，中断服务需要修改返回地址至主程序入口处。

2）计数器 1 监视计数器 0 的运行。原理与 1）相同，通过计数器 0 设置标志变量，每中断一次，该变量要加 1。计数器 1 在中断服务程序中查看该值是否是前一次的值加上一个常量或近似常量，并以此确定计数器 0 是否正常计数。若发现不正常，则可断定主程序已经"跑飞"，中断服务需要修改返回地址至主程序入口处。

3）主程序监视计数器 1。主程序在各功能模块的开始处，储存计数器 1 的当前计数值于某一变量 L，在功能模块的结束处，若程序正常，则计数器 1 的计数值会改变为 P。通过比较 L 与 P 的值，若两者不同，则可确定计数器 1 正常；若 L 等于 P，则计数器 1 出现错误，主程序要返回 0000H，进行出错处理。

在实际应用中，可以将硬件看门狗与软件看门狗同时使用。实践证明，将两者结合起来后，程序的可靠性会大大提高。

6.4　提高计算机控制系统可靠性的设计措施

提高计算机控制系统可靠性的设计措施可从元器件层面和部件及系统两方面进行考虑。前面两节从计算机控制系统内部元器件级，分析了考虑由元器件及系统结构设计等方面的内部因素，由外部电气、空间、机械条件等方面的外部因素的抗干扰方法。元器件的可靠性主要取决于元器件制造商。随着工艺及技术的发展，当前元器件及特定功能模块的可靠性逐步提高。而部件及系统的可靠性则取决于设计者的精心设计。本节将从系统设计的角度给出当前计算机控制系统所采用的设计措施。

6.4.1　分散控制技术

分散控制的设计思想是在 20 世纪 70 年代初，受生产过程控制和管理要求的驱动以及 4C 技术（Computer，Communication，Control and CRT）的影响，从直接数字控制系统（DDC）发展而来的。分散控制技术（Distributed Control Technology，DCT），是当前计算机控制系统广泛采用的技术，它将控制功能分布到多个独立但相互通信的控制单元中，这些控制单元共同协作以实现系统的整体控制目标。

1．分散控制的设计思路

实现系统可靠性的设计思路主要体现在两个方面。

（1）功能分散化

各模块的功能是独立的，每个模块负责特定的控制任务，从而提高了系统的灵活性和可维护性。功能分散化意味着系统可以根据需要灵活调整或扩展，不同模块之间的相对独立性使得系统升级和维护变得更加简便。

（2）危险分散化

系统中各模块或装置的故障只影响其自身的某些功能，不会导致整个系统的工作中断，从而提高了系统的可靠性和安全性。危险分散化的设计思路确保了系统在某些模块出现故障时仍能保持部分或全部的功能运作，从而避免了单点故障对整个系统的影响。

2．分散控制的主要技术措施

基于上述设计思路，实现分散控制的主要技术措施包括两个方面：

1）分布式处理。控制任务由多个控制单元并行处理，每个单元负责特定的子任务或区域，从而提高处理速度和系统响应能力。

2）本地决策。每个控制单元根据局部信息和全局策略进行决策，减少了对中央控制器的依赖，增强了系统的鲁棒性和故障容错能力。

这也是分散控制系统区别于集中控制系统的主要不同。其通过分布式处理能力和本地决策，提高了系统的灵活性、可靠性和扩展性。

3．分散控制的举例

集散控制系统（DCS）是典型的分散设计的计算机控制系统。除此之外，以下两种基于分散设计的控制系统在当前工业中也得到了广泛应用：大型 PLC 构建的控制系统通过多个独立的 PLC 单元实现分散控制，各单元之间通过网络通信协调工作；现场总线控制系统通过总线网络连接各控制单元，实现全分散的控制体系结构，简化了系统设计，提高了系统的可靠性和可维护性。

6.4.2　冗余技术

冗余技术也称容错技术或故障掩盖技术，是指在系统结构上，通过增加完成同一功能的并联或备用单元数目等冗余资源来掩盖故障造成的影响，使得即使出错发生故障，系统功能仍不受影响，是一种以冗余资源换取可靠性的设计方法。冗余技术可以通过硬件、软件、信息和时间等多种方式实现。

（1）硬件冗余

通过增加物理设备的数量来提高系统的容错能力和可靠性。在故障发生时，把备份硬件接替上去，使系统仍能正常工作。硬件冗余主要包括以下几种形式：

1）双机冗余（Duplex Systems）。系统中有两套相同的硬件设备，一套为主设备，一套为备用设备。当主设备发生故障时，备用设备自动接替其工作，保证系统连续运行。例如，双电源冗余、双网卡冗余、双 CPU 冗余等。

2）三模冗余（Triple Modular Redundancy，TMR）。系统使用三套相同的硬件设备，独立运行并产生三个结果，通过投票机制（Majority Voting）确定最终输出。当其中一套设备出现故障时，不影响系统的正常运行。例如，用于航天器和核电站控制系统的 TMR 架构。

3）$N+1/N+M$ 冗余。系统中有 N 个主设备和 1 个或 M 个备用设备，备用设备可以在任一主设备发生故障时接替其工作。例如，数据中心中的服务器冗余配置。

计算机控制系统也常常采用硬件冗余提供系统的容错能力。例如，在大型的 DCS 中，采用了多重化自动备用技术，对设备或部件进行双重化或三重化设置。一旦发生故障，备用设备或部件自动从备用状态切入到运行状态，以维持生产继续进行。多重化自动备用还可以进一步分为同步运转、待机运转和后退运转三种方式。其中，后退运行方式中使用的多台设备，在正常运行时，各自分担各种功能运行，当其中一台发生故障时，其他设备放弃一些不重要的功能，进行互相备用。这种方式最经济，但必然相互之间存在公共部分，而且软件编制也较为复杂。

（2）软件冗余

软件冗余是指通过多种方式实现软件层面的容错和高可用性。主要包括：

1）多版本程序（N-Version Programming，NVP）。开发多个功能相同但实现不同的程序版本，并行运行，比较其结果以检测和纠正错误。例如，用于航空、核电站等高安全性要求系统的软件多版本编程。

2）恢复块（Recovery Blocks）。使用多个候选程序模块，按序执行，当第一个模块失败时，依次执行后续模块，直到找到一个正确的结果。例如，数据库系统的事务处理。

3）检查点和回滚（Checkpoint and Rollback）。定期保存系统状态（检查点），在发生错误时可以回滚到最近的检查点，从而减少数据丢失和系统停机时间。例如，操作系统和数据库系统的容错机制。

另外，还可以采用编码、译码技术，检测、校正信息在传输、存储中产生的差错；用软件保护技术减少软件出错次数；采用故障隔离、重组合技术；采用故障检测与恢复技术等。

（3）信息冗余

信息冗余通过增加冗余信息来检测和纠正数据传输或存储过程中的错误，检出信息差错并进行自动纠错处理。主要形式有：

1）奇偶校验（Parity Check）。在数据块中增加一个奇偶位，通过检查奇偶位来检测数据传输中的单比特错误。例如，内存中的奇偶校验位。

2）校验和（Checksum）。计算数据块的校验和，并将其附加到数据块后面，通过重新计算校验和来验证数据的完整性。例如，网络数据包中的校验和。

3）循环冗余校验（Cyclic Redundancy Check，CRC）。使用多项式除法计算数据的 CRC 值，用于检测数据传输中的错误。例如，网络通信协议中的 CRC 校验。

4）前向纠错码（Forward Error Correction，FEC）。在数据传输前增加冗余码，接收端可以通过冗余码检测并纠正传输中的错误。例如，卫星通信中的 Reed-Solomon 编码。

（4）时间冗余

时间冗余是通过多次执行操作来检测和纠正错误。主要包括：

1）重复执行（Repeated Execution）。对关键操作进行多次重复执行，通过比较多次执行的结果来检测和纠正错误。例如，实时控制系统中的任务多次执行。

2）时间多样性（Time Diversity）。在不同时间点执行相同的操作，避免由于瞬态错误（如电磁干扰）导致的系统故障。例如，航空电子系统中的时间多样性设计。

3）回滚重试（Retry after Rollback）。发生错误时，回滚到某个检查点并重新执行操作，直到成功为止。采用指令重复执行和程序重试等方法，以度过暂时性故障的影响并恢复系统。例如，数据库系统中的事务处理。

另外，在计算机控制系统中，常常采用简易手动备用技术，即采用手动操作方式实现对自动控制方式的备用。当自动方式发生故障时，通过切换成手动工作方式来保持系统的控制功能。

6.4.3　自诊断技术

在计算机控制技术中，自诊断技术是指计算机系统自身能够检测、识别和报告可能的故障或问题，以便及时采取措施修复或进行故障处理。这些技术有助于提高系统的可靠性、减少维护成本和降低故障对系统运行的影响。常见的自诊断技术主要包括以下几种。

（1）自检（Self-Test）

自检是指计算机系统在启动或运行过程中，通过自动执行一系列预设的测试程序，检查硬件和软件的工作状态是否正常，包括硬件自检、软件自检、外设自检等。

例如，在 DCS 投运前，用离线诊断程序检查各部分工作状态。系统运行中，各设备不断执行在线自诊断程序，一旦发现错误，立即切换到备用设备。同时经过通信网络在显示器上显示故障代码，等待及时处理。通常故障代码可以定位到卡件板，用户只需及时更换卡件。而各卡件都是最佳可替代单元，可以在线维修。

（2）故障诊断和报警

计算机系统能够通过监控硬件和软件运行时的参数，实时诊断可能存在的故障或异常情况，并采取以下措施：

1）错误代码和日志记录。记录发生的错误代码、异常行为或事件，并生成日志文件，用于分析和故障定位。

2）警报和通知。当系统检测到异常或故障时，可以通过警报声音、弹出窗口、发送电子邮件等方式通知相关人员或管理员。例如，DCS 可提供丰富的日志记录功能，记录每一次自诊断的执行结果、故障发生前后的系统状态以及操作员的响应动作，为后续的故障分析和系统优化提供了宝贵的数据支持。

（3）自修复和恢复

为了提高系统的可用性和自恢复能力，经常采用以下两种自修复和恢复机制：

1）自动恢复。当系统检测到故障或异常时，自动启动恢复程序或备用程序，继续系统的运行。例如，在 TDC-3000 系统或更高级的 DCS 平台上，系统能够自动检测并报告控制程序中的逻辑错误、参数设置不当或数据冲突等问题，确保控制策略的正确执行。

2）错误隔离和绕行。通过错误隔离和绕行，使系统在故障发生时可以临时屏蔽或绕过故障设备，保证系统其他部分的正常运行。

（4）远程监控和远程访问

通过远程监控和远程访问技术，管理员可以远程监视和管理计算机系统的运行状态和性能，及时响应可能的故障情况并进行远程维护和修复。

（5）预测性诊断

系统通过利用大数据分析技术，对设备的运行数据进行深度挖掘，提前预测潜在故障点，从而实施预防性维护措施。这种"预测性维护"策略极大地减少了非计划停机时间，提高了生产效率和系统可用性。另外，采用先进的算法和智能化诊断模型，如机器学习算法、故障树分析（FTA）和失效模式与影响分析（FMEA）等，能够帮助系统更精准地识别故障模式，评估故障对系统整体性能的影响，并推荐最优的修复方案。

值得注意的是，自诊断技术的有效实施离不开操作人员的专业技能和系统的持续更新升级。系统的操作人员需要接受专业培训，掌握系统的操作、维护和故障诊断技能。同时，系统供应商也应定期发布软件更新和补丁，修复已知漏洞，引入新的自诊断功能和技术，以保持系统的先进性和可靠性。

6.4.4　环境设计措施

（1）物理环境控制

1）温度和湿度控制。安装温度和湿度传感器，使用空调和除湿设备，确保环境条件适宜。

2）防尘措施。在计算机房内安装空气过滤设备，减少灰尘对设备的影响。

（2）电磁环境控制

1）电磁屏蔽。在设备和机房中使用电磁屏蔽材料，防止电磁干扰。

2）接地系统。确保设备和机房的接地系统完善，减少电磁干扰和静电放电的影响。

（3）电力保障

1）不间断电源（UPS）。为重要设备配置 UPS，防止电源中断。

2）备用电源。配备备用发电机或双路供电系统，确保电力供应的连续性。

6.4.5　管理和维护措施

（1）定期检查和维护

1）硬件维护。定期检查和清洁设备，预防性更换老化元器件。

2）软件维护。定期进行软件更新和补丁管理，修复已知漏洞和错误。

（2）备份和恢复

1）数据备份。定期备份重要数据，采用多种备份策略（如全备份、增量备份）。

2）恢复演练。定期进行数据恢复演练，确保备份数据在需要时能够快速恢复。

（3）安全管理

1）访问控制。制定严格的访问控制策略，确保只有授权人员可以访问系统。

2）日志记录。启用日志记录功能，监控系统运行状态和异常事件。

（4）培训和文档

1）员工培训。对运维人员进行定期培训，提高其应对故障和处理紧急情况的能力。

2）文档管理。维护详细的系统设计、操作和维护文档，确保在出现问题时能够快速查找和解决。

6.4.6 灾难恢复设计

1）灾难恢复计划。制订详细的灾难恢复计划，包括应急响应、备份恢复和业务连续性计划。

2）灾难恢复演练。定期进行灾难恢复演练，确保在实际灾难发生时能够迅速恢复系统。

6.4.7 可靠性测试

（1）单元测试

1）覆盖率。确保每个模块都经过充分的单元测试，检测其在各种输入条件下的表现。

2）自动化测试。使用自动化测试工具，提高测试效率和覆盖率。

（2）集成测试

1）接口测试。验证各模块之间的接口和交互，确保系统整体功能的正确性。

2）负载测试。模拟系统在高负载下的运行情况，检测其性能和稳定性。

（3）系统测试

1）回归测试。在每次软件更新后进行回归测试，确保新版本没有引入新的问题。

2）长时间运行测试。进行长时间运行测试，检测系统在长时间连续运行中的可靠性。

提高计算机控制系统可靠性的设计措施涉及硬件、软件、环境、管理等多个方面。通过冗余设计、容错设计、环境控制、定期维护和可靠性测试等手段，可以显著提高系统的稳定性和可靠性，确保系统在各种复杂环境和条件下能够稳定运行。

习题

1. 简述干扰的主要来源及其传播途径。

2. 简述干扰的分类。

3. 试述干扰的作用方式有哪些？各有什么特点？并叙述如何识别或区分不同的干扰类型。

4. 输入/输出通道中经常会遇到什么干扰？如何进行抑制？

5. 简述电源抗干扰技术。

6. 抑制尖峰干扰最常用的方法有哪些？

7. 长线干扰有哪几种形式？如何进行抑制？

8. 过程计算机控制系统中一般分为几种地？输入系统和主机如何接地？

9. 简述软件抗干扰技术有哪些。看门狗技术有什么作用？有哪些方法可以实现看门狗？

10. 实现分散控制的主要技术措施有哪些？

11. 什么是冗余技术？其实现方式有哪些？

第7章 计算机控制系统软件

与其他计算机应用系统一样，计算机控制系统也分为硬件和软件两部分。只有计算机硬件的计算机叫裸机，它不能实现任何功能，只是计算机控制系统的设备基础；软件则是计算机控制系统的核心，计算机只有在配备了所需的各种软件后，才能展现出令人炫目的多功能。也只有通过软件和硬件的相互配合，才能实现各种控制策略、控制算法和控制目标，从而充分发挥计算机的优势，使计算机控制系统具有更高的性价比。本章将主要介绍有关计算机控制系统的软件知识。

第 7 章微课视频

7.1 计算机控制软件概述

软件是计算机系统中与硬件相互依存的另一部分，它是包括程序、数据及其相关文档的完整集合；程序是按事先设计的功能和性能要求执行的指令序列；数据是使程序能正常操纵信息的数据结构；文档是与程序开发、维护和使用有关的图文材料。计算机控制软件是计算机控制系统中非常重要的部分。

7.1.1 计算机软件基础

计算机软件根据功能可以分为系统软件和应用软件两类。

1. 系统软件

系统软件用来管理计算机系统的资源，包括操作系统、支撑软件、系统实用程序、系统扩充程序（操作系统的扩充、汉化）、网络系统软件、设备驱动程序、通信处理程序等。其中，操作系统是最基本的系统软件。操作系统是计算机系统的资源（硬件和软件）管理者，同时又是用户与计算机硬件系统之间的接口。用户通过操作系统高效、方便、安全、可靠地使用计算机。

常用的操作系统有 DOS、NOVELL、UNIX、Linux、OS/2、Windows、macOS 等。

支撑软件是辅助软件开发人员进行软件开发的各种工具软件，借以完成软件开发工作，提高软件生产效率，改善软件产品质量等，主要包括软件开发工具、软件评测工具、界面工具、转换工具、软件管理工具、语言处理程序、数据库管理系统、网络支持软件以及其他支持软件。

2. 应用软件

应用软件是软件公司或用户为解决某类应用问题而专门研制的软件，主要包括科学和工程计算机软件、文字处理软件、数据处理软件、图形软件、图像处理软件、应用数据库软件、事务管理软件、辅助类软件、控制类软件等。

计算机控制系统软件属于应用软件，它主要实现企业对生产过程的实时控制和管理以及企业整体生产的管理控制。

由于计算机控制系统中控制任务的实现与管理功能的实现都需要借助软件来完成，软件设计的好坏将直接影响控制系统的运行效率和各项性能指标的最终实现。另外，选择好的操作系统和好的程序设计语言对程序运行效率也非常重要。在实时工业控制应用系统中，为了实现特定的应用目标，需要进行应用程序的设计和开发。过去由于技术发展水平的限制，应用程序一般都需要应用单位自行开发或委托专业单位进行开发，系统的可靠性和其他性能指标难以得到保证，系统的实施周期也一般较长。随着计算机控制系统应用的深入发展，那种小规模的、解决单一问题的应用程序已不能满足控制系统的需要，于是出现了由专业化公司投入大量人力、财力研制开发的用于工业过程计算机控制，并可满足不同规模控制系统的商品化软件，即工业控制组态软件。对最终的应用系统用户而言，他们并不需要了解这类软件的各种细节，经短期培训后，所需做的工作仅是填表式的组态而已。由于这些商品化软件的研制单位具有丰富的系统开发经验，并且软件产品经过考核和许多实际项目的成功应用，所以可靠性和各项性能指标都可得到保证。

　　同软件的发展历程一样，计算机控制系统软件的发展也经历了从针对某一具体控制问题进行程序设计，到针对抽象的通用性问题或中大型控制系统进行规范化、系统化的软件工程设计的发展阶段。在软件工程中，程序设计的主要特点是，使用软件语言进行程序设计，这种软件语言并不仅指程序设计语言，还包括需求定义语言、软件功能语言、软件设计语言等。不同于以往的程序设计方法，软件工程适合于开发不同规模的软件；开发的软件适合于所基于的硬件向着超高速、大容量、微型化和网络化方向发展；在开发过程中，决定软件质量的因素不仅是技术水平，更重要的还取决于软件开发过程中的管理水平。随着过程计算机控制系统的内涵与外延不断扩大，社会需求对过程计算机控制系统的要求越来越高，因而其科学的软件设计方法也应按软件工程的方法进行。

7.1.2　计算机控制系统软件功能

　　在整个计算机控制系统中，硬件大部分可以直接从市场上购买到，因此软件部分就成了影响整个系统性能的关键。过程控制的特殊性要求控制软件具有实时多任务的特点，包括数据采集与输出、数据处理与算法实现、图形显示及人机对话、实时数据的存储、检索管理、实时通信等，这些任务要求在同一台计算机上同时运行。

1. 控制软件的功能

在软件功能上，控制软件一般具有以下功能。

1）实时数据采集：采集现场控制设备的状态及过程参数。

2）控制策略：为控制系统提供可供选择的控制策略方案。

3）闭环输出：在软件支持下进行闭环控制输出，以达到优化控制的目的。

4）报警监视：处理数据报警及系统报警。

5）画面显示：使来自设备的数据与计算机图形画面上的各元素关联起来。

6）报表输出：各类报表的生成和打印输出。

7）数据存储：存储历史数据并支持历史数据的查询。

8）系统保护：自诊断、掉电处理、备用通道切换和为提高系统可靠性、维护性采取的措施。

9）通信功能：各控制单元间、操作站间、子系统间的数据通信功能。

10）数据共享：具有与第三方程序的接口，方便数据共享。

2. 衡量控制软件性能的指标

根据上述性能，衡量一个过程控制系统软件性能优劣的主要指标是：

1）系统功能是否完善，能否提供足够多的控制算法（包括若干种高级控制算法）。

2）系统内各种功能能否完善地协调运行，如进行实时采样和控制输出的同时，又能同时显示画面、打印管理报表和进行数据通信操作。

3）保证人机接口良好，需要有丰富的画面和报表形式、较多的操作指导信息。另外操作要方便、灵活。

4）系统的可扩展性能如何，即是否能不断地满足用户的新要求和一些特殊的需求。

由于对过程控制软件提出的功能和指标要求比一般的软件要求要高出很多，因此对过程控制系统软件的设计也相应提出了较高的要求。设计者不仅应具备丰富的自动控制理论知识和实际经验，还需深入了解计算机系统软件，包括操作系统、数据库等方面的知识。他应该既熟悉控制现场要求，又熟练掌握编程技术。所以，要设计并成功开发一个好的过程计算机控制软件是很不容易的。

7.2　操作系统

操作系统是计算机系统中最基本、最重要的软件之一，负责管理和协调计算机硬件、软件资源，为用户和其他软件提供方便、高效、安全的环境。

7.2.1　操作系统的分类

操作系统可按照不同方式进行分类。例如，按用户数目的多少，可分为单用户和多用户系统；根据操作系统所依赖的硬件规模，可分为大型机、中型机、小型机和微型机操作系统；根据操作系统提供给用户的工作环境，可分为单/多用户操作系统、批处理操作系统、分时操作系统、实时操作系统、通用操作系统、网络操作系统和分布式操作系统等。

（1）单/多用户操作系统

单用户操作系统是指只支持一个用户在同一时间内使用计算机的操作系统。这种操作系统通常用于个人计算机和嵌入式设备中，如 Windows、macOS、iOS 等。

多用户操作系统是指能够支持多个用户同时使用计算机的操作系统。这种操作系统通常用于服务器和大型计算机系统中，如 Linux、UNIX 等。多用户操作系统支持多个用户在同一时间内使用计算机资源，可以通过用户权限管理和资源分配控制，保证多个用户之间的资源共享和安全性。

（2）批处理操作系统

批处理操作系统是指将一批作业集中提交给计算机系统，系统会按照一定的调度算法，逐一执行作业，直到所有作业执行完毕。这种操作系统主要用于批量处理大量重复的任务，如数据处理和打印作业等。

（3）分时操作系统

分时操作系统是指多个用户可以在同一时间内共享计算机资源，每个用户可以通过终端或网络连接访问计算机系统。分时操作系统通过时间片轮转等调度算法，为每个用户分配一定的时间片，让其在短时间内交互式地使用计算机资源。这种操作系统主要用于交互式计算和多任务处理，如 Windows、UNIX 等。

（4）实时操作系统

实时操作系统是在有限的时间内必须响应某些事件，保证实时性和可靠性，通常用于控制系统、航空航天、工业自动化和各种订票业务等领域，如 VxWorks、QNX 等。

（5）通用操作系统

通用操作系统一般是以上三种操作系统的结合。例如，批处理系统与分时系统相结合，当有分时用户时，系统及时地做出响应；但系统暂时没有分时用户或分时用户较少时，采用批处理系统处理不太紧急的作业，以便提高系统的资源利用率。这种系统中，把分时作业称为前台作业，批处理作业称为后台作业。类似地，批处理系统与实时系统相结合，有实时任务请求时，进行实时处理，没有实时任务请求时运行批处理，这时把实时系统称为前台，把批处理称为后台。

（6）网络操作系统

网络操作系统是使网络上各计算机能方便而有效地共享网络资源，为网络用户提供各种服务的软件和有关规程（如协议）的集合。网络操作系统提供网络操作所需的最基本的核心功能，如网络文件系统、内存管理及进程任务调度等。网络服务程序通过网络操作系统软件来实现，各计算机通过通信软件使网络硬件与其他计算机建立通信。通信软件还提供所支持的通信协议，以便通过网络发送请求或响应信息。

（7）分布式操作系统

随着程序设计环境、人机接口和软件工程等方面的不断发展，出现了由高速局域网互联的若干计算机组成的分布式计算机系统，需要配置相应的操作系统，即分布式操作系统。分布式计算机系统与计算机网络相似，分布式计算机系统通过通信网络将独立功能的数据处理系统或计算机系统互联起来，可实现信息交换、资源共享和协作完成任务等。

7.2.2　操作系统的功能

操作系统的功能主要体现在以下几个方面。

（1）进程管理

进程是一个运行中的程序。在操作系统中，进程具有独立性。多个进程在操作系统的调度下，分时、并发地运行。这样的结构，使得软件的开发可以按相对简捷的功能模块分别进行；可以利用一种所谓的信号灯机制，实现各个进程之间的通信，分配进程对各种资源的占用；可以利用进程调度，避免系统陷入死循环或崩溃；可以将进程设置为不同的优先级别，例如系统级或用户级，来保证系统的安全性。

（2）内存管理

内存管理是将计算机的内存分成若干页面，对各个页面赋予不同的特性和访问逻辑地址。利用内存页的不同特性，可以实现不同的访问特性。例如，可以为特殊的任务分配特定的内存页，同时也避免了其他任务侵入这一内存页。由于内存访问的实时性，这种页面的分配是由硬件实现的，一般来说，是依赖于 CPU 的支持来实现的。

（3）文件系统管理

文件系统是计算机系统的一个特殊组成部分。文件系统将计算机管理的大量数据以特定的结构保存在存储系统中，这个特殊的数据结构就是文件。文件系统一般建立在外存储器中，如磁盘、磁带、光盘等，以满足数据容量的要求。但是，在特殊的情况下，文件系统也可以建立在计算机的内存中。

（4）设备驱动程序

在操作系统的管理下，应用程序不必要也不应该与底层的各种设备直接打交道。应用程序可以经过操作系统提供的设备管理手段，即设备驱动程序，来使用系统的设备。设备驱动程序一般包括对设备的初始化、检查设备状态、控制设备动作、对设备进行读写操作等功能。

（5）系统调用

一个操作系统的各项功能，往往通过一系列应用软件可引用的程序模块来实现，称为系统调用函数或应用编程接口。这些系统调用模块经过比较严格的测试和实用考验，用它们作为整个应用系统的基础可以保障系统的稳定性和可靠性。

7.2.3　常见操作系统

（1）MS-DOS

DOS 操作系统是英文 Disk Operation System 的简称，中文为磁盘操作系统。它于 1981 年推出 1.0 版，并于 1994 年发布最后一版 MS-DOS6.22，界面用字符命令方式操作，只能运行单个任务。DOS 操作系统是操作系统中的一种，与其他操作系统相比，它的特点是命令行界面，更加简洁易用。

（2）Windows 系列

Windows 系统是微软公司开发的操作系统，现在已经成为个人计算机的主流操作系统之一，全球市场占有率高达 85%左右。Windows 系统由微软公司设计，采用了图形化模式 GUI，比起从前的 DOS 需要键入指令使用的方式更为人性化。Windows 系统有着良好的用户界面和简单的操作，是最为经典的代表之一，如 Windows 98、Windows XP、Windows 7、Windows 10、Windows 11 等。

（3）UNIX 系统

UNIX 系统是一款付费系统，安全性最高，只有命令行界面，没有图形界面，一般安装在服务器上，使用命令操作。UNIX 系统支持网络文件系统服务、提供数据等诸多应用，功能较为强大，由 AT&T 和 SCO 公司共同推出。UNIX 系统是目前较为常用的操作系统之一，现在已经发展成为一个重要的技术平台，被广泛应用于企业级别的服务器和研发系统中。

（4）Linux 系统

Linux 是免费使用和自由传播的类 UNIX 操作系统，基于 POSIX 和 UNIX 的多用户、多任务，支持多线程和多 CPU。它能够运行主要的 UNIX 工具软件、应用程序和网络协议，具有高效的性和灵活性。Linux 还分为桌面和图形用户界面两种模式，用户可以根据自己的需要对它进行必要的修改，无偿地使用，无约束地继续传播。Linux 以它的高效性和灵活性著称，是一个功能强大、性能出众、稳定可靠的操作系统。

（5）国产操作系统

国产操作系统多为以 Linux 为基础二次开发的操作系统。

1）红旗 Linux：红旗 Linux 是我国较大、较成熟的 Linux 发行版之一，也是国产较出名的操作系统，与日本、韩国的 Linux 厂商，共同推出了 Asianux Server，并且拥有完善的教育系统和认证系统。

2）银河麒麟：该系统是由国防科技大学、中软公司、联想公司、浪潮集团和民族恒星公司合作研制的闭源服务器操作系统。此操作系统是"863"计划重大攻关科研项目，目标是打破国外操作系统的垄断，研发一套具有中国自主知识产权的服务器操作系统。银河麒麟完全版共包括实时版、安全版和服务器版三个版本，简化版是基于服务器版简化而成的。

3）起点操作系统 StartOS（原雨林木风操作系统 Ylmf OS）：该系统是由东莞瓦力网络科技

有限公司发行的开源操作系统，其前身是由广东雨林木风计算机科技有限公司开发组所研发的 Ylmf OS，符合国人的使用习惯，预装常用的精品软件，操作系统具有运行速度快、安全稳定、界面美观、操作简洁明快等特点。

4）中科方德桌面操作系统：该系统由中科方德软件有限公司推出，适配海光、兆芯、飞腾、龙芯、申威、鲲鹏等国产 CPU，支持 x86、ARM、MIPS 等主流架构，支持台式机、笔记本、一体机及嵌入式设备等形态整机、主流硬件平台和常见外设。方德桌面操作系统还预装软件中心，已上架运维近 2000 款优质的国产软件及开源软件。

5）中兴新支点操作系统：中兴新支点操作系统基于 Linux 稳定内核，分为嵌入式操作系统（NewStart CGEL）、服务器操作系统（NewStart CGSL）、桌面操作系统（NewStart NSDL）。

6）鸿蒙操作系统（HarmonyOS）：该系统是华为自主研发的分布式操作系统，旨在为智能手机、平板、智能家居、车载系统等多种设备提供统一的操作平台。它采用微内核设计，具备高安全性、跨设备无缝协作和高效性能的特点，支持全场景智慧体验。

7.3　数据结构与算法

7.3.1　数据结构的定义

数据（Data）是计算机表示客观事物的载体，它能够被计算机识别、存储、加工和处理。计算机科学中，所谓数据就是计算机加工处理的对象，它可以是数值数据，也可以是非数值数据。数值数据是一些整数、实数或复数，主要用于工程计算、科学计算和商务处理等；非数值数据包括字符、文字、图形、图像、语音等。

数据元素（Data Element）是数据的基本单位，在计算程序中通常作为一个整体进行考虑和处理。有时，一个数据元素可由若干个数据项（Data Item）组成。例如，学籍管理系统中学生信息表的每一个数据元素就是一个学生记录，包括学生的学号、姓名、性别、籍贯、出生年月等数据项。

数据结构是指互相之间存在着一种或多种关系的数据元素的集合。在任何问题中，数据元素之间都不会是孤立的，在它们之间都存在着这样或那样的关系，这种数据元素之间的关系称为结构。

7.3.2　数据结构的分类

数据结构按照不同的维度，可以划分为两类：逻辑结构和存储结构。

（1）逻辑结构

逻辑结构指数据元素间存在的逻辑关系，与元素实际存储的物理结构无关。根据数据元素之间关系的不同特性，通常有下列 4 类基本结构（见图 7.1）：

1）集合结构。数据元素属于同一个集合。集合是元素关系极为松散的一种结构。

2）线性结构。数据元素之间存在着一对一的关系，常见的有链表、队列、栈等。

3）树形结构。数据元素之间存在着一对多的关系，常见的有二叉树、二叉查找树、平衡二叉查找树等。

4）图形结构。数据元素之间存在着多对多的关系。

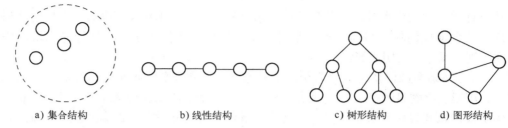

a) 集合结构　　　　　　　b) 线性结构　　　　　　c) 树形结构　　　　　d) 图形结构

图 7.1　4 类基本结构示意图

（2）存储结构

数据的逻辑结构在计算机中的存储表示或实现叫作数据的存储结构，也叫物理结构。数据的存储结构依赖于计算机。一般来说，一种数据结构的逻辑结构根据需要可以表示成多种存储结构，常用的存储结构有顺序存储、链式存储、索引存储和哈希存储等。数据的顺序存储结构的特点是，借助元素在存储器中的相对位置来表示数据元素之间的逻辑关系；非顺序存储的特点是，借助指示元素存储地址的指针表示数据元素之间的逻辑关系。

7.3.3　算法和算法分析

1. 算法的定义和基本要求

算法是对特定问题求解步骤的一种描述，在计算机中表现为指令的有限序列，并且每条指令包含一个或多个操作。此外，算法必须满足以下 5 个重要特性：

1）有穷性。一个算法必须总是在执行有穷步之后结束，且每一步都在有穷时间内完成。

2）确定性。算法中的每一条指令必须有确切的含义，在任何条件下，只有唯一的一条执行路径，即对于相同的输入只能得到相同的输出。

3）可行性。算法要足够基本，算法描述的操作可以通过已经实现的基本操作执行有限次来实现。

4）输入。一个算法有零个或多个输入。

5）输出。一个算法有一个或多个输出。

2. 算法的组成要素

算法由操作、控制结构和数据结构 3 要素组成。

（1）操作

算术运算：加、减、乘、除。

关系比较：大于、小于、等于、不等于。

逻辑运算：与、或、非。

数据传送：输入、输出、赋值（计算）。

（2）控制结构

一个算法功能的实现不仅取决于所选用的操作，还取决于各操作之间的执行顺序，即控制结构。算法的控制结构给出了算法的框架，决定了各操作的执行次序。这些结构包括以下几个方面。

1）顺序结构：各操作是依次进行的。

2）选择结构：由条件是否成立来决定选择执行。

3）循环结构：有些操作要重复执行，直到满足某个条件时才结束，这种控制结构也称为重复或迭代结构。

（3）数据结构

算法操作的对象是数据，数据间的逻辑关系、数据的存储方式及处理方式即是数据结构。它与算法设计是紧密相关的。

3．算法设计和要求

通常设计一个好的算法应考虑达到以下目标。

1）正确性。首先，算法应当满足具体问题的需求。对算法是否"正确"的理解可以有以下4 个层次：不含语法错误；对于某几组输入数据能够得出满足要求的结果；程序对于精心选择的典型、苛刻且带有刁难性的几组输入数据能够得出满足要求的结果；程序对于一切合法的输入数据都能得出满足要求的结果。

2）可读性。算法主要是为了人的阅读与交流，其次才是为计算机执行。因此算法应该易于人的理解；另外，晦涩难读的程序易于隐藏较多错误而难以调试；在程序设计阶段、程序编写阶段，算法都需要易于理解。

3）健壮性。当输入的数据非法时，算法应当恰当地做出反应或进行相应处理，而不是产生莫名其妙的输出结果；并且，处理出错的方法不应是中断程序的执行，而应是返回一个表示错误或错误性质的值，以便在更高的抽象层次上进行处理。

4）高效率与低存储量需求。效率指的是算法执行时间；存储量指的是算法执行过程中所需的最大存储空间。两者都与问题的规模有关。

7.3.4　常见的算法

1．分治算法

分治算法的基本思想是把一个规模为 n 的问题划分为若干规模较小且与原问题相似的子问题，然后分别求解这些子问题，最后把各个子结果合并得到整个问题的解。分治算法能够解决的问题，一般具有以下特征：

1）该问题的规模缩小到一定的程度就可以容易地解决。

2）该问题可以分解为若干个规模较小的相同问题，即该问题具有最优子结构性质。

3）利用该问题分解出的子问题的解可以合并为该问题的解。

4）该问题所分解出的各个子问题是相互独立的，即子问题之间不包含公共的子问题。

第一条特征是绝大多数问题都可以满足的，因为问题的计算复杂性一般随着问题规模的增加而增加；第二条特征是应用分治算法的前提，它也是大多数问题可以满足的，此特征反映了递归思想的应用；第三条特征是关键，能否利用分治算法完全取决于问题是否具有第三条特征，如果具备了第一条和第二条特征，而不具备第三条特征，则可以考虑用贪心算法或动态规划算法；第四条特征涉及分治算法的效率，如果各子问题是不独立的，则分治算法要做许多不必要的工作，重复地解公共的子问题，此时虽然可用分治算法，但一般用动态规划算法更好。

2．动态规划算法

其基本思想与分治算法类似，也是将待求解的问题分解为若干个子问题（阶段），按顺序求解子阶段，前一子问题的解，为后一子问题的求解提供了有用的信息。在求解任一子问题时，列出各种可能的局部解，通过决策保留那些有可能达到最优的局部解，丢弃其他局部解。依次解决各子问题，最后一个子问题就是初始问题的解。由于动态规划解决的问题多数有重叠子问题这个特点，为减少重复计算，对每一个子问题只解一次，将其不同阶段的不同状态保存在一个二维数组中。与分治算法最大的差别是，适合于用动态规划法求解的问题，经分解后得到的子问题往往不是互相独立的（即下一个子阶段的求解是建立在上一个子阶段的解的基础上，进行进一步的求解）。

3．贪心算法

贪心算法是指在对问题求解时，总是做出在当前看来是最好的选择。也就是说，不从整体最优上加以考虑，所做出的仅是在某种意义上的局部最优解。贪心算法没有固定的算法框架，算法设计的关键是贪心策略的选择。必须注意的是，贪心算法不是对所有问题都能得到整体最优解，选择的贪心策略必须具备无后效性，即某个状态以后的过程不会影响以前的状态，只与当前状态有关。所以对所采用的贪心策略一定要仔细分析其是否满足无后效性。

4．回溯算法

回溯算法实际上是一个类似枚举的搜索尝试过程，主要是在搜索尝试过程中寻找问题的解，当发现已不满足求解条件时，就"回溯"返回，尝试别的路径。回溯法是一种选优搜索法，按选优条件向前搜索，以达到目标。但当探索到某一步时，发现原先选择并不优或达不到目标，就退回一步重新选择，这种走不通就退回再走的技术为回溯法，而满足回溯条件的某个状态的点称为"回溯点"。许多复杂的、规模较大的问题都可以使用回溯法，有"通用解题方法"的美称。

5．分支限界算法

分支限界算法按广度优先策略搜索问题的解空间树，在搜索过程中，对待处理的节点根据限界函数估算目标函数的可能取值，从中选取使目标函数取得极值（极大或极小）的节点进行广度优先搜索，从而不断调整搜索方向，尽快找到问题的解。因为限界函数常常基于问题的目标函数而确定，所以，分支限界算法适用于求解最优化问题。分支限界法包括两个基本操作。

1）分支：把全部可行的解空间不断分割为越来越小的子集。

2）限界：即某阶段状态一旦确定，就不受这个状态以后决策的影响。也就是说，某状态以后的过程不会影响以前的状态，只与当前状态有关。

分支限界算法常以广度优先或以最小耗费（最大效益）优先的方式搜索问题的解空间树。在分支限界算法中，每一个活节点只有一次机会成为扩展节点。活节点一旦成为扩展节点，就一次性产生其所有子节点。在这些子节点中，导致不可行解或导致非最优解的子节点被舍弃，其余子节点被加入活节点表中。此后，从活节点表中取下一节点成为当前扩展节点，并重复上述节点扩展过程。这个过程一直持续到找到所需的解或活节点表为空时为止。

7.4　计算机控制系统中的数据库

在计算机控制系统中，系统采集了许多数据，系统需要对数据进行计算、分析、保存和查询等处理，这些功能的实现需要由数据库管理系统来完成。本节将介绍有关数据库系统的概念及设计等内容。

7.4.1　数据库系统概述

1．数据库系统的定义

什么是数据库系统？从根本上讲，它是一个以计算机为基础的记录保持系统，它的总的目的是要记录和保持信息。

一个数据库系统要包括 4 个主要部分：数据、硬件、软件和用户。

（1）数据

存储在数据库中的数据可以划分为一个或多个数据库。任何企业都必须维持与其工作有关的大量数据，这就是它的工作数据，这些工作数据可以是产品数据、账目数据、患者数据、学生数据和计划数据等。数据库的数据既是综合的，又是共享的。"综合"指的是可以把数据库看成若干单个不同的数据文件的联合，在那些文件间局部或全部地消除了冗余。"共享"指的是该数据库中一块块的数据可为多个用户所共享，其意义是每个用户都可存取同一块数据，并可将它用于不同的目的。

（2）硬件

硬件主要是指存储数据库数据的辅助存储器、磁盘、磁鼓及其他附属设备。

（3）软件

在实际存储的数据（或称物理数据库）和用户之间是一个软件层，通常叫数据库管理系统（DBMS）。用户存取数据库的所有请求都是由 DBMS 操作的。因此，DBMS 提供了一种在硬件层之上的对数据库的观察，并支持用较高的观点来表达用户的操作。

（4）用户

数据库系统中的用户是指运用数据库进行各种业务处理工作的人或部门。用户的业务处理是通过专门的应用程序来实现的。根据用户业务处理范围及使用语言的不同，又可将其分为三类用户。

第一类用户是应用程序员。这类用户通常通过应用程序对数据进行操作：检索信息、建立新信息、删除或改变现有信息。所有这些功能都是通过向 DBMS 发出适当的请求来实现的。

第二类用户是从终端存取数据的终端用户，他们使用特定的命令语言，实现对数据库的查询、建立、删除及修改。

第三类用户是数据库管理员（DBA）。DBA 的职责包括：决定数据库的信息内容；决定存储结构和存取策略；与用户建立联系，定义权限和有效性步骤；确定后备和恢复策略等。

2．数据库系统的发展阶段

（1）数据库系统的低级阶段

从 20 世纪 60 年代后期开始，存储技术取得很大发展，有了大容量的磁盘。计算机用于管理的规模更加庞大，数据量急剧增长，为了提高效率，人们着手开发和研制更加有效的数据管理模式，提出了数据库的概念。

美国 IBM 公司于 1968 年研制成功的数据库管理系统（IMS）标志着数据管理技术进入了数据库系统阶段。IMS 为层次模型数据库。1969 年，美国数据系统语言协会公布了数据库工作组报告，对研制开发网状数据库系统起了重大推动作用。从 1970 年起，IBM 公司的 E. E. Codd 连续发表论文，又奠定了关系数据库的理论基础。

自 20 世纪 70 年代以来，数据库技术发展很快，得到了广泛的应用，已成为计算机科学技术的一个重要分支。

（2）数据库系统的高级阶段

20 世纪 70 年代中期以来，随着计算机技术的不断发展，出现了分布式数据库、面向对象数据库、云数据库和智能型知识数据库等，通常被称为高级数据库技术，这个阶段通常被称为数据库系统的高级阶段。

1）分布式数据库。由于计算机网络通信的迅速发展，使得分散在不同地理位置的计算机能够实现数据的通信和资源的共享，已经建立并使用中的许多数据库也需要互联，因此产生了分布式数据库系统。

分布式数据库是分布在计算机网络不同节点上的数据的集合。它有两个主要的特点：一个是网络上每个节点上的数据库都只有独立处理的能力。多数数据处理就地完成，不能处理的才交其他处理机处理。另一个是计算机之间用通信网络连接。每个节点上的应用可访问本节点上数据库中的数据（这种应用称为局部应用），也可以通过网络访问其他节点数据库的数据（这种应用称为全局应用）。

分布式数据库在物理上是分散的，在逻辑上是统一的。在分布式数据库系统中，适当地增加了数据冗余，个别节点的失效不会引起系统的瘫痪，而且多台处理机可并行工作，提高了数据处理的效率。

2）面向对象数据库。随着计算机的发展，数据库的应用领域不断扩大，从商务领域（如存款取款、财务管理、人事管理等应用领域）拓宽到计算机集成制造系统（CIMS）、计算机辅助设计（CAD）和计算机辅助生产管理等应用领域。这些新的应用领域对数据库技术提出了新要求。

20 世纪 80 年代产生了面向对象的数据库系统。在面向对象的数据库系统中，一切概念上存在的小至单个整数或数字串，大至由许多部件构成的系统均称为对象。任何一个对象都有数据部分和程序部分，例如，职工张三是一个对象，他 25 岁，每月工资 1500 元。这个对象的数据部分是姓名——张三，年龄——25，工资——1500 元。修改对象张三的年龄或工资，或检索对象属性（例如姓名、年龄、工资）的值，所使用的程序构成了对象的程序部分。面向对象的数据库系统比一般数据库系统具有更多的特点和应用领域。未来的软件系统将建立在面向对象的概念上。

3）智能型知识数据库。人们对数据进行分析找出其中关系并形成信息，然后对信息进行再加工，获得更有用的信息，即知识。人工智能的发展，要求计算机不仅能够管理数据，还能管理知识。管理知识可用知识库系统实现。

知识库是一门新的学科，它研究知识表示、结构、存储、获取等技术。知识库是专家系统、知识处理系统的重要组成部分。知识库系统把人工智能的知识获取技术和机器学习的理论引入数据库系统中，通过抽取隐含在数据库实体间的逻辑蕴涵关系和隐含在应用中的数据操纵之间的因果联系，形式化地描述数据库中的实体联系。在知识库系统中可以把语义知识自动提供给推理机，从已有的事实知识推出新的事实知识。

4）云数据库。云数据库是一种基于云计算技术的数据库服务，它将传统的关系型数据库与云计算技术相结合，实现了数据库的云端化。云数据库采用分布式架构，将数据存储在多个节点上，并通过分布式数据库管理系统进行管理和调度。这种架构使得云数据库具有弹性可扩展、高可用性、高可靠性、安全可靠等特点。数据库类型一般分为关系型数据库和非关系型数据库。

弹性可扩展：云数据库可以根据业务需求动态扩展资源，无须手动增加硬件设备。当业务量增加时，可以通过增加节点数来提高数据处理能力；当业务量减少时，可以减少节点数来降低成本。

高可用性：云数据库采用分布式架构，每个节点都有数据备份，当某个节点出现故障时，其他节点可以快速接管，保证业务的连续性。

高可靠性：云数据库采用数据备份和恢复机制，确保数据不会因为硬件故障等原因而丢失。同时，云数据库还提供了数据加密、权限控制等安全措施，保证数据的安全性。

易用性：云数据库提供了友好的用户界面和丰富的 API 接口，方便用户进行数据管理和操作。同时，云数据库还提供了自动化的数据备份和恢复功能，降低了数据管理的难度。

成本效益：云数据库采用按需付费的计费方式，用户只需为自己的实际使用量付费，降低了总体拥有成本。同时，云数据库还提供了自动化的运维管理功能，降低了运维成本。

3．数据库系统的主要特征

（1）数据结构化

在数据库中，数据是按照某种数据模型组织起来的，不仅文件内部数据之间彼此是相关的，而且文件与文件之间在结构上也有机地联系在一起，整个数据库浑然一体。

（2）较少的数据冗余度

非数据库系统中往往会导致存储数据的大量冗余，结果造成存储空间的浪费。

（3）避免不相容性

这也是减少数据冗余带来的必然结果。

（4）数据共享

数据共享不仅表现在现有的一些应用能共享数据库中的数据，而且表现在可以对同样的存储数据进行一些新的应用。换言之，不需要建立任何新的存储文件，即可满足新应用的数据要求。

（5）保持数据完整性

完整性是指数据库中的数据是准确的。

（6）数据独立性

数据独立性是数据库系统的一个主要目标。文件系统的应用都是数据依赖的，在数据库系统中，各种应用对存储结构和存取策略的改变不敏感。

7.4.2　数据库的三级模式

依照美国国家标准学会（ANSI）所属标准计划和标准化报告，可把数据库分为三级，它们分别是外模式、概念模式和内模式，如图 7.2 所示。

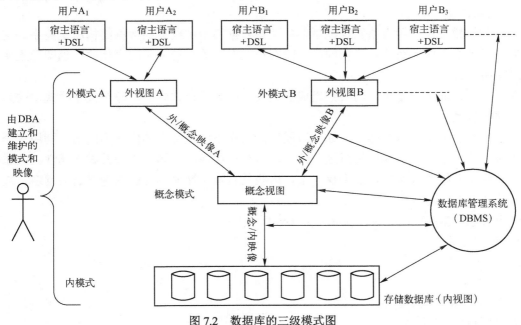

图 7.2　数据库的三级模式图

外模式是应用程序员所看到的数据库的逻辑结构，也可称为用户视图（或外视图）。外模式基本上是由应用所需的各种外记录类型的相应定义所组成的。该模式由数据定义语言的外 DDL 所描述。

概念模式是企业所有工作数据所表示的整体逻辑结构。它与数据的物理存储方式相比是较为抽象的形式，因此也可称其为概念视图。概念模式由多种概念记录类型的多个记录值构成。

三级模式的第三级是内模式。内模式是数据库的存储结构（或称为物理结构），它是由内记录（或称为存储记录）类型的多个值构成的。内模式即是由定义的文件及其上的索引组成的。内模式由数据定义语言的内 DDL 所描述。

7.4.3　数据模型

1．数据模型的定义

数据库是模拟现实世界中企业活动的数据集合，模拟是通过数据模型来实现的，整个数据库的组织也是通过数据模型来实现的。因此，可以认为数据模型是用来创建数据库、维护数据库并将数据库解释为外部活动模型的工具，是数据库系统用户及 DBA 用来定义数据内容和数据间联系方式的工具的总称。

目前的数据模型大致可分为两类：一类是独立于任何计算机实现的，如实体-联系模型（E-R 模型）、语义网络模型等，这类模型完全不涉及信息在计算机系统中的表示问题，只用来描述某个特定的信息结构，因此常又称作信息模型或概念模型。此类模型在数据库设计中较为常用。

另一类是直接面向数据库中数据的逻辑结构，又称为基本数据模型或结构数据模型。目前使用最为广泛的基本模型有网状模型、层次模型和关系模型三种。

数据模型的功能包括数据内容的描述、实体间联系的描述、数据语义的描述。

现在常用的是关系模型，后面将主要介绍关系数据模型及在其上实现的数据库系统。对于实时数据库，将在 7.4.6 节中进行介绍。

2．关系模型

关系数据模型是一种表格数据模型，在关系数据模型中仅有的数据结构就是关系。这里，关系的定义与数学中关系的定义相同，其差别是数据库关系是随时间变化的，也即元素将被插入、删除和修改。

关系数据库的定义是由一组关系组成的，关系用关系模式联系。每个关系模式由关系名和它对应的域名组成。

在给定的关系中，有这样一个或一组属性，它在不同元组中的值是不同的，利用这个值可以把关系中的一个元组和其他元组区分开来，具有这样性质的属性称为关键字属性。关系中，可以唯一标识元组值的属性可能不止一个，这些具有唯一性的属性统称为候选关键字，被选作键的属性称为主关键字。

一个关系数据库中的关系，应具备如下性质：

1）行序无关。

2）列序无关。

3）规范化。

4）实体完整性规划。

5）引用完整性规划。

3．E-R 模型设计

为把复杂的现实世界中的问题抽象到简单规整的机器世界中，人们使用数据模型这种强有力的抽象工具，E-R 模型是众多数据模型中的一种，它是由美国加州大学 Peter Chen 教授于 1976 年提出的，被普遍认为是用于数据库设计的较好模型。

在 E-R 模型中，现实世界中的每个事物都被看作一个实体（Entity）。实体可以是具体的人和物，也可以是抽象的表格单据。同类实体的集合被看作实体型（Entity Type）。

实体由其所具有的特征，或称为属性（Attribute）描述。同一实体型中的实体具有相同的一组特征。实体并不是孤立地存在于现实世界中的，实体与实体之间存在着一定的联系。这种联系可以分为三种：

第一种是 1:1 的联系，它描述一个实体仅与另一个实体相关；

第二种是 1:n 的联系，它描述一个实体与多个实体间的相关性；

第三种是 $n:m$ 的联系，它描述两个实体型之间多个实体间的相互关系。

E-R 模型可以用 E-R 图的方式描述对现实世界抽象的模拟结果。E-R 图由矩形、菱形和椭圆以及它们之间的连线构成。在 E-R 图中，矩形表示实体型，对应的实体型名称写在矩形框中；菱形表示实体型之间的联系，其联系名写在菱形框内，并且用连线将相关的实体连接起来，在连线的旁边还要注明联系的类型；椭圆表示属性，其属性名写在椭圆中，与相关的实体型或联系型间用连线相连。图 7.3 是一个描述教师和学生关系的 E-R 模型。

使用 E-R 模型设计数据库的步骤如下：

1）确定要求解的应用的实体型。

2）确定实体型之间的联系及其联系类型。

3）确定实体型和联系型的属性。

4）画出局部应用的 E-R 图。

5）将局部 E-R 图综合为全局 E-R 图。

6）优化全局 E-R 图。

7）设计逻辑数据库。

8）编码，调试。

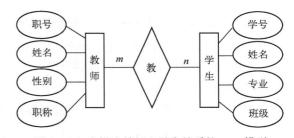

图 7.3　一个描述教师和学生关系的 E-R 模型

7.4.4　结构化查询语言

结构化查询语言，即 Structured Query Language，简称 SQL。

1．SQL 语言性质

1）SQL 语言是一种关系数据库语言，提供数据的定义、查询、更新和控制等功能。

2）SQL 语言不是一个应用程序开发语言，只提供对数据库的操作能力，不能完成屏幕控制、菜单管理、报表生成等功能，可成为应用开发语言的一部分。

3）SQL 语言不是一个 DBMS，它属于 DBMS 语言处理程序。

2．SQL 语言命令

SQL 语言的命令通常分为 4 类。

（1）数据定义语言（DDL）

DDL 用来创建、修改或删除数据库中各种对象，包括表、视图、索引等。

命令：CREATE TABLE、CREATE VIEW、CREATE INDEX、ALTER TABLE、DROP TABLE、DROP VIEW、DROP INDEX

（2）查询语言（QL）

QL 用来按照指定的组合、条件表达式或排序检索已存在于数据库中的数据，而不改变数据库中数据。

命令：SELECT…FROM…WHERE…

（3）数据操纵语言（DML）

DML 用来对已经存在的数据库进行元组的插入、删除、修改等操作。

命令：INSERT、UPDATE、DELETE

（4）数据控制语言（DCL）

DCL 用来授予或收回访问数据库的某种特权、控制数据操纵事务的发生时间及效果、对数据库进行监视。

命令：GRANT、REVOKE、COMMIT、ROLLBACK

3. 常用 SQL 语句介绍

（1）SELECT 语句

SELECT 语句可以从一个或多个表中选取特定的行和列。因为查询和检索数据是数据库管理中最重要的功能，所以 SELECT 语句在 SQL 中是工作量最大的部分。

SELECT 语句的一般语法为

```
SELECT columns FROM tables WHERE predicate ORDER BY column [ASC]/[DESC];
```

例如，选择姓氏为 Jones 的所有雇员并按 BRANCH_OFFICE 升序排列的语句为

```
SELECT * FROM EMPLOYEES WHERE LAST_NAME = 'Jones'
ORDER BY BRANCH_OFFICE ASC;
```

（2）INSERT 语句

用户可以用 INSERT 语句将一行记录插入指定的一个表中。INSERT 语句的语法为

```
INSERT INTO table (column1,…,columnN) VALUE (column1value,…,columnNvalue);
```

例如，要将雇员 John Smith 的记录插入 EMPLOYEES 表中，可以使用如下语句：

```
INSERT INTO EMPLOYEES VALUES  ('Smith','John','1980-06-10', 'Los Angles',
16,450);
```

（3）UPDATE 语句

UPDATE 语句允许用户在已知的表中对现有数据的行进行修改。UPDATE 语句的语法如下：

```
UPDATE table SET column1=value1,…,columnN=valueN WHERE predicate;
```

例如，我们刚刚发现 Indiana Jones 的等级为 16，工资为$4,000.00，可以通过下面的 SQL语句对数据库进行更新：

```
UPDATE EMPLOYEES SET GRADE = 16, SALARY = 4000
WHERE FIRST_NAME = 'Indiana'  AND LAST_NAME = 'Jones';
```

（4）DELETE 语句

DELETE 语句用来删除已知表中的行。所有满足 WHERE 子句中条件的行都将被删除，由于 SQL 中没有 UNDO 语句或者"你确认删除吗？"之类的警告，在执行这条语句时千万要小

心。DELETE 语句的语法如下：

```
DELETE FROM table WHERE predicate;
```

如果决定取消 Los Angeles 办事处并解雇办事处的所有职员，这一工作可以由以下语句来实现：

```
DELETE FROM EMPLOYEES WHERE BRANCH_OFFICE = 'Los Angeles';
```

7.4.5　常见数据库管理系统

常见的数据库系统主要包括关系型数据库和 NoSQL 数据库。

1. 关系型数据库管理系统（RDBMS）

目前常用的关系型数据库主要有 Oracle Database、Microsoft SQL Server、MySQL、PostgreSQL、IBM Db2 等，RDBMS 广泛应用于各类信息管理系统中，如企业资源规划（ERP）、客户关系管理（CRM）、金融系统等。

（1）Oracle Database

Oracle Database 是由 Oracle Corporation 开发的一款功能强大的企业级关系型数据库管理系统。它以卓越的性能、高度的可靠性和丰富的功能集闻名，支持复杂的数据管理需求。主要特点：高可用性和可靠性，支持 Oracle Real Application Clusters（RAC）、数据保护和恢复、自动存储管理（ASM）；强大的事务处理能力，适用于大规模并发用户和高事务负载的应用；高级特性，如分区、索引、存储过程（PL/SQL）、内存数据库、数据仓库等。主要应用场景：金融、电信、政府等行业的关键任务应用和大型企业系统。

（2）Microsoft SQL Server

Microsoft SQL Server 是由微软开发的企业级数据库管理系统，专为与微软的其他软件（如 Windows Server、.NET Framework、Azure）集成设计。主要特点：紧密集成的生态系统，与 Windows 环境、Active Directory、Azure 云服务无缝集成；商业智能支持，内置全面的 BI 工具，如 SQL Server Reporting Services（SSRS）、SQL Server Analysis Services（SSAS）和 SQL Server Integration Services（SSIS）；高性能，支持内存中 OLTP、列存储索引等技术，提升数据处理速度。主要应用场景：适用于需要与微软技术栈紧密集成的企业，如银行、教育和公共部门。

（3）MySQL

MySQL 是一种开源关系型数据库管理系统，广泛应用于 Web 应用程序、中小型企业和 SaaS 平台，最初由 MySQL AB 开发，现由 Oracle Corporation 维护。主要特点：开源且广泛应用，支持多种平台，易于安装和配置，拥有广泛的社区支持；高性能，使用 InnoDB 存储引擎，支持事务、外键和行级锁定，提升数据处理性能；灵活性，支持多种存储引擎，用户可以根据需要选择合适的存储机制。主要应用场景：适合中小型企业、互联网应用和内容管理系统（CMS）等。

（4）PostgreSQL

PostgreSQL 是一种开源的、功能丰富的关系型数据库管理系统，以高度遵循 SQL 标准和强大的扩展性而著称。主要特点：高度兼容 SQL 标准，支持复杂的查询、事务、外键、视图、触发器等；高级特性，如用户自定义数据类型、继承、复杂的索引类型（如 GiST、GIN）、全文搜索、地理信息系统（PostGIS）；可扩展性，允许用户扩展数据库功能，支持插件和扩展模块。主要应用场景：适合需要复杂数据处理、分析和高数据完整性的应用，如地理信息系统（GIS）、金融分析系统。

（5）IBM Db2

IBM Db2 是由 IBM 开发的企业级数据库管理系统，以其强大的事务处理能力和与大型机系统的集成而著称。主要特点：企业级可靠性，支持高可用性、事务处理和数据仓库应用；数据压缩与优化，提供高效的数据压缩和查询优化功能；支持混合工作负载，能够同时处理 OLTP（联机事务处理）和 OLAP（联机分析处理）。主要应用场景：适用于金融服务、保险、制造业等行业的关键任务应用，特别是在 IBM 硬件环境中。

（6）MariaDB

MariaDB 是 MySQL 的一个分支，作为一个开源数据库系统，旨在保持与 MySQL 的兼容性，同时提供更多的性能优化和安全特性。主要特点：开源与 MySQL 兼容，与 MySQL API 和命令行工具兼容，易于从 MySQL 迁移；性能增强，改进了查询优化器，支持更多的存储引擎，如 Aria、XtraDB；高安全性，提供更好的数据加密、审计和权限管理功能。主要应用场景：适用于希望在开源环境中使用 MySQL 功能的用户，特别是那些需要更多性能和安全性的应用。

（7）SQLite

SQLite 是一种轻量级、嵌入式关系型数据库管理系统，常用于移动应用、嵌入式系统和小型应用程序中。主要特点：无服务器，SQLite 是一个库文件，无需独立的数据库服务器，直接嵌入应用程序中；零配置，无须配置或管理，开箱即用；跨平台，支持几乎所有操作系统，并且数据文件便于移动和复制。主要应用场景：适用于需要嵌入式数据库的小型应用程序、移动设备和开发测试环境。

（8）Amazon Aurora

Amazon Aurora 是由 AWS 开发的云原生关系型数据库管理系统，兼容 MySQL 和 PostgreSQL，专为云环境设计，提供高性能和高可用性。主要特点：云原生架构，提供自动扩展、高可用性和故障恢复功能；高性能，比标准 MySQL 和 PostgreSQL 性能更高，同时兼容这两种数据库；自动化管理，包括自动备份、数据库监控、自动故障转移等功能。主要应用场景：适用于需要高性能、高可用性和简化管理的云计算环境，特别是那些已经在 AWS 上运行的应用。

这些关系型数据库管理系统各自具有不同的特点，用户可以根据应用的规模、复杂性、技术栈和预算选择合适的系统。例如，Oracle 和 IBM Db2 适合大型企业和关键任务应用，MySQL 和 PostgreSQL 则在中小型企业和开源项目中广泛使用。

随着我国信息技术的发展和自主可控需求的提高，国产数据库得到了广泛关注和快速发展。国产数据库在功能、性能、安全性和可靠性方面取得了显著进步，逐渐被应用于金融、电信、政府等关键行业中，以下是一些常见的国产数据库管理系统（DBMS）的简介。

（9）达梦数据库（DM Database）

达梦数据库（DM Database）是由武汉达梦数据库股份有限公司开发的一款高性能的关系型数据库管理系统。它具备全面的 SQL 标准支持，并在安全性、稳定性和性能方面表现出色。主要特点：高兼容性，支持 SQL92、SQL99 标准，兼容 Oracle 语法，便于应用迁移；高安全性，提供数据加密、审计功能，满足金融、政府等行业的高安全性需求；多场景适用，支持大规模数据处理、事务处理和混合负载。主要应用场景：广泛应用于金融、电信、政府等领域，特别是在需要高安全性和稳定性的场景。

（10）神舟通用数据库（Shentong Database，GBase）

神舟通用数据库，是由天津神舟通用数据技术有限公司开发的一款高性能数据库系统。该数据库系统涵盖了关系型和非关系型数据库技术，广泛应用于各个行业。主要特点：高性能，特别擅长大数据处理和分析，优化了数据仓库和在线分析处理（OLAP）；大数据支持，集成了大数据分析功能，支持 PB 级数据的处理和分析；广泛兼容，支持 SQL、NoSQL、Hadoop 等多种数据访问方式。主要应用场景：适用于大数据分析、数据仓库、实时数据处理等场景。

（11）OceanBase

OceanBase 是蚂蚁集团（原蚂蚁金服）自主研发的一款分布式关系型数据库，最初为支付宝的核心交易系统设计，具有极高的可扩展性和容错能力。主要特点：分布式架构，支持全球多活架构，实现高可用性和故障自动恢复；高性能，优化了金融级事务处理能力，适合高并发、高吞吐的应用场景；强一致性，通过 Paxos 协议保证数据的一致性和可靠性。主要应用场景：主要应用于金融、电商等需要高可用性和强一致性的分布式应用场景。

（12）TiDB

TiDB 是由 PingCAP 公司开发的一款开源分布式数据库，兼具了关系型数据库的 ACID 特性和 NoSQL 的水平扩展能力。它被设计为能够处理大规模的事务性和分析性工作负载。主要特点：水平扩展，支持在线弹性扩展，适合海量数据场景；兼容 MySQL，与 MySQL 协议兼容，便于应用迁移；HTAP 能力，支持混合事务和分析处理（HTAP），适合多种数据处理需求。主要应用场景：广泛应用于互联网、电商、金融等行业，适用于处理大规模数据的复杂应用场景。

（13）瀚高数据库（HighGo Database）

瀚高数据库是由山东瀚高基础软件股份有限公司开发的一款国产数据库，基于 PostgreSQL 二次开发，专为中国市场优化。主要特点：高安全性，通过了多项国家级安全认证，满足政府、金融等行业的安全需求；兼容性，兼容国际标准 SQL 和多种主流数据库接口，便于与其他系统集成；高可靠性，支持集群和分布式部署，提供高可用性方案。主要应用场景：适用于政府、金融、教育等领域，特别是在需要高安全性和合规性的场景中。

（14）人大金仓（KingbaseES）数据库

人大金仓数据库是由北京人大金仓信息技术股份有限公司开发的关系型数据库系统。它是我国第一款自主研发的数据库管理系统，拥有多年研发经验。主要特点：自主可控，完全自主研发，拥有完全知识产权；高性能，针对大数据、事务处理进行了优化，适用于复杂的业务场景；易用性，提供了友好的管理界面和丰富的开发工具，便于部署和运维。主要应用场景：广泛应用于政府、金融、电信等领域，特别是在需要自主可控数据库解决方案的场景中。

（15）南大通用（GBase 8a/8t）数据库

南大通用数据库由天津南大通用数据技术股份有限公司开发，GBase 8a 是一款面向分析的大数据平台，GBase 8t 是一款面向事务处理的关系型数据库。主要特点：针对性优化，GBase 8a 适用于大数据分析，GBase 8t 适用于高并发的事务处理；大规模并行处理，支持大数据场景下的高效数据分析；高安全性，符合国家信息安全标准，适用于对数据安全有高要求的行业。主要应用场景：适用于大数据分析、事务处理、实时数据处理等场景。

（16）星环数据库（Transwarp）

星环数据库由星环信息科技（上海）股份有限公司开发，是一款融合了大数据处理能力和关系型数据库特性的系统，支持多种数据处理场景。主要特点：多模数据处理，同时支持结构化、半结构化和非结构化数据处理；强扩展性，支持 PB 级数据的处理，适合大规模数据场景；云原生架构，支持云环境下的灵活部署和弹性扩展。主要应用场景：适用于大数据、人工智能、物联网等需要处理海量数据的场景。

2. NoSQL 数据库

NoSQL 数据库是一类不遵循传统关系型数据库模型的数据库系统，通常用于处理大规模、非结构化或半结构化的数据。与传统的关系型数据库不同，NoSQL 数据库提供了灵活的数据模型，并能支持大规模分布式数据存储和处理。以下是一些常见的 NoSQL 数据库介绍。

（1）MongoDB

MongoDB 是一种文档型数据库，由 MongoDB 公司开发。它使用类似 JSON 的 BSON 格式来存储数据，允许嵌套文档和动态模式，可方便地处理复杂的数据结构，广泛应用于内容管理系统、电商平台、实时分析和物联网（IoT）等需要处理大量数据和多变数据结构的场景。

（2）Cassandra

Cassandra 是一个开源的分布式列存储数据库，最初由 Facebook 开发，后成为 Apache 项目。它设计用于大规模数据的分布式存储，具有高度的可扩展性和高可用性，适用于电信行业、物联网、大数据分析等需要处理大规模分布式数据和高可用性的场景。

（3）Redis

Redis 是一种开源的内存数据结构存储，可以用作数据库、缓存和消息队列。它支持多种数据结构，如字符串、哈希、列表、集合、有序集合等，常用于缓存系统、排行榜、会话管理、实时分析等对性能要求高的应用场景。

（4）HBase

HBase 是一个基于 Hadoop 的开源分布式列存储数据库，适合存储大量稀疏数据。它类似于 Google 的 Bigtable 模型，专为处理大规模数据存储设计，适用于需要大规模存储和检索的应用，如电信、金融、物联网等领域的大数据存储和处理。

（5）Couchbase

Couchbase 是一个多模型 NoSQL 数据库系统，集成了内存缓存和文档存储功能。它特别适合需要低延迟、高吞吐量的实时 Web 应用、移动应用和个性化推荐系统。

（6）Neo4j

Neo4j 是一个图数据库，专门设计用于处理高度连接的数据。它使用图结构（节点和关系）来存储数据，非常适用于社交网络分析、推荐系统、欺诈检测、网络和 IT 运维等领域。

（7）Elasticsearch

Elasticsearch 是一个分布式搜索引擎和分析引擎，基于 Apache Lucene 开发。它能够快速地存储、搜索和分析大规模数据，并提供全文检索能力，适用于日志分析、实时监控、全文检索和数据分析等需要快速搜索和分析的场景。

（8）RocksDB

RocksDB 是由 Facebook 开发的一种键值对存储数据库，基于 Log-Structured Merge Trees（LSM 树）架构，特别适合高性能存储引擎需求，如消息队列、缓存、时间序列数据库等。

这些 NoSQL 数据库各自具有不同的特性和应用场景，适合处理不同类型的非结构化或半结构化数据。选择合适的 NoSQL 数据库，通常取决于具体的应用需求，如数据模型、扩展性、性能和一致性要求等。

7.4.6　实时数据库系统

1. 实时数据库的概念

在计算机控制系统中，除使用以上关系型数据库外，还会使用到实时数据库（RTDB）。实时数据库是数据库系统发展的一个分支，适用于处理不断更新、快速变化的数据及具有时间限制的事务处理。实时数据库系统最早出现在 1988 年 3 月的 *ACM SIGMOD Record* 的一期专刊中。随后，一个成熟的研究群体逐渐出现，这标志着实时领域与数据库领域的融合，标志着实时数据库这个新兴研究领域的确立。

实时数据库是数据和事务都具有定时特性或受到定时限制的数据库。RTDB 的本质特征就是定时限制，定时限制可以归纳为两类：一类是与事务相连的定时限制，典型的就是"截止时间"；另一类是与数据相连的"时间一致性"，时间一致性则是作为过去限制的一个时间窗口，引起时间一致性的原因是，数据库中数据的状态与外部环境中对应实体的实际状态要随时一致，由事务存取的各数据状态在时间上要一致。实时数据库是一个新的数据库研究领域，它在概念、方法和技术上都与传统的数据库有很大的不同，其核心问题是事物处理既要确保数据的一致性，又要保证事物的正确性，而它们都与定时限制相关联。

目前工业自动化领域广泛使用的实时数据库有：美国 OSI 公司的 PI、美国 HONEYWELL 公司的 PHD、美国 AspenTech 公司的 IP21 和英国 AVEVA 公司的 AVEVA Historian。

对于工业生产过程控制的计算机控制系统而言，需要及时采集现场数据并快速进行处理，常规的管理型数据库在处理速度上不能满足要求，因此，需要实时数据库系统的支持。从流程工业 CIMS 层次功能图可以看出，整个 CIMS 中的各功能层都需要与实时数据库打交道，而过程监控层和过程控制层与实时数据库关系最为密切，例如，与实时数据关系密切的应用有动态流程显示、报警、棒图、趋势曲线等，它们都需借助实时数据库才能得以完成。以实时数据库为核心的监控平台如图 7.4 所示。

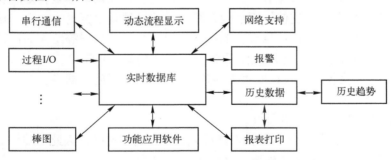

图 7.4　以实时数据库为核心的监控平台

2. 实时数据库的主要技术

实时数据库技术是实时系统和数据库技术相结合的产物，研究人员希望利用数据库技术来解决实时系统中的数据管理问题，同时利用实时技术为实时数据库提供时间驱动调度和资源分配算法。然而，实时数据库并非是两者在概念、结构和方法上的简单集成。需要针对不同的应用需求和应用特点，对实时数据模型、实时事务模型、实时事务处理、数据存储、数据恢复、资源分配策略、实时数据查询、实时数据通信等大量问题做深入的理论研究。

（1）实时数据模型及其语言

目前研究实时数据库的大多数文献在讨论数据建模问题时，都假定要建立的数据模型是具有变化颗粒的数据项的数据模型，但这种方法有局限性，因为它没有使用一般的时间的语义知识，而这对系统满足事务截止时间是很有用的。一般 RTDB 都使用传统的数据模型，还没有引入时间维，而即使是引入了时间维的"时态数据模型"与"时态查询语言"，也没有提供事务定时限制的说明机制。

系统应该给用户提供事务定时限制说明语句，其格式可以为

  <事务事件> IS <时间说明>

<事务事件>为事务的"开始""提交""夭折"等；<时间说明>指定一个绝对、相对或周期时间。

（2）实时事务的模型与特性

前面已说过，传统的原子事务模型已不适用，必须使用复杂事务模型，即嵌套、分裂/合并、合作、通信等事务模型。因此，实时事务的结构复杂，事务之间有多种交互和同步活动，存在结构、数据、行为、时间上的相关性以及在执行方面的依赖性。

（3）实时事务的处理

RTDB 中的事务有多种定时限制，其中最典型的是事务截止期，系统必须能让截止期更早或更紧急的事务较早地执行，换句话说，就是能控制事务的执行顺序，所以，又需要基于截止期和紧迫度来标明事务的优先级，然后按优先级进行事务调度。

另外，对于 RTDB 事务，传统的可串行化并发控制过严，且也不一定必要，它们"宁愿要部分正确而及时的数据，而不愿要绝对正确但过时的数据"，故应允许"放松的可串行化"或"暂缓可串行化"并发控制，于是需要开发新的并发控制概念、标准和实现技术。

（4）数据存储与缓冲区管理

传统的磁盘数据库的操作是受 I/O 限制的，其 I/O 的时间延迟及其不确定性对实时事务是难以接受的，因此，RTDB 中数据存储的一个主要问题就是如何消除这种延迟及其不确定性，这需要底层的"内存数据库"支持，因而内存缓冲区的管理就显得更为重要。这里所说的内存缓冲区除"内存数据库"外，还包括事务的执行代码及其工作数据等所需的内存空间。此时的管理目标是高优先事务的执行不应因此而受阻，它要解决以下问题：

1）如何保证事务执行时，只存取"内存数据库"，即其所需数据均在内存（因而它本身没有 I/O）。

2）如何给事务及时分配所需缓冲区。

3）必要时，如何让高优先级事务抢占低优先级事务的缓冲区。因此，传统的管理策略也不适用，必须开发新的基于优先级的算法。

（5）恢复

在 RTDB 中，恢复显得更为复杂。这是因为：

1）恢复过程影响处于活跃状态的事务，使有的事务超截止期，这对于实时事务是不能接受的。

2）RTDB 中的数据不一定总是永久的，为了保证实时限制的满足，也不一定是一致和绝对正确的，而有的是短暂的，有的是暂时不一致或非绝对正（准）确的。

3）有的事务是"不可逆"的，所以，传统的还原/重启动是无意义的，可能要用"补偿""替代"事务。

因此，必须开发新的恢复技术与机制，应考虑到时间与资源两者的可用性，以确定最佳恢

复时机与策略，及时满足事务的实时性。

实时数据库子系统是计算机监视与控制系统的核心之一。实时数据库子系统设计包含实时数据库结构设计和实时数据库管理程序设计两部分。实时数据库结构设计主要根据计算机监视与控制系统的特点和要求进行；管理程序负责实时数据库的产生，根据现场修改内容，处理其他任务对实时数据库的实时请求以及报警和辅助遥控操作等对外界环境的响应。

7.5　工业组态软件

7.5.1　工业组态软件概述

现代工业的生产技术及工艺过程日趋复杂，生产设备及装置的规模不断扩大，企业生产自动化程度要求也越来越高，因此，工业控制要求应用各种分布式监控与数据采集系统。传统的工业控制是对不同的生产工艺过程编制不同的控制软件，使得工控软件开发周期长、困难大，被控对象参数、结构有变动就必须修改源程序。而专用的工控系统，通常是封闭的系统，选择余地小或不能满足需求，很难与外界进行数据交换，升级和增加功能都受到限制。监控组态软件的出现，把用户从编程的困境中解脱出来，利用组态软件的功能可以构建一套最适合自己的应用系统。DCS 厂商都提供系统软件和应用软件，使用户不需要编制代码程序即可生成所需的应用系统，其中的应用软件实际上就是组态软件。但是 DCS 厂商的组态软件是专用的，不同DCS 厂商的组态软件不可相互替代。20 世纪 80 年代末，随着个人计算机的普及和开放系统概念的推广，基于个人计算机的监控系统开始走入市场并迅速发展起来。组态软件作为个人计算机监控系统的重要组成部分，正日益受到控制工程师的欢迎，成为开发上位机的主流开发软件。

简化的计算机监控系统结构可分为两层，即 I/O 控制层和操作监控层。I/O 控制层主要完成对过程现场 I/O 处理并实现直接数字控制（DDC）；操作监控层则实现一些与运行操作有关的人机界面功能。与之有关的监控软件编制可采用以下两种方法：一是采用 Visual Basic、Visual C、Delphi、PB 等基于 Windows 平台的开发程序来编制；二是采用监控组态软件来编制。前者程序设计灵活，可以设计出不同风格的人机界面系统，但设计工作量大，开发调试周期长，软件通用性差，对于不同的应用对象都要重新设计或修改程序，软件可靠性低；监控组态软件是标准化、规模化、商品化的通用开发软件，只需进行标准模块的软件组态和简单的编程，就可设计出标准化、专业化、通用性强、可靠性高的人机界面监控程序，且工作量小，开发调试周期较短。

组态软件是监控系统不可缺少的部分，其作用是针对不同的应用对象，组态生成不同的数据实体。组态的过程是针对具体应用的要求，进行各种与实际应用有关的系统配置及实时数据库、历史数据库、控制算法、图形、报表等的定义，使生成的系统满足应用设计的要求。监控组态软件属于监控层级的软件平台和开发环境，以灵活多样的组态方式为用户提供开发界面和简捷的使用方法，同时支持各种硬件厂家的计算机和 I/O 设备。近几年来，监控组态软件得到了广泛的重视和迅速的发展。目前，国内市场上组态软件产品有国外软件商提供的产品，如英国 AVEVA 公司的 Intouch、德国 Seimens 公司的 WinCC、美国 Rockwell 公司的 FactoryTalk、美国 GE 公司的 GE Digital iFIX；国内自行开发的产品有北京亚控的组态王、三维力控科技的力控、昆仑通态的 MCGS、华富的 Controlx 等。

7.5.2 工业组态软件的功能

控制系统的软件组态是生成整个系统的重要技术，对每一控制回路分别依照其控制回路图进行。组态工作是在组态软件支持下进行的。组态软件功能主要包括：硬件配置组态功能、数据库组态功能、控制回路组态功能、逻辑控制及批控制组态功能、显示图形生成功能、报表画面生成功能、报警画面生成功能及趋势曲线生成功能。程序员在组态软件提供的开发环境下以人机对话方式完成组态操作，系统组态结果存入磁盘存储器中，供运行时使用。下面对各组态功能做简单介绍，更详细的内容读者可参阅有关组态软件的使用手册等资料。

（1）硬件配置组态功能

计算机控制系统使用不同种类的输入／输出板、卡实现多种类型的信号输入和输出。组态软件需将各输入和输出点按其名称和意义预先定义，然后才能使用。其中包括定义各现场 I/O 控制站的站号、网络节点号等网络参数及站内的 I/O 配置等。

（2）数据库组态功能

各数据库点逐点定义其名称，如工程量转换系数、上下限值、线性化处理、报警特性、报警条件等；历史数据库组态需要定义各个进入历史库的点的保存周期。

（3）控制回路组态功能

该功能定义各个控制回路的控制算法、调节周期及调节参数以及某些系数等。

（4）逻辑控制及批控制组态

这种组态定义预先确定的处理过程。

（5）显示图形生成功能

在屏幕上以人机交互方式直接作图的方法生成显示画面。图形画面主要用来监视生产过程的状况，并可通过对画面上对象的操作，实现对生产过程的控制。显示画面生成软件，除了具有标准的绘图功能之外，还应具有实时动态点的定义功能。因此，实时画面是由两部分组成的：一部分是静态画面（或背景画面），一般用来反映监视对象的环境和相互关系；另一部分是动态点，包括实时更新的状态和检测值、设定值使用的滑动杆或滚动条等。另外，还需定义各种多窗口显示特性。

（6）报表画面生成功能

类似于显示图形生成，利用屏幕以人机交互方式直接设计报表，包括表格形式及各个表项中所包含的实时数据和历史数据，以及报表打印格式和时间特性。

（7）报警画面生成功能

报警画面分为三级，即报警概况画面、报警信息画面和报警画面。报警概况画面记录系统中所有报警点的名称和报警次数；报警信息画面记录报警时间、消警时间、报警原因等；报警画面反映出各报警点相应的显示画面，包括总貌画面、回路画面、趋势曲线画面等。

（8）趋势曲线生成功能

趋势曲线显示在控制中很重要，为了完成这种功能，需要对趋势曲线进行画面组态。趋势曲线的规格主要有趋势曲线幅数、趋势曲线每幅条数、每条时间、显示精度。趋势曲线登记表的内容主要有幅号、幅名、编号、颜色、曲线名称、来源、工程量上限和下限。

7.5.3 使用工业组态软件的步骤

在一个自动监控系统中，投入运行的监控组态软件是系统的数据收集处理中心、远程监视中心和数据转发中心，处于运行状态的监控组态软件与各种控制、检测设备（如 PLC、智能仪表、DCS 等）共同构成快速响应的控制中心。控制方案和算法一般在设备上组态并执行，也可以在 PC 上组态，然后下装到设备中执行。这要根据设备的具体要求而定。

组态软件通过 I/O 驱动程序从现场 I/O 设备获得实时数据，对数据进行必要的加工后，一方面以图形方式直观地显示在计算机屏幕上；另一方面按照组态要求和操作人员的指令将控制数据送给 I/O 设备，对执行机构实施或调整控制参数。具体的工程应用必须经过完整、详细的组态设计，组态软件才能够正常工作。

下面列出组态软件设计步骤：

1）将所有 I/O 点的参数收集齐全，并填写表格，以备在监控组态软件和 PLC 组态时使用。

2）搞清楚所使用的 I/O 设备的生产商、种类、型号，使用的通信接口类型，采用的通信协议，以便在定义 I/O 设备时做出准确选择。

3）将所有 I/O 点的 I/O 标识收集齐全，并填写表格，I/O 标识是唯一确定一个 I/O 点的关键字，组态软件通过向 I/O 设备发出 I/O 标识来请求其对应的数据。在大多数情况下，I/O 标识是 I/O 点的地址或位号名称。

4）根据工艺过程绘制、设计画面结构和画面草图。

5）按照第 1）步统计出的表格，建立实时数据库，正确组态各种变量参数。

6）根据第 1）步和第 3）步的统计结果，在实时数据库中建立实时数据库变量与 I/O 点的一一对应关系，即定义数据连接。

7）根据第 4）步的画面结构和画面草图，组态每一幅静态的操作画面。

8）将操作画面中图形对象与实时数据库变量建立动画连接关系，规定动画属性和幅度。

9）对组态内容进行分段和总体调试。

10）系统投入运行。

7.5.4 常用工业组态软件

1. InTouch

InTouch 是由 AVEVA（前身为 Wonderware）开发的一个广泛使用的 HMI（人机界面）和 SCADA（数据采集与监视控制）软件。InTouch 提供了一整套功能来帮助用户实时监控和控制工业过程，支持各种自动化和数据管理需求。

（1）核心功能

① 图形化用户界面

- 设计工具：提供直观的图形设计工具，用户可以拖放组件来创建和定制 HMI 界面，支持动态图形和动画，以增强用户体验。
- 模板和控件：包括多种模板和控件，帮助用户快速构建标准化的界面。

② 实时数据监控

- 数据采集：能够从各种工业设备（如 PLC、DCS、传感器）实时采集数据。
- 实时显示：通过图表、趋势图、仪表盘等方式实时展示过程数据，支持多种数据视图。

③ 报警管理

- 报警配置：用户可以定义和配置报警条件，并设置报警触发机制。
- 报警处理：实时显示报警信息，支持报警历史记录，帮助快速响应和处理报警事件。

④ 历史数据存储与分析

- 数据记录：支持实时数据的记录和存储，方便后续分析和追溯。
- 数据分析：提供趋势分析、报告生成和数据查询功能，帮助用户优化生产过程。

⑤ 系统集成

- 协议支持：支持多种工业通信协议，如 OPC、MODBUS、BACnet 等，方便与各种设备和系统进行集成。
- 接口功能：与 MES、ERP 系统集成，实现数据交换和业务流程的协同。

⑥ 用户权限管理

- 权限设置：提供用户权限管理功能，确保系统安全性和数据保护。
- 审计跟踪：记录用户操作和系统变更，以支持审计和合规需求。

⑦ 扩展性和自定义

- 模块化设计：支持模块化的部署和功能扩展，用户可以根据需要添加功能模块。
- 脚本和编程：允许用户编写脚本和自定义功能，以满足特定的需求和业务逻辑。

（2）主要特点

① 易用性

- 用户友好：界面设计直观易用，即使非专业用户也能快速上手。
- 设计灵活：提供丰富的设计工具和控件，用户可以根据具体需求进行自定义。

② 性能和稳定性

- 高性能：支持大规模数据采集和处理，具备高效的数据处理能力。
- 稳定可靠：经过广泛应用验证，具有高可靠性和稳定性。

③ 兼容性

- 多平台支持：支持 Windows 操作系统，兼容各种工业设备和系统。
- 跨系统集成：能够与其他系统进行无缝集成，实现数据和功能的互操作。

④ 数据安全性

- 安全管理：提供安全管理功能，确保系统数据的完整性和保密性。
- 审计和合规：记录所有关键操作，支持审计和合规要求。

（3）应用领域

① 制造业

- 生产线监控：实时监控和控制生产线上的设备和过程，提高生产效率和产品质量。
- 故障排除：通过报警和数据分析，快速诊断和解决生产中的问题。

② 能源

- 电力系统：监控电力系统的运行状态，确保电力系统的稳定性和安全性。
- 能源管理：管理能源消耗，优化能源使用效率。

③ 化工

- 过程控制：实时监控和控制化工生产过程，确保生产安全和稳定。
- 数据分析：分析生产数据，优化生产工艺和流程。

④ 水处理

- 水质监控：监控水处理过程中的关键参数，确保水质符合标准。
- 设备管理：跟踪和管理水处理设备的运行状态。

InTouch 是一款成熟的 HMI/SCADA 软件，提供了强大的实时监控、数据管理、报警处理和系统集成功能。它广泛应用于各种工业领域，帮助用户提升生产效率、优化过程控制，并确保系统的稳定性和安全性。InTouch 以其易用性、性能和稳定性，成为工业自动化领域的重要工具。

2．GE Digital iFIX

GE Digital iFIX 是 GE Digital 提供的一款先进的 SCADA（数据采集与监视控制）系统。它在工业自动化领域中广泛应用。iFIX 强调其强大的数据处理能力和灵活的系统集成功能，特别适合复杂的工业自动化环境。它提供高级的数据历史记录和趋势分析功能，支持多用户环境，并具备高稳定性。

20 世纪 80 年代末，GE Digital iFIX 的前身是 Intellution FIX。20 世纪 90 年代初，Intellution 推出了 FIX32，这是一款基于 32 位操作系统的 SCADA 系统，显著提高了性能和功能。FIX32 的发布使得它在大规模数据采集和实时监控方面更具优势，进一步巩固了其市场地位。1999 年，Intellution 被 GE Fanuc Automation（GE 的自动化业务部门）收购，随后 FIX 系列产品成为 GE 的一部分。21 世纪初，GE Fanuc 将其产品线整合成 GE Intelligent Platforms，iFIX 作为其中的核心产品之一，继续在市场上发挥重要作用。2011 年，GE Intelligent Platforms 进行了品牌重塑，GE 的自动化和控制业务改为 GE Digital。iFIX 被重新命名为 GE Digital iFIX。21 世纪 10 年代中期，iFIX 版本继续更新，加入了新的技术功能，如改进的云集成、增强的数据分析能力和更强的系统集成选项。GE Digital 不断推动 iFIX 向更智能化、数据驱动的方向发展，以满足工业 4.0 和数字化转型的需求。21 世纪 20 年代初，iFIX 的最新版本支持先进的技术，包括物联网（IoT）、人工智能（AI）和大数据分析。GE Digital 推出了一些新的功能，如集成到云平台的能力、增强的网络安全性和数据分析工具。这些更新使得 iFIX 能够更好地满足现代工业环境的需求。

3．WinCC

WinCC 是西门子开发的工业 SCADA 系统，具有强大的实时监控和数据管理能力。它支持从各种设备实时采集数据，提供直观的图形界面和灵活的报警管理功能。WinCC 能够处理和存储历史数据，支持趋势分析和报表生成。它兼容多种工业通信协议，方便与其他系统集成。系统具有高性能和稳定性，并且通过模块化设计和用户权限管理确保灵活性和安全性。此外，WinCC 还支持云端集成和现代技术，适应工业 4.0 的发展趋势。

WinCC 适用于各种工业应用，具有多个版本，适用于不同规模和复杂性的工业应用。以下是主要的版本及其特点。

1）WinCC Basic：适用于小型和中型应用，提供基础的监控和数据采集功能。

2）WinCC Comfort：针对中型应用提供更多的功能和扩展性。

3）WinCC Advanced：适用于大型系统，提供全面的 SCADA 功能和数据处理能力。

4）WinCC Professional：适用于大型企业和复杂的应用场景。

5）WinCC Unified：结合传统功能和现代化的 Web 技术，适合现代化的工业自动化需求，特别是在需要云服务和移动访问的应用场景中表现出色。

图 7.5～图 7.7 是 WinCC 开发和运行的几幅画面。

4．组态王

组态王（Kingview）是一款功能强大且灵活的组态软件，广泛应用于工业自动化领域。它提供了全面的实时监控、数据分析、报警管理和图形化设计功能，适用于制造业、能源、化工、水处理等多个领域。

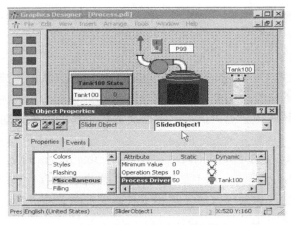

图 7.5　WinCC 组态开发环境

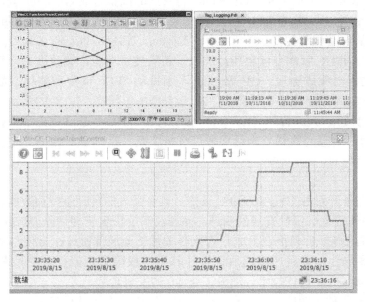

图 7.6　WinCC 曲线画面组态

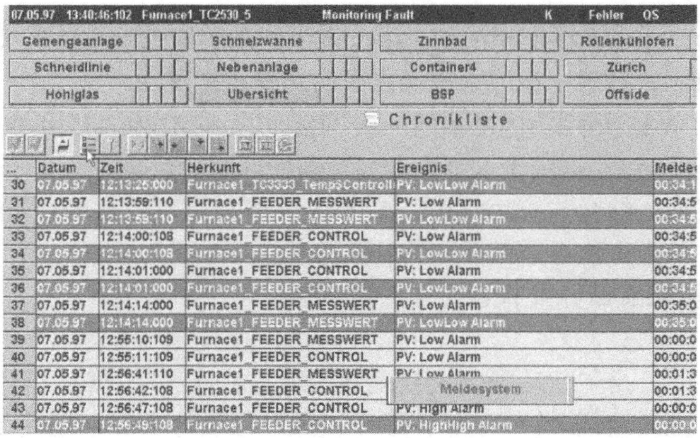

图 7.7　WinCC 报警控制画面组态

组态王提供了易用的开发环境和丰富的功能，包括 6000+设备采集驱动、图库、报表、报警、趋势曲线、配方、电子签名、多种场景控件、二次授权、分辨率转换、模板、多语言、C/S、B/S、移动端、多种对外数据接口等，使组态工程师能快速地建立、测试和部署适合当前行业的应用。组态王还提供了稳定的运行环境，能长时间地采集和展示生产数据。

图 7.8～图 7.11 是组态王开发和运行的几幅画面。

图 7.8　组态王工程浏览器窗口和设备配置窗口

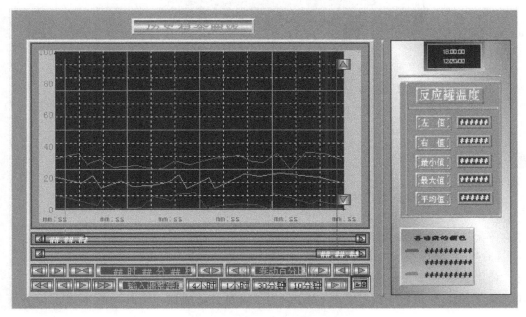

图 7.9　组态王曲线开发界面

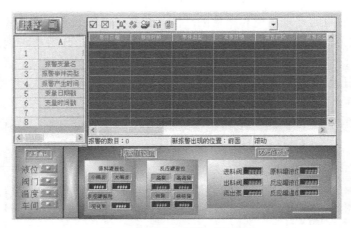

图 7.10　组态王报警开发界面

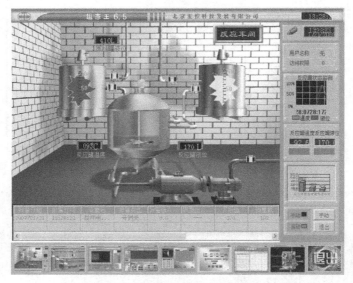

图 7.11　组态王开发的炼钢车间系统运行图

习题

1. 衡量一个过程控制系统软件性能优劣的主要指标有哪些？

2. 操作系统主要有哪些功能？

3. 什么是数据结构？数据结构的分类有哪些？

4. 简述数据库体系结构的三级模式。

5. 使用 E-R 模型设计数据库包括哪些步骤？

6. 计算机控制系统中操作监控层的有关监控软件的编制可采用哪两种方法？各有何优缺点？

7. 工业组态软件的主要功能有哪些？

8. 常用的工业组态软件有哪几种？

第8章　典型计算机控制系统

本章将简要介绍目前常用的比较典型的计算机控制系统，主要包括：基于工控机的计算机控制系统、基于数字调节器的计算机控制系统、基于 PLC 的计算机控制系统、基于嵌入式系统的计算机控制系统、集散控制系统、现场总线控制系统和云控制系统。

8.1　基于工控机的计算机控制系统

基于工控机的计算机控制系统是一种典型的 DDC 系统，工控机通过基于 PC 总线的板卡进行实时数据采集，并按照一定的控制规律实时决策，产生控制指令，并通过板卡输出指令，对生产过程直接进行控制。由于这种系统直接参与生产过程的控制，所以要求实时性好、可靠性高和环境适应性强。

8.1.1　工控机概述

工业个人计算机（Industrial Personal Computer，IPC）是一种加固的增强型个人计算机，是指对工业生产过程及其机电设备、工艺装备进行测量与控制的计算机，简称工控机，它可以作为一个工业控制器在工业环境中可靠运行。早在 20 世纪 80 年代初期，美国 AD 公司就推出了类似 IPC 的 MAC-150 工控机，随后美国 IBM 公司正式推出工业个人计算机 IBM7532。IPC 具有性能可靠、软件丰富、价格低廉的特点，已被广泛应用于通信、工业控制现场、路桥收费、医疗、环保及人们生活的方方面面。

1. 工控机的结构

工控机的典型结构如图 8.1 所示，主要由以下几部分组成：

1）全钢机箱。IPC 的全钢机箱是按标准设计的，抗冲击、抗振动、抗电磁干扰，内部可安装同 PC 总线兼容的无源底板。

2）无源底板。无源底板的插槽由 PCI、PCIe 和 PCI-X 等总线的多个插槽组成，插槽的数量和位置可以根据需要选择，底板可插接各种板卡，包括 CPU 卡、显卡、控制卡、I/O 接口卡等。

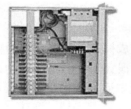

图 8.1　工控机的典型结构

3）工业电源。平均无故障运行时间达到 250000h。

4）CPU 卡。IPC 的 CPU 卡有多种，根据尺寸可分为长卡和半长卡，根据处理器可分为 Xeon、Core 和 Pentium 等主板，用户可视自己的需要任意选配。

5）其他配件。IPC 的其他配件基本上都与 PC 兼容，主要有 CPU、内存、显卡、硬盘、软驱、键盘、鼠标、光驱、显示器等。

2. 工控机的特点

专门为工业工程控制现场设计的工控机与普通 PC 相比，有以下特点：

1）工控机总线设计支持各种模块化 CPU 卡和所有的 PC 总线接口板。

2）所有卡（CPU 卡、CRT 卡、磁盘控制卡和 I/O 接口卡等）采用高度集成芯片，以减少故障率，并均为模块化、插板式的，以便安装、更换和升级换代。所有的卡使用专用的固定架将插板压紧，防止振动引起的接触不良。

3）开放性好，兼容性好，吸收了 PC 的全部功能，可直接运行 PC 的各种应用软件。

4）采用和 PC 总线兼容的无源底板。该板为多层结构，这种设计使得工控主板在电气性能上更为优越，具有更好的供电层和屏蔽层，从而更好地适应工业级应用需求。无源底板带有 4、6、8、12、14 或 20 槽，可插入各种 PC 总线模板。

5）机箱采用全钢结构，可防止电磁干扰；采用 150～350W 工业开关电源，具有足够的负载驱动能力。机箱内装有双风扇，正压对流排风，并装有滤尘网（用以防尘）。硬盘、光盘和软盘驱动器安装采用橡皮缓冲防振，并有防尘门。

6）可内装 RAM、EPROM、EEPROM 和 FLASH MEMORY 等电子盘以取代机械磁盘，使 PC 在工业环境下的操作具有高速和高可靠性。

3．常用的工控机简介

工控机的生产厂家很多，国外有美国 IBM、ICS 、德国西门子、奥地利贝加莱等，这些公司的产品可靠性高、市场定位高。我国台湾地区的研华是世界三大工控厂商之一，在大陆及台湾市场均有较高的市场占有率，产品品种广泛。大陆也有很多工控机品牌，如研祥、华控、康拓、东田、华北和集特等。

8.1.2 基于 PC 总线的板卡

基于 PC 总线的板卡是指计算机厂商为了满足用户需要，利用总线模板化结构设计的通用功能模板。基于 PC 总线的板卡种类很多，其分类方法也有很多种。按照板卡处理信号的不同，可以分为模拟量输入板卡（A/D 卡）、模拟量输出板卡（D/A 卡）、开关量输入板卡、开关量输出板卡、脉冲量输入板卡、多功能板卡等，其中多功能板卡可以集成多个功能，如数字量输入/输出板卡将模拟量输入和数字量输入/输出集成在同一张卡上。根据总线的不同，可分为 PCI 板卡和 ISA 板卡，现在较为流行的板卡大都是基于 PCI 总线设计的。下面以研华 PCI 系列板卡为例介绍不同种类的典型板卡的性能和特点。

1．模拟量输入板卡（A/D 卡）

模拟量输入板卡完成模拟量到数字量的转换，根据使用的 A/D 转换芯片和总线结构不同，模拟量输入板卡性能有很大的区别。基于 PC 总线的 A/D 卡是基于 PC 系列总线，如 ISA、PCI 等总线标准设计的，板卡通常有单端输入、差分输入以及两种方式组合输入三种输入方式。板卡内部通常设置一定的采样缓冲器，对采样数据进行缓冲处理，缓冲器的大小也是板卡的性能指标之一。在抗干扰方面，A/D 卡通常采取光电隔离技术，实现信号的隔离。板卡模拟信号采集的精度和速度指标通常由板卡所采用的 A/D 转换芯片决定。

例如，图 8.2 所示为研华 PCI-1713 数据采集卡，该板卡具有 32 路单端或 16 路差分模拟量输入或组合输入三种输入方式，带有 DC 2500V 隔离保护；采用 12 位 A/D 转换器，采样速率可达 100kHz；板载 4KB 采样 FIFO 缓冲器；每个输入通道的增益可编程。

2．模拟量输出板卡（D/A 卡）

模拟量输出板卡完成数字量到模拟量的转换，同样依据采用的 D/A 转换芯片的不同，D/A 卡其转换性能指标有很大的差别。D/A 卡除了具有分辨率、转换精度等性能指标外，还有建立时间、温度系数等指标约束。模拟量输出板卡通常还要考虑输出形式以及负载能力。

例如，图 8.3 所示为研华 PCI-1720 模拟量输出板卡，它提供了 12 位隔离数字量到模拟量输出。由于能够在输出和 PCI 总线之间提供 DC 2500V 的隔离保护，PCI-1720 非常适合需要高电压保护的工业场合。

图 8.2　研华 PCI-1713 数据采集卡

图 8.3　研华 PCI-1720 模拟量输出板卡

3．数字量输入/输出板卡

数字量输入/输出接口相对简单，一般都需要缓冲电路和光电隔离部分，输入通道需要输入缓冲器和输入调理电路，输出通道需要有输出锁存器和输出驱动器。

例如，图 8.4 所示为研华 PCI-1760 光隔数字量输入/输出板卡，它提供了 8 路数字量输入通道和 8 路继电器输出通道。PCI-1760 为每个数字量输入通道增加了可编程的数字滤波器，此功能使相应输入通道的状态不会更新，直到高/低信号保持了用户设定的一段时间后才改变，这样有助于保持系统的可靠性。

4．脉冲量输入/输出板卡

工业控制现场有许多高速的脉冲信号，如旋转编码器信号、流量检测信号等，这些都要用脉冲量输入板卡或一些专用测量模块进行测量。脉冲量输入/输出板卡可以实现脉冲数字量的输出和采集，并可以通过跳线器选择计数、定时、测频等不同工作方式，计算机可以通过该板卡方便地读取脉冲计数值，也可测量脉冲的频率或产生一定频率的脉冲。考虑到现场强电的干扰，该类型板卡多采用光电隔离技术，使计算机与现场信号之间完全隔离，以提高板卡测量的抗干扰能力。

例如，图 8.5 所示为研华 PCI-1780 计数/定时卡，它是基于 PCI 总线设计的接口卡。该卡使用了 AM9513 芯片，能够通过 CPLD（Complex Programmable Logic Device）实现计数器/定时器功能。此外，该卡还提供 8 个 16 位计数器通道，具有 8 通道可编程时钟资源、8 路 TTL 数字量输出/8 路 TTL 数字量输入，最高输入频率达 20MHz，有多种时钟可以选择，也提供可编程计数器输出、计数器门选通功能。

图 8.4　研华 PCI-1760 光隔数字量输入/输出板卡

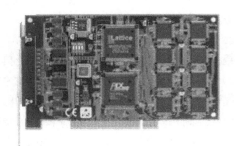

图 8.5　研华 PCI-1780 8 通道计数/定时卡

8.1.3　基于工控机的计算机控制系统

工业现场生产过程中的各种工况参数（温度、压力、流量、成分、位置、转速等）由一次测量仪表进行检测，然后作为系统的输入信号；系统输入模拟信号经过 A/D 转换器转换成数字量送入计算机；计算机的作用是按事先编制的控制程序和管理程序，对输入的数字信息进行必要的分析、判断和运算处理。首先，计算机要对这些表示测量值的数字信息进行工程量转换，然后将它们分别与计算机内已存在的各测量参数的上下限规定值相比较，判断是否越限。越限时，要送出信号给报警装置，发出声光报警信号，并显示和输出超限状况；如信号正常，计算机则按一定的控制规律（如 PID 规律）对被测信号进行计算，计算出送给控制执行机构的控制量并通过 D/A 转换器将数字量转换为模拟量送往输出通道，形成闭环控制。

1. 组成

基于工控机和板卡的计算机控制系统由硬件和软件两部分组成。

（1）硬件部分

1）控制计算机。控制计算机是控制系统的核心，可以对输入的现场信息和操作人员的操作信息进行分析、处理，根据预先确定的控制规律，实时发出控制指令，控制和管理其他的设备。考虑到工业控制领域较恶劣的环境，一般选用工业控制计算机。

2）参数检测和输出驱动设备。被控对象需要检测的参数分为模拟量参数和开关量参数两类。对于模拟量参数的检测，主要选用合适的传感器和变送器，它们将这类参数转换为模拟电信号。开关量参数检测常用的元件有行程开关、光电开关、接近开关、继电器或接触器的吸合释放等，这些元件向计算机输入开关量电信号。被控对象的输出驱动，按输出信号形式也可分为模拟量信号输出驱动和开关量输出驱动两种。

3）I/O 通道。输入/输出（I/O）通道在计算机控制系统中完成传感器输出信号和工业控制计算机之间或工业控制计算机和驱动元件之间信号的转换和匹配。它使工业控制计算机能正确地接收被控对象工作状态信号，而且能实时准确地对驱动元件进行控制。

4）人机接口。人机接口是操作人员和计算机控制系统之间信息交换的设备，是计算机控制系统中必不可少的部分，主要由键盘、鼠标和显示器等组成。操作员可以直接使用键盘和鼠标等输入控制命令和指令数据，使用显示器显示运行状态和故障并帮助查找和诊断故障，以及运行中间数据的检查，运行过程的统计等。

（2）软件部分

计算机控制系统的软件由系统软件和应用软件两部分组成。系统软件有计算机操作系统、监控程序、用户程序开发支撑软件，如开发语言、编译软件、调试工具等。应用软件是指控制系统中与被控对象或控制任务相关的控制程序。应用软件一般都由用户自己根据控制系统的目标、资源配备情况完成开发。

2. 特点

基于工控机的计算机控制系统是一个典型的 DDC 系统，因此它具有以下特点：

1）时间上具有离散性。DDC 系统对生产过程的参数进行控制时，是以定时采样和阶段控制来代替常规仪表的连续测量和连续控制的。因此，确定合适的采样周期和 A/D、D/A 转换器的字长是提高系统控制精度、减少转换误差的关键。

2）采用分时控制方式。DDC 系统中的一台计算机一般要控制多个回路，在每一个回路，计算机都要完成采样、运算、输出控制三个部分的工作。一方面由于各个回路的相应动作是顺序进行的，因此完成全部回路控制所需要的时间就显得很长；另一方面，计算机控制系统的效率却未充分发挥，在采样和运算阶段，输出部分没有工作，当计算机在运算时，系统的输入/输出又处于空闲状态。为此，系统采用"分时"控制的方法，即将某一回路的采样、运算、输出控制三部分的时间与其前后回路错开，放在不同的控制时段。这样，既保证了控制过程的正常进行，又能充分利用系统中的各种设备，提高了控制效率。

3）具有方便的人机对话功能。计算机控制系统的人机对话使其具有操作者和计算机系统互相联系的功能。操作者通过输入设备向计算机发送控制命令，计算机系统则通过输出设备输出有关信息。一般的 DDC 系统除了普通的各种指示外，还都通过相应接口连接显示屏、打印机、控制键盘、越限报警装置等。

4）控制方案灵活。对于一个模拟系统，控制算法是由硬件实现的，硬件确定后控制算法也就确定了，而计算机 DDC 系统的控制算法是由软件实现的，通过改变程序即可达到改变控制算法的目的，不仅方便灵活，并且还可实现复杂的控制规律，再则可节省大量的运算放大器、分立元器件，减少连线，降低故障率。对于多回路控制系统，计算机 DDC 系统具有价格优势，回路越多，这种优势越明显。

5）危险集中。由于这类系统中一台计算机控制多个回路，一旦计算机的软件或硬件出现故障将会使整个系统瘫痪。

8.2　基于数字调节器的计算机控制系统

数字调节器是一种新型的数字控制仪表，通常一台仪表控制一个或多个回路。数字调节器具有丰富的控制功能、灵活而方便的操作手段、形象而直观的图形或数字显示方式，以及高度安全可靠等特点。因而数字调节器目前已完全替代模拟调节器广泛应用到生产过程的控制中，基于数字调节器的计算机控制系统是计算机控制系统的典型形式。

8.2.1　数字调节器概述

数字调节器是一种数字化的过程控制仪表，其外表类似于一般的盘装仪表，而其内部由微处理器、RAM、ROM、模拟量和数字量 I/O 通道、电源等部分构成。数字调节器一般有单回路、2 回路、4 回路或 8 回路的调节器，控制方式除一般 PID 之外，还可组成串级控制、前馈控制和模糊控制等先进控制方案。

数字调节器不仅可接收 4～20mA 电流（或 1～5V 电压）信号输入的设定值，还具有异步通信接口 RS-232C、RS-422/485 等，可与上位机连成主从式通信网络，接收上位机下传的控制参数，并上报各种过程参数。

数字调节器以计算机为核心，数字调节器的控制规律是由编制的计算机程序来实现的。数字调节器具有丰富的运算控制功能和数字通信功能、灵活而方便的操作手段、形象而直观的数字或图形显示方式、高度的安全可靠性，实现了仪表和计算机的一体化，比模拟调节器能更方便有效地控制和管理生产过程，因而在工业生产过程自动控制系统中得到了越来越广泛的应用。

1. 数字调节器的分类

数字调节器根据用途和性能的差异可以分为以下几种类型：

1）定程序调节器。制造厂把编好的程序固化在调节器的 ROM 中，用户只需要组态，不必编写程序，适用于典型的对象和通用的生产过程。

2）可编程调节器。用户可以从调节器内部提供的诸多功能模块中选择所需要的功能模块，用编程方式组合成用户程序，将其写入调节器内的 EPROM 或 EEPROM 中，使调节器按照要求工作。这种调节器使用灵活，编程方便，得到最广泛的应用。

3）混合调节器。这是一种专为控制混合物成分设计的调节器，虽然前两种调节器也能用在混合工艺中，但不如这种经济方便。

4）批量调节器。这是一种常用于液体或粉粒体包装和定量装载的控制器，特别为周期性工作设计。

2. 数字调节器的结构

模拟调节器只是由硬件（模拟元器件）构成，它的功能完全由硬件决定，因此其控制功能比较单一；而数字调节器包含以微处理器为核心的硬件电路和由系统程序、用户程序构成的软件两大部分，其功能主要由软件决定，可以实现不同的控制功能。

（1）数字调节器的硬件部分

数字调节器的硬件电路由主机电路、过程输入通道、过程输出通道、人机接口电路以及通信接口电路等部分组成，其硬件电路如图 8.6 所示。

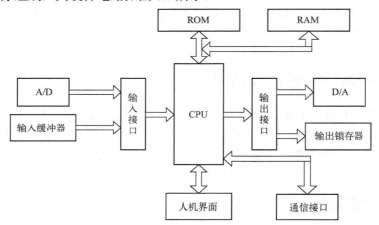

图 8.6　数字调节器的硬件电路

1）主机电路。主机电路是数字调节器的核心，用于实现仪表数据的运算处理，以及各组成部分之间的管理。主机电路由微处理器（CPU）、只读存储器（ROM、EPROM）、随机存储器（RAM）、定时/计数器（CTC）以及输入、输出接口等组成。

2）过程输入通道。过程输入通道包括模拟量输入通道和开关量输入通道。模拟量输入通道用于连接模拟量输入信号；开关量输入通道用于连接开关量输入信号。通常数字调节器都可以接收多个模拟量输入信号和多个开关量输入信号。

3）过程输出通道。过程输出通道包括模拟量输出通道和开关量输出通道。模拟量输出通道用于输出模拟量信号；开关量输出通道用于输出开关量信号。数字调节器一般具有多个模拟量输出信号和多个开关量输出信号。

4）人机接口电路。人机接口电路有测量值和给定值显示器、输出电流显示器、运行状态（自动/串级/手动）切换按钮、给定值增/减按钮和手动操作按钮等，还有一些状态指示灯。显示器常使用固体器件显示器，如发光二极管、荧光管和液晶显示器等。液晶显示器既可显示图形，也可显示数字。

5）通信接口。通信接口主要完成数字调节器与其他设备的通信，目前大多数的数字调节器采用 RS-485 通信。

（2）数字调节器的软件

数字调节器的软件分为系统程序和用户程序两大部分。

1）系统程序。系统程序是调节器软件的主体部分，通常由监控程序和功能模块两部分组成。监控程序使调节器各硬件电路能正常工作并实现所规定的功能，同时完成各组成部分之间的管理。其主要完成系统初始化、键盘和显示管理、中断管理、自诊断处理、定时处理、通信处理、掉电处理、运行状态控制等功能。功能模块提供了各种功能，用户可以选择所需要的功能模块以构建用户程序，使调节器实现用户所规定的功能。调节器提供的功能模块主要有数据传送模块、PID 运算模块、四则运算模块、逻辑运算模块、开二次方运算模块、取绝对值运算模块、纯滞后处理模块、上限幅和下限幅模块、控制方式切换模块等。

2）用户程序。用户程序是用户根据控制系统要求，在系统程序中选择所需要的功能模块，并将它们按一定的规则连接起来，其作用是使调节器完成预定的控制与运算功能。用户程序的编程通常采用面向过程语言（Procedure-Oriented Language，POL）。各种可编程调节器一般都有自己专用的 POL，但不论何种 POL，均具有容易掌握、程序设计简单、软件结构紧凑、便于调试和维护等特点。调节器的编程工作是通过专用的编程器进行的，有"在线"和"离线"两种编程方法。

3．数字调节器的特点

（1）运算控制功能强

数字调节器具有比模拟调节器更丰富的运算控制功能。一台数字调节器既可以实现简单的 PID 控制，也可以实现串级控制、前馈控制、变增益控制和 Smith 补偿控制；既可以进行连续控制，也可以进行采样控制、选择控制和批量控制。此外，数字调节器还可对输入信号进行处理，如进行线性化、数据滤波、标度变换等，并且可以进行逻辑运算。

（2）通过软件实现所需功能

数字调节器的运算控制功能是通过软件实现的。在可编程调节器中，软件系统提供了各种功能模块，用户选择所需的功能模块，通过编程将它们连接在一起，构成用户程序，便可实现所需的运算控制功能。

（3）带有自诊断功能

数字调节器的监控软件有多种故障自诊断功能，包括诊断主程序运行是否正常、输入/输出信号是否正常、通信功能是否正常等。在调节器运行或编程中遇到不正常现象时会发出故障信号，并用特定的代码显示故障种类，还能自动地把调节器的工作状态改为软手动状态。这对保证生产安全和仪表的维护有十分重要意义。

（4）带有数字通信功能

数字调节器除了用于代替模拟调节器构成独立的控制系统之外，还可以与上位计算机一起组成中小型 DCS。数字调节器与上位计算机之间实现串行双向的数字通信，将调节器本身的手/自动工作状态、PID 参数值、输入及输出值等一系列信息送到上位计算机，必要时上位计算机也可对调节器施加干预，如工作状态的变更、参数的设置等。

（5）具有较友好的人机界面

通过数字调节器的人机接口，操作人员可以方便地对调节器进行操作以及对数字调节器的工作状态和生产过程的控制情况进行监视。

8.2.2 基于数字调节器的计算机控制系统的典型结构

由数字调节器的结构可以看出，数字调节器具有很强的控制功能，其内部不仅包含了输入/输出通道，还包含了先进的控制算法和控制措施。使用数字调节器不但可以实现单回路控制，还可以实现诸如串级控制、前馈控制、变增益控制等复杂控制措施。因此，由数字调节器组成的控制回路往往被认为是一个典型的直接数字控制（DDC）回路。

由于数字调节器具有较强的通信功能，上位机可以读取回路数据，也可以设置回路参数。这样多台数字调节器与上位机一起就可以构成一个中小型的 DCS，数字调节器实现回路控制，构成独立的 DDC 回路，多个数字调节器控制的许多回路都与上位机进行通信。上位机负责采集数字调节器控制回路的状态，包括调节器本身的手/自动工作状态、PID 参数值、输入及输出值等一系列信息，并通过通信模块对调节器的控制设置必要的信息，如工作状态的变更、参数的设置等。这种类型的控制系统如图 8.7 所示。

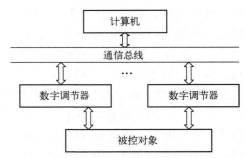

图 8.7 基于数字调节器的计算机控制系统的基本结构

8.3 基于可编程控制器的控制系统

可编程控制器（PLC）是近年发展起来的一种新型的工业控制器，由于它把计算机的编程灵活、功能齐全、应用面广等优点与继电器系统的控制简单、使用方便、抗干扰能力强、价格便宜等优点结合起来，而其本身又具有体积小、重量轻、耗电少等特点，因而在工业生产过程控制中得到了广泛的应用。

国际电工委员会（IEC）先后颁布了 PLC 的标准草案第一稿和第二稿，并在 1987 年 2 月通过了对它的定义："可编程控制器是一种数字运算电子系统，专为在工业环境下应用而设计，它采用一类可编程的存储器——用于其内部存储程序，执行逻辑运算、顺序控制、定时、计数与算术操作等面向用户的指令，并通过数字或模拟输入/输出控制各类机械或生产过程。可编程控制器及其有关外部设备，都应按易于与工业控制系统连成一个整体，易于扩充其功能的原则设计。"

8.3.1 PLC 概述

1. PLC 的特点

PLC 是专为工业环境而设计制造的控制器，具有丰富的输入/输出接口，并具有较强的驱动能力，能够较好地解决工业控制领域中人们普遍关心的可靠、安全、灵活、方便、经济等问题。

（1）高可靠性

高可靠性是 PLC 最突出的特点之一。可靠性是评价工业控制装置质量一个非常重要的指标，在恶劣的工业应用环境下平稳、可靠地工作，将故障率降至最低，是各种工业控制装置必须具备的前提条件，如耐电磁干扰、低温、高温、潮湿、振动、灰尘等。为实现"专为适应恶劣的工业环境而设计"的要求，PLC 采取了很多有效措施以提高其可靠性：

1）所有输入/输出接口电路均采用光电隔离，使工业现场的外电路与 PLC 内部的电路在电气上实现隔离。

2）各模块均采取屏蔽措施，以防止辐射干扰。

3）采用优良的开关电源。

4）对采用的器件进行严格的筛选。

5）具有完整的监视和诊断功能，一旦电源或其他软、硬件发生异常情况，CPU 立即采取有效措施，防止故障扩大。

6）大型 PLC 还采用由双 CPU 构成的冗余系统，使可靠性进一步提高。

由于采用了以上措施，PLC 的平均无故障时间高达几十万小时。虽然各厂家 PLC 型号不同，但各国均有相应的标准，产品都严格地按有关技术标准进行出厂检验，故均可适应恶劣的工业应用环境。

（2）功能齐全

PLC 的基本功能包括：开关量输入/输出、模拟量输入/输出、辅助继电器、状态继电器、延时继电器、锁存继电器、主控继电器、定时器、计数器、移位寄存器、凸轮控制器、跳转和强制 I/O 等。指令系统日趋丰富，不仅具有逻辑运算、算术运算等基本功能，而且能以双精度或浮点数形式完成代数运算和矩阵运算。

PLC 的扩展功能有联网通信、成组数据传送、PID 闭环回路控制、排序查表功能、中断控制及特殊功能函数运算等。

PLC 有丰富的 I/O 接口模块，PLC 针对工业现场信号（如交流或直流、开关量或模拟量、电压或电流、脉冲或电位、强电或弱电等）都有相应的 I/O 模块与工业现场的器件或设备直接相连。

（3）应用灵活

除了单元式小型 PLC 外，绝大多数 PLC 采用标准的积木硬件结构和模块化的软件设计，不仅可以适应大小不同、功能繁复的控制要求，而且可以适应各种工艺流程变更较多的场合。

（4）系统设计、调试周期短

PLC 的安装和现场接线简单，可以按积木方式扩充和缩减其系统规模。由于它的逻辑、控制功能是通过软件完成的，因此允许设计人员在没有购买硬件设备之前，就进行"软接线"工作，从而缩短了整个设计、生产、调试周期。

（5）操作维修方便

PLC 采用电气操作人员习惯的梯形图与功能助记符编程，使用户能十分方便地阅读和编写、修改程序。操作人员经短期培训，就可以使用 PLC。其内部工作状态、通信状态、I/O 点状态和异常状态等均会被醒目地显示。因此，操作人员、维修人员可以及时准确地了解机器故障点，利用替代模块或插件的办法迅速排除故障。

PLC 的主要缺点是人机界面比较差，数据存储和管理能力较差，虽然一些大型 PLC 在这方面有了较大改善，但价格较高。近几年，随着显示技术的迅速发展，大多数 PLC 都可以配套使用液晶显示器和触摸屏，使人机界面大大改善。

2. PLC 的应用领域

PLC 技术代表了当今电气控制技术的世界先进水平，作为一种通用的工业控制器，PLC 可用于所有的工业领域。当前国内外已广泛地将 PLC 成功地应用到机械、汽车、冶金、石油、化工、轻工、纺织、交通、电力、电信、采矿、建材、食品、造纸、军工、家电等各个领域，并且取得了相当可观的技术经济效益。

1）顺序控制。这是 PLC 应用最广泛的领域，也是最适合使用 PLC 的领域。它用来取代传统的继电器顺序控制。

2）运动控制。PLC 制造商目前已提供了拖动步进电动机或伺服电动机的单轴或多轴位置控制模块。在多数情况下，PLC 把描述目标位置的数据发送给控制模块，控制模块输出移动一轴或数轴以达到目标位置。每个轴移动时，位置控制模块保持适当的速度和加速度，确保运动平滑。

3）过程控制。PLC 还能控制大量的物理参数，例如，温度、压力、流量、液位和速度等。

4）数据处理。在机械加工中，PLC 作为主要的控制和管理系统用于 CNC 系统中，可以完成大量的数据处理工作。

5）通信网络。PLC 的通信包括主机与远程 I/O 之间的通信、多台 PLC 之间的通信、PLC 与其他智能控制设备（如计算机、变频器、数控装置等）之间的通信。PLC 与其他智能控制设备一起，可以组成"集中管理、分散控制"的分布式控制系统。

3. PLC 的发展趋势

随着计算机综合技术的发展和工业自动化内涵的不断延伸，PLC 的结构和功能也在不断地完善和扩充。实现控制功能和管理功能的结合，以不同生产厂家的产品构成开放型的控制系统是自动化系统主要的发展理念之一。长期以来，PLC 走的是专有化的道路，目前绝大多数 PLC 不属于开放系统，寻求开放型的硬件或软件平台成了当今 PLC 的主要发展目标。就 PLC 系统而言，现代 PLC 主要有以下两种发展趋势。

1）向大型网络化、综合化方向发展。由于现代工业自动化的内涵已不再局限于某些生产过程的自动化，而是实现信息管理和工业生产相结合的综合自动化。强化通信能力和网络化功能是 PLC 发展的一个重要方面，它主要表现在：向下将多个 PLC、远程 I/O 站点相连；向上与工业控制计算机、管理计算机等相连构成整个工厂的自动化控制系统。例如，克罗韦尔自动化公司、西门子、施耐德等多数生产厂家的 PLC 产品都已具备类似的功能。

以西门子公司的 S7 系列 PLC 为例，它可以实现 3 级总线复合型的网络结构，如图 8.8 所示。底层为 I/O 或远程 I/O 链路，负责与现场设备通信，其通信机制配置为周期通信。中间层为 PROFIBUS 现场总线或 MPI 多点接口链路，PROFIBUS 采用令牌方式与主从方式相结合的通信机制，MPI 为主从式总线。二者可实现 PLC 与 PLC 之间、PLC 与计算机之间、编程器或操作员面板之间、PLC（具备 PROFIBUS-DP 接口）与支持 PROFIBUS 协议的现场总线仪表或计算机之间的通信。最高一层可通过通信处理器连成更大的、范围更广的网络，如 Ethernet，主要用于生产管理信息的通信。

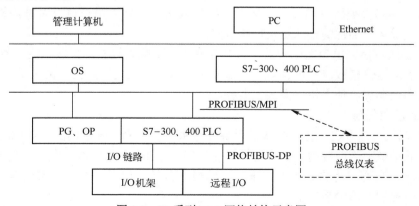

图 8.8　S7 系列 PLC 网络结构示意图

2）向体积小、速度快、功能强、价格低的小型化方向发展。随着应用范围的扩大，体积小、速度快、功能强、价格低的 PLC 广泛渗透到工业控制领域的各个层面。小型化发展具体表现为结构上的更新、物理尺寸的缩小、运算速度的提高、网络功能的加强、价格的降低，当前小型化 PLC 在工业控制领域具有不可替代的地位。

8.3.2　PLC 的分类和结构

自 DEC 公司研制成功第一台 PLC 以来，PLC 已发展成为一个巨大的产业，目前 PLC 产品的产量、销量及用量在所有工业控制装置中居首位，据不完全统计，现在世界上生产 PLC 及其网络产品的厂家有 200 多家，生产大约 400 多个品种的 PLC 产品。

1. PLC 的分类

可编程控制器类型很多，可从不同的角度进行分类。一般来说，可以从 4 个角度对 PLC 进行分类。其一是按 PLC 的控制规模分类，其二是按 PLC 的结构分类，其三是按 PLC 的性能分类，其四是按制造商的地理区域分类。

1）按控制规模分类，PLC 可以分为小型、中型和大型。

小型 PLC 是最小的 PLC 类别，它们通常只包含一个 CPU 模块和一个电源模块。小型 PLC 的输入/输出接口数量有限，但它们足够小，可以轻松安装在狭小的空间内。这使得小型 PLC 非常适合用于小规模的控制系统，例如实验室设备或小型机械装置。

中型 PLC 比小型 PLC 更大，它们通常包含多个 CPU 模块和电源模块，以及更多的输入/输出接口。中型 PLC 具有更强的数据处理能力和更丰富的编程指令，因此它们能够处理更复杂的控制任务。中型 PLC 通常用于中等规模的控制系统，例如生产线或包装设备。

大型 PLC 是最大的 PLC 类别。它们通常包含多个 CPU 模块、电源模块和大量的输入/输出接口。大型 PLC 具有最强的数据处理能力和最丰富的编程指令，因此它们能够处理最复杂的控制任务。大型 PLC 通常用于大规模的控制系统，例如发电厂或化工厂。

2）按结构分类，PLC 可分为模块化 PLC 和整体式 PLC。

模块化 PLC 由多个独立的模块组成，每个模块负责特定的功能，如 CPU 模块、I/O 模块、通信模块等，如图 8.9 所示。这种结构的优点是可以根据需要进行灵活配置和扩展，缺点是成本较高，安装和维护也较为复杂。

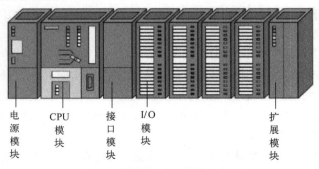

电源模块　　CPU模块　　接口模块　　I/O模块　　扩展模块

图 8.9　模块化 PLC 结构示意图

整体式 PLC 则是将 CPU、I/O 接口、电源等集成在一个单元中，体积小巧，成本低，安装维护简单，但扩展性较差。

3）按性能分类，PLC 可分为基本型、增强型和高性能型。

基本型 PLC 主要用于简单的开关量控制，例如控制电动机的起动和停止。这种类型的 PLC 通常只有有限的输入/输出接口，且数据处理能力较弱。然而，由于其简单性和低成本，基本型 PLC 在许多工业应用中仍然非常受欢迎。

增强型 PLC 在基本型的基础上增加了一些模拟量处理和数据处理功能。这使得它们能够处理更复杂的控制任务，例如温度控制或速度控制。增强型 PLC 通常有更多的输入/输出接口，且具有更强的数据处理能力和更丰富的编程指令。

高性能型 PLC 是 PLC 家族中的最高端产品。它们具有强大的数据处理能力和网络通信能力，能够执行复杂的算法和控制策略。高性能型 PLC 通常配备有大量的输入/输出接口，且支持多种编程语言和网络协议。这使得它们能够适应各种复杂的工业环境，并与其他系统无缝集成。

4）按制造商的地理区域分类，主要分为欧美、日本和中国三个主要区域的 PLC。

① 欧美区域

西门子：其产品线丰富，涵盖小型、中型和大型控制系统。S7 系列 PLC 在全球范围内应用广泛，技术领先，拥有强大的品牌影响力和售后服务支持，具有高可靠性和稳定性，适用于各种工业环境。代表产品有 S7-1200（适用于小型和中型自动化控制系统）、S7-1500（适用于大型和复杂的自动化控制系统）。

罗克韦尔自动化（Rockwell Automation）：Allen-Bradley 品牌 PLC 在北美市场占有率高，广泛应用于各行业。其具有高可靠性和灵活性，支持复杂的控制任务；具有强大的编程和诊断工具，便于系统开发和维护；支持多种通信协议，适用于联网和分布式控制系统。代表产品有 MicroLogix 系列（适用于小型自动化控制系统）、ControlLogix 系列（适用于大型和复杂的自动化控制系统）。

② 日本区域

三菱电机（Mitsubishi Electric）：其产品以高可靠性和性价比著称，广泛应用于制造业。其产品线覆盖广泛，适用于从小型到大型的各种控制系统；编程简便，支持多种编程语言和工具；具有丰富的扩展模块，满足多种工业控制需求。代表产品有 FX 系列（适用于小型和中型自动化控制系统）、Q 系列（适用于大型和复杂的自动化控制系统）。

欧姆龙（Omron）：灵活性和易用性高，适用于多种工业自动化控制场景。其产品线丰富，涵盖各种规模的控制系统；支持多种通信接口和协议，便于系统集成；具有强大的技术支持和服务网络。代表产品有 CP1 系列（适用于小型自动化控制系统）、CS/CJ 系列（适用于中大型和复杂的自动化控制系统）。

③ 中国区域

汇川技术（INOVANCE）：国内领先的自动化控制产品供应商，产品性能稳定。其产品具有高性价比，功能强大，易于使用；具有丰富的通信接口和扩展模块，满足多种工业控制需求；具有较强的技术支持和服务网络。代表产品有 AM600 系列（适用于中大型控制系统）、H3U 系列（适用于小型控制系统）。

信捷电气（XINJE）：其产品具有高性能和高性价比，具有良好的稳定性和可靠性，适用于多种工业控制应用；支持多种编程语言，易于集成和维护；具有较强的扩展能力和通信能力。代表产品有 XC 系列（适用于中小型控制系统）、XD 系列（适用于小型控制系统）。

2. PLC 的基本结构

PLC 的基本组成与一般的微型计算机系统相类似，主要包括：中央处理器、存储单元、通信接口、外设接口、I/O 接口等，如图 8.10 所示。

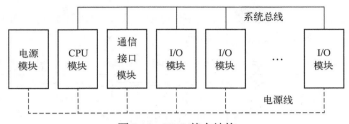

图 8.10　PLC 基本结构

（1）中央处理器

中央处理器（CPU）是 PLC 的控制中枢。不同类型的 PLC 的 CPU 所采用的微处理器芯片的档次相差很大，其功能、扫描速度、用户程序的存储量、I/O 点数、软设备（例如，逻辑线圈、计数器、数据寄存器等）数量等都有较大差别。

随着超大规模集成电路技术的进步和发展，微处理器价格下跌，PLC 也能使用功能强、速度快的高档微处理器作为 CPU，使得 PLC 的处理速度加快，功能增强。例如，三菱公司 FX 系列小型 PLC 的 CPU 就由一片 16 位微处理器和一片专用处理器构成。它的某些性能甚至超出了 20 世纪 80 年代中期的大型 PLC。

近两年，有些制造商还根据 PLC 对 CPU 的要求，自行研发了专用的 CPU 芯片。这种芯片将 PLC 的功能集成在一个芯片中，其中一些原来由软件实现的功能改由硬件完成，使其体积更小，可靠性更强。例如，三菱公司的 A2A、A3A 型 PLC 采用的就是该公司自行研发的专用芯片 MSP（Mitsubishi Sequential Processor）。

为了进一步提高 PLC 的可靠性，近年来对大型 PLC 还采用双 CPU 构成冗余系统，例如，日本立石公司 C-2000H 系列的冗余系统；或采用三 CPU 的表决式系统，例如，三菱公司 A 系列 PLC 中的三 CPU 表决式系统。这样，即使某个 CPU 出现故障，整个系统仍能正常运行。

（2）存储器

与微型计算机一样，除了硬件以外，还必须有软件才能构成一台完整的 PLC。PLC 的软件分为两部分：系统软件和应用软件。存放系统软件的存储器称为系统程序存储器，存放应用软件的存储器称为用户程序存储器。

PLC 常用的存储器类型有：RAM (Random Access Memory)、EPROM (Erasable Programmable Read Only Memory)、EEPROM(Electrical Erasable Programmable Read Only Memory)、FLASHROM。

（3）电源

PLC 的电源在整个系统中起着十分重要的作用，如果没有一个良好的可靠的电源，系统还是无法正常工作，因此 PLC 制造商对电源的设计和制造也十分重视。不论是小型 PLC 还是中、大型 PLC 所采用的电源，其性能都一样，均能对 PLC 内部的所有器件提供一个稳定可靠的直流电源。

在某些场合，尽管电网电压波动在允许的范围内，但是由于附近有大容量的相位控制晶闸管、变流器等一类装置，它们会造成交流电源中高次谐波增大，这时还需要采用电源隔离变压器以及良好的接地，以便抑制交流电源的谐波干扰。

8.3.3　PLC 工作原理

PLC 投入运行后，其工作过程一般分为三个阶段，即输入采样、用户程序执行和输出刷新三个阶段。完成一次上述三个阶段称为一个扫描周期。在整个运行期间，PLC 的 CPU 以一定扫描速度重复执行上述三个阶段，如图 8.11 所示。

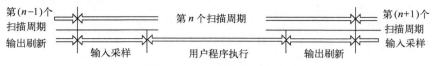

图 8.11　PLC 的扫描运行方式

在输入采样阶段，PLC 以扫描方式一次读入所有输入状态和数据，并将它们存入 I/O 映像区中相应的单元内。在用户程序执行阶段，PLC 的 CPU 总是按自上而下的顺序依次扫描用户程序，然后根据程序的运算结果，刷新 RAM 中对应的状态，或者刷新输出 I/O 映像区中对应的状态；或者确定执行特殊指令，如算术运算、数据处理和数据传送等。在输出刷新阶段，CPU 按照 I/O 映像区内对应的状态和数据刷新所有的输出锁存电路，再经输出电路驱动相应的外设，这时，PLC 才有真正的输出。

顺序扫描工作方式简单直观，便于程序设计和 PLC 自身的检查。具体体现在：PLC 扫描到的功能经计算后，其结果马上就可被后面将要扫描到的功能所利用；可以在 PLC 内设定一个监视定时器，用来监视每次扫描的时间是否超过规定值，避免由于 PLC 内部 CPU 故障使程序执行进入死循环。

扫描顺序可以是固定的，也可以是可变的。一般小型 PLC 采用固定的扫描顺序，大中型 PLC 采用可变的扫描顺序。这是因为大中型 PLC 处理的 I/O 点数多，其中有些点可能没必要每次都扫描，一次扫描时对某一些 I/O 点进行，下次扫描时又对另一些 I/O 点进行，即分时分批地进行顺序扫描。这样做可以缩短扫描周期，提高实时控制中的响应速度。

8.4　基于嵌入式系统的计算机控制系统

嵌入式系统是以应用为中心，以计算机技术为基础，并且软硬件可裁剪，适用于应用系统对功能、可靠性、成本、体积、功耗有严格要求的专用计算机系统。它一般由嵌入式微处理器、外围硬件设备、嵌入式操作系统以及用户的应用程序 4 个部分组成，用于实现对其他设备的控制、监视或管理等功能。

随着信息化、智能化、网络化的发展，嵌入式系统的应用日益广泛，嵌入式系统已经应用到了信息家电、手持机、环境监测、工业控制等各个领域。本节将对嵌入式系统的概念、软硬件技术以及由其组成的控制系统进行简要介绍。

8.4.1　嵌入式系统概述

1．嵌入式系统概念的由来

1976 年，Intel 公司推出了 8048 单片机（Single Chip Computer，SCC）。这个只有 1KB ROM 和 64B RAM 的简单芯片成为世界上第一个单片机，开创了将微处理器系统的各种 CPU 外的资源，如 ROM、RAM、定时器、I/O 端口、串行通信接口及其他各种外围功能模块集成到单个芯片的时代。

现在单片机已经成为一个十分庞大的家族，许多新出现的单片机也称为嵌入式微处理器，专门面向嵌入式应用。虽然这些嵌入式微处理器性能各异，但是它们的应用目标几乎是一致的，即嵌入某一个应用系统中，针对特定的应用目标，利用单片机的软硬件资源，实现检测、控制、计算及通信等功能。

针对特定应用、特定功能开发的嵌入式系统，要求该系统与所嵌入的应用环境组成一个统一的整体，并且往往有紧凑、高可靠性、实时性好、低功耗等技术要求。这样一种应用目标使得这一应用领域要去研究它的独特的设计方法和开发技术，这就是今天嵌入式系统这一名称的含义，也是嵌入式系统成为一个相对独立的计算机研究领域的原因。

2. 嵌入式系统的特点

从前面嵌入式系统的概念可以看出，嵌入式系统具有以下几个主要特征：

1）专用性强。嵌入式系统的个性化很强，其中的软件系统和硬件的结合非常紧密，一般要针对硬件进行系统的移植，即使在同一品牌、同一系列的产品中也需要根据系统硬件的变化和增减不断进行修改。同时针对不同的任务，往往需要对系统进行较大更改，程序的编译下载要和系统相结合，这种修改和通用软件的"升级"是完全不同的概念。

2）精简设计。嵌入式系统的硬件和软件都必须高效率地设计，量体裁衣、去除冗余，力争在同样的硅片面积上实现更高的性能，这样才能在具体应用中更具有竞争力。

3）系统内核小。由于嵌入式系统一般是应用于小型电子装置，系统资源相对有限，所以内核较之传统的操作系统要小得多。比如 ENEA 公司的 OSE 分布式系统，内核只有 5KB，而 Windows 的内核则要大得多。

4）嵌入式软件开发要想走向标准化，就必须使用实时操作系统（Real-Time Operating System，RTOS）。嵌入式系统的应用程序可以没有操作系统而直接在芯片上运行，但是为了合理地调度多任务，合理利用系统资源、系统函数以及专家库函数接口，用户必须自行选配 RTOS 开发平台，这样才能保证程序执行的实时性、可靠性，并减少开发时间，保障软件质量。

5）为了提高执行速度和系统可靠性，嵌入式系统中的软件一般都固化在存储器芯片或单片机本身中，而不是存储于磁盘等载体中。

6）嵌入式系统开发需要专门的开发工具和环境。由于嵌入式系统本身不具备自主开发能力，即使设计完成以后，用户通常也不能对其中的程序功能进行修改，必须有一套开发工具和环境才能进行开发，这些工具和环境一般是基于通用计算机上的软硬件设备以及各种逻辑分析仪、混合信号示波器等。

3. 嵌入式系统的应用领域

嵌入式系统具有非常广阔的应用前景，其应用领域主要包括：

1）工业控制。基于嵌入式芯片的工业自动化设备具有很大的发展空间，目前已经有大量的 8、16、32 位嵌入式微控制器应用在工业过程控制、数控机床、电力系统、电网安全、电网设备监测、石油化工系统等领域。就传统的工业控制产品而言，低端型往往采用的是 8 位单片机，但是随着技术的发展，32 位、64 位的微处理器逐渐成为工业控制设备的核心，在未来几年内必将获得更大的发展。

2）汽车电子。引擎控制单元（ECU）：用于管理引擎操作的嵌入式系统，控制燃料喷射、点火时机等；车载信息娱乐系统：包括导航、音频、视频等功能的嵌入式系统；驾驶辅助系统：如防抱死制动系统（ABS）、自动驾驶功能等。

3）消费电子。这将成为嵌入式系统最大的应用领域。智能手机和平板电脑：嵌入式系统支持并驱动着手机和平板电脑的操作系统及其运行的应用程序，如 iOS 和 Android。家用电器：

如智能电视、洗衣机、冰箱等，嵌入式系统负责控制和监测设备的功能。

4）家庭和办公设备。打印机和复印机：嵌入式系统控制打印和扫描功能。安全系统：如门禁系统、监控摄像头等，水、电、煤气表的远程自动抄表等。

5）POS 网络及电子商务。

6）公共交通非接触式智能卡发行系统、公共电话卡发行系统、自动售货机、各种智能 ATM 终端。

7）环境监测。环境监测包括水文资料实时监测、防洪体系及水土质量监测、堤坝安全、地震监测网、实时气象信息网、水源和空气污染监测。在很多环境恶劣、地况复杂的地区，嵌入式系统将实现无人监测。

8）机器人。嵌入式芯片的发展将使机器人在微型化、高智能方面优势更加明显，同时会大幅度降低机器人的价格，使其在工业领域和服务领域获得更广泛的应用。

9）医疗设备。心脏起搏器：嵌入式系统用于监测心脏并根据需要发送电脉冲。医疗成像设备：如 MRI、CT 扫描仪等，需要高度精确的嵌入式控制系统来操作和处理数据。

10）网络设备和通信。路由器和交换机：嵌入式系统用于网络管理和数据包处理。移动通信设备：如基站和手机基带处理器，用于无线通信的嵌入式系统。

11）军事和航天应用。导弹控制系统：用于导航、目标追踪和武器控制。航天器的控制和导航：包括卫星和宇航飞行器。

可以说，嵌入式系统已经进入现代社会人们生活的方方面面。就远程家电控制而言，除了开发出支持 TCP/IP 的嵌入式系统之外，家电产品控制协议也需要制订和统一，这需要家电生产厂家来做。同样的道理，所有基于网络的远程控制器件都需要与嵌入式系统之间实现接口，然后由嵌入式系统来控制并通过网络实现控制。所以，开发和探讨嵌入式系统有着十分重要的意义。

8.4.2　嵌入式系统结构

从硬件方面来讲，各式各样的嵌入式处理器是嵌入式系统硬件中的最核心的部分。目前，世界上具有嵌入式功能特点的处理器已经超过 1000 种，流行体系结构包括 MCU、MPU 等 30 多个系列。鉴于嵌入式系统广阔的发展前景，很多半导体制造商都开始大规模生产嵌入式处理器，并且公司自主设计处理器也已经成了未来嵌入式领域的趋势，其中从单片机、DSP 到 FPGA，品种越来越多，速度越来越快，性能越来越强，价格也越来越低。目前嵌入式处理器的寻址空间可以从 64KB 到 16MB，甚至在某些高端或特殊设计的嵌入式处理器中，寻址空间可能达到 32MB 或更高，处理速度最快可以达到 2000MIPS，封装从几个引脚到几百个引脚不等。

嵌入式处理器可以分成下面几类。

（1）嵌入式微控制器（Micro-Controller Unit，MCU）

目前这种 8 位的电子器件在嵌入式设备中仍然有着极其广泛的应用。MCU 内部集成了 ROM/EPROM、RAM、总线、总线逻辑、定时/计数器、看门狗、I/O、串口、脉宽调制输出、A/D、D/A、Flash、EEPROM 等各种必要功能接口和外设。与嵌入式微处理器相比，微控制器的最大特点是单片化，体积大大减小，从而使功耗和成本下降、可靠性提高。微控制器是目前嵌入式系统工业的主流。微控制器的片上外设资源一般比较丰富，适合于控制，因此称为微控制器。

由于 MCU 具有低廉的价格、优良的功能，所以拥有的品种和数量最多，比较有代表性的包括 8051、MCS-251、MCS-96/196/296、P51XA 以及 MCU 8XC930/931、C540、C541，并且有支持 IC、CAN-BUS、LCD 的众多专用 MCU 和兼容系列。目前 MCU 占嵌入式系统约 70% 的市场份额。近年来，Atmel 推出的 AVR 微控制器由于集成了 FPGA 等器件，所以具有很高的性价比，势必将推动 MCU 获得更高的发展。

（2）嵌入式 DSP 处理器（Digital Signal Processor，DSP）

DSP 处理器是专门用于信号处理方面的处理器，其在系统结构和指令算法方面进行了特殊设计，具有很高的编译效率和指令执行速度。它在数字滤波、FFT、频谱分析等各种仪器上 DSP 获得了大规模的应用。

DSP 的理论算法在 20 世纪 70 年代就已经出现，但是由于专门的 DSP 处理器还未出现，所以这种理论算法只能通过 MPU 等分立元件实现。MPU 较低的处理速度无法满足 DSP 的算法要求，其应用领域仅仅局限于一些尖端的高科技领域。随着大规模集成电路技术的发展，1982 年世界上诞生了首枚 DSP 芯片。其运算速度比 MPU 快了几十倍，在语音合成和编码解码器中得到了广泛应用。至 20 世纪 80 年代中期，随着 CMOS 技术的进步与发展，第二代基于 CMOS 工艺的 DSP 芯片应运而生，其存储容量和运算速度都得到了成倍提高，成为语音处理、图像硬件处理技术的基础。到 20 世纪 80 年代后期，DSP 的运算速度进一步提高，应用领域也从上述范围扩大到了通信和计算机方面。20 世纪 90 年代后，DSP 发展到了第五代产品，集成度更高，使用范围也更加广阔。

（3）嵌入式微处理器（Micro Processor Unit，MPU）

嵌入式微处理器是由通用计算机中的 CPU 演变而来的。它的特征是具有 32 位以上的处理器，具有较高的性能，当然其价格也相应较高。但与计算机处理器不同的是，在实际嵌入式应用中，只保留和嵌入式应用紧密相关的功能硬件，去除其他的冗余功能部分，这样就以最低的功耗和资源实现嵌入式应用的特殊要求。和工业控制计算机相比，嵌入式微处理器具有体积小、重量轻、成本低、可靠性高的优点。目前流行的嵌入式处理器很多，主要类型有 Am186/88、386EX、SC-400、PowerPC、68000、MIPS、ARM/StrongARM 系列等。其中 ARM/StrongARM 是专为手持设备开发的嵌入式微处理器，属于中档价位。

（4）嵌入式片上系统（System on Chip，SoC）

片上系统 SoC 是单一芯片上集成诸如 MCU、RAM、DMA、I/O 等多个部件，试图将多个芯片组成的系统集成在一个芯片内部，是目前嵌入式应用领域的热门话题之一。SoC 最大的特点是成功实现了软硬件无缝结合，直接在处理器片内嵌入操作系统的代码模块。而且 SoC 具有极高的综合性，在一个硅片内部运用 VHDL、VERILOG 等硬件描述语言，实现一个复杂的系统。用户不需要再像传统的系统设计一样，绘制庞大复杂的电路板，一点点地连接焊制，只需要使用精确的硬件描述语言，经过综合、仿真、布局布线等过程，直接生成可以交付芯片生产厂家生产的网表文件。由于绝大部分系统构件都是在系统内部，整个系统就特别简洁，不仅减小了系统的体积和功耗，而且提高了系统的可靠性，提高了设计生产效率。

由于 SoC 往往是专用的，所以大部分都不为用户所知，现在许多专用芯片，如手持机、语音、加密等芯片多为 SoC 芯片。比较典型的 SoC 产品是 Philips 的 Smart XA。SoC 芯片也将在声音、图像、影视、网络及系统逻辑等应用领域中发挥重要作用。

8.4.3　嵌入式系统软件

嵌入式系统是一个应用系统，它是一个硬件和软件的统一体。而软件在嵌入式系统中将占有更为重要的位置。嵌入式系统的软件可以分为系统软件和应用软件两个层次。当应用问题较为简单时，一般不必有很清晰的软件分层。但是，只要是一个稍微复杂一些的应用系统，就会面对如下的要求：

1）功能的实现尽可能不依赖于具体的硬件环境。

2）系统要求达到更高的安全性、可靠性指标。

3）希望软件设计达到较高的标准化程度。

4）希望提高软件模块的可读性、可移植性和再利用率。

5）希望实现团队式的开发方式。

这时，需要一个系统软件作为硬件和软件的过渡层，来为实现这些设计要求提供良好的保障。当然，系统软件的开销要有一个适当的度。当系统软件做得过于面面俱到时，就必然会消耗大量的系统软硬件资源，同时，必然会降低嵌入式系统的实时性，增加嵌入式系统的规模与成本。

1. 主要流行的嵌入式操作系统

对于嵌入式系统，它比通用计算机具有更简单的结构。它很可能不配置液晶显示器，不需要文件系统，由于内存空间较小也没有存储器管理功能。同时，嵌入式系统总是希望加载的操作系统软件不能占据过大的内存空间，不能消耗过多的系统软硬件资源。这样就要求嵌入式系统的操作系统与传统意义上的操作系统有很大区别，要做到代码量小，对堆栈、寄存器、定时器及中断等系统部件的依赖要少。

嵌入式系统的操作系统，除了缩减 PC 系统目前仍采用 DOS 等 PC 上的流行操作系统以外，基本上有两大趋势：一类是面向高级单片机的，另一类是针对 8 位、16 位单片机。

以下是几个目前流行的嵌入式操作系统。

1）Linux：Linux 已经成为 Windows 系统问世以来最热门的操作系统之一。它的开放性使众多的开发者为它打造了非常坚实的基础。同时，它也派生出众多的类似系统。

2）μCLinux：μCLinux 是一个缩减的 Linux 系统，特别适合于不需要内存管理的高级单片嵌入式系统。其内核非常小，但继承了 Linux 操作系统的主要特性，具有良好的稳定性和移植性、强大的网络功能等，适用于需要网络功能的嵌入式系统。

3）eCOS：eCOS 是一个开源的嵌入式实时操作系统，具有良好的系统功能和应用支持，可以在许多高级单片上运行，适用于需要高度定制化的嵌入式系统。

4）Windows Embedded/IoT：微软公司推出的嵌入式操作系统，后更名为 Windows IoT，提供了丰富的功能和良好的兼容性，适用于从小型工业网关到较大型且更复杂的物联网设备。

5）VxWorks：VxWorks 是一个功能完善的嵌入式操作系统，具有良好的持续发展能力、高性能的内核以及友好的用户开发环境，广泛应用于航空航天、通信、军事等领域。但是它的代码也是不开放的。

6）FreeRTOS：FreeRTOS 是一款免费的实时操作系统，提供了实时、小型化、多任务调度的功能，具有轻量级、用户可配置内核功能、多平台支持、目标代码小、简单易用的特点，已被成功移植到多种微控制器上，适用于资源受限的嵌入式系统。

7）mbed OS：mbed OS 是 ARM 公司推出的开源嵌入式操作系统，适用于物联网设备。其特点是支持多种 ARM 架构的处理器，提供了丰富的库和 API，简化了物联网设备的开发。

8）Android：Android 主要用于智能手机和平板电脑，特点是拥有丰富的应用程序和开发者社区，适用于物联网设备和其他需要复杂交互的嵌入式系统。

9）AliOS Things：AliOS Things 是阿里巴巴推出的物联网操作系统，特点是支持多种芯片和硬件平台，为物联网设备提供了统一的开发和运行环境。

10）华为鸿蒙系统（HUAWEI HarmonyOS）：华为鸿蒙系统是面向万物互联的全场景分布式操作系统，支持手机、平板、智能穿戴、智慧屏等多种终端设备运行，提供应用开发、设备开发的一站式服务的平台。该系统的特点是分布式架构、微内核设计、多终端支持、良好的开放性、可扩展性和安全性。

11）TinyOS：TinyOS 是一款免费的实时操作系统，提供了实时、小型化、多任务调度的功能，特点是轻量级、用户可配置内核功能、多平台支持、目标代码小、简单易用，已被成功移植到多种微控制器上，适用于资源受限的嵌入式系统。

12）RTX51：RTX51 是专门针对 8051 设计的操作系统，代码紧凑、体积小巧，已经在很多应用中证明这是一个成功的 8 位单片机的操作系统，代码完全开放。

13）µC/OS：µC/OS 是一个可移植、可固化的、可裁剪的、占先式多任务的开源实时内核，专为嵌入式应用设计。它有多种版本，可以适应从 x86 到 8051 的各种不同类型、不同规模的嵌入式系统，代码开放。它的特点是源代码开放、整洁、一致，注释详尽，适合系统开发。

如果只是针对 8051 系列构成的嵌入式系统，显然可以选择的合适的操作系统只有 RTX51 和 µC/OS 等少数几种。这几种操作系统主要是由于受到 8051 本身资源的限制，功能都相对较为简单。但是，它们开放的源代码和较小的代码量，也给嵌入式系统设计者提供了彻底掌握这一操作系统的条件。

2. 嵌入式系统常用的软件开发工具

嵌入式系统软件的开发工具种类繁多，涵盖了从代码编写、调试到测试等多个开发阶段。以下是一些常见的嵌入式系统软件开发工具。

（1）集成开发环境（IDE）

1）Keil MDK：由 Keil Software 开发，支持多种嵌入式微控制器平台，如 ARM、8051 等。它提供了 C 编译器、宏汇编、连接器、库管理器、仿真器等在内的完整开发方案，并包含丰富的中间件和库函数。

2）IAR Embedded Workbench：为嵌入式系统设计者提供高级开发工具的软件套装，支持 ARM、Cortex-M、8051、PIC 等众多微控制器。

3）Eclipse：开源的、基于插件的开发平台，通过安装 C/C++ Development Tools（CDT）插件或其他特定平台的插件，可以支持嵌入式 C/C++等语言的开发。

4）Visual Studio Code：微软开发的轻量级编辑器，通过安装相关插件（如 PlatformIO），可以支持嵌入式开发，具有跨平台、插件丰富、易用和开源等特点。

5）MPLAB X IDE：由 Microchip Technology Inc.提供，用于开发 Microchip 单片机和数字信号控制器的应用，支持多种 Microchip 的设备。

6）Atmel Studio：Atmel（现为 Microchip）开发的 IDE，支持 C/C++等语言的开发，针对 Atmel 系列的嵌入式控制器进行优化。

7）Code Composer Studio（CCS）：由德州仪器（TI）推出，专门用于开发和调试 TI 系列的嵌入式处理器。

（2）文本编辑器

除了 IDE 外，嵌入式开发人员还常常使用文本编辑器来编写和编辑代码，如 Vim、

Emacs、Sublime Text 等。这些编辑器提供了基本的代码编写和编辑功能，且通常具有轻量级、易于安装和使用的特点。

（3）调试器和仿真器

1）调试器：如 GDB、OpenOCD 等，用于调试嵌入式系统代码，帮助开发人员找到并修复代码中的错误。

2）仿真器：如 QEMU、ModelSim 等，可以模拟嵌入式系统的运行环境，使开发人员能够在没有实际硬件的情况下进行测试和调试。

（4）静态代码分析工具

静态代码分析工具如 Cppcheck、PVS-Studio 等，用于检查嵌入式系统代码的质量和安全性，帮助开发人员发现潜在的代码缺陷和安全问题。

（5）版本控制系统

版本控制系统如 Git、SVN 等，用于管理代码的版本和协作开发，确保团队成员能够高效地共享和更新代码。

（6）串口工具和协议分析仪

1）串口工具：如 PuTTY、Minicom 等，用于测试和调试嵌入式系统的串口通信。

2）协议分析仪：如 Wireshark 等，用于测试和调试嵌入式系统的网络通信。

（7）其他辅助工具

1）思维导图工具：如 Xmind，用于记录项目想法和细化项目细节。

2）远程终端登录工具：如 MobaXterm，支持 SSH 连接和多种协议，便于远程访问和调试嵌入式系统。

3）文档编辑器：如 Typora，支持 Markdown 语法，用于编写和编辑嵌入式系统的开发文档。

综上所述，嵌入式系统软件的开发工具种类繁多，开发人员需要根据自己的需求和嵌入式系统平台选择适合的工具。

8.5　集散控制系统

集散计算机控制系统又名分布式计算机控制系统，简称分散控制系统（Distributed Control System，DCS）。集散控制系统综合了计算机（Computer）技术、控制（Control）技术、通信（Communication）技术、CRT 显示技术即 4C 技术，集中了连续控制、批量控制、逻辑顺序控制、数据采集等功能。先进的集散控制系统是以计算机集成制造系统（CIMS）为目标，以新的控制方法、现场总线智能化仪表、专家系统、局域网络等新技术，为用户实现管控一体化的综合集成系统。

集散控制系统采用分散控制、集中操作、综合管理和分而自治的设计原则，因此，国内也常将集散控制系统称为分散控制系统。DCS 的安全可靠、通用灵活性、最优控制性能和综合管理能力，为工业过程的计算机控制开创了新方法。自从美国的 HoneyWell 公司于 1975 年成功推出了世界上第一套分散控制系统以来，已更新换代了 4 代 DCS，现已进入第 5 代 DCS。

8.5.1　集散控制系统概述

DCS 按功能分层的层次结构充分体现了其分散控制和集中管理的设计思想。DCS 从下至上依次分为直接控制层、操作监控层、生产管理层和决策管理层，如图 8.12 所示。

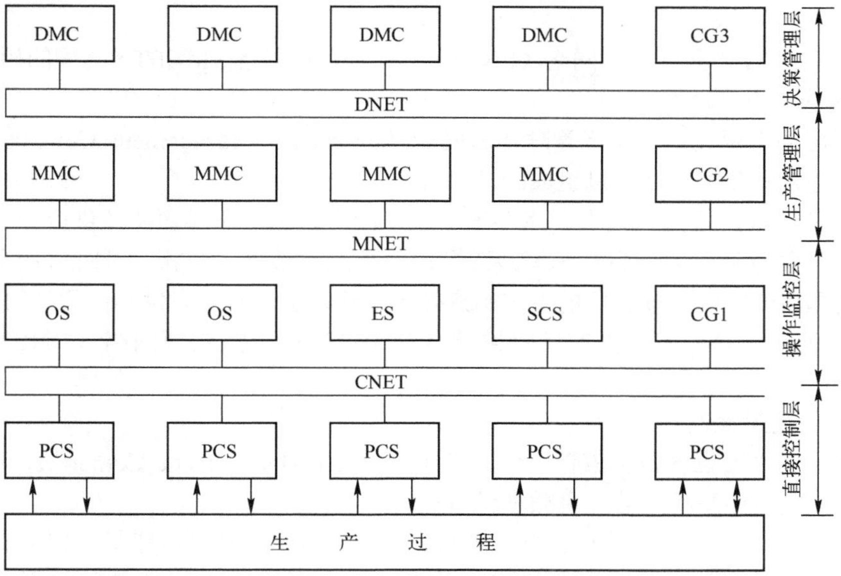

图 8.12　DCS 的层次结构

PCS—过程控制站　OS—操作员站　ES—工程师站　SCS—监控计算机站
CG—计算机网关　CNET—控制网络　MNET—生产管理网络
DNET—决策管理网络　MMC—生产管理计算机　DMC—决策管理计算机

（1）DCS 的直接控制层

直接控制层是 DCS 的基础，其主要设备是过程控制站（PCS），PCS 主要由输入/输出单元（IOU）和过程控制单元（PCU）两部分组成。

输入/输出单元直接与生产过程的信号传感器、变送器和执行器连接，其功能一是采集反映生产状况的过程变量（如温度、压力、流量、料位、成分）和状态变量（如开关和按钮的通断、设备起停），并进行数据处理；二是向生产现场的执行器传送模拟量操作信号（DC 4～20mA）和数字量操作信号（开或关、启或停）。

过程控制单元下与 IOU 连接，上与控制网络（CNET）连接，其功能一是直接数字控制（DDC），即连续控制、逻辑控制、顺序控制和批量控制等；二是与控制网络通信，以便操作监控层对生产过程进行监控和操作；三是进行安全冗余处理，一旦发现 PCS 硬件或软件故障，就立即切换到备用件，保证系统不间断地安全运行。

（2）DCS 的操作监控层

操作监控层是 DCS 的中心，其主要设备是操作员站、工程师站、监控计算机站和计算机网关。

操作员站（OS）为微处理机或小型机，并配置彩色 CRT（或液晶显示器）、操作员专用键盘和打印机等外部设备，供工艺操作员对生产工程进行监视、操作和管理，具备图文并茂、形象逼真的人机界面（HMI）。

工程师站（ES）为微处理机，或由操作员站兼用。ES 供计算机工程师对 DCS 进行系统生成和诊断维护；供控制工程师进行控制回路组态、人机界面绘制、报表制作和特殊软件编制。

监控计算机站（SCS）为小型机，用来建立生成过程的数学模型，实施高等过程控制策略，实现装置级的优化控制和协调控制；并对生产过程进行故障诊断、预报和分析，保证安全生产。

计算机网关（CG1）用于控制网络（CNET）和生产管理网络（MNET）之间的相互通信。

（3）DCS 的生产管理层

生产管理层的主要设备是生产管理计算机（Manufactory Management Computer，MMC），一般由一台中型机和若干台微型机组成。

该层处于工厂级，根据订货量、库存量、生产能力、生产原料和能源供应情况及时制定全厂的生产计划，并分解落实到生产车间或装置；另外还要根据生产状况及时协调全厂的生产，进行生产调度和科学管理，使全厂的生产始终处于最佳状态，并能应付不可预测的事件。

计算机网关（CG2）用于生产管理网络（MNET）和决策管理网络（DNET）之间的相互通信。

（4）DCS 的决策管理层

决策管理层的主要设备是决策管理计算机（Decision Management Computer，DMC），一般由一台大型机、几台中型机、若干台微型机组成。

该层处于公司级，管理公司的生产、供应、销售、技术、计划、市场、财务、人事、后勤等部门。通过收集各部门的信息，进行综合分析，实时做出决策，协助各级管理人员指挥调度，使公司各部门的工作处于最佳运行状态。另外还协助公司经理制订中长期生产计划和远景规划。

计算机网关（CG3）用于决策管理网络（DNET）和其他网络之间的相互通信，即企业网和公共网络之间的信息通道。

8.5.2　集散控制系统结构和原理

DCS 硬件采用积木式结构，可灵活地配置成小、中、大系统；另外，还可以根据企业的财力或生产要求，逐步扩展系统和增加功能。

DCS 控制网络（CNET）上的各类节点数，即过程控制站（PCS）、操作员站（OS）、工程师站（ES）和监控计算机站（SCS）的数量，可按生产要求和用户需要灵活地配置；另外，还可灵活地配置每个节点的硬件资源，如内存容量、磁盘容量和外部设备种类等。

1. DCS 控制站的硬件结构

控制站（CS）或过程控制站（PCS）主要由输入/输出单元（IOU）、过程控制单元（PCU）和电源三部分组成，如图 8.13 所示。

输入/输出单元（IOU）是 PCS 的基础，由各种类型的输入/输出处理板（IOP）组成，如模拟量输入板（DC 4~20mA，DC 0~5V）、热电偶输入板、热电阻输入板、脉冲量输入板、数字量输入板、模拟量输出板（DC 4~20mA）、数字量输出板和串行通信接口板等。这些输入/输出处理板的类型和数量可按生产过程信号类型和数量来配置；另外，与每块输入/输出处理板配套的还有信号调整板（Signal Conditioner Card，SCC）和信号端子板（Signal Terminal Card，STC），其中，SCC 用作信号隔离、放大或驱动，STC 用作信号接线。上述 IOP、SCC 和 STC 的物理划分因 DCS 而异，有的划分为三块板结构；有的划分为两块板结构，即 IOP 和 SCC 合并，外加一块 STC；有的将 IOP、SCC 和 STC 三者合并为一块物理模板，并附有接线端子。

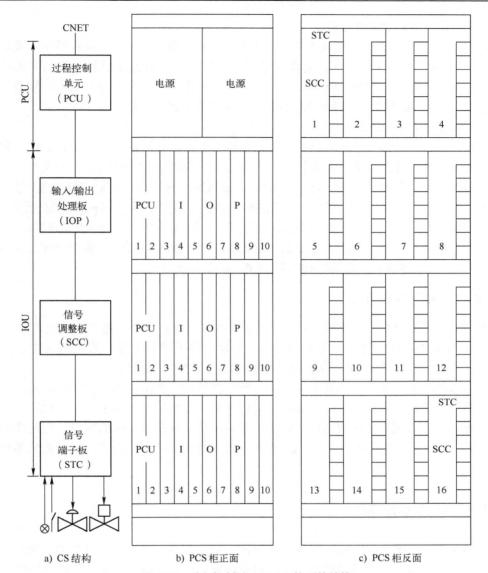

图 8.13　过程控制站（PCS）的硬件结构

过程控制单元（PCU）是 PCS 的核心，并且是 PCS 的基本配置，主要由控制处理器板、输入/输出接口处理器板、通信处理器板、冗余处理器板组成。控制处理器板的功能是运算、控制和实时数据处理；输入/输出接口处理器板是 PCU 和 IOP 之间的接口；通信处理器板是 PCS 与控制网络（CNET）的通信网卡，实现 PCS 与 CNET 之间的信息交换；PCS 采用冗余 PCU 和 IOU，冗余处理器板承担 PCU 和 IOU 的故障分析与切换功能。上述 4 块板的物理划分因 DCS 而异，可以分为 4、3、2 块，甚至合并为 1 块。

一般来说，现场控制站由现场控制单元组成。现场控制单元是 DCS 中直接与现场过程进行信息交互的 I/O 处理系统，用户可以根据不同的应用需求，选择配置不同的现场控制单元构成现场控制站。它可以是面向连续生产的过程控制站；也可以是顺序控制、联锁控制功能为主的现场控制站；还可以是一个对大批量过程信号进行总体采集的数据采集站。

2. DCS 操作员站的硬件结构

操作员站（OS）为微处理机或小型机，主要由主机、彩色显示器、操作员专用键盘和打印机等组成。其中主机的内存容量、硬盘容量可由用户选择，彩色显示器可选触屏式或非触屏式，分辨率也可选择，一般用工业 PC（IPC）或工作站作 OS 主机，个别 DCS 制造厂配专用 OS 主机，前者是发展趋势，这样可增强操作员站的通用性及灵活性。

3. DCS 工程师站的硬件结构

工程师站（ES）为小型机和高档微型机，主要由主机、彩色显示器（CRT）、键盘和打印机等组成，其中主机的内存容量、硬盘容量、CD 或磁带机等外部设备均可由用户选择。

一般 DCS 的直接控制层和操作监控层的设备（如 PCS、OS、ES、SCS）都有定型产品供用户选择，即 DCS 制造厂为这两层提供了各种类型的配套设备。唯有生产管理层和决策层的设备无定型产品，一般由用户自行配置，当然要由 DCS 制造厂提供控制网络（CNET）与生产管理网络（MNET）之间的硬、软件接口，即计算机网关（CG1）。这是因为一般 DCS 的直接控制层和操作监控层不直接对外开放，必须由 DCS 制造厂提供专用的接口才能与外界交换信息。

8.5.3　集散控制系统的组态

DCS 的组态功能从广义范畴讲，可以分为两个主要方面：硬件组态和软件组态。

硬件组态主要是根据现场的使用要求来确定硬件的模块化配置，常见的内容包括操作站（工程师站和操作员站）的选择、现场控制站的配置以及电源的选择。

软件组态的内容比硬件组态要多得多，一般包括基本配置组态和应用软件组态。基本配置组态是给系统一个配置信息，例如系统各种站的个数、它们的索引标志、每个现场工作站的最大点数、最短执行周期等；而应用软件组态内容更丰富，包括数据库的生成、历史库的生成、图形的生成、报表生成和控制组态等。DCS 的组态功能是否强大和方便是其能否为用户接受的重要原因。

8.6　现场总线控制系统

现场总线控制系统（Fieldbus Control System，FCS）是一种以现场总线为基础的分布式网络自动化系统，它既是现场通信网络系统，也是现场自动化系统。它作为一种现场通信网络系统，具有开放式数字通信功能，可与各种通信网络互连；它作为一种现场自动化系统，把安装于生产现场的具有信号输入、输出、运算、控制和通道功能的各种现场仪表或现场设备作为现场总线的节点，并直接在现场总线上构成分散的控制回路。

现场总线和现场总线控制系统的产生，不仅变革了传统的单一功能的模拟仪表，将其改造为具备综合功能的数字化仪表；而且变革了传统的计算机控制系统（DDC、DCS），将输入、输出、运算和控制功能分散分布到现场总线仪表中，形成了全数字的彻底的分散控制系统。FCS是从 DCS 发展过来的，仅变革了 DCS 的控制层，其他各层（操作监控层、生产管理层和决策管理层）仍然同 DCS。

8.6.1　现场总线控制系统概述

现场总线是工业设备自动化控制的一种计算机局域网络。它是依靠具有检测、控制、通信能力的微处理芯片，实现数字化仪表（设备）在现场实现彻底分散控制，并以这些现场分散的测量和控制设备单个点作为网络节点，将这些点以总线形式连接起来，形成一个现场总线控制系统。它属于最底层的网络系统，是网络集成式全分布控制系统，它将原来集散型的 DCS 现场控制机的功能，全部分散在各个网络节点处。为此，实现了将原来封闭、专用的系统变革成开放、标准的系统，使得不同制造商的产品可以互连，大幅简化系统结构，降低成本，更好满足了实时性要求，提高了系统运行的可靠性。

目前，现场总线有若干标准，尚未实现现场总线标准的统一，常见的现场总线标准详见 3.5.1 节。

8.6.2　现场总线控制系统结构

现场总线控制系统作为新一代控制系统，一方面，突破了 DCS 采用通信专用网络的局限，采用了基于公开化、标准化的解决方案，克服了封闭系统所造成的缺陷；另一方面把 DCS 的集中与分散相结合的集散系统结构，变成了新型全分布式结构，把控制功能彻底下放到现场。可以说，开放性、分散性与数字通信是现场总线系统最显著的特征。

现场总线控制系统中各控制器节点下放分散到现场，构成一种彻底的分布式控制体系结构，网络拓扑结构任意，可为总线型、星形、环形等，通信介质不受限制，可用双绞线、电力线、无线、红外线等各种形式。FCS 形成的 Infranet 控制网很容易与 Intranet 企业内部网和 Internet 全球信息网互连，构成一个完整的企业网络三级体系结构。图 8.14 是一个典型的现场总线控制系统的结构图。

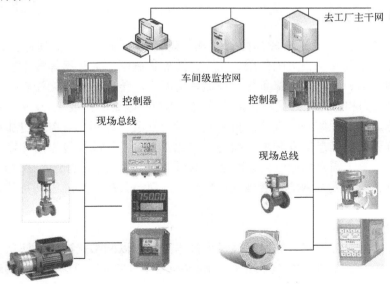

图 8.14　现场总线控制系统的典型结构

8.6.3　现场总线控制系统的特点

（1）开放性和可互操作性

开放性意味 FCS 将打破 DCS 大型厂家的垄断，给中小企业发展带来了平等竞争的机遇。可互操作性实现控制产品的"即插即用"功能，从而使用户对不同厂家工控产品有更多的选择余地。

（2）彻底的分散性

彻底的分散性意味着系统具有较高的可靠性和灵活性，系统很容易进行重组和扩建，且易于维护。

（3）低成本

衡量一套控制系统的总体成本，不仅考虑其造价，而且应该考查系统从安装调试到运行维护整个生命周期内总投入。相对 DCS 而言，FCS 开放的体系结构和 OEM 技术将大大缩短开发周期，降低开发成本，且彻底分散的分布式结构将 1 对 1 模拟信号传输方式变为 1 对 N 的数字信号传输方式，节省了模拟信号传输过程中大量的 A/D 和 D/A 转换装置、布线安装成本和维护费用。因此从总体上来看，FCS 的成本大大低于 DCS 的成本。

FCS 的技术关键是智能仪表技术和现场总线技术。智能仪表不仅具有精度高、可自诊断等优点，而且具有控制功能，必将取代传统的 4～20mA 模拟仪表。连接现场智能仪表的现场总线是一种开放式、数字化、多接点的双向传输串行数据通路，它是计算机技术、自动控制技术和通信技术相结合的产物。FCS 结合 PC 丰富的软硬件资源，既克服了传统控制系统的缺点，又极大地提高了控制系统的灵活性和效率，形成了一种全新的控制系统，开创了自动控制的新纪元，必将成为自动控制发展的趋势。

8.7 云控制系统

8.7.1 云控制系统概述

网络化控制系统近年来逐渐成为控制领域的研究热点方向，许多理论和技术成果喷薄而出，在社会和工业中发挥了很大的作用。如今，随着物联网、大数据等技术的发展和普及，极大地增加系统的通信、存储与计算负担。在这种情况下，传统的网络化控制技术面临着控制系统复杂化、计算能力和存储空间受限和传统控制架构自身限制的挑战。

随着云计算、大数据等新一代信息技术交叉融合发展，控制系统需要更加智能、具备更加强大的功能、有更好的信息交互和处理能力。在此背景下，智能决策与闭环控制已成为各国战略的关键要素，如美国国家制造业创新网络、德国工业 4.0、欧盟地平线 2020、中国新型工业化等。国务院《新一代人工智能发展规划》也指出，新一代控制系统应具有智能计算、优化决策与控制能力。

1. 基本概念

以控制为核心，以云计算、物联网技术为技术工具，以网络化控制、信息物理系统、复杂大系统理论为依托，云控制系统（Cloud Control Systems，CCSs）应运而生，实现高度自主和高度智能的控制。

在云控制系统中，结合了网络化控制系统和云计算技术的优点，通过各种传感器感知汇聚海量数据，并将大数据储存于云端，在云端利用深度学习等智能算法，实现系统的在线辨识与建模，结合网络化预测控制、数据驱动控制等先进控制方法实现系统的自主智能控制。控制的实时性，因为云计算的引入得到保证，在云端利用深度学习等智能算法，同大数据处理技术、网络化预测控制、数据驱动控制等关键技术相结合，可以使得云控制系统具有相当的智能自主控制能力。最终，可将控制封装成随取随用的服务形式，也就是"控制即服务"（Control as a Service，CaaS）。

云控制系统综合了云计算的优势、网络控制系统的先进理论和其他近期发展的相关结果，为解决复杂系统的控制问题提供了可能，它将会在工业领域和其他相关领域展现出巨大的应用价值。

2. 主要核心技术

（1）数据驱动云控制系统

在传统的控制系统框架中，被控对象的数学模型是控制和监控的前提。然而系统建模过程中将不可避免地引入建模误差；同时对于云控制系统，由于过程复杂或者涉及变量多，往往无法建立精确的数学模型甚至无法建模，可以利用的只是通过传感技术测得的系统状态或者输出，传统的控制方法已经不再适用，因此提出了数据驱动控制。由于在大部分实际应用中，只有数据可以通过网络传输并被控制器和执行器接收，所以数据驱动的方法特别适用于云控制系统。

在数据驱动云控制系统中，传感器通过网络将数据发送到控制器，然后控制器将应用如上描述的数据驱动预测控制算法产生一个预测控制输入序列，将这些控制序列通过网络传输到执行器端的补偿器上。最后，根据预测控制方法，执行器将选择合适的控制输入。由此可知，在基于数据驱动的控制结构中，控制输入可以直接获得，与模型无关。

（2）空地协同云控制系统

基于智能云服务技术，以大规模无人机-无人车空地协同控制问题为例，将各控制任务上传至云端，利用先进的容器化弹性云计算技术对各控制计算任务工作流进行调度执行，最小化执行时间，同时考虑云服务安全防护与安全通信问题，设计高性能控制算法，保证多无人机-无人车系统控制的稳定性。

（3）云工作流调度

在云计算中，云工作流调度是一种高效处理复杂任务的重要方法，其将复杂任务拆分为具有前后依赖关系的有向无环图，调度子任务到分布式计算节点中，从而提高任务的处理效率。第一，对云工作流任务多方面的特征综合分析确定优先级参数，综合考虑云工作流任务价值和用户任务执行紧迫度两种属性，建立云工作流任务权重，提出一种基于动态优先级和任务权重的任务调度策略，使任务集按照最佳顺序调度，确保任务尽可能在最佳调度时间内执行。第二，建立支持云工作流任务优先级和权重的多任务并行云工作调度架构。针对现有云工作流管理体系架构系统复杂、容纳数据量少、响应时间长、性能差的问题，研究支持用户定制的云工作流架构，设计可定制的云工作流系统整体架构，主要包括建模工具、迁移工具、表单工具、监控平台、云工作流引擎、数据库访问层、缓存层、组织机构建模等。

（4）云控制系统安全

相较传统网络化控制系统，云控制系统结构更复杂，规模更庞大，不确定因素也更多。因此，云控制系统存在更多的安全隐患且安全问题造成的损失也更为严重。依据被攻击对象以及安全隐患发生阶段的不同，云控制系统安全问题可被划分为云、网、边、端四个层面来考虑。

8.7.2　云控制系统雏形和控制流程

（1）云控制系统的雏形

在云控制系统定义中，云控制分为两个阶段：初始阶段（也称网络化控制阶段）和云控制阶段。

任何一个云控制任务都从初始阶段开始；控制系统被初始化为一个网络化控制系统，包含控制器 CT 和被控对象 P 两个节点。云控制系统在预先定义的广播域中仅仅包含两个节点；

形式上是一个网络化控制系统。控制器接收来自被控对象的测量数据，根据基于模型的网络化预测控制算法，生成控制变量。

（2）云控制系统的控制流程

1）初始，CT 利用预先设定的控制算法，生成操作变量，并将封装好的预测控制信号发送给被控对象；在自身管理范围内，持续广播控制需求，寻找可利用的节点，替代自己完成控制任务。

2）评价云节点的优先级（优先级越大，越适合提供服务）。

3）建立完优先级列表后，控制节点 CT 将从中选择一些优先级高的节点，发送确认信息。

4）当某个或某些节点反馈确认以后，控制节点 CT 将向其发控制任务描述（控制算法等）。

5）同时，CT 也会将服务节点的信息发送给被控对象 P；P 接收到后，将开始向服务云节点发送（历史）测量数据。

6）为了保持云控制系统的良好运行，在每个采样时刻，所有活动的云控制节点向节点 CT 发送反馈，如果节点 CT 在一个预定时间内没有收到某个云控制节点的反馈，那么这个云控制节点应该从列表中移除，并且节点 CT 将指示所有闲置意愿节点中的第一个节点来代替移除节点。

7）与此同时，将这种替换告知节点 P。云控制系统的管理是一个动态的过程，节点 CT 不断寻找意愿节点，删除并替换失效节点和发送当前云控制节点的信息到节点 P。节点 P 可以接收来自不同云控制节点的控制信号数据包，补偿器选择最新的控制输入作为被控对象的实际输入。

8.7.3　云边协同控制系统

随着信息技术的飞速发展，云计算和边缘计算应用越来越广泛。然而，单纯地将云计算和边缘计算视为两个孤立的领域，已经不再能够满足日益复杂和多样化的控制系统应用需求。因此，云边协同控制系统应运而生。

云边协同控制系统包括终端设备层、边缘控制层和中心云层，其架构如图 8.15 所示。

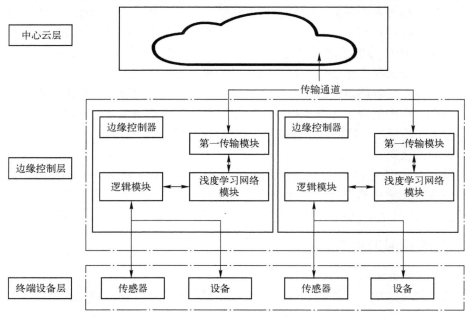

图 8.15　云边协同控制系统

终端设备层包含各种传感器和终端设备。

边缘控制层与终端设备层连接，获取终端设备层的数据，对终端设备层的设备进行控制，边缘控制层将数据处理为特征向量传递给中心云层。

中心云层对数据特征向量进行解析，得到所述边缘控制层和终端设备层的控制关系、设备关系以及设备的点位数据。基于预设算法对设备的点位数据进行监控，当设备的点位数据的偏差率大于阈值时，基于所述控制关系和设备关系生成新的数据特征向量传递给边缘控制层，实现对终端设备层的控制逻辑的动态更新。

通过有效地协同利用云端和边缘资源，可以为系统提供更加灵活、高效和全面的服务。云端和边缘节点相互协作，形成一个统一的服务体系，可满足复杂控制任务的实时智能计算、优化、计划、调度、预测、决策与控制。

可以预见，虽然当前云控制技术的研究和应用还存在许多挑战，但在不久的将来，云控制系统的深入研究将对控制理论的发展和多复杂场景实际应用起到积极推动作用。

习题

1．常用典型的计算机控制系统有哪些？

2．什么是数字调节器？

3．PLC 的特点是什么？

4．PLC 的结构和工作原理是什么？

5．什么叫嵌入式系统？它的特点是什么？

6．嵌入式处理器可分为哪几类？

7．常用的嵌入式操作系统有哪些？各有什么特点？

8．什么叫 DCS？它有何特点？

9．国际上常用的现场总线有哪些？

10．什么叫 FCS？它有何特点？

11．目前常用的现场总线有哪些？

12．什么是云控制系统？

13．云控制系统的控制流程是什么？

第9章　计算机集成制造系统

本章将介绍计算机集成制造系统（Computer Integrated Manufacturing System，CIMS），主要内容包括：CIMS 概述、CIMS 的组成和层次结构、CIMS 的功能系统、CIMS 的开发与实施等。

第9章微课视频

9.1　CIMS 概述

面对信息时代和知识经济的到来以及全球化市场竞争的加剧，世界各国制造业都在利用信息技术努力提高自己的整体竞争力，众多企业都在想方设法更好地解决其新产品上市时间（T）、质量（Q）、成本（C）、服务（S）和环境（E）等问题，提高企业的市场竞争力。计算机集成制造系统综合了信息技术、现代管理技术与制造技术，是实现制造业信息化，提高企业竞争力的有效方法。

9.1.1　CIM 和 CIMS 的概念

近年来，随着计算机技术，特别是计算机网络技术的飞速发展，工业企业中计算机及其网络的应用已日益普及。从生产过程参数的监测、控制、优化，到生产过程及装置的调度，再到企业的管理、经营、决策，计算机及其网络已成为帮助企业全面提高生产和经营效率、增强市场竞争力的重要工具。通过计算机网络，能够将原本孤立的各个计算机系统（即所谓的计算机"信息孤岛"），包括生产过程计算机控制系统，连在一起，实现它们之间的信息交互、数据共享，使企业各部门、各层次的信息能及时沟通并充分利用，从而使企业各项资源得到最佳调配和使用，产生出最好的经济效益和社会效益，这已是现代化企业的重要标志之一。计算机集成制造系统 CIMS 正是反映了工业企业计算机应用的这种趋势。

1. CIM 的概念

计算机集成制造（Computer Integrated Manufacturing，CIM）的概念最早由美国的约瑟夫·哈林顿（Joseph Harrington）博士于 1973 年提出。哈林顿认为，企业的生产组织和管理应该强调两个观点：

1）整体观点。企业的各种生产经营活动是不可分割的，需要统一考虑。

2）信息观点。整个生产制造过程实质上是信息的采集、传递和加工处理的过程。

两者都是信息时代组织、管理生产最基本、最重要的观点。可以说，CIM 是信息时代组织、管理企业生产的一种哲理，是信息时代新型企业的一种生产模式。

由于当时技术条件和市场发展的限制，特别是计算机使用尚不普遍，CIM 这种先进的制造概念在一段时间内一直停留在理论阶段。直到 20 世纪 80 年代初，随着计算机技术和网络技术的迅速发展，CIM 概念才逐渐被一些发达国家所重视，并开始在工业企业界广泛采用。在欧洲、美国、日本，很多企业以 CIM 为指导思想，对原有运行管理模式进行改造，成功地完成了许多 CIMS 应用工程，企业的生产经营效率大大提高，在国际市场竞争中处于非常有利的地位。

国际标准化组织（ISO）将 CIM 定义为，CIM 是将企业所有的人员、功能、信息和组织等诸方面集成为一个整体的生产方式。

我国 863/CIMS 主题认为，CIM 是一种组织管理企业的新理念，它将信息技术、现代管理技术和制造技术相结合，并应用于企业产品全生命周期（从市场需求分析到最终报废处理）的各个阶段，通过信息集成、过程优化及资源优化，实现物流、信息流、价值流的集成和优化运行，达到人（组织、管理）、经营和技术三要素的集成，以改进企业新产品开发的时间（T）、质量（Q）、成本（C）、服务（S）和环境（E），从而提高企业的市场应变能力和竞争能力。

对 CIM 的内涵还可进一步深入阐述如下：

1）CIM 是一种组织、管理与运行企业生产的哲理，其宗旨是使企业的产品质量高、成本低、上市快、服务好、环境清洁，使企业提高柔性、健壮性、敏捷性以适应市场变化，进而使企业赢得竞争。

2）企业生产的各个环节，即市场分析、经营决策、管理、产品设计、工艺规则、加工制造、销售、售后服务等全部活动过程是一个不可分割的有机整体，要从系统的观点进行协调，进而实现全局的集成优化。

3）企业生产过程的要素包括人/组织、技术及经营管理，其中尤其要继续发挥人在现代企业生产的主导作用，进而实现各要素间的集成优化。

4）企业生产活动中包括信息流（采集、传递和加工处理）、物流及价值流三部分。现代企业中尤其重视价值流的管理、运行、集成、优化，以及价值流与信息流和物流间的集成优化。

5）CIM 技术是基于传统制造技术、信息技术、管理技术、自动化技术、系统工程技术的一门综合性技术。具体地讲，它综合并发展了企业生产各环节有关的技术，如总体技术（CIMS 集成模式、体系结构、标准化技术、系统的建模与仿真等）、支撑技术（网络、数据库、CASE、集成框架、企业级产品数据管理、计算机支持协同工作技术、人机接口等）、设计自动化技术（CAD、CAE、CAPP）；加工制造自动化技术（DNS、CNC、工业机器人、FMC、FMS）、管理与决策信息系统技术（MIS、OA、DSS、MRP Ⅱ、JIT、ERP）等。

6）CIM 的主要特征是"四化"，即计算机化、信息化、智能化和集成化。随着计算机技术、信息技术、人工智能技术、系统工程技术、自动化技术及制造技术的不断发展，CIMS 内容还将不断地得到充实。目前，CIMS"四化"的发展趋势表现在网络化、数字化、虚拟化、以人为核心的智能化和重视企业间的集成优化等方面。

7）CIM 的哲理及有关技术不仅适用于离散型制造业，而且还适用于流程工业及混合型制造业。

2. CIMS 的概念

计算机集成制造系统是基于 CIM 理念而组成的系统，是 CIM 的具体实现。

计算机集成制造系统把市场、设计、制造、管理和售后服务等作为一个整体，通过计算机软硬件，综合利用现代管理技术、制造技术、信息技术、自动化技术、系统工程技术，实现整个生产过程的信息流、物流和价值流的集成控制、优化运行和合理调度。

如果说 CIM 是组织现代化企业的一种哲理，而 CIMS 则应理解为基于该哲理的一种工程集成系统。CIMS 的核心在于集成，不仅是综合集成企业内各生产环节的有关技术，更重要的是将企业内的人/机构、经营管理和技术这被称之为 CIMS 三要素的有效集成，以保证企业内的工作流、物质流和信息流畅通无阻。

为赶超国际先进技术，我国于 1986 年提出了"863"高技术发展计划，其中对 CIMS 这一推动工业发展的先进技术给予了充分肯定和极大重视，将 CIMS 作为在"863"计划自动化领域里设立的两个研究发展主题之一。863/CIMS 主题对 CIMS 的阐述是"CIMS 是一种基于 CIM 哲理构成的计算机化、信息化、智能化、集成优化的制造系统"。

应用 CIMS 可以提高资源的利用率和生产效率，缩短生产周期，节约劳动力，代表了工业信息化的发展方向。

9.1.2　CIMS 的分类

根据应用领域的不同，通常将 CIMS 分为流程工业 CIMS 和离散工业 CIMS。

1. 流程工业 CIMS

流程工业属于广义的制造工业，一般是指通过物理上的混合、分离、成型或化学反应使原材料增值的行业。其生产过程一般是连续的或成批的，需要严格的过程控制和安全性措施，具有工艺过程相对固定、产品规格较少、批量较大等特点，主要包括化工、冶金、石油、电力、橡胶、制药、食品、造纸、塑料、陶瓷等行业。

流程工业 CIMS 是 CIM 思想在流程工业中的应用和体现。其含义是，在获取生产流程所需全部信息的基础上，将分散的过程控制系统、生产调度系统和管理决策系统等有机地集成起来，综合运用自动化技术、信息技术、计算机技术、系统工程技术、生产加工技术和现代管理科学，从生产过程的全局出发，通过对生产活动所需的各种信息的集成，形成一个集控制、监测、优化、调度、管理、经营、决策等功能于一体，能适应各种生产环境和市场需求的、总体最优的、高质量、高效益、高柔性的现代化企业综合自动化系统，以达到提高企业经济效益、适应能力和竞争能力的目的。通常所说的计算机集成流程生产系统（Computer Integrated Processing System，CIPS）、企业（或工厂）综合自动化系统等，与流程工业 CIMS 都是同一概念。

流程工业 CIMS 的特点如下：

1）连续性。流程工业的生产过程是连续的，不同于离散制造的分批次生产，这要求 CIMS 能够处理和优化连续流动的生产数据。

2）高安全性和稳定性。流程工业对安全性和稳定性的要求极高，CIMS 需要具备强大的监控和控制能力，确保生产过程的安全和稳定。

3）复杂的配方管理。流程工业的产品通常有固定的配方，CIMS 需要能够精确管理和控制原料配比和生产条件。

4）高度自动化。流程工业的生产过程高度自动化，涉及大量的传感器、执行器和自动控制系统，CIMS 需要与这些自动化系统高度集成。

流程工业 CIMS 是现代流程工业企业实现智能制造和信息化管理的关键工具。通过集成自动化控制、生产管理、资源管理和质量管理等功能，CIMS 能够全面提升流程工业的生产效率、产品质量、安全性和环保性。随着技术的不断进步，CIMS 在流程工业中的应用将更加广泛和深入，为企业带来更大的竞争优势。

2. 离散工业 CIMS

离散制造业是指现在制造工业中以机械、电子等零部件加工、装配、调试、检验为主要生产手段，生产各种工业产品、民用和军用产品的工业行业，其产品或零部件在制造加工过程中从形态上和加工工序上看均呈离散状态，如机床、机械设备、汽车、仪器仪表、家电等行业。

离散工业 CIMS 的特点如下：

1）离散制造过程。生产过程是离散的，每个产品由多个独立的零部件组装而成。

2）多样性和复杂性。产品种类多样，制造工艺和流程复杂，产品生命周期短。

3）高精度和高质量要求。产品通常要求高精度和高质量，制造过程中需严格控制每个环节。

4）灵活性和响应速度。市场需求变化快，制造系统需要高度灵活和快速响应。

3. 流程工业 CIMS 与离散工业 CIMS 的区别

流程工业 CIMS 与离散工业 CIMS 都是 CIM 理念在不同领域的应用，在财务、采购、销售、资产和人力资源管理等方面基本相似，它们的主要区别如下。

（1）生产计划方面

流程工业 CIMS 的生产计划可以从生产过程中具有过程特征的任何环节开始，离散工业 CIMS 只能从生产过程的起点开始计划；流程工业 CIMS 采用过程结构和配方进行物料需求计划，离散工业 CIMS 采用物料清单进行物料需求计划；流程工业 CIMS 一般同时考虑生产能力和物料，离散工业 CIMS 必须先进行物料需求计划，后进行能力需求计划；离散工业 CIMS 的生产面向订单，依靠工作单传递信息，作业计划限定在一定时间范围之内，流程工业 CIMS 的生产主要面向库存，没有作业单的概念，作业计划中也没有可提供调节的时间。

（2）工程设计方面

流程工业 CIMS 中新产品开发过程不必与正常的生产管理、制造过程集成，可以不包括工程设计子系统；离散工业 CIMS 由于产品工艺结构复杂、更新周期短，新产品开发和正常的生产制造过程中都有大量的变形设计任务，需要进行复杂的结构设计、工程分析、精密绘图、数控编程等，工程设计子系统是其不可缺少的重要子系统之一。

（3）调度管理方面

流程工业 CIMS 中要考虑产品配方、产品混合、物料平衡、污染防治等问题，需要进行主产品、副产品、协产品、废品、成品、半成品和回流物的管理，而在生产过程中占有重要地位的热蒸汽、冷冻水、压缩空气、水、电等动力能源辅助系统也应纳入 CIMS 的集成框架，离散工业 CIMS 则不必考虑这些问题；流程工业 CIMS 中生产过程的柔性是靠改变各装置间的物流分配和生产装置的工作点来实现的，必须要由先进的在线优化技术、控制技术来保证，离散工业 CIMS 的生产柔性则是靠生产重组等技术来保证；流程工业 CIMS 的质量管理系统与生产过程自动化系统、过程监控系统紧密相关，产品检验以抽样方式为主，采用统计质量控制，产品检验与生产过程控制、管理系统严格集成、密切配合，离散工业 CIMS 的质量控制子系统则是其中相对独立的一部分。

（4）信息处理方面

流程工业 CIMS 要求实时在线采集大量的生产过程数据、工艺质量数据、设备状态数据等，要及时处理大量的动态数据，同时保存许多历史数据，并以图表、图形的形式予以显示，而离散工业 CIMS 在这方面的需求则相对较少；流程工业 CIMS 的数据库主要由实时数据库与历史数据库组成，前者存放大量的体现生产过程状态的实时测量数据，如过程变量、设备状态、工艺参数等，实时性要求高，离散工业 CIMS 的数据库则是主要以产品设计、制造、销售、维护整个生命周期中的静态数据为主，实时性要求不高。

（5）安全可靠性方面

流程工业 CIMS 由于生产的连续性和大型化，必须保证生产高效、安全、稳定运行，实现稳产、高产，才能获取最大的经济效益，因此安全可靠生产是流程工业的首要任务，必须实现全生产过程的动态监控，使其成为 CIMS 集成系统中不可缺少的一部分；离散工业 CIMS 则偏重于单个生产装置的监控，监控的目的是保证产品技术指标的一致性，并为实现柔性生产提供有用信息。

（6）经营决策方面

流程工业 CIMS 主要通过稳产、高产、提高产品产量和质量、降低能耗和原料、减少污染来提高生产效率，增加经济效益，离散工业 CIMS 则注重于通过单元自动化、企业柔性化等途径，达到降低产品成本、提高产品质量、增加产品品种，满足多变的市场需求，提高生产效率；由于流程工业生产过程的资本投入较离散制造业要大得多，因而流程工业 CIMS 需要更注重生产过程中资金流的管理。

（7）人的作用方面

流程工业 CIMS 由于生产的连续性，更强调基础自动化的重要性，生产加工自动化程度较高，人的作用主要是监视生产装置的运行、调节运行参数等，一般不需要直接参与加工；而离散工业 CIMS 的生产加工方式不同，自动化程度相对较低，一些情况下需要人直接参与加工，因此两者在人力资源的管理方面有明显区别。

（8）理论研究方面

离散工业 CIMS 经过多年的研究和应用，已形成较为完善的理论体系和规范；而流程工业 CIMS 由于起步较晚，体系结构、柔性生产、优化调度、集成模式和集成环境等方面都缺乏有效的理论指导，急需进行相关的理论研究。

9.1.3　CIMS 的发展和趋势

CIMS 在 20 世纪 80 年代中期开始重视并大规模实施，其原因是 20 世纪 70 年代的美国产业政策中过分夸大了第三产业的作用，而将制造业，特别是传统产业，贬低为"夕阳工业"，这导致美国制造业优势的急剧衰退，并在 20 世纪 80 年代初开始的世界性的石油危机中暴露无遗，此时，美国才开始重视并决心用其信息技术的优势夺回制造业的霸主地位。自此，CIMS的理念、技术也随之有了很大的发展。

1. CIMS 的发展历程

1952 年，第一台数控机床在美国诞生，标志着计算机辅助制造（CAM）的开始，一般也被认为是 CIMS 的起点。随着计算机技术的发展和复杂零件加工的需求，计算机辅助制造技术已从简单的数控机床发展到自动编程处理及计算机控制的数控机床（CNC）、加工中心（MC），20 世纪 70 年代末出现的柔性制造系统（FMS）包括了制造加工过程的加工、物料储运、刀具管理等功能及集成，新近出现的全能制造系统（HMS）等先进的制造装备与策略，则同时从产品设计、工艺计划到生产管理等各个环节都广泛采用了计算机辅助技术。

计算机辅助设计（CAD）技术产生于 20 世纪 60 年代，目的是解决飞机等复杂产品的设计问题。由于计算机硬件和软件发展的限制，CAD 技术直到 20 世纪 70 年代才投入实际应用，但发展极其迅速。目前已有大量的二维、三维 CAD 商品化软件工具，可以完成产品设计、运动学及动力学仿真、材料分析乃至虚拟制造等多种功能。

为了将 CAD 和 CAM 结合集成为一个完整的系统，即在 CAD 设计后，立即由计算机辅助工艺师制订出工艺计划，并自动生成 CAM 系统代码，由 CAM 系统完成产品的制造。计算机辅助工艺设计（CAPP）于应运而生。CAPP 能显著提高工艺文件的质量和工作效率，减少工艺规程编制对工艺人员的依赖，大大缩短生产准备周期。

除此之外，计算机技术的广泛应用还促进了离散制造业一大批新技术的产生，以解决其所面临的各种问题。这些新技术包括计算机辅助工程（CAE）、原材料需求计划（MRP）、制造资源计划（MRP Ⅱ）等。其中 MRP 和 MRP Ⅱ是计算机辅助生产管理（CAPM）的主要内容，具有年/月/周生产计划制定、物料需求计划制定、生产能力（资源）的平衡、仓库等管理、市场预测、长期发展战略计划制定等功能。

一般来说，CIMS 是在自动化技术、信息技术以及制造技术的基础上，通过计算机及其软件，将与制造工厂全部生产活动有关的各种分散的计算机系统、自动化系统有机地集成起来，适用于多品种、小批量生产的高效率、高柔韧性的制造系统。

CIMS 包含以下两个特征：

1）在功能上，CIMS 包含了一个制造工厂的全部生产经营活动，即从市场预测、产品设计、加工制造、质量管理到售后服务的全部活动，比传统的工厂自动化范围大得多，是一个复杂的大系统。

2）CIMS 涉及的计算机系统、自动化系统并不是工厂各个环节的计算机系统、自动化的简单相加，而有机的集成，包括物料和设备的集成，更重要的是以信息集成为本质的技术集成，也包括人的集成。

由此可见，CIMS 是一种基于计算机和网络技术的新型制造系统，不仅包括和集成了CAD、CAM、CAPP、CAE 等生产环节的先进制造技术和 MRP、MRP Ⅱ等先进的调度、管理、决策策略与技术，而且包括和集成了企业所有与生产经营有关环节的活动与技术，其目的就是追求高效率、高柔性，最后取得高效益，以满足市场竞争的需求。

CIMS 的应用给离散制造业的发展带来了强大动力。在欧美以及日本等先进工业国家，制造业已基本实现了 CIMS 化，使其产品质量高、成本低，在市场上长期保持强盛的竞争势头。而应用的成功和巨大的效益又进一步推动了 CIMS 技术的研究和发展。在高新技术不断出现、市场不断国际化的今天，虚拟制造（Virtual Manufacturing）、敏捷制造（Agile Manufacturing）、并行工程（Concurrent Engineering）、绿色制造（Green Manufacturing）、智能制造系统（IMS）等新的制造技术以及及时生产（JIT）、企业资源计划（ERP）、供应链管理（SCM）等新的经营管理技术使 CIMS 的内容越来越充实，Internet/Intranet/Extranet 和多媒体等计算机网络新技术、网络化数据仓库技术以及产品数据管理（PDM）技术等支撑技术的发展使 CIMS 的功能越来越强大，实际上已经使 CIMS 由初始含义的计算机集成制造系统演化为新一代的 CIMS——现代集成制造系统（Contemporary Integrated Manufacturing Systems）。因而，可以这么说，计算机的普遍应用构成了 CIMS 发展的基础，而激烈的市场竞争和计算机及相关技术的迅速发展又促进了 CIMS 的进一步发展。

CIMS 在离散制造业的成功应用和巨大效益，在制造业的另一重要领域——流程工业中CIMS 更是得到了迅速的发展。在美、欧、日本等国的很多大型流程工业企业，如炼油、石油化工、制浆造纸企业等，从 20 世纪 80 年代后期就开始考虑在全厂或整个企业实施计算机综合自动化系统，也就是流程工业 CIMS。到目前为止，有很多流程企业都已经按照各自需要建立了各种类型的相应系统。

2. CIMS 的发展阶段

系统集成优化是 CIMS 技术与应用的核心技术，一般认为，可将 CIMS 的发展从系统集成优化发展的角度来划分为三个阶段：信息集成、过程集成和企业集成。

（1）信息集成阶段

信息集成阶段解决的根本问题是设计、管理和加工制造中大量存在的自动化孤岛问题，使信息正确、高效地共享和交换。信息集成是改善企业时间（T）、质量（Q）、成本（C）、服务

（S）所必需的。

信息集成是指 CIMS 中不同应用系统之间实现数据共享，这些应用系统分布在网络环境下异构计算机系统中，它们所管理和操作的数据格式和存储方式各异，实现信息集成就是要实现数据的转换（不同数据格式和存储方式之间的转换）、数据源的统一（同一个数据仅有一个数据入口）、数据一致性的维护、异构环境下不同应用系统之间的数据传送。

信息集成的理想目标是五个"正确"的实现，即"在正确的时间，将正确的信息以正确的方式传送给正确的人（或机器），以做出正确的决策或操作。"信息集成是过程集成、过程集成和企业集成的基础。

在企业实施 CIMS 的早期阶段，应用系统的集成首先是信息集成。CIMS 集成的对象既包括各类硬件，也包括各类软件，既要实现信息流的集成，还要实现物质流、价值流的集成，更要实现人、技术、资源的集成。早期信息集成的实现方法主要通过局域网和数据库来实现。近期采用企业网、外联网、产品数据管理（PDM）、集成平台和框架技术来实施。值得指出，基于面向对象技术、软构件技术和 Web 技术的集成框架已成为系统信息集成的重要支撑工具。

企业 CAD/CAPP/CAM 系统的信息集成，提高了企业的设计自动化程度和水平，车间控制器和底层制造设备的信息集成，则大大提高了企业的制造自动化水平。企业的信息集成还解决了企业由于各部门之间信息不共享、信息反馈速度慢、信息不全等造成的企业决策困难、计划不正确、库存量大、产品制造周期长、资金积压等问题，提高了企业的现代化管理水平和整体经济效益。

（2）过程集成阶段

以信息集成为特征的 CIMS 满足了固定的传统产品生产模式需求，现代制造业往往产品设计和相关过程并行进行，只有支持过程集成的 CIMS 才能满足并行产品开发的需要。因此在 CIMS 中引入了"并行工程"的新思想和新技术。并行工程采用并行方法，在产品技术阶段，就集中产品研究周期中各有关工程技术人员，同步地设计并考虑整个产品生命周期中的所有因素。

过程集成阶段就是对过程进行重构，目标是尽量实现并行工程。并行工程是集成地、并行地设计产品及相关过程的系统化方法。它通过组成多学科产品开发队伍、改进产品开发流程、利用各种计算机辅助工具等手段，使得在产品开发的早期阶段就能及早考虑下游的各种因素，达到缩短产品开发周期、提高产品质量、降低成本，从而增强企业竞争能力的目标。

过程集成能够指高效、实时地实现 CIMS 应用间的数据、资源的共享和应用间的协同工作，将孤立的应用过程集成起来形成一个协调的企业 CIMS 运行系统。涉及不同的过程之间的交互和协同工作，它比信息集成具有更高的集成度，其集成难度也更高。为了实现过程集成，需要采用过程建模方法来建立企业的业务过程模型。另外，过程集成需要有更先进的软件集成支持工具，如集成平台、集成框架等。

（3）企业集成阶段

进入 21 世纪以后，制造企业开始采用"敏捷制造"新模式，为适应这一模式，CIMS 进入"企业集成"为特征的发展新阶段。敏捷制造要求企业"两头大、中间小"，即强大的新产品设计开发能力和强大的市场开拓能力，"中间小"指加工制造的设备能力可以小，多数零部件可以靠协作解决。这是企业优化经营的体现，因此企业集成是企业优化的新台阶。

全球化的市场竞争更加激烈，市场对"个性化"的产品需求量增大，而批量生产的产品越来越少，这将必然使那些只适宜大批量生产的"刚性生产线"改变为适应新需求的"柔性生产线"，并进一步将企业组织及装备重组，以对市场机遇做出敏捷反应。

敏捷制造企业比并行工程阶段的制造企业有了进一步的发展，强调企业的集成。发展建立在网络基础上的集成技术，包括异地组建动态联合公司、异地制造等有关集成技术，通过信息高速公路建立工厂子网，最终形成全球企业网，作为动态集成的工具。所有这些思想和技术的实现，都将使 CIMS 应用发展到一个新水平。

企业间集成的关键技术包括：信息集成技术、并行工程的关键技术、虚拟制造、支持敏捷工程的使能技术系统、基于网络（如 Internet/Intranet/Extranet）的敏捷制造以及资源优化（如 ERP、供应链、电子商务）。

3. CIMS 的发展趋势

CIMS 技术的发展趋势可以概括为集成化、智能化、全球化、虚拟化、柔性化和绿色化。

（1）集成化

CIMS 的"集成"已经从原先的企业内部的信息集成和功能集成，发展到当前的以并行工程为代表的过程集成，并正在向以敏捷制造为代表的企业间集成发展。

（2）智能化

智能化是制造系统在柔性化和集成化基础上进一步的发展和延伸，目前已广泛开展对具有自律、分布、智能、仿生和分形等特点的下一代制造系统的研究。AI 和机器学习在制造过程中的应用将越来越广泛，用于优化生产计划、预测设备故障、改进质量控制等。智能制造系统将具备自适应、自优化和自学习能力。

（3）全球化

随着"网络全球化""市场全球化""竞争全球化"和"经营全球化"的出现，许多企业都积极采用"敏捷制造""全球制造"和"网络制造"的策略。

（4）虚拟化

在数字化基础上，虚拟化技术的研究正在迅速发展。它主要包括虚拟现实（VR）、虚拟产品开发（VPD）、虚拟制造（VM）、虚拟企业（VE）和数字孪生（DT）等。

（5）柔性化

正积极研究发展企业间动态联盟技术、敏捷设计生产技术、柔性可重组机器技术等，以实现敏捷制造。

（6）绿色化

绿色制造、面向环境的设计与制造、生态工厂、清洁化工厂等概念是全球可持续发展战略在制造技术中的体现，是摆在现代制造业面前的一个新课题。

CIMS 的发展趋势反映了制造业在智能化、数字化、网络化和绿色化方面的不断进步。未来的 CIMS 将更加智能、灵活和高效，通过集成先进技术和优化生产过程，为制造企业提供强大的竞争优势和可持续发展能力。

9.2　CIMS 的组成和层次结构

9.2.1　CIMS 的组成

CIMS 通常是由管理信息分系统、工程设计分系统、制造自动化分系统、质量控制分系统、环境和安全管理分系统、维护和支持分系统 6 个功能分系统以及计算机网络分系统、数据库分系统 2 个支撑分系统组成，如图 9.1 所示。实际上，并不是任何一个企业实施 CIMS 都必须实现这 8 个分系统，而应根据具体需求、条件，在 CIM 思想指导下局部实施或分步实施。

下面对这 8 个分系统做简要介绍。

（1）管理信息分系统

管理信息分系统是将企业生产经营过程中产、供、销、人、财、物等进行统一管理的计算机应用系统，是 CIMS 的神经中枢，指挥与控制着 CIMS 其他各部分有条不紊地工作。它包括预测、经营决策、各级生产计划、生产技术准备、销售、供应、财务、成本、设备、工具、人力资源等管理信息功能，通过信息的集成，达到缩短产品生产周期、降低流动资金占用、提高企业应变能力的目的。

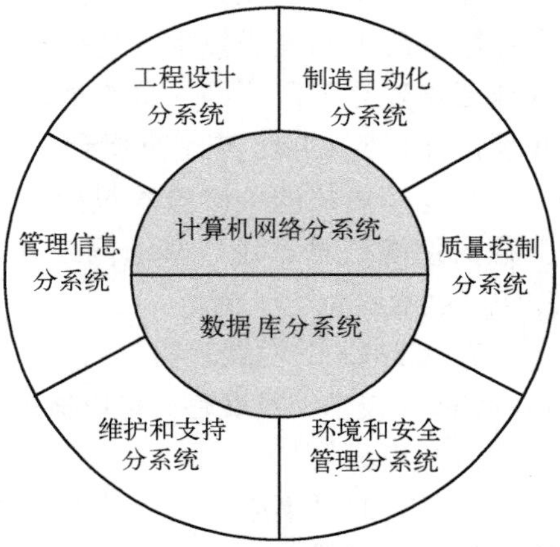

图 9.1　CIMS 组成框图

（2）工程设计分系统

工程设计分系统实质上是指在产品设计开发过程中引用计算机技术辅助产品设计、数控编程、制造准备及产品性能测试等阶段的工作，使产品设计开发工作更有效、更优质、更自动地进行。工程设计分系统包括通常人们所熟悉的 CAD/CAE/CAPP/CNCP 系统。

（3）制造自动化分系统

制造自动化分系统位于企业制造环境的底层，是直接完成制造活动的基本环节，也是 CIMS 的信息流和物料流的结合点，CIMS 最终产生经济效益的聚集地。制造自动化系统的目标可归纳为，实现多品种、小批量产品制造的柔性自动化，实现优质、低成本、短周期及高效率生产，为作业人员创造舒适而安全的劳动环境。

（4）质量控制分系统

质量控制分系统是以提高企业产品制造质量和企业工作管理质量为目标，通过质量保证规划、工况监控采集、质量分析评价和控制，以达到预定的质量要求。CIMS 中的质量控制分系统覆盖产品生命周期的各个阶段，可由 4 个子系统组成，即质量计划子系统、质量检测管理子系统、质量分析评价子系统和质量信息综合管理与反馈控制子系统。

（5）环境与安全管理分系统

环境与安全管理分系统的主要功能是监控和管理生产过程中的环境和安全因素，确保符合相关法规和标准，降低环境影响，保障生产安全。通过集成先进的监测、控制、评估和管理工具，有效降低环境和安全风险，提高企业的可持续发展能力和社会责任感。

（6）维护和支持分系统

维护和支持分系统是保障系统长期稳定运行和优化性能的重要组成部分。该系统涵盖了设备维护、软件支持、故障管理、培训和文档管理等方面，确保整个 CIMS 的有效性和高效性。

（7）计算机网络分系统

计算机网络分系统是 CIMS 的主要支撑技术，是支持 CIMS 各个分系统的开放型网络通信系统。采用国际标准和工业标准规定的网络协议，可以实现异种机互联、异构局部网络及多种网络的互联。以分布为手段，满足各应用分系统对网络支持服务的不同需求，支持资源共享、分布处理、分布数据库、分层递阶和实时控制。

依照企业覆盖地理范围的大小，有两种计算机网络可供 CIMS 采用：一种为局域网；另一种为广域网。目前，CIMS 一般以互联的局域网为主。

（8）数据库分系统

数据库分系统是 CIMS 实现信息集成的关键之一，支持 CIMS 各分系统形成覆盖企业全部信息的数据库系统。它在逻辑上是统一的，在物理上可以是分布的全局数据管理系统，以实现企业数据共享和信息集成。

在 CIMS 环境下的经营管理数据、工程技术数据、制造控制和质量保证等各类数据需要在一个结构合理的数据库系统里进行存储和调用，以满足各分系统信息的交换和共享。

9.2.2　CIMS 的层次结构

制造企业均由各职能部门组成。这些职能部门完成经营决策、设计开发、生产管理、调度控制、质量保证等多方面的职责。这些职责按其决策的范围和周期处于不同的层次。美国国家标准与技术局和亚瑟·安德森公司（Arthur Andersen Corp.）均将 CIMS 分为 5 层结构，即工厂层、车间层、单元层、工作站层和设备层，如图 9.2 所示。

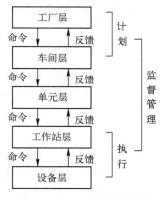

图 9.2　CIMS 的层次结构

各个层次均从其上一层接收命令，并向上一层反馈信息。各层也只向其下一层发命令，并接收下一层的反馈信息。

企业的生产活动可以分成三大类，即计划、监督管理和执行。所谓计划是确定企业将生产什么，需要什么资源，如何将产品推销到市场中去，并确定企业的长期目标和近期任务。监督管理则是对生产活动进行监督，按照生产计划对实际的生产活动进行评价，并对实际的生产活动发出控制命令。在企业的层次结构中，工厂层和车间层主要完成计划方面的任务。监督管理则由车间层、单元层和工作站层实现，设备层则是执行上层的控制命令。三类活动分布在不同的层次并有部分重叠。

图 9.3 表示了各层之间的信息流及各层的功能。

（1）工厂层

工厂层是最高决策与管理层。其决策周期一般

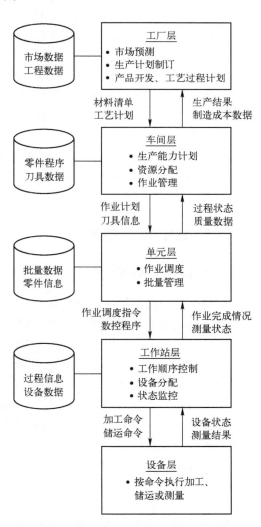

图 9.3　CIMS 各层信息流及功能

从几个月到几年，完成的功能包括进行市场预测、制订长期生产计划、确定生产资源需求、制定资源规划、产品开发及工艺过程计划、厂级经营管理（包括成本估算、库存统计、用户订单处理等）。

（2）车间层

车间层是根据生产计划协调车间作业及资源配置。其决策周期为几周到几个月，包括从设计部门的计算机辅助设计/计算机辅助制造（CAD/CAM）系统接收产品材料清单，和从计算机辅助工艺过程规划（CAPP）接收工艺过程数据，并根据工厂层的生产计划和物料需求计划进行车间内各单元的作业管理和资源分配。作业管理包括作业订单的制定、发放和管理；安排加工设备、刀具、夹具、机械手、物料运输设备的预防性维修等。资源分配是将设备、托盘、刀具、夹具等根据作业计划分配给相应的工作站。

（3）单元层

单元层主要完成本单元的作业调度，包括零件在各工作站的作业顺序、作业调度指令的发放和管理、协调工作站间的物料运输、进行机床和操作者的任务分配及调整；并将实际的质量数据与零件的技术规范进行比较，将实际的运行状态与允许的状态条件进行比较，以便在必要时采取措施以保证生产过程的正常进行。

（4）工作站层

工作站层按照所完成的任务可分为加工工作站、检测工作站、刀具管理工作站、物料储运工作站等。在加工工作站完成工件安装、夹紧、切削加工、加工过程中的检测、切屑清除、卸下工件等工作顺序的控制、协调与监控任务。

（5）设备层

设备层包括各种设备（如机械手、机床、加工中心、坐标测量机、无人小车等）的控制器。设备层执行上层的控制命令完成加工、测量、运输等任务。其响应时间从几毫秒到几分钟。

9.3 CIMS 的功能系统

9.3.1 管理信息分系统

CIMS 的管理信息分系统是其核心组成部分之一，负责协调和优化企业内部各个部门和业务流程。通过全面集成和管理生产、供应链、销售、财务和人力资源等功能模块，CIMS 管理信息分系统提升了企业的整体运营效率和竞争力。

制造资源计划（Manufacturing Resources Planning，MRP Ⅱ）是一个面向多品种小批量生产类型的，能覆盖企业产、供、销和人、财、物各生产经营活动的计算机辅助管理信息系统，它的核心是物料需求计划（Material Requirement Planning，MRP）。企业资源计划（Enterprise Resource Planning，ERP）是新一代的 MRP Ⅱ，它仍然以 MRP Ⅱ 为核心，但在功能和技术上超越了传统的 MRP Ⅱ。

1. MRP、MRP Ⅱ和 ERP

（1）MRP

物料需求计划 MRP 是 20 世纪 60 年代出现在美国，70 年代发展起来的一种管理技术和方法。MRP 是根据物料清单、库存数据和主生产计划计算物料需求的一套技术。

在计算机应用之前，人工需用 6～13 个星期计算物料需要量，因此也只能按季度订货。然而，应用计算机之后，情况就大不同了。MRP 把主生产计划、物料清单和库存量分别储存在计算机中，经过计算，就可以输出一份完整的物料需求计划。除此之外，MRP 还可以预测未来一段时间里会有什么物料短缺。若主生产计划发生变化，物料需求计划也会跟着改变，解决未来的物料短缺不是等到短缺发生后再进行，而是事先根据 MRP 的计算产生一份计划表，这样就降低了库存量，压缩了库存资金，降低了成本。同时计算物料需求量的时间缩短至 1～2 天，订货日期短、订货过程快，可以由按季度订货改为按月订货。因此，MRP 成为公认的物料管理的好方法。

MRP 基本逻辑流程如图 9.4 所示。

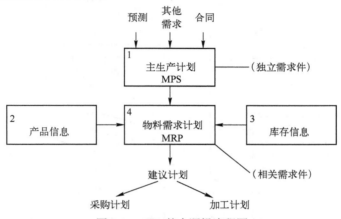

图 9.4　MRP 基本逻辑流程图

MRP 根据需求和预测来测定未来物料供应和生产计划与控制，提供了物料需求的准确时间和数量。

MRP 系统并不是仅仅代替订货点方法开订单的库存管理系统，而是一种能提供物料计划及控制库存，决定订货优先度，根据产品的需求自动地推导出构成这些产品的零件与材料的需求量，由产品的交货期展开成零部件的生产进度日程和原材料与外购件的需求日期，即将生产计划转换为物料需求表，并为能力需求计划提供信息的系统。

（2）MRP Ⅱ

如果以 MRP 为中心建立一个生产活动的信息处理体系，则可以利用 MRP 的功能建立采购计划；生产部门将销售计划与生产计划紧密配合来制订出生产计划表，并将其不断地细化；设计部门不再孤立地设计产品，而是将改良设计与以上生产活动信息相联系；产品结构不再仅仅只有参考价值而是成为控制生产计划的重要方面。如果将以上一切活动均与财务系统结合起来，库存记录、工作中心和物料清单用作成本核算，由 MRP 所得到的采购及供应商情况，建立应付账，销售产生客户合同和应收账，应收账与应付账又与总账有关，根据总账又产生各种报表……

如上所述，将 MRP 的信息共享程度扩大，使生产、销售、财务、采购、工程紧密结合在一起，共享有关数据，组成了一个全面生产管理的集成优化模式，它就是制造资源计划。为了避免名词的混淆，物料需求计划称作狭义 MRP，而制造资源计划称作广义 MRP 或 MRP Ⅱ。

MRP Ⅱ 的逻辑流程如图 9.5 所示。

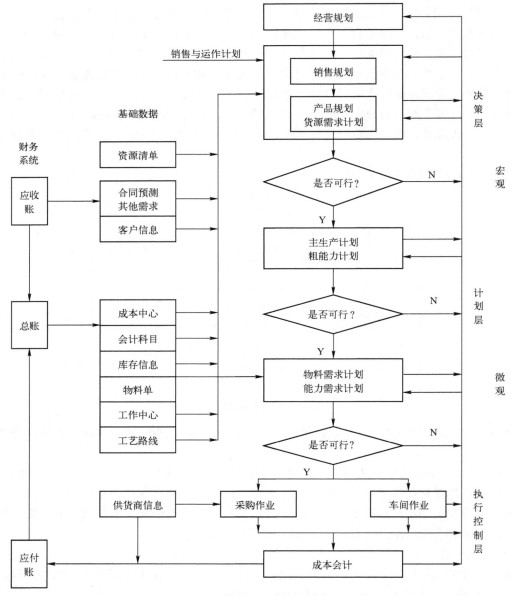

图 9.5　MRP Ⅱ逻辑流程图

（3）ERP

ERP 作为新一代 MRP Ⅱ，其概念是由美国 Garther Group 于 20 世纪 90 年代初首先提出的。ERP 具备的功能标准应包括以下 4 个方面。

1）超越 MRP Ⅱ范围的集成功能：包括质量管理、试验室管理、流程作业管理、配方管理、产品数据管理、维护管理、管制报告和仓库管理。

2）支持混合方式的制造环境：包括既可支持离散又可支持流程的制造环境；按照面向对象的业务模型组合业务过程的能力和国际范围内的应用。

3）支持能动的监控能力，提高业务绩效：包括整个企业内采用控制和工程方法；模拟功能；决策支持和用于生产及分析的图形能力。

4）支持开放的客户机/服务器计算环境：包括客户机/服务器体系结构，图形用户界面（GUI），计算机辅助设计工程（CADE），面向对象技术，使用 SQL 关系数据库查询，内部集成的工程系统、商业系统、数据采集和外部集成。

ERP 的功能是在标准 MRP Ⅱ系统功能上扩展的，ERP 相对于 MRP、MRP Ⅱ的功能扩展如图 9.6 所示。

ERP 在功能上有着更大范围的集成、对制造环境具有更强的适应性、先进的技术支撑以及开放性和可扩展性，这是 ERP 的四大特点。这四大特点是产业发展需求与技术对制造系统要求的反映。无论将来随着需求和技术的发展，ERP 在功能上如何变化，ERP 作为下一代制造系统必然向三个方向发展，也就是客户驱动、基于时间、面向整个供应链。

2. 主生产计划

主生产计划（Master Production Schedule，MPS）是 MRP Ⅱ的一个重要的计划层次。主生产计划是关于"将要生产什么"的一种描述，它起着承上启下、从宏观计划向微观计划过渡的作用。主生产计划是生产部门的工具，因为它指出了将要生产什么。同时，主生产计划也是市场销售部门的工具，因为它指出了将要为用户生产什么。所以，主生产计划又是联系市场销售同生产制造的桥梁，使生产活动符合不断变化的市场需求，又向销售部门提供生产和库存的信息，起着沟通内外的作用。

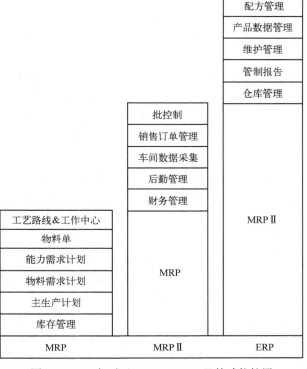

图 9.6　ERP 相对于 MRP、MRP Ⅱ的功能扩展

对于主生产计划，通过人工干预，均衡安排，使得在一段时间内主生产计划量和预测及客户订单在总量上相匹配，而不追求在每个具体时刻上均与需求相匹配，从而得到一份稳定、均衡的计划。由于在产品或最终项目（独立需求项目）这一级上的计划（即主生产计划）是稳定和均衡的，据此所得到的关于非独立需求项目的物料需求计划也将是稳定和匀称的。因此，制订主生产计划是为了得到一份稳定、均衡的生产计划。

3. 物料清单

物料清单（Bill of Material，BOM）实际上是将企业所制造的产品构成和所要涉及的物料，为了便于计算机识别，必须把用图示表达的产品结构转化成某种数据格式，同时，为了便于计算机管理和处理方便，BOM 必须具有多种合理的组织形式，以便于在不同的场合下使用。

BOM 是 CIMS 的最重要的基础数据，它不仅是 MRP 的重要输入数据，也是财务部门核算成本、制造部门组织生产等的重要依据。因此，对它的准确性要求也高，应采取有力措施，正确地使用与维护 BOM 是系统运行期间十分重要的工作。归纳起来，BOM 有如下几种格式：单级物料清单、多级物料清单、综合物料清单、单级反查物料清单、多级反查物料清单、最终反查物料清单等。

在获得有关成本的信息后，则可生成成本物料清单。

在制造企业中，不同部门和系统都为不同的目的使用 BOM，每个部门都从 BOM 中获取特定的数据。主要的 BOM 用户有计划部门、设计部门、工艺部门、生产部门、财务部门、仓储部门等。

4. 库存管理

库存管理（Inventory Management，IM）的主要功能是在供、需之间建立一个物料存储缓冲区。它是用来减缓用户需求与制造业生产能力之间、最终装配需求与零件可用性之间、某工序所要求的来料与前序输出之间、生产制造与供应商之间的供需矛盾。库存将需求与随时的、直接的对供应的依赖关系分开。库存的主要功能是提供各项物资，以保持从生产加工到用户的物流和生产流畅通。

库存管理所涉及的对象是企业中的所有物料，包括原料、零部件、在制品、半成品及产品，以及其他辅助物料。由于各物料的用途不同，需求规律不同，补充库存的方法就不同。因此，有效地选择库存管理方法和进行库存控制，才能有效地控制库存水平。同时，建立与维护全面、正确、准确的库存信息，才能为企业各部门提供必要的信息。

库存管理的目标是恰好有足够的库存，按时满足各种需求。当不能准确地确定需求时，就很难实现这个目标，通常是用设置安全库存的办法来解决这个问题，即规定某个项目的最低库存量。为了达到按时补充库存量，使之既不超前，又不落后的目标，需要确定库存项目的订货时间。为了使订购库存项目的成本最低，需要确定库存项目的一次订货量。

5. 采购作业管理

运行 MRP 的结果一方面是生成计划的生产订单，另一方面就是生成计划的采购订单。

制造业的一个共同特点就是必须购进原材料才能进行加工，必须购进配套件、标准件才能进行装配。加工单之所以可行，很大程度上还得靠采购供应来保证。企业生产能力的发挥，在一定程度上也要受采购供应的制约。采购提前期在产品生产周期中往往占了很大的比例，实现按期交货满足客户需求，第一个保证环节就是采购作业，它直接关系到计划的实现。

外购物料的价值和费用在很大程度上影响着产品成本和企业利润。在库存物料价值上，如果在制品或成品的库存量得到有效的控制，那么占有库存资金的主要部分将是外购物料。因此，采购作业管理（Purchase Activity Management，PAM）直接影响库存价值。

采购作业管理的内容包括：货源调查和供应商评审、选择供应商并进行洽谈、核准并下达采购订单、采购订单跟踪、到货验收入库、采购订单完成等。

6. 车间作业管理

按 MRP II 的逻辑流程，车间作业管理（Production Activity Control，PAC）和采购作业管理均属计划执行层。

主生产计划给出了最终产品和最终项目的需求，经过物料需求计划按物料清单展开得到零部件直到原材料的需求计划，即自制件的计划生产订单和对外购件的计划采购订单。然后，通过车间作业管理和采购作业管理来执行计划。

车间作业管理根据零部件的工艺路线来编制工序排产计划，在车间作业控制阶段要处理相当多的动态信息。在此阶段，反馈是重要的工作，因为系统要以反馈信息为依据对物料需求计划、主生产计划、生产规划以至经营规划做必要的调整，以便实现企业的基本的生产均衡。

车间作业计划的任务是根据下达的订单及零部件的工艺路线，以及车间的实际生产能力制订车间生产的日计划，并按照一定的规则进行生产调度，安排日常的生产；及时了解生产进度，预测和发现生产中的问题，并加以解决，使实际生产接近于计划。

如果车间的日常生产进行得很正常，完全与计划相符，那么就无须对生产情况进行监控，但实际的情况并非都是十全十美的，总会出现或发生这样或那样的问题，如生产拖期、加工报废、设备故障等，因此，要对车间的生产过程进行经常性的监视、控制和调整。

7．成本管理

成本是企业在进行生产经营活动中所发生的费用。企业要使自己的产品占领市场，就必须对其成本进行控制，否则就会失去市场竞争力，从而影响企业的生存和发展。

MRP Ⅱ为企业的成本管理（Cost Management，CM）提供了工具。通常采用标准成本体系。标准成本体系是一种广泛应用的成本管理制度，标准成本体系的特点是事前计划、事中控制和事后分析。在成本发生前，通过对历史资料的分析研究和反复测算，制订出未来某个时期内各种生产条件（如生产规模、技术水平、能力利用等）处于正常状态下的标准成本。标准成本是进行成本控制的依据和基础。在成本发生过程中，将实际发生的成本与标准成本进行对比，记录发生的差异，并做适当的控制和调整。在成本发生后，对实际成本与标准成本的差异进行全面的综合分析研究，发现问题，解决问题，并制订新的标准成本。

8．客户关系管理系统（CRM）

CRM 系统用于管理和优化企业与客户之间的关系，提高客户满意度和忠诚度，主要功能包括以下几个方面。

1）信息管理：记录和管理客户的详细信息和交互历史。

2）销售管理：跟踪销售机会、销售活动和销售业绩。

3）售后服务管理：管理客户服务请求和售后支持，提高客户满意度。

4）市场营销管理：策划和执行市场活动，分析市场效果和客户反馈。

9．产品生命周期管理系统（PLM）

PLM 系统用于管理产品从概念设计到退役的整个生命周期，主要功能包括以下几个方面。

1）产品数据管理：集中管理产品设计和开发过程中产生的所有数据和文档。

2）版本控制和协作：跟踪和管理产品设计的不同版本，促进团队协作和信息共享。

3）设计变更管理：管理和控制设计变更过程，确保设计数据的一致性和可追溯性。

4）项目管理：计划和管理产品开发项目，监控项目进度和成本。

10．业务智能（BI）和数据分析

BI 系统用于收集、分析和展示企业运营中的各类数据，支持管理层的决策，主要功能包括以下几个方面。

1）数据仓库：集中存储来自不同系统和业务流程的数据。

2）数据挖掘：使用数据挖掘技术发现隐藏在数据中的模式和趋势。

3）报表和仪表盘：生成各种业务报表和可视化仪表盘，提供实时的业务洞察。

4）绩效管理：监控和分析企业的关键绩效指标（KPI），支持战略规划和业务优化。

11．人力资源管理系统（HRMS）

HRMS 用于管理企业的人力资源，提高人力资源管理的效率和员工满意度，主要功能包括以下几个方面。

1）员工信息管理：管理员工的基本信息、工作记录和薪酬福利。

2）招聘管理：支持招聘流程的自动化和优化，提高招聘效率。

3）培训与发展：规划和管理员工的培训和职业发展，提升员工技能和素质。

4）绩效考核：制定和管理绩效考核标准，评估和反馈员工的工作表现。

12．电子商务（e-Commerce）

电子商务系统在 CIMS 管理系统中负责在线销售和市场营销，主要功能包括以下几个方面。

1）在线销售：支持 B2B 和 B2C 在线销售，管理产品目录、订单处理和支付系统。

2）服务：提供在线客户支持和售后服务，提高客户满意度。

3）营销：策划和执行在线市场活动，分析市场效果和客户行为。

CIMS 的管理信息分系统通过集成 ERP、CM、CRM、PLM、BI、HRMS 和电子商务等功能模块，全面覆盖企业的各个业务领域。它不仅提高了企业的运营效率和管理水平，还增强了企业对市场变化的快速响应能力和竞争力。

9.3.2 工程设计分系统

CIMS 中的工程设计分系统（Engineering Design System）是其重要组成部分，主要支持和管理产品的设计和开发过程。该系统通过集成各种计算机辅助设计和工程工具，实现产品设计的数字化、自动化和协同化。

一个产品的生产过程包括产品设计、工艺过程设计、数控编程、加工、检测、装配等阶段。前三者称为工程设计阶段，后三者称为制造实施阶段。

在工程设计阶段，一般先是进行产品设计，然后对所设计的产品零件进行工艺过程的设计，再后是对工艺过程中那些需要使用数控机床加工的工序进行数控加工程序的编制。本节将介绍工程设计自动化的成组技术（GT）、计算机辅助产品设计（CAD）、计算机辅助工艺过程设计（CAPP）、计算机辅助制造（CAM）等单元技术及其集成的有关问题。

1．成组技术

成组技术（Group Technology，GT），是提高多品种、小批量机械制造业生产水平，增加生产效益的一种基础技术。GT 这一术语是 20 世纪 50 年代末由苏联的米特洛凡诺夫提出来的。此后不久，由于德国的奥匹兹和英国的布利希等在零件分类编码系统等方面的贡献，使成组技术迅速推广到东西欧及日本，随后进入我国及美国。近年来，成组技术的概念从原先的机械加工扩充到产品设计、制造的全过程，而且与计算机技术、数控技术结合起来，成为 CIMS 的基础技术之一。

GT 利用相似性原理，对零件进行分类编码，实现信息的简化、标准化和要素化，为数据的获取、组织、转换和分配提供有效的手段。

CIMS 的出现促进了 GT 概念的拓展和深化，在 CIMS 中，不仅需要零件的 GT 编码，而且要求对系统中各类信息进行分类编码，如设备、人员，甚至组织机构、文件资料，均应按 GT 思想进行组织、管理。将 GT 原理用于对生产流程进行分析，可以指导企业的生产安排、车间布局及设备的采购等。因此，成组技术在 CIMS 的各单元环节，如设计、工艺、制造和管理中都可以发挥重要的作用。

2．计算机辅助产品设计

计算机辅助产品设计（Computer Aided Design，CAD）是指工程技术人员以计算机为工具，用各自的专业知识，对产品进行总体设计、绘图、分析和编写技术文档等设计活动的总称。一般认为 CAD 的功能可归纳为 4 大类：建立几何模型、工程分析、动态模拟、自动绘图。因而，一个完整的 CAD 系统，应由科学计算、图形系统和工程数据库等组成。

科学计算包括有限元分析、可靠性分析、动态分析、产品的常规设计和优化设计等；图形系统包括几何（特征）造型、自动绘图（二维工程图、三维实体图等）、动态仿真等；工程数据库对设计过程中需要使用和产生的数据、图形、文档等进行存储和管理。若在 CAD 中加入人工智能和专家系统技术，可大大提高设计的自动化水平，可对产品进行总体方案设计，实现对产品设计的全过程提供支持。

典型的 CAD 系统硬件由主机系统、图形输入、图形显示及图形绘制等硬件设备配置而成。CAD 系统软件的配置水平决定了 CAD 系统性能的优劣，软件正占据越来越重要的地位，其成本已大大超过硬件。

3．计算机辅助工艺过程设计

计算机辅助工艺过程设计（Computer Aided Process Planning，CAPP）是根据产品设计所给出的信息进行产品的加工方法和制造过程的设计。一般认为，CAPP 系统的功能包括毛坯设计、加工方法选择、工序设计、工艺路线制定和工时定额计算 5 个子任务。

工艺设计是制造型企业技术部门的主要工作之一，其质量之优劣及设计效率的高低，对生产组织、产品质量、生产率、产品成本、生产周期等有着极大的影响。长期以来，依靠工艺人员根据个人的经验以手工方式进行的工艺设计，由于其固有的缺陷（效率低、工艺方案因人而异、难以获得最佳的工艺方案等），难以适应当今生产发展的需要。只有应用计算机辅助工艺过程设计（CAPP），才能迅速编制出完整、详尽、优化的工艺方案和各种工艺文件，从而极大地提高工艺人员的工作效率，缩短工艺准备时间，加快产品的投产。

CAPP 系统的设计需要综合考虑零件工艺、材料定额、工时定额加工工艺等因素，图 9.7 是一种 CAPP 系统的设计方案框图。

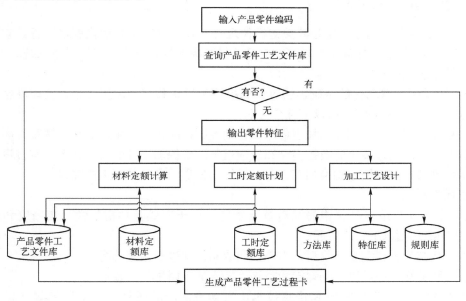

图 9.7　一种 CAPP 系统的设计方案框图

4．计算机辅助制造

计算机辅助制造（Computer Aided Manufacturing，CAM）系统与 CAD 紧密集成，用于将设计模型转化为可执行的制造指令。其主要功能包括以下几个方面。

1）数控编程：根据 CAD 模型生成数控（CNC）机床的加工路径和代码。

2）加工仿真：模拟加工过程，检查和优化加工路径，避免碰撞和错误。

3）工艺规划：制定详细的工艺流程，选择合适的刀具和加工参数。

CAM 通常包括以下步骤。

1）准备阶段：根据零件的图纸或设计，进行工艺分析，确定加工方法、加工路线和工艺参数，还需选择合适的刀具、夹具和切削参数等。

2）编程阶段：使用 CNC 编程软件进行编程。编程过程中，需定义工件坐标系、选择合适的加工策略、设置合理的切削参数等，最终生成包含加工路径和加工参数的 NC 程序。

3）校验阶段：生成的 NC 程序需进行严格的校验，以确保其准确性和安全性。通过模拟仿真，检查刀具路径是否合理、是否会发生碰撞等问题。如有问题，需返回编程阶段进行调整。

4）机床操作阶段：将校验无误的 NC 程序传输至 CNC 机床进行加工。在加工过程中，需实时监控机床状态、刀具磨损情况及加工精度等，确保加工过程的稳定性和安全性。

5）后期处理阶段：加工完成后，对成品进行质量检测。如有问题，需进行相应的调整；如无问题，则进行后续的包装和发货等工序。

随着制造业的发展，CAM 的应用越来越广泛。它不仅在传统的机械加工领域占据重要地位，还拓展到了航空、汽车、模具制造、医疗器械等多个领域。同时，随着人工智能、物联网等技术的发展，CAM 正朝着智能化、网络化方向发展。

CIMS 的工程设计分系统通过集成 CAD、CAM 和 CAPP 等工具和技术，全面支持和管理产品的设计和开发过程。它不仅提高了设计效率和质量，还促进了团队协作和创新，帮助企业实现快速响应市场需求和提升竞争力。

9.3.3 制造自动化分系统

CIMS 的制造自动化分系统是其关键组件之一，负责自动化和优化制造过程。它通过集成各种自动化技术和设备，提高生产效率、产品质量和灵活性。它主要包括以下系统。

1. 数控系统（CNC）

数控系统是制造自动化的基础，通过计算机控制机床和其他加工设备，实现高精度和高效率的制造过程。其主要功能包括以下几个方面。

1）自动化加工：根据预设的加工程序，自动控制机床进行切削、钻孔、铣削等操作。

2）精度控制：通过精确的数控指令和反馈机制，确保加工件的尺寸和形状符合设计要求。

3）柔性制造：能够快速切换加工任务，适应小批量、多品种的生产需求。

2. 机器人系统

机器人系统在制造自动化中扮演着重要角色，用于完成各种重复性、高精度和危险的操作。其主要功能包括以下几个方面。

1）搬运和装配：自动搬运物料、零部件和成品，并进行精密装配。

2）焊接和喷涂：高精度自动焊接和喷涂，提高加工质量和一致性。

3）检测和分拣：使用视觉和传感技术，自动检测产品质量，并根据检测结果进行分类和分拣。

3. 制造执行系统（MES）

MES 在制造自动化系统中起着连接车间层与企业管理层的桥梁作用，负责实时监控和管理生产过程。其主要功能包括以下几个方面。

1）生产调度：根据生产计划和实时数据，优化生产调度，确保资源高效利用。

2）质量管理：实时监控生产过程中的质量数据，及时发现和纠正质量问题。

3）数据采集和分析：采集车间设备和生产过程的数据，进行分析和报告，支持决策优化。

4．自动化仓储与物流

自动化仓储与物流系统用于优化物料的存储和流通，提高仓储管理和物流配送的效率。其主要功能包括以下几个方面。

1）自动化仓库：使用自动化设备（如 AGV、自动化立体仓库）进行物料存储和提取。

2）物料跟踪：通过 RFID、条形码等技术，实现物料的实时跟踪和管理。

3）物流优化：根据生产需求和物流数据，优化物流路径和运输计划，降低物流成本。

5．过程控制系统

过程控制系统用于实时监控和调节制造过程中的各项参数，确保生产过程的稳定和优化。其主要功能包括以下几个方面。

1）实时监控：监控生产设备和工艺参数，如温度、压力、流量等。

2）自动调节：根据预设的控制策略，自动调节生产参数，保持工艺过程的最佳状态。

3）故障诊断：实时检测和诊断设备和工艺故障，提供故障预警和维修建议。

6．人机界面（HMI）

人机界面是操作人员与自动化系统交互的桥梁，提供直观的操作界面和实时信息显示。其主要功能包括以下几个方面。

1）操作控制：提供设备和系统的操作控制界面，支持手动和自动操作模式。

2）状态监控：实时显示设备和生产线的运行状态、报警信息和生产数据。

3）数据输入和报告：支持生产数据的输入、查询和报表生成，方便操作人员和管理层决策。

7．生产监控和数据采集（SCADA）

SCADA 系统用于实时监控和控制生产过程中的设备和工艺，确保生产过程的安全和高效。其主要功能包括以下几个方面。

1）数据采集：实时采集生产设备和过程的各种数据，如温度、压力、速度等。

2）过程控制：通过控制算法和逻辑，自动调节生产过程中的关键参数。

3）报警管理：实时检测和处理设备和工艺的异常情况，提供报警和故障诊断信息。

8．柔性制造系统（FMS）

柔性制造系统通过集成自动化设备和信息系统，实现多品种、小批量生产的高效和灵活性。主要功能包括以下几个方面。

1）自动化设备集成：集成数控机床、机器人、自动化仓储等设备，实现生产过程的自动化。

2）生产调度优化：根据订单需求和生产能力，动态调整生产计划和调度。

3）快速换型：通过自动化和标准化的工具和夹具，实现快速换型，缩短生产准备时间。

CIMS 的制造自动化系统通过集成数控系统、机器人系统、MES、自动化仓储与物流、过程控制系统等子系统，实现了生产过程的全面自动化和智能化。它不仅提高了生产效率和质量，还增强了企业对市场变化的快速响应能力和竞争力。

9.3.4　质量控制分系统

CIMS 的质量控制分系统（Quality Control System，QCS）是确保产品质量、提升生产过程稳定性的重要组成部分。该系统集成了多种自动化检测和管理工具，通过实时监控、数据分析和反馈，全面管理和控制生产过程中的质量。它主要包括以下子系统。

1. 全面质量管理（TQM）

TQM（Total Quality Management）的核心思想是，企业的一切活动都围绕着质量来进行。它不仅要求质量管理部门进行质量管理，还要求从企业最高决策者到一般员工均应参加到质量管理过程中去。全面质量管理还强调，质量控制活动应包括从市场调研、产品规划、产品开发、制造、检测到售后服务等产品生命循环的全过程。可以看出，全面质量管理的基本特点是全员参加的，全过程的，全面运用一切有效方法的，全面控制质量因素的，力求全面经济效益的质量管理模式。其主要功能包括以下几个方面。

1）质量文化建设：通过培训和宣传，培养全员的质量意识和责任感。

2）持续改进：采用 PDCA 循环（计划—执行—检查—行动），持续改进质量管理体系和生产过程。

3）跨部门协作：促进不同部门之间的协作，解决质量问题和优化流程。

4）客户满意度管理：收集和分析客户反馈，改进产品和服务，提高客户满意度。

2. 计算机辅助质量控制（CAQ）

CAQ（Computer Aided Quality control）系统在质量控制系统中发挥着核心作用，支持质量规划、质量检测和质量改进等各个环节。其主要功能包括以下几个方面。

1）质量规划：制订质量目标和质量计划，包括质量标准、检测方法和频率。

2）质量检测：使用各种检测设备和技术（如 CMM、视觉检测系统）进行尺寸、形状、表面质量等检测。

3）质量记录和报告：记录检测结果，生成质量报告和统计分析图表，提供质量评估和决策支持。

4）缺陷管理：管理和跟踪生产过程中发现的质量缺陷，分析缺陷原因并制定改进措施。

3. 质量管理信息系统（QMS）

QMS（Quality Management System）是支持质量管理活动的信息系统，集成和管理质量相关的数据和流程。其主要功能包括以下几个方面。

1）文档管理：管理质量手册、标准操作规程、检验规范等文档。

2）流程管理：定义和管理质量管理流程，如不合格品处理流程、审核流程等。

3）审计和合规：支持内部和外部质量审核，确保符合质量管理体系要求。

4）绩效评估：监控和评估质量绩效指标，制订和跟踪改进计划。

4. 统计过程控制（SPC）

SPC（Statistical Process Control）通过统计方法监控和控制生产过程，确保过程稳定和产品一致性。其主要功能包括以下几个方面。

1）控制图：实时绘制控制图，监控关键质量特性的波动，检测异常情况。

2）过程能力分析：计算过程能力指数，评估过程是否符合质量要求。

3）趋势分析：分析质量数据的趋势，预测潜在质量问题，提前采取预防措施。

4）数据采集和分析：自动采集生产过程中的质量数据，进行统计分析和异常检测。

5. 计算机辅助检测（CAT）

CAT（Computer Aided Testing）系统使用自动化检测设备和技术，对产品进行高效、精确的质量检测。其主要功能包括以下几个方面。

1）无损检测：采用 X 射线、超声波、红外成像等技术，对产品进行无损检测。

2）在线检测：在生产线中集成检测设备，实时监控产品质量，及时发现和纠正问题。

3）离线检测：使用三坐标测量机、影像测量系统等设备，对样品进行详细检测。

4）智能检测：采用机器学习和人工智能技术，提高检测过程的自动化和智能化水平。

6. 供应商质量管理（SQM）

SQM（Supplier Quality Management）系统用于管理和控制供应商提供的原材料和零部件的质量。其主要功能包括以下几个方面。

1）供应商评估和选择：根据质量、交付和成本等因素，评估和选择合适的供应商。

2）进货检验：对供应商提供的物料进行检验，确保符合质量要求。

3）供应商绩效监控：监控供应商的质量表现，定期评估和反馈，推动持续改进。

4）协同质量管理：与供应商共享质量数据和信息，协同解决质量问题，优化供应链质量。

7. 客户反馈和投诉管理

客户反馈和投诉管理系统用于收集和处理客户的反馈和投诉，改进产品和服务。其主要功能包括以下几个方面。

1）反馈收集：通过多种渠道（如电话、邮件、在线平台）收集客户的反馈和投诉。

2）问题处理：分类和分析客户反馈，制定和执行问题处理方案。

3）客户回访：跟踪和回访客户，确认问题解决情况，提升客户满意度。

4）数据分析：分析客户反馈数据，发现共性问题和改进机会，推动产品和服务优化。

8. 实验室信息管理系统（LIMS）

LIMS（Laboratory Information Management System）用于管理实验室的检测和分析过程，确保检测数据的准确性和可靠性。其主要功能包括以下几个方面。

1）样品管理：管理样品的接收、处理和存储，确保样品信息的准确和可追溯。

2）检测流程管理：定义和管理实验室的检测流程和标准操作规程（SOP）。

3）数据管理：记录和管理检测数据，生成报告和分析结果。

4）质量控制：实施实验室内部质量控制措施，如校准、验证和比对试验，确保检测结果的准确性。

CIMS 的质量控制分系统通过集成 TQM、CAQ、QMS、SPC、CAT、SQM、客户反馈和投诉管理以及 LIMS 等工具和技术，实现了从原材料到成品的全方位质量管理。该系统不仅提高了产品质量和生产过程的稳定性，还增强了企业的市场竞争力和客户满意度。

9.3.5　环境与安全管理分系统

环境与安全管理分系统是 CIMS 中不可或缺的一部分，旨在确保生产过程符合环保法规和安全标准，降低环境影响和安全风险。环境与安全管理分系统主要包括以下子系统。

1. 环境管理子系统

1）环境监测：实时监测生产过程中产生的废气、废水、固体废物、噪声等环境参数。

2）环境影响评估（EIA）：评估生产活动对环境的潜在影响，提出减缓措施。

3）排放控制：控制和减少生产过程中有害物质的排放，确保符合法规标准。

4）资源管理：优化资源使用，减少能源消耗和原材料浪费。

5）环保合规管理：确保企业的生产活动符合相关环境法规和标准，管理环保认证。

6）可持续发展报告：记录和报告企业的环境绩效和可持续发展措施，提升企业形象。

2. 安全管理子系统

1）风险评估：识别和评估生产过程中的安全风险，制定风险控制措施。

2）安全监控：实时监控生产现场的安全状况，及时发现和处理安全隐患。

3）应急管理：制定和实施应急预案，确保在突发事故中能够迅速响应和处理。

4）安全培训：对员工进行安全知识和技能培训，提高全员的安全意识和应急处理能力。

5）安全检查与审计：定期进行安全检查和内部审计，确保安全管理体系的有效运行。

6）安全事件管理：记录和分析安全事件，制订改进措施，防止类似事件再次发生。

环境与安全管理分系统在 CIMS 中起着至关重要的作用，确保企业在追求高效生产的同时，符合环境保护和安全生产的要求。通过集成先进的监测、控制、评估和管理工具，该系统能够有效降低环境和安全风险，提高企业的可持续发展能力和社会责任感。

9.3.6　维护和支持分系统

在 CIMS 中，维护和支持分系统是保障系统长期稳定运行和优化性能的重要组成部分。该系统涵盖了设备维护、软件支持、故障管理、培训和文档管理等方面，确保整个 CIMS 的有效性和高效性。维护和支持分系统主要包括以下子系统。

1．设备维护

1）预防性维护：定期对设备进行检查和保养，预防潜在问题，延长设备寿命。

2）预测性维护：利用传感器和数据分析技术，预测设备故障并进行提前维护。

3）维修管理：管理和记录设备的维修活动，跟踪维修历史和成本。

2．软件支持

1）软件更新与升级：定期更新和升级系统软件，修复漏洞，增加新功能。

2）技术支持：提供日常技术支持，解决用户在使用过程中遇到的问题。

3）系统备份与恢复：定期备份系统数据和配置，确保在系统故障时能够快速恢复。

3．故障管理

1）故障检测与诊断：实时监控系统运行状态，自动检测和诊断故障。

2）故障处理与修复：快速处理和修复系统故障，确保最短的停机时间。

3）故障分析与改进：对故障进行详细分析，识别根本原因，并制定改进措施。

4．培训

1）操作培训：为操作人员提供系统使用和维护的培训，提高其技能水平。

2）技术培训：为技术人员提供高级技术培训，涵盖系统开发、集成和维护等方面。

3）安全培训：对所有相关人员进行安全操作和应急处理培训，确保工作安全。

5．文档管理

1）技术文档：管理系统的技术文档，包括设计文档、操作手册、维护手册等。

2）用户手册：为用户提供详细的使用指南和操作说明，帮助其正确使用系统。

3）记录与报告：记录系统运行和维护的各种数据，生成报告以供分析和决策。

维护和支持分系统在 CIMS 中起着至关重要的作用，通过对设备和软件的维护、故障管理、人员培训以及文档管理，确保系统的高效运行和长期稳定。这不仅能够提高生产效率和产品质量，还能降低运营成本和风险。

9.4　CIMS 开发与实施

CIMS 的开发与实施是一个复杂且系统化的过程，涉及多个步骤和技术。对于这样一个复杂而又庞大的应用工程的开发，需要正确的指导方针、合适的开发过程、优秀的开发方法、合理的实施过程。

9.4.1　CIMS 指导方针和实施要点

1. CIMS 指导方针

根据实施 CIMS 工程的经验，我国 863/CIMS 主题提出了"效益驱动、总体规划、分步实施、重点突破"的十六字指导方针。这"十六字方针"对当下的 CIMS 发展仍旧有效。

十六字方针是针对 CIMS 工程的特点而提出来的。CIMS 应用工程是将 CIM 哲理与企业相结合，即按 CIM 哲理在企业建成的应用工程系统。它具有如下一些特点。

（1）工程性

必须根据企业的战略目标确定 CIMS 的总目标，根据企业的需求，决定 CIMS 的实施内容，并真正应用于企业，解决企业的实际问题，特别是要解决企业的生产经营瓶颈问题，给企业真正带来效益。不能只追求技术的先进性，为技术而技术，搞技术驱动。

（2）全局性

CIMS 是面向整个企业的，CIMS 将覆盖企业的各种经营生产活动，CIMS 就是 CIM 哲理指导下实现的系统。它的范围是整个企业，即把整个企业活动作为 CIMS 开发与应用的对象。因此，在 CIMS 开发的各个阶段，尤其是总体规划和总体设计阶段必须把握全局观点，从企业的全局出发，追求企业的总体优化。

（3）集成性

CIMS 是自动化程度不同的多个子系统的集成，包含有一些成型的软硬件系统，如 MIS、CAD、FMS 等，通过系统集成，使它们协同工作。CIMS 的集成包括自动化系统、半自动化系统及人的集成。

（4）系统性

企业是一个有机的整体，CIMS 涉及企业的各个方面，包括经营管理决策、工程设计、生产制造等多个领域，各种生产经营活动是相互联系的。系统的观点要贯穿到 CIMS 工程的全过程。

（5）复杂性

CIMS 是极其复杂的大型工程系统。MIS、CAD、FMS 等本身就是复杂的大系统，而 CIMS 是在工厂的范围内，要将多个这类系统和人集成起来，其复杂程度是可想而知的。在技术上的困难主要是如何实现系统的信息集成。由于 CIMS 的技术覆盖面大，包括管理、工程设计和过程控制等多种学科领域。从宏观到微观，时间标尺梯度大，造成 CIMS 的组成部分来自多厂家，必须在异构的计算机环境下实现信息集成。由于各单元系统是由不同厂家，在不同开发环境下独立开发出的系统，有较大的封闭性，造成接口开发、信息共享的困难。

（6）综合性

解决企业的实际问题，往往需要多种先进技术的综合、管理方法与技术的综合。

（7）长期性

CIMS 是复杂的系统工程，其结构庞大，需要较大的投资，投入人员多，开发周期长，是一个长期的逐步完善的过程。

因此，CIMS 工程的开发要以系统工程和软件工程的方法论来指导，保证系统的实用有效，又要保证系统的集成。因此，必须采取总体规划、分步实施的开发路线。实施 CIMS 要有一个总体规划，这一点十分重要，企业可根据生产经营的战略目标，确定与之相应的 CIMS 技术目的，"自上而下的设计与规划，自下而上的分步实施，边实施、边见效"。采用这一指导原则，可以避免由于没有总体规划而产生自动化孤岛给未来集成带来困难，使各个阶段投资尽可能长久地发挥效益。分步实施将分解对资金和技术力量的需求，减轻对企业的压力，更重要的是，可以分阶段见效，鼓舞士气，坚定信心，使企业增强经济实力，为下阶段开发积蓄力量。分步实施应贯彻效益驱动的思想，根据企业的总目标和生产经营瓶颈，解决企业急需，实现重点突破。

2. CIMS 的实施要点

（1）管理层支持

高层推动：确保企业高层管理者的重视和支持，为 CIMS 实施提供必要的资源和决策支持。

跨部门协作：促进企业各部门之间的协作，共同推动 CIMS 的实施和优化。

（2）业务流程优化

流程重组：在实施 CIMS 前，对现有业务流程进行优化和重组，消除冗余和低效环节。

标准化：建立和推广标准化的业务流程和数据规范，确保系统的高效运行。

（3）技术路线选择

先进技术应用：选用先进的信息技术和自动化技术，确保 CIMS 的前瞻性和竞争力。

兼容性和可扩展性：选择具有良好兼容性和可扩展性的技术方案，满足企业未来发展的需求。

（4）风险管理

风险识别：在项目启动阶段识别潜在的技术和管理风险。

风险控制：制定并实施风险控制措施，减少项目实施过程中的不确定性。

（5）持续改进

反馈机制：建立系统的反馈机制，定期评估 CIMS 的运行效果。

优化升级：根据反馈结果和实际需求，持续优化和升级系统，提高系统的性能和适应性。

CIMS 的开发与实施是一个系统工程，涉及多个步骤和关键要点。通过科学的需求分析、合理的系统设计、规范的系统开发和实施，可以实现制造企业的全面集成和优化，提高企业的生产效率和竞争力。成功的 CIMS 实施依赖于管理层的支持、业务流程的优化、技术路线的选择、风险管理和持续改进。

9.4.2 CIMS 开发过程

CIMS 的开发过程是一个系统化和渐进的过程，涉及多个环节和关键活动。详细的开发步骤包括需求分析、系统设计、系统开发、系统集成、系统实施、培训与维护。

1. 需求分析

需求分析是 CIMS 开发过程中至关重要的步骤，它决定了系统设计的方向和目标。调查分析企业的内部和外部环境、企业现状、业务模式及现行的信息系统，结合企业的发展战略，分析企业发展过程中的瓶颈问题，并对企业现状模型进行分析、优化和重组，建立企业未来业务过程模型，明确技术、市场、软件产品、信息技术的支撑环境和应用需求。

详细的需求分析包括以下几个方面。

（1）目标确定

目标确定包括企业战略目标和项目目标。

企业的战略目标需要明确企业的长期战略目标，如市场扩展、技术领先、品牌提升等和确定需要通过 CIMS 实现的具体业务目标，如提高生产效率、降低生产成本、提升产品质量、缩短产品开发周期等。

项目目标需要明确系统功能目标：明确 CIMS 需要实现的功能目标，包括生产计划管理、质量控制、库存管理、供应链管理、设备维护管理等。性能目标：明确系统需要达到的性能目标，包括系统的响应时间、处理能力、数据吞吐量、系统稳定性和可靠性等。技术目标：CIMS 需要采用的技术标准和技术路线，如数据库技术、网络技术、自动化控制技术、安全技术等。

（2）现状分析

现状分析包括业务流程分析、系统现状评估和数据收集。

业务流程分析需要详细梳理企业现有的业务流程，包括采购、生产、销售、物流、库存、财务等各个环节；识别和分析现有业务流程中的瓶颈和低效环节，找出影响生产效率和业务效果的问题点；提出业务流程优化的初步建议，为后续的系统设计提供依据。

系统现状评估需要评估企业现有信息系统的功能，包括 ERP、MES、SCADA、PLC 等。系统性能：评估现有系统的性能，包括系统的响应速度、处理能力、稳定性、可靠性等。系统局限性：识别现有系统的局限性和不足，找出需要改进和增强的功能和性能。

数据收集需要收集生产数据：收集与生产过程相关的数据，包括生产计划、生产进度、设备状态、质量检验数据等。业务数据：收集与业务管理相关的数据，包括采购数据、销售数据、库存数据、财务数据等。环境数据：收集生产环境和企业运营环境的数据，包括生产车间的温湿度、物流路径、能源消耗等。

（3）需求定义

需求定义包括功能需求、性能需求和技术需求。

1）功能需求。生产管理：定义生产管理的具体功能需求，包括生产计划编制、生产调度、生产执行、生产监控、生产报表等。质量管理：定义质量管理的具体功能需求，包括质量标准制定、质量检验、质量追溯、质量改进等。库存管理：定义库存管理的具体功能需求，包括库存记录、库存盘点、库存预警、库存分析等。设备管理：定义设备管理的具体功能需求，包括设备台账、设备维护、设备故障诊断、设备状态监控等。供应链管理：定义供应链管理的具体功能需求，包括采购管理、供应商管理、物流管理、供应链协同等。

2）性能需求。响应时间：定义系统的响应时间需求，包括用户操作的响应时间、系统处理的响应时间等。处理能力：定义系统的处理能力需求，包括系统能处理的并发用户数、能处理的数据量等。数据吞吐量：定义系统的数据吞吐量需求，包括系统每秒钟能处理的数据量、能传输的数据量等。系统稳定性：定义系统的稳定性需求，包括系统的平均无故障运行时间、系统的故障恢复时间等。系统可靠性：定义系统的可靠性需求，包括系统的可靠性指标、数据的可靠性指标等。

3）技术需求。数据库技术：定义系统需要采用的数据库技术，包括关系型数据库、NoSQL 数据库、分布式数据库等。网络技术：定义系统需要采用的网络技术，包括局域网技术、广域网技术、无线网络技术、工业以太网技术等。自动化控制技术：定义系统需要采用的自动化控制技术，包括 PLC 技术、SCADA 技术、DCS 技术等。安全技术：定义系统需要采用的安全技术，包括网络安全技术、数据加密技术、访问控制技术等。系统集成技术：定义系统需要采用的系统集成技术，包括系统接口技术、数据交换技术、系统协同技术等。

通过科学的需求分析，可以明确系统的功能需求、性能需求和技术需求，为系统设计和开发提供准确的依据。需求分析需要综合考虑企业的战略目标、业务现状和技术环境，采用访谈、问卷、工作坊等多种方法收集需求，使用业务流程图、功能分解图、需求矩阵、用例图等工具进行分析和建模，最终形成详细的需求规格说明书、业务流程文档和数据需求文档，为

CIMS 的成功开发和实施奠定基础。

2. 系统设计

CIMS 的系统设计是 CIMS 开发过程中的核心环节，决定了系统的架构、功能模块、技术方案等关键要素。详细的系统设计包括总体架构设计、功能模块设计、技术选型、数据建模和安全设计等。

（1）总体架构设计

总体架构设计包括系统结构设计、系统集成架构设计和网络架构设计三部分。系统结构设计完成 CIMS 分层架构设计；系统集成架构设计完成集成平台设计，实现各子系统之间的数据共享和协同工作，中间件设计，解决异构系统之间的互操作性问题，实现系统的无缝集成；网络架构设计完成 CIMS 的网络层的设计，各层次系统提供可靠的网络连接，确保数据传输的稳定性和速度。

（2）功能模块设计

功能模块设计需要完成各功能模块的设计和功能模块接口定义。功能模块的设计主要完成 CIMS 各个功能模块的设计，模块接口定义需要完成数据接口、功能接口和用户接口的定义。

（3）技术选型

技术选型包括硬件选型、软件选型和网络选型。

（4）数据建模

数据建模包括数据库设计和数据流设计。数据库设计：构建系统的概念模型、逻辑模型和物理模型。数据流设计完成数据采集、数据传输、数据存储、数据处理。

（5）安全设计

安全设计包括网络安全设计、数据安全设计和应用安全设计。

网络安全设计需完成防火墙、入侵检测系统（IDS）和虚拟专用网（VPN）的设计。

数据安全设计需完成数据加密、数据备份和数据访问控制。

应用安全设计包括身份验证、权限管理和安全审计设计。

CIMS 的系统设计是一个复杂而系统化的过程，通过科学的系统设计，可以实现系统的高效集成和优化，支持企业的全面集成制造和智能制造，提高企业的生产效率和竞争力。

3. 系统开发

系统开发包括软件开发和硬件集成两部分。

（1）软件开发

软件开发一般包括以下几个步骤。

1）总体架构设计：确定 CIMS 的总体架构和模块划分。

2）详细设计：完成数据库设计、界面设计和算法设计。

3）编码实现：选择合适的编程语言和工具，完成各模块开发。

4）单元测试和集成测试：对每个模块进行单元测试，验证模块内部的功能和逻辑的正确性。将各个模块集成起来进行测试，验证模块之间的数据交换、功能调用和系统整体的一致性和稳定性。

5）质量保证：完成代码审查和静态分析和性能测试。

（2）硬件集成

CIMS 开发过程中，硬件集成是关键环节之一，它涉及将不同的硬件设备通过网络或总线技术连接起来，形成一个统一的控制系统。这种集成不仅包括设备之间的物理连接，还包括软件层面的配置和编程，以确保这些设备能够按照预定的逻辑和流程进行操作。例如，通过使用现场总线技术，可以将分布在生产线上的各种设备（如传感器、执行器等）连接起来，实现数据的实时传输和控制指令的下达。此外，通过 OPC（OLE for Process Control）技术，可以实现不同软件系统之间的数据交换和集成，进一步扩展了硬件集成的应用范围。

硬件集成的目标是提高生产效率、降低成本、优化产品质量，并增强生产过程的灵活性和响应速度。通过集成各种硬件设备，企业能够实现生产资源的优化配置和生产流程的自动化管理，从而提高整体的生产效率和竞争力。

4．系统集成

系统集成包括接口开发和系统集成测试两个内容。

接口开发需开发和测试各子系统之间的数据接口和通信协议，确保数据的无缝传递，同时确保接口的功能和性能符合需求。

系统集成测试完成对整个 CIMS 进行集成测试，确保各模块协同工作，数据流畅；测试系统的各项功能，确保其符合需求定义；测试系统的性能指标，如响应时间、处理能力、数据吞吐量等，确保其符合性能需求。

5．系统实施

系统实施包括现场部署、数据迁移和系统调试三个步骤。

（1）现场部署

现场部署包括系统部署（将开发完成的系统部署到生产现场，安装和调试硬件设备）和环境配置（配置系统运行环境，如操作系统、数据库、中间件等，确保系统的稳定运行）。

（2）数据迁移

数据迁移包括数据准备（现有系统的数据进行清理和整理，准备好数据迁移的文件和脚本）、数据迁移实施（现有系统的数据迁移到新的 CIMS 中，确保数据的完整性和准确性）和数据验证（对迁移后的数据进行验证，确保数据的正确性和一致性）。

（3）系统调试

系统调试需完成功能调试（对系统进行全面的功能测试，确保各项功能正常运行）、性能调优（对系统的性能进行调优，解决部署过程中出现的性能问题）和问题解决（解决系统调试过程中发现的问题，确保系统的稳定运行）。

6．培训与维护

CIMS 的培训和维护是确保系统长期稳定运行和最大化效益的重要环节。

（1）培训

培训是确保系统使用者能够熟练操作和有效利用 CIMS 的关键步骤。培训内容和方法可以根据具体情况进行调整，但通常包括以下几个方面。

1）用户操作培训：系统功能介绍，操作流程演示。

2）技术支持培训：故障诊断与解决，日常维护。

3）安全培训：数据安全意识，应急响应。

4）定制化培训：根据企业的实际业务需求，定制培训内容，帮助用户最大化利用 CIMS 提升生产效率和管理水平。

（2）维护

维护是确保 CIMS 持续稳定运行和发挥最大效益的关键措施。维护工作包括以下几个主要方面。

1）系统监控与优化：性能监控，资源优化。

2）更新与升级管理：软件更新，系统升级。

3）故障排除与支持：远程支持，现场支持。

4）备份与恢复：数据备份，灾难恢复。

5）持续培训和持续改进：持续培训是指定期进行用户培训，提升系统使用效率；持续改进是指建立有效的问题反馈机制，持续改进系统功能和服务。

通过有效的培训和维护措施，确保 CIMS 能够持续发挥其在生产管理和控制中的作用，为企业创造更大的价值和竞争优势。

习题

1. 863/CIMS 主题是如何定义 CIM 和 CIMS 的？

2. 从系统集成优化发展的角度，CIMS 的发展划分为哪三个阶段？

3. 通常 CIMS 分为哪 8 个分系统？

4. 通常 CIMS 分为哪 5 层结构？

5. 什么是 MRP？什么是 MRP Ⅱ？

6. 什么是 CAD？什么是 CAPP？

7. 什么是 MES？MES 的主要功能是什么？

8. CIMS 开发与实施的指导方针是什么？

9. CIMS 开发过程可以分为哪 6 个步骤？

第10章　计算机控制系统的设计与实施

计算机控制系统的设计，既是一个理论问题，又是一个工程问题。计算机控制系统的理论设计包括：建立被控对象的数学模型；确定满足一定技术经济指标的系统目标函数，寻求满足该目标函数的控制规律；选择适宜的计算方法和程序设计语言；进行系统功能的软、硬件界面划分，并对硬件提出具体要求。进行计算机控制系统的工程设计，不仅要掌握生产过程的工艺要求，以及被控对象的动态和静态特性，而且要熟悉自动检测技术、计算机技术、通信技术、自动控制技术、微电子技术等。本章将主要介绍计算机控制系统设计的原则与步骤、系统方案设计、调试与运行等。

第 10 章微课视频

10.1　计算机控制系统设计原则与步骤

10.1.1　计算机控制系统设计原则

尽管计算机控制系统的对象各不相同，其设计方案和具体技术指标也千变万化，但在系统的设计与实施过程中，还是有许多共同的设计原则与步骤，这些共同的原则和要求在设计前或设计过程中都必须予以考虑。

（1）操作性能好，维护与维修方便

对一个计算机应用系统来说，所谓操作性能好，就是指系统的人机界面要友好，操作简单、方便、便于维护。为此，出于为用户考虑，在设计整个系统时至少要考虑：

1）在考虑操作先进性的同时要兼顾操作人员以往的操作习惯，使操作人员易于掌握。

2）考虑配备何种系统和环境，能降低操作人员对某些专业知识的要求。

3）对硬件方面，系统的控制开关不能太多、太复杂，操作顺序要尽量简单，控制台要便于操作人员工作，尽量采用图示与中文操作提示，显示器的颜色要和谐。

4）对重要参数要设置一些保护性措施，增加操作的鲁棒性等。

维修方便要从软件与硬件两个方面考虑，目的是易于查找故障、排除故障。硬件上宜采用标准的功能模板式结构，便于及时查找并更换故障模板。模板上还应安装工作状态指示灯和监测点，便于检修人员检查与维修。在软件上应配备检测与诊断程序，用于查找故障源。必要时还应考虑设计容错程序，在出现故障时能保证系统的安全。

（2）通用性好，便于扩展

过程计算机控制系统的研制与开发需要一定的投资和周期。尽管控制的对象千变万化，但若从控制功能上进行分析与归类，仍然可以找到许多共性。如计算机控制系统的输入/输出信号统一为 DC 0～10mA 或 DC 4～20mA；控制算法有 PID、前馈、串级、纯滞后补偿、预测控制、模糊控制、最优控制等。因此，在设计开发过程计算机控制系统时，应尽量考虑能适应这些共性，尽可能地采用标准化设计，采用积木式的模块化结构。在此基础上，再根据各种不同设备和不同被控对象的控制要求，灵活地构造系统。

一般来说，一个计算机应用系统，在工作时能同时控制几台设备。但是，在大多数情况下，系统不仅要适应各种不同设备的要求，而且也要考虑在设备更新时，整个系统不需要大的改动就能立即适应新的情况。这就要求系统的通用性要好，而且必要时能灵活地进行扩充。例如，尽可能采用通用的系统总线结构，如 PC104 总线、PROFIBUS 总线等。在需要扩充时，只要增加一些相应的接口插件板就能实现对所扩充的设备进行控制。另外，接口部件尽量采用标准通用的大规模集成电路芯片。在考虑软件时，只要速度允许，就尽可能把接口硬件部分的操作功能用软件来替代。这样在被控设备改变时，无须变动或较少变动硬件，只需要改变软件就行了。

系统的各项设计指标留有一定余量，也是可扩充的首要条件。例如，计算机的工作速度如果在设计时不留有一定余量，那么要想进行系统扩充是完全不可能的。其他如电源功率、内存容量、输入输出通道、中断等也应留有一定的余量。

（3）可靠性高

对任何计算机应用系统来说，尽管各种各样的要求很多，但可靠性是最重要的一个。因为一个系统能否长时间安全可靠地正常工作，对一个工厂来说会影响到整个装置、整个车间，乃至整个工厂的正常生产。一旦故障发生，轻者会造成整个控制系统紊乱、生产过程混乱甚至瘫痪，重者会造成人员的伤亡和设备的损坏。所以在计算机控制系统的整个设计过程中，务必把安全可靠放在首位。

首先，考虑选用高性能的工控机担任工程控制任务，以保证系统在恶劣的工业环境下仍能长时间正常运行。

其次，在设计控制方案时考虑各种安全保护措施，使系统具有异常报警、事故预测、故障诊断与处理、安全联锁、不间断电源等功能。

最后，采用双机系统和多机集散控制。

在双机系统中，用两台微机作为系统的核心控制器。由于两台微机同时发生故障的概率很小，从而可以大大提高系统的可靠性。双机系统中两台微机的工作方式有以下两种：

1）备份工作方式。在这种方式中，一台微机投入系统运行，另一台虽然也同样处于运行状态，但是它是脱离系统的，只是作为系统的一台备份机。当投入系统运行的那一台微机出现故障时，通过专门的程序和切换装置，自动地把备份机切入系统，以保持系统正常运行。被替换下来的微机经修复后，就变成系统的备份机，这样可使系统不因主机故障而影响系统正常工作。

2）主从工作方式。这种方式是两台微机同时投入系统运行。在正常情况下，这两台微机分别执行不同任务。如一台微机可以承担系统的主要控制工作，而另一台可以执行诸如数据处理等一般性的工作。当其中一台发生故障时，故障机能自动地脱离系统，另一台微机自动地承担起系统的所有任务，以保证系统的正常工作。

多机集散控制系统结构是目前提高系统可靠性的一个重要发展趋势。如果把系统的所有任务分散地由多台微机来承担，为了保持整个系统的完整性，还需用一台适当功能的微机作为上一级的管理主机，如图 10.1 所示。图中有两级，第一级由多台微机分别对各被控对象进行控制，而上一级的微机通过总线与下一级的微机相连，并对它们实施管理和监督。这种

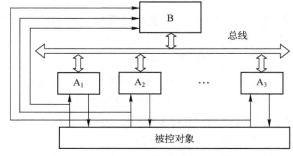

图 10.1　多机集散控制示意图

结构下，若第一级中某一台微机发生故障，其影响是很小的一个局部，而且故障机所承担的任务还可以由上一级主机来协调解决，系统工作不会受太大影响。若上一级管理机发生了故障，则下一级微机仍可以独立维持对被控对象的控制，直到排除上一级管理机的故障为止。

有关计算机控制系统可靠性的问题是一个十分重要而又复杂的课题。可靠性设计应包括硬件的、软件的、电源的、环境的及电磁兼容性的设计等，由于本书内容的限制，请读者参阅有关资料。

（4）实时性好，适应性强

实时性是工业控制系统最主要的特点之一，它要对内部和外部事件都能及时地响应，并在规定的时限内做出相应的处理。系统处理的事件一般有两类：一类是定时事件，如定时采样、运算处理、输出控制量到被控对象等；另一类是随机事件，如出现事故后的报警、安全联锁、打印请求等。对于定时事件，由系统内部设置的时钟保证定时处理。对于随机事件，系统应设置中断，根据故障的轻重缓急，预先分配中断级别，一旦事件发生，根据中断优先级别进行处理，保证最先处理紧急故障。

在开发计算机控制系统时，一定要考虑到其应用环境，保证在可能的环境下可靠地工作。例如，有的地方市电波动很大，有的地方环境温度变化剧烈，有的地方湿度很大，有的地方振动很厉害，而有的工作环境有粉尘、烟雾、腐蚀等。这些在系统设计中都必须加以考虑，并采用必要的措施保证微机应用系统安全可靠地工作。

（5）经济效益好

工业过程计算机控制系统除了满足生产工艺所必需的技术质量要求以外，也应该带来良好的经济效益。这主要体现在两个方面：一方面是系统的性能价格比要尽可能高，而投入产出比要尽可能低，回收周期要尽可能短；另一方面还要从提高产品质量与产量、降低能耗、减少污染、改善劳动条件等经济、社会效益各方面进行综合评估，有可能是一个多目标优化问题。目前科学技术发展十分迅速，各种新的技术和产品不断出现，这就要求所设计的系统能跟上形势的发展，要有市场竞争意识，在尽量缩短设计研制周期的同时，要有一定的预见性。

10.1.2　计算机控制系统设计步骤

计算机控制系统的设计虽然随被控对象、控制方式、系统规模的变化而有所差异，但系统设计与实施的基本内容和主要步骤大致相同，一般分为 4 个阶段：确定任务阶段、工程设计阶段、离线仿真和调试阶段以及在线调试和运行阶段。下面对这 4 个阶段做必要说明。

（1）确定任务阶段

随着市场经济的规范化，企业中的计算机控制系统设计与工程实施过程中往往存在着甲方乙方关系。所谓甲方，指的是任务的委托方，有时是用户本身，有的是上级主管部门，还有可能是中介单位。乙方则是系统工程的承接方。国际上习惯称甲方为"买方"，称乙方为"卖方"。作为处于市场经济的工程技术人员，应该对整个工程项目与控制任务的确定有所了解。确定任务阶段一般按下面的流程进行：

1）甲方提出任务委托书。在委托乙方承接工程项目前，甲方一般须提出任务委托书，其中一定要提供明确的系统技术性能指标要求，还要包括经费、计划进度、合作方式等内容。

2）乙方研究任务委托书。乙方接到任务委托书后逐条进行研究，对含义不清、认识上有分歧的地方、需要补充或删节的地方逐条标出，并拟订需要进一步讨论与修改的问题。

3）双方对任务委托书进行确认性修改。在乙方对任务委托书进行了认真的研究之后，双方应就委托书的内容进行协商性的讨论、修改、确认，明确双方的任务和技术工作界面。为避免因行业和专业不同所带来的局限性，讨论时应派各方面有经验的人员参加。确认或修改后的委托书中不应再有含义不清的词汇与条款。

4）乙方初步进行系统总体方案设计。由于任务与经费尚未落实，这时的总体方案设计是粗线条的。如果条件允许，可多做几个方案进行比较。方案中应突出技术难点及解决办法、经费概算和工期。

5）乙方进行方案可行性论证。方案可行性论证的目的是要估计承接该项任务的把握性，并为签订合同后的设计工作打下基础。论证的主要内容是技术可行性、经费可行性和进度可行性。另外对控制项目要特别关注可测性和可控性。如果论证结果可行，接着就应该做好签订合同前的准备工作；如果不可行，则应与甲方进一步协商任务委托书的有关内容或对条款进行修改。若不能修改，则合同不能签订。

6）签订合同书。合同书是甲乙双方达成一致意见的结果，也是以后双方合作的唯一依据和凭证。合同书（或协议书）应包含如下内容：经过双方修改和认可的甲方"任务委托书"的全部内容、双方的任务划分和各自承担的责任、合作方式、付款方式、进度和计划安排、验收方式及条件、成果归属、违约的解决办法。

随着市场经济的发展，计算机控制工程的设计和实施项目也与其他工程项目类似，越来越多地引入了规范的"工程招标"形式。即先由甲方将所需解决的技术问题和项目要求提出，并写好标书公开向社会招标，有兴趣的单位都可以写出招标书在约定的时间内投标，开标时间到后，通过专家组评标，确定出中标单位，即乙方。

（2）工程设计阶段

该阶段主要包括组建项目研制小组、系统总体方案设计、方案论证与评审、硬件和软件的细化设计、硬件和软件的调试、系统组装。

1）组建项目研制小组。在签订了合同或协议后，系统的研制进入设计阶段。为了完成系统设计，应首先把项目组成员确定下来。项目组应由懂得计算机硬件、软件和有控制经验的技术人员组成，还要明确分工并具有良好的协调合作关系。

2）系统总体方案设计。系统总体方案包括硬件总体方案和软件总体方案，这两部分的设计是相互联系的。因此，在设计时要经过多次的协调和反复，才能形成合理的统一在一起的总体设计方案。总体方案要形成硬件和软件的框图，并建立说明文档，包括控制策略和控制算法的确定等。

3）方案论证与评审。方案的论证和评审是对系统设计方案的把关和最终裁定。评审后确定的方案是进行具体设计和工程实施的依据，因此应邀请有关专家、主管领导及甲方代表参加。评审后应重新修改总体方案，评审过的方案设计应该作为正式文件存档，原则上不应再做大的改动。

4）硬件和软件的细化设计。此步骤只能在总体方案评审后进行，如果进行太早则会造成资源的浪费和返工。所谓细化设计就是将框图中的方块划到最底层，然后进行底层块内的结构细化设计。对应硬件设计来说，就是选购模板以及设计制作专用模板；对软件设计来说，就是将一个个功能模块编成一条条的程序。

5）硬件和软件的调试。实际上，硬件、软件的设计中都需要边设计边调试边修改，往往要经过几个反复过程才能完成。

6）系统组装。硬件细化设计和软件细化设计后，分别进行调试，之后就可以进行系统的组装，组装是离线仿真和调试阶段的前提和必要条件。

（3）离线仿真和调试阶段

所谓离线仿真和调试是指在实验室而不是在工业现场进行的仿真和调试。离线仿真和调试试验后，还要进行烤机运行。烤机的目的是在连续不停机运行中暴露问题和解决问题。

（4）在线调试和运行阶段

系统离线仿真和调试后便可进行在线调试和运行。所谓在线调试和运行就是将系统和生产过程连接在一起，进行现场调试和运行。不管上述离线仿真和调试工作多么认真、仔细，现场调试和运行仍可能出现问题，因此必须认真分析加以解决。系统正常运行后，再仔细试运行一段时间，如果不出现其他问题，即可组织验收。验收是系统项目最终完成的标志，应由甲方主持乙方参加，双方协同办理。验收完毕应形成文件存档。

10.2　计算机控制系统概要设计

10.2.1　硬件概要设计

设计一个性能优良的计算机控制系统，要注重对实际问题的调查研究。通过对生产过程的深入了解和分析，以及对工作过程和环境的熟悉，才能确定系统的控制任务，进而提出切实可行的系统设计方案。

依据合同的设计要求和已经做过的初步方案，开展系统的硬件总体设计。总体设计的方法是"黑箱"设计法。所谓"黑箱"设计就是画框图的方法。用这种方法做出的系统结构设计，只需要明确各方块之间的信号输入/输出关系和功能要求，而不需要知道"黑箱"内的具体结构。

硬件总体方案设计主要包含以下几个方面的内容。

（1）确定系统的结构和类型

根据系统要求，确定采用开环还是闭环控制。闭环控制还需进一步确定是单闭环还是多闭环控制。实际可供选择的控制系统类型有操作指导控制系统、直接数字控制系统（DDC）、监督计算机控制系统（SCC）、分级控制系统、集散控制系统（DCS）、工业测控网络系统等。

（2）确定系统的构成方式

需要综合考虑系统的控制任务、性能要求、可靠性以及成本等多个因素。具体来说，设计者应首先明确系统的控制目标和应用场景，进而分析所需的控制精度、实时性、扩展性等功能需求。随后，根据这些需求或特定应用场景下更适合使用的设备来确定采用的系统类型。例如，可以考虑采用通用的可编程控制器（PLC）、智能调节器或基于 PC 总线的板卡等作为前端机或下位机。最终，系统的构成方式应确保能够满足整体控制需求，并具备良好的可靠性和可扩展性。

（3）现场设备选择

现场设备的选择是至关重要的环节。这一过程需要紧密结合系统的控制需求、生产环境以及设备的性能特点来综合考虑。具体来说，现场设备的选择应遵循以下几个原则：

首先，必须根据生产过程中的实际需求来确定所需设备的种类和数量。这包括对被控对象的特性进行深入分析，明确控制精度、响应速度等关键指标，从而选择与之相匹配的传感器、执行器等设备。

其次，在选择设备时，应充分考虑其性能参数和可靠性。传感器应具有较高的精度和灵敏度，能够准确感知被控对象的物理量；执行机构则应具备良好的动态性能和稳定性，能够迅速准确地执行控制指令。同时，设备的可靠性也是不可忽视的因素，应选择经过严格测试和验证、具有较长使用寿命的设备，以减少故障率和维护成本。

此外，还需要考虑设备的兼容性和可扩展性。现场设备应与控制系统中的其他设备具有良好的通信接口和协议支持，以便实现数据的无缝传输和共享。同时，随着生产需求的不断变化，系统可能需要增加新的设备或功能，因此所选设备应具备一定的可扩展性，以满足未来升级和改造的需求。

最后，成本因素也是现场设备选择中不可忽视的一环。在满足性能要求的前提下，应尽量选择性价比高的设备，以降低系统的整体成本。

（4）其他方面的考虑

总体方案中还应考虑人机联系方式、系统机柜或机箱的结构布局与安装设计、散热与防尘、防水、防腐蚀等防护设计及抗干扰等方面的问题。

10.2.2　软件概要设计

依据用户任务的技术要求和已做过的初步方案，进行软件的总体设计。它为整个系统提供了设计蓝图和技术方向。其重要性在于明确项目目标、规划系统结构、确定技术选择、识别风险，以及为团队提供共同的视角，确保项目在后续开发阶段按计划进行。软件总体设计和硬件总体设计一样，也是采用结构化的"黑箱"设计法。先画出较高一级的框图，然后将大的方框分解成小的方框，直到能清楚表达功能为止。

软件概要设计的主要内容包括项目的背景和目的、系统结构、接口设计、模块设计、数据结构、出错处理策略、监控设计、安全设计等方面，它们共同构成了一个系统的高层设计框架。此外，还应考虑确定系统的数学模型、控制策略、控制算法等。

1）项目背景目的：总述项目的需求和目标以及受环境、技术等因素的局限等。

2）系统结构：从全局的角度给出系统整理结构、各部分功能、处理流程、各模块之间的关系、运行环境等。配以系统结构图、系统流程图、数据流程图等进行描述。

3）接口设计：设计外部用户、硬件、软件接口及实现接口功能的各种可用资源。

4）模块设计：设计需要用到的输入模块、输出模块及其他模块或系统的接口、处理逻辑，详细说明模块所处的逻辑位置、物理位置，说明其功能该如何实现。

5）数据结构：要考虑逻辑结构、物理结构等。

6）出错处理策略：出错信息及处理。

7）监控设计：设计运行模块组合、控制、时间，给出用户界面设计详细功能分析。

8）安全设计。

10.2.3　系统总体整合

将上面的硬件总体方案和软件总体方案合在一起构成系统的总体方案。总体方案论证可行后，要形成文件，建立总体方案文档。系统总体文件的内容包括：

1）系统的主要功能、技术指标、原理性框图及文字说明。

2）控制策略和控制算法，例如 PID 控制、Smith 补偿控制、最少拍控制、串级控制、前馈控制、解耦控制、模糊控制、最优控制等。

3）系统的硬件结构及配置，主要的软件功能、结构及框图。

4）方案比较和选择。

5）保证性能指标要求的技术措施。

6）抗干扰和可靠性设计。

7）机柜或机箱的设计。

8）经费和进度计划的安排。

对所提出的总体设计方案合理性、经济性、可靠性以及可行性进行论证。论证通过后，便可形成作为系统设计依据的系统总体方案图和设计任务书，用以指导具体的系统设计过程。

10.3　计算机控制系统详细设计

计算机控制系统的详细设计是系统开发过程中至关重要的一环，确保系统在实际运行中能够满足预期的功能和性能需求。通过详尽的硬件设计、软件设计、通信设计、人机界面设计和安全设计，可以确保系统的可靠性、可维护性和可扩展性，为系统的成功实施奠定坚实基础。本节将进一步对系统的硬件、软件给出详细的设计过程。

10.3.1　硬件详细设计

对不同的系统结构和类型有不同的设计与实现方法，采用总线型工业控制机进行系统的硬件设计是目前广泛使用的结构类型，可以解决工业控制中的众多问题，因此在这里仅以总线型工业控制机介绍硬件工程设计与实现方法。由于总线型工业控制机的高度模块化和插板结构，可以采用组合方式来大大简化计算机控制系统的设计。在计算机控制系统中，一些控制功能既能用硬件实现，亦能用软件实现，故系统设计时，硬件、软件功能的划分要综合考虑。

1．选择系统的总线和主机机型

（1）选择系统的总线

系统采用总线结构，具有很多优点。采用总线，可以简化硬件设计，用户可根据需要直接选用符合总线标准的功能模板，而不必考虑模板插件之间的匹配问题，使系统硬件设计大大简化；系统可扩性好，仅需将按总线标准研制的新的功能模板插在总线槽中即可；系统更新性好，一旦出现新的微处理器、存储器芯片和接口电路，只要将这些新的芯片按总线标准研制成各类插件，即可取代原来的模板而升级更新系统。

1）内部总线选择。常用的工业控制机内部总线有 PCI/PCIe、PC104/PC104 Plus、CompactPCI、VME 和 PXI 总线等。PCI 总线是一种通用计算机内部的主要总线之一，广泛应用于工业控制机中，具有较高的数据传输速率和负载能力、支持多种设备和模块、支持即插即用的特点，适用于需要高性能和扩展性的计算机控制系统。PCIe 总线支持多通道，提供更高的数据传输速率和更灵活的配置，可兼容 PCI 设备。PC104/PC104 Plus 总线是专门为嵌入式控制而定义的工业控制总线，具有小尺寸结构和堆栈式连接等特点。CompactPCI 总线是基于 PCI 总线的工业标准，支持热插拔，高密度的模块设计，更加节省空间，主要用于需要高可靠性和高可用性的场合。VME 总线是一种通用的计算机总线，结合了电气标准和机械形状因子，具有异步传输和多种数据宽度选择。PXI 总线是专为测试测量领域设计的模块化仪器总线，具有高带宽、高精度和低噪声等特点。根据需要选择其中一种，一般常选用 PC 总线进行系统的设计，即选用 PC 总线工业控制机。

2）外部总线选择。根据计算机控制系统的基本类型，如果采用分级控制系统等，必然有通信的问题。外部总线就是计算机与计算机之间、计算机与智能仪器或智能外设之间进行通信的总线，它包括并行通信总线（如 IEEE-488）和串行通信总线（如 RS-232-C、RS-422 和 RS-

485)。具体选择哪一种，要根据通信的速率、距离、系统拓扑结构、通信协议等要求来综合分析，才能确定。

（2）选择主机机型

在总线式工业控制机中，有许多机型，都因采用的 CPU 不同而不同。以 PC 总线工业控制机为例，其 CPU 有英特尔 Core i3/i5/i7 系列、至强 Xeon 系列、Intel Atom E3800 系列、AMD Ryzen、EPYC 系列等高性能处理器。主机机型主要有研华科技的 Advantech IPC-610、UNO-3000、研祥智能 EVOC IPC-810/EBC-7100、西门子 Siemens SIMATIC IPC547G/IPC427D 等系列，分别为用户提供紧凑型或高性能、含多个 PCI 扩展槽的工控机。内存、硬盘、主板、触摸屏也有多种规格，设计人员可根据要求合理地进行选型。

2．选择输入/输出通道模板

一个典型的计算机控制系统，除了工业控制机的主机，还必须有各种输入/输出通道模板，其中包括数字量 I/O（即 DI/DO）、模拟量 I/O（AI/AO）等模板。

（1）数字量（开关量）输入/输出（DI/DO）模板

PC 总线的并行 I/O 接口模板多种多样，通常可分为 TTL 电平的 DI/DO 和带光电隔离的 DI/DO。通常和工控机共地装置的接口可以采用 TTL 电平，而其他装置与工控机之间则采用光电隔离。对于大容量的 DI/DO 系统，往往选用大容量的 TTL 电平 DI/DO 板。而将光电隔离及驱动功能安排在工业控制机总线之外的非总线模板上，如继电器板（包括固态继电器板）等。

（2）模拟量输入/输出（AI/AO）模板

AI/AO 模板包括 A/D、D/A 板及信号调理电路等。AI 模板输入可以是 $0 \sim \pm 5V$、$1 \sim 5V$、$0 \sim 10mA$、$4 \sim 20mA$ 以及热电偶、热电阻和各种变送器的信号。AO 模板输出可以是 $0 \sim 5V$、$1 \sim 5V$、$0 \sim 10mA$、$4 \sim 20mA$ 等信号。选择 AI/AO 模板时必须注意分辨率、转换速度、量程范围等技术指标。

系统中的输入/输出模板，可按需要进行组合，不管哪种类型的系统，其模板的选择与组合均由生产过程的输入参数和输出控制通道的种类和数量来确定。

3．选择变送器和执行机构

（1）选择变送器

变送器是一种重要的仪表设备，它能够将各种被测变量（如温度、压力、液位、流量、电压、电流等）精准地转换为可远程传输的统一标准信号，通常为 $4 \sim 20mA$ 电流信号。这种输出信号与被测变量之间保持着严格的连续关系，确保了数据的准确性和可靠性。在自动化控制系统中，变送器的输出信号被直接送入工业控制机进行处理，实现了高效的数据采集与监控。

DDZ-III 型变送器输出 $4 \sim 20mA$ 信号，并配备 24V 直流供电电源，采用便捷的二线制设计，不仅简化了布线，还提高了系统的整体性能。DDZ-S 系列变送器集成了智能化的处理功能，能够对输入信号进行处理、转换、调节，提供 RS-485 接口，并且支持数字化接口，可通过现场总线实现与其他设备的数据通信和集成。

目前常用的变送器有温度变送器、压力变送器、液位变送器、差压变送器、流量变送器、各种电量变送器及智能式变送器等。系统设计人员可根据被测参数的种类、量程、被测对象的介质类型和环境来选择变送器的具体型号。

（2）选择执行机构

执行机构是控制系统中必不可少的组成部分，它的作用是接收计算机发出的控制信号，并把它转换为调整机构的动作，使生产过程按预先规定的要求正常运行。

执行机构分为气动、电动、液压三种类型。气动执行机构的特点是结构简单、价格低、防火防爆；电动执行机构的特点是体积小、种类多、使用方便；液压执行机构的特点是推力大、精度高。常用的执行机构为气动和电动。

在计算机控制系统中，将 0～10mA 或 4～20mA 电信号经电气转换器转换成标准的 0.02～0.1MPa 气压信号之后，即可与气动执行机构（气动调节阀）配套使用。电动执行机构（电动调节阀）直接接收来自工业控制机的输出信号 4～20mA 或 0～10mA，实现控制作用。

另外，还有各种有触点和无触点开关，也是执行机构，实现开关动作。电磁阀作为一种开关阀在工业中也得到了广泛的应用。

在系统中，选择气动调节阀、电动调节阀、电磁阀、有触点和无触点开关之中的哪一种，要根据系统的要求来确定。但要实现连续的精确控制目的，必须选用气动和电动调节阀，而对要求不高的控制系统可选用电磁阀。

10.3.2　软件详细设计

用工业控制机来组建计算机控制系统不仅能减小系统硬件设计工作量，而且还能减小系统软件设计工作量。一般工业控制机都配有实时操作系统或实时监控程序，以及各种控制、运算软件、组态软件等，可使系统设计者在最短的周期内，开发出目标系统软件。

一般工业控制机把工业控制所需的各种功能以模块形式提供给用户，其中包括控制算法模块（多为 PID）、运算模块（四则运算、开方、最大值/最小值选择、一阶惯性、超前滞后、工程量变换、上下限报警等数十种）、计数/计时模块、逻辑运算模块、输入模块、输出模块、打印模块、显示模块等。系统设计者根据控制要求，选择所需的模块就能生成系统控制软件，因而软件设计工作量大为减小。为便于系统组态（即选择模块组成系统），工业控制机提供了组态语言。

当然并不是所有的工业控制机都能给系统设计带来上述的方便，有些工业控制机只能提供硬件设计的方便，而应用软件需自行开发；若从选择单片机入手来研制控制系统，系统的全部硬件、软件均需自行开发研制。自行开发控制软件时，应先画出程序总体流程图和各功能模块流程图，再选择程序设计语言，然后编制程序。程序编制应先模块后整体。具体程序设计内容为以下几个方面。

1. 数据类型和数据结构规划

在系统总体方案设计中，系统的各个模块之间有着各种因果关系，互相之间要进行各种信息传递。如数据处理模块和数据采集模块之间的关系，数据采集模块的输出信息就是数据处理模块的输入信息，同样，数据处理模块和显示模块、打印模块之间也有这种产销关系。各模块之间的关系体现在它们的接口条件，即输入条件和输出结果上。为了避免产销脱节现象，必须严格规定好各个接口条件，即各接口参数的数据结构和数据类型。

这一步工作可以这样来做：将每一个执行模块要用到的参数和输出的结果列出来，对于与不同模块都有关的参数，只取一个名称，以保证同一个参数只有一种格式。然后为每一参数规划一个数据类型和数据结构。从数据类型上来分类，可将数据分为逻辑型和数值型，但通常将逻辑型数据归到软件标志中去考虑。数值型可分为定点数和浮点数。定点数有直观、编程简单、运算速度快的优点，其缺点是表示的数值动态范围小，容易溢出；浮点数则相反，数值动态范围大、相对精度稳定、不易溢出，但编程复杂，运算速度低。

如果某参数是一系列有序数据的集合，如采样信号序列，则不仅存在数据类型问题，还存在数据存放格式问题，即数据结构问题。

2．资源分配

对于采用单片机结构的硬件系统，在完成数据类型和数据结构的规划后，还需要进行系统资源的分配工作。系统资源主要包括 ROM、RAM、定时器/计数器、中断源和 I/O 地址等。

ROM 资源用于存放程序代码和常量数据。定时器/计数器资源在系统中用于计时、定时和事件计数等功能，详细分配定时器/计数器资源以满足系统对时间精度和事件响应的要求。

中断源是系统响应外部或内部事件的关键机制，中断资源的分配需要在设计时仔细规划，以确保系统能够快速响应各种突发事件，从而确保中断处理的及时性和优先级管理的合理性。

I/O 地址分配涉及系统与外部设备的接口设计，不同的 I/O 设备需要占用不同的地址空间，以实现数据的读写操作。根据系统功能对 I/O 地址进行分配，确保每个外设都有唯一的地址。

资源分配的主要工作是对 RAM 资源进行合理规划。RAM 用于存储系统运行时的数据和变量，是系统动态数据的载体。为了确保 RAM 资源的高效利用，需要对不同数据结构和变量的存储需求进行详细规划。规划时需要考虑数据的生命周期、访问频率以及内存的碎片化问题，以最大限度地提高 RAM 的利用率和系统运行效率。

在完成 RAM 资源的规划后，应列出一张详细的 RAM 资源分配清单。这张清单应包括每个变量和数据结构的内存地址、大小及用途等详细信息，作为后续编程和调试的重要依据。通过这样的细致规划，可以确保系统资源得到合理分配，系统运行稳定可靠，性能得到充分发挥。

3．实时控制软件设计

（1）数据采集及数据处理程序

数据采集程序主要包括多路信号的采样、输入变换、存储等。模拟输入信号为 DC 0～10mA 或 DC 4～20mA、DC 0～5V 和电阻等。前两种可以直接作为 A/D 转换模板的输入（电流经 I/V 变换变为 DC 0～5V 电压输入），后两种经放大器放大到 DC 0～5V 后再作为 A/D 转换模板的输入。开关触点状态通过数字量输入（DI）模板输入。输入信号的点数可根据需要选取，每个信号的量程和工业单位用户必须规定清楚。数据处理程序主要包括数字滤波程序、线性化处理和非线性补偿、标度变换程序、越限报警程序等。

（2）控制算法程序

控制算法程序主要实现控制规律的计算并产生控制量。其中包括数字 PID 控制算法、Smith 补偿控制算法、最少拍控制算法、串级控制算法、前馈控制算法、解耦控制算法、模糊控制算法、最优控制算法等。实际实现时，可选择合适的一种或几种控制算法来实现控制。

（3）控制量输出程序

控制量输出程序实现对控制量的处理（上下限和变化率处理）、控制量的变换及输出，驱动执行机构或各种电气开关。控制量也包括模拟量和开关量输出两种。模拟控制量由 D/A 转换模板输出，一般为标准的 DC 0～10mA 或 DC 4～20mA 信号，该信号驱动执行机构，如各种调节阀。开关量控制信号驱动各种电气开关。

（4）实时时钟和中断处理程序

实时时钟是计算机控制系统一切与时间有关过程的运行基础。时钟有两种，即绝对时钟和相对时钟。绝对时钟与当地的时间同步，有年、月、日、时、分、秒等功能。相对时钟与当地时间无关，一般只要时、分、秒就可以，在某些场合要精确到 0.1s 甚至 ms。

计算机控制系统中有很多任务是按时间来安排的，即有固定的作息时间。这些任务的触发和撤销由系统时钟来控制，不用操作者直接干预，这在很多无人值班的场合尤其必要。实时任务有两类：第一类是周期性的，如每天固定时间启动，固定时间撤销任务，它的重复周期是一天；第二类是临时性任务，操作者预定好启动和撤销时间后由系统时钟来执行，但仅一次有效。作为一般情况，假设系统中有几个实时任务，每个任务都有自己的启动和撤销时刻。在系统中建立两个表格：一个是任务启动时刻表，另一个是任务撤销时刻表，表格按作业顺序编号安排。为使任务启动和撤销及时准确，这一过程应安排在时钟中断子程序中来完成。定时中断服务程序在完成时钟调整后，就开始扫描启动时刻表和撤销时刻表，当表中某项和当前时刻完全相同时，通过查表位置指针就可以决定对应作业的编号，通过编号就可以启动或撤销相应的任务。

计算机控制系统中，有很多控制过程虽与时间（相对时钟）有关，但与当地时间（绝对时钟）无关。例如，啤酒发酵计算机控制系统，要求从 10℃降温 4h 到 5℃，保温 30h 后，再降温 2h 到 3℃，再保温。以上工艺过程与时间关系密切，但与上午、下午没有关系，只与开始投料时间有关，这一类的时间控制需要相对时钟信号。相对时钟的运行速度与绝对时钟一致，但数值完全独立。这要求相对时钟另外开辟存放单元。在使用上，相对时钟要先初始化，再开始计时，计时到后便可唤醒指定任务。

许多实时任务如采样周期、定时显示打印、定时数据处理等都必须利用实时时钟来实现，并由定时中断服务程序执行相应的动作或处理动作状态标志等。

另外，事故报警、掉电检测及处理、重要的事件处理等功能的实现也常常使用中断技术，以便计算机能对事件做出及时处理。事件处理由中断服务程序和相应的硬件电路来完成。

（5）数据管理程序

这部分程序用于生产管理，主要包括画面显示、变化趋势分析、报警记录、统计报表打印输出等。

（6）数据通信程序

数据通信程序主要完成计算机与计算机之间、计算机与智能设备之间的信息传递和交换。这个功能主要在集散控制系统、分级计算机控制系统、工业网络等系统中实现。

10.4　计算机控制系统调试与运行

系统的调试与运行分为离线仿真与调试阶段和在线调试与运行阶段。离线仿真与调试阶段一般在实验室或非工业现场进行，在线调试与运行阶段在生产过程工业现场进行。其中离线仿真与调试阶段是基础，检查硬件和软件的整体性能，为现场投运做准备，现场投运是对全系统的实际考验与检查。系统调试的内容很丰富，碰到的问题是千变万化的，解决的方法也是多种多样的，并没有统一的模式。

10.4.1　离线仿真和调试

1. 硬件调试

对于各种标准功能模板，按照说明书检查主要功能。比如主机板（CPU 板）上 RAM 区的读写功能、ROM 区的读出功能、复位电路、时钟电路等的正确性。

在调试 A/D 和 D/A 模板之前，必须准备好信号源、数字电压表、电流表等。对这两种模板首先检查信号的零点和满量程，然后分档检查。比如满量程的 25%、50%、75%、100%，并且上行和下行来回调试，以便检查线性度是否合乎要求，如有多路开关板，应测试各通路是否正确切换。

利用开关量输入和输出程序来检查开关量输入（DI）和开关量输出（DO）模板。测试时可在输入端加开关量信号，检查读入状态的正确性；可在输出端检查（用万用表）输出状态的正确性。

硬件调试还包括现场仪表和执行机构，如压力变送器、差压变送器、流量变送器、温度变送器以及电动或气动调节阀等。这些仪表必须在安装之前按说明书要求校验完毕。

如果是分级计算机控制系统和集散控制系统，还要调试通信功能，验证数据传输的正确性。

2．软件调试

软件调试的顺序是子程序、功能模块和主程序。有些程序的调试比较简单，利用开发装置（或仿真器）以及计算机提供的调试程序就可以进行调试。程序设计一般采用 C、Python 语言或硬件系统专用的语言等编程。

一般与过程输入/输出通道无关的程序，都可用开发机（仿真器）的调试程序进行调试，不过有时为了能调试某些程序，可能要编写临时性的辅助程序。

系统控制模块的调试应分为开环和闭环两种情况进行。开环调试是检查它的阶跃响应特性，闭环调试是检查它的反馈控制功能。

图 10.2 是 PID 控制模块的开环特性调试原理框图。首先可以通过 A/D 转换器输入一个阶跃电压。然后使 PID 控制模块程序按预定的控制周期 T 循环执行，控制量 u 经 D/A 转换器输出模拟电压 DC 0～5V 给记录仪并记下它的阶跃响应曲线。开环阶跃响应实验可以包括以下几项：

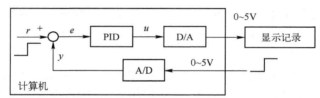

图 10.2　PID 控制模块的开环调试框图

1）不同比例增益、不同阶跃输入幅度和不同控制周期下，正、反两种作用方向的纯比例控制的响应。

2）不同比例增益、不同积分时间、不同阶跃输入幅度和不同控制周期下，正、反两种作用方向的比例积分控制的响应。

3）不同比例增益、不同积分时间、不同微分时间、不同阶跃输入幅度和不同控制周期下，正、反两种作用方向的比例积分微分控制的响应。

上述几项内容的实验过程中，应该分析记录的阶跃响应曲线，不仅要定性而且要定量地检查 P、I、D 参数是否准确，并且要满足一定的精度。

在完成 PID 控制模块开环特性调试的基础上，还必须进行闭环特性调试。所谓闭环调试就是按图 10.3 构成单回路 PID 反馈控制系统。该图中的被控对象可以使用实验室物理模拟装置，也可以使用电子式模拟实验室设备。分别做给定值 $r(k)$ 和外部扰动 $f(t)$ 的阶跃响应实验，改变 P、I、D 参数以及阶跃输入的幅度，分析被控制量 $y(t)$ 的阶跃响应曲线和 PID 控制器输出控制量 u 的记录曲线，判断闭环工作是否正确。主要分析判断以下几项内容：纯比例作用下残差与比例带的值是否吻合；积分作用下是否消除残差；微分作用对闭环特性是否有影响；正向和反向扰动下过渡过程曲线是否对称等；否则，必须根据发生的现象仔细分析，重新检查程序，排除在开环调试中没有暴露出来的问题。

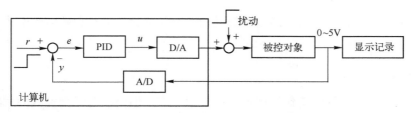

图 10.3　PID 控制模块的闭环调试框图

必须指出，由于数字 PID 控制器包含积分分离、检测值微分（或微分先行）、死区 PID（或非线性 PID）、给定值和控制量的变化率限制、输入/输出补偿、控制量限幅和保持等功能。在调试时，先暂时去掉这些特殊功能，首先尝试纯 PID 控制闭环响应，这样便于发现问题。在纯 PID 控制闭环实验通过的基础上，再逐项加入上述特殊功能，并逐项检查是否正确。

运算模块是构成控制系统不可缺少的一部分。对于简单的运算模块，可以用开发机（或仿真器）提供的调试程序检查其输入与输出关系。而对于具有输入与输出曲线关系复杂的运算模块，例如纯滞后补偿模块，可采用类似于图 10.2 所示的方法进行调试，只要用运算模块来替换 PID 控制模块，通过分析记录曲线来检查程序是否存在问题。

一旦所有的子程序和功能模块调试完毕，就可以用主程序将它们连接在一起，进行整体调试。当然有人会问，既然所有模块都能单独地工作，为什么还要检查它们连接在一起是否正常工作呢？这是因为把它们连接在一起可能会产生不同软件层之间的交叉错误，一个模块的隐含错误对自身可能无影响，却会妨碍另一个模块的正常工作；单个模块允许的误差，多个模块连起来可能放大到不可容忍的程度等，所以有必要进行整体调试。

整体调试的方法是自底向上逐步扩大。首先按分支将模块组合起来，以形成模块子集，调试完各模块子集，再将部分模块子集连接起来进行局部调试，最后进行全局调试。这样经过子集、局部和全局三步调试，完成了整体调试工作。整体调试是对模块之间连接关系的检查，有时为了配合整体调试，在调试的各阶段编制了必要的临时性辅助程序，调试完应删去。通过整体调试能够把设计中存在的问题和隐含的缺陷暴露出来，从而基本上消除了编程上的错误，为以后的仿真调试和在线调试及运行打下良好的基础。

3. 系统仿真

在硬件和软件分别联调后，并不意味着系统的设计和离线调试已经结束，为此，必须进行全系统的硬件、软件统调。这次的统调试验，就是通常所说的"系统仿真"（也称为模拟调试）。所谓系统仿真，就是应用相似原理和类比关系来研究事物，也就是用模型来代替实际生产过程（即被控对象）进行实验和研究。系统仿真有以下三种类型：全物理仿真（或称在模拟环境条件下的全实物仿真）；半物理仿真（或称硬件闭路动态试验）；数字仿真（或称计算机仿真）。

系统仿真尽量采用全物理或半物理仿真。试验条件或工作状态越接近真实，其效果也就越好。对于纯数据采集系统，一般可做到全物理仿真；而对于控制系统，要做到全物理仿真几乎是不可能的。这是因为，我们不可能将实际生产过程（被控对象）搬到自己的实验室或研究室中，因此，控制系统只能做离线半物理仿真，被控对象可用实验模型代替。不经过系统仿真和各种试验，试图在生产现场调试中一举成功的想法是不实际的，往往会被现场联调工作的现实所否定。

在系统仿真的基础上，进行长时间的运行考验（称为烤机），并根据实际运行环境的要求，进行特殊运行条件的考验。例如，高温和低温剧变运行试验、振动和抗电磁干扰试验、电源电压剧变和掉电试验等。

10.4.2 在线调试和运行

在上述调试过程中，尽管工作很仔细，检查很严格，但还没有经受实践的考验。因此，在现场进行在线调试和运行过程中，设计人员与用户要密切配合，在实际运行前制定一系列调试计划、实施方案、安全措施、分工合作细则等。

在线调试与运行过程是从小到大，从易到难，从手动到自动，从简单回路到复杂回路逐步过渡。为了做到有把握，现场安装及在线调试前先要进行下列检查：

1）检测元件、变送器、显示仪表、调节阀等必须通过校验，保证精确度要求。作为检查，可进行一些现场校验。

2）各种接线和导管必须经过检查，保证连接正确。例如，孔板的上下游接引压导管，要与差压变送器的正负压输入端极性一致；热电偶的正负端与相应的补偿导线相连，并与温度变送器的正负输入端极性一致等。除了极性不得接反以外，对号位置都不应接错。引压导管和气动导管必须畅通，不能中间堵塞。

3）对在流量中采用隔离液的系统，要在清洗好引压导管以后，灌入隔离液（封液）。

4）检查调节阀能否正确工作。要保证旁路阀及上下游截断阀关闭或打开的状态设置正确。

5）检查系统的干扰情况和接地情况，如果不符合要求，应采取措施。

6）安全防护措施也要检查。

经过检查并已安装正确后，即可进行系统的投运和参数的整定。投运时应先切入手动，等系统运行接近于给定值时再切入自动。

计算机控制系统的投运是个系统工程，要特别注意到一些容易忽视的问题，如现场仪表与执行机构的安装位置、现场校验、各种接线与导管的正确连接、系统的抗干扰措施、供电与接地、安全防护措施等。在现场调试的过程中，往往会出现错综复杂、时隐时现的奇怪现象，一时难以找到问题的根源。此时此刻，计算机控制系统设计者们要认真地共同分析，不要轻易地怀疑别人所做的工作，以免掩盖问题的根源所在。

习题

1. 计算机控制系统的设计原则有哪些？
2. 简述计算机控制系统的设计步骤。
3. 计算机控制系统硬件总体方案设计主要包含哪几个方面的内容？
4. 自行开发计算机控制软件时应按什么步骤？具体程序设计内容包含哪几个方面？
5. 简述计算机控制系统调试和运行的过程。
6. 简述如何设计一个性能优良的计算机控制系统。

第11章 计算机控制系统实例

前面 10 章着重介绍了计算机控制系统涉及的软硬件知识、控制算法及设计方法等方面的内容，本章将结合三个有代表性的计算机控制系统：工业锅炉计算机控制系统、硫化机计算机群控系统和焊接机器人控制系统，介绍计算机控制系统的设计。由于篇幅有限，不能涉及许多细节，仅对系统的设计方案、软硬件设计、功能实现做概要介绍，以使读者对计算机控制系统有一个整体的认识。

11.1 工业锅炉计算机控制系统

工业锅炉是化工、炼油、发电等工业生产过程中必不可少的重要动力设备。它所产生的高压蒸汽，既可作为风机、压缩机、大型泵类的驱动透平的动力源，又可作为蒸馏、化学反应、干燥和蒸发等过程的热源。随着工业生产规模的不断扩大，生产设备的不断革新，作为企业动力和热源的锅炉，亦向着大容量、高效率发展。为了确保安全、稳定生产，工业锅炉设备的控制系统就显得越发重要。

11.1.1 工业锅炉介绍

按燃料种类分，应用最多的有燃油锅炉、燃气锅炉和燃煤锅炉。在石油化工和炼油的生产过程中，往往产生各种不同的残油、残渣、释放气和炼厂气，为充分利用这些燃料，出现了油、气混合燃烧锅炉和油、气、煤混合燃烧锅炉。所有这些锅炉，燃料种类各不相同，但蒸汽发生系统和蒸汽处理系统是基本相同的。常见的锅炉设备的主要工艺流程如图 11.1 所示。

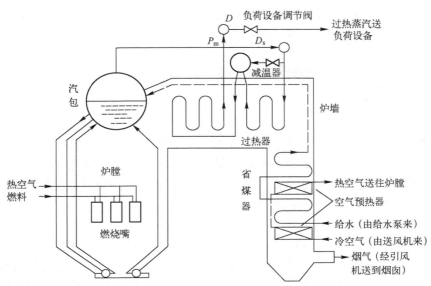

图 11.1　锅炉设备主要工艺流程图

燃料和热空气按一定比例送入燃烧室燃烧，生成的热量传递给蒸汽发生系统，产生饱和蒸汽 D_s。然后经过热器，形成一定温度的过热蒸汽 D，汇集至蒸汽母管。压力为 P_m 的过热蒸汽，经负荷设备控制供给负荷设备用。与此同时，燃烧过程中产生的烟气，除将饱和蒸汽变为过热蒸汽外，还经省煤器预热锅炉给水和空气预热器预热空气，最后经引风机送往烟囱，排入空气中。

锅炉设备是一个复杂的被控对象，如图 11.2 所示，主要的输入变量是负荷、锅炉给水、燃料量、减温水、送风和引风等，主要输出变量是汽包水位、水蒸气压力、过热蒸汽温度、炉膛负压、过剩空气（烟气含氧量）等。这些输入变量与输出变量之间相互关联。如果蒸汽负压发生变化，必将会引起汽包水位、水蒸气压力和过热蒸汽温度等的变化；燃料量的变化不仅影响水蒸气压力，同时还会影响汽包水位、过热蒸汽温度、过剩空气和炉膛负压；给水量的变化不仅影响汽包水位，而且对水蒸气压力、过热蒸汽温度等亦有影响；等等。

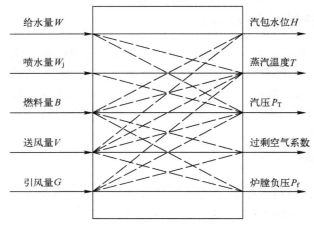

图 11.2　输入变量与输出变量关系图

锅炉是一个典型的多变量对象，要进行自动控制，对多变量对象可按自治的原则和协调跟踪的原则加以处理。目前，锅炉控制系统大致可划分为三个控制系统：锅炉燃烧过程控制系统、锅炉给水控制系统和过热蒸汽温度控制系统。

11.1.2　工业锅炉计算机控制系统组成与实现

1．燃烧过程控制系统

（1）燃烧过程控制任务

锅炉的燃烧过程是一个能量转换和传递的过程，其控制目的是使燃料燃烧所产生的热量适应蒸汽负荷的需要（常以水蒸气压力为被控变量）；使燃料量与空气量之间保持一定的比值，以保证最佳经济效益的燃烧（常以烟气成分为被控变量），提高锅炉的燃烧效率；使引风量与送风量相适应，以保持炉膛负压在一定的范围内。

（2）燃烧过程控制系统设计方案

在多变量对象中，调节量和被调量之间的联系不都是等量的。也就是说，对于一个具体对象而言，在众多的信号通道中，对某一个被调量而言可能只有一个通道对它有较重要的影响，其他通道的影响相对于主通道来说可以忽略。根据自治原则简化锅炉燃烧过程控制系统，可将其大致分为三个单变量控制系统：燃料量–汽压子系统、送风量–过量空气系数子系统以及引风量–炉膛负压子系统。

不少多变量系统可以利用自治原则来进行简化，但并不是分解成多个单回路控制系统后，问题就全部得到解决。因为各回路之间往往还存在着联系和要求，必须在设计中加以考虑。协调跟踪的原则，就是在多个单回路基础上，建立回路之间相互协调和跟踪的关系，以弥补用几个近似单变量对象来代替时所忽略的变量之间的关联。

此例中，锅炉燃烧过程的上述三个子系统间彼此仍有关联。首先考虑到燃料量与送风量子系统间应满足以下两点：

1）锅炉燃烧过程中燃料量与空气（送风）量之间应保持一定比例，实际空气（送风）量大于燃料需要空气量，它们之间存在一个最佳空燃比（最佳过剩空气系数）α，即

$$\alpha = \frac{V（实际送入空气量）}{B（燃料需要空气量）}$$

一般情况下，$\alpha > 1$。

2）为了保持在任何时刻都有足够的空气以实现完全燃烧，当热负荷增大时，应先增加送风量，后增加燃料量；当热负荷减少时，应先减少燃料量，再减少送风量。

为了满足上述两点要求，在这两个单回路的基础上，建立交叉限制协调控制系统，如图 11.3 所示。其中，$W_{m1}(s)$ 和 $W_{m2}(s)$ 是燃料量和送风量测量变送器的传递函数，假设它们都是比例环节，则 $W_{m1}(s)=K_1$，$W_{m2}(s)=K_2$。由此可得到最佳空燃比 α 与送风量、燃料量测量信号 I_V 和 I_B 之间的关系如下：

$$\alpha = \frac{V}{B} = \frac{I_V/K_2}{I_B/K_1} = \frac{K_1 I_V}{K_2 I_B} \tag{11.1}$$

设

$$\alpha \frac{K_2}{K_1} = \beta \tag{11.2}$$

则

$$\frac{I_V}{I_B} = \alpha \frac{K_2}{K_1} = \beta$$

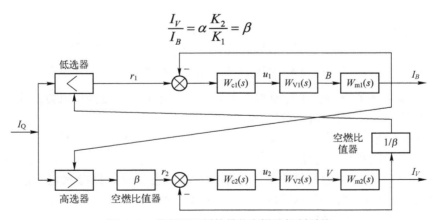

图 11.3　带交叉限制的最佳空燃比控制系统

假设机组所需负荷的信号为 I_Q，当系统处于稳态时，设定值 $r_1 = I_Q = I_V / \beta = I_B$，$r_2 = \beta I_Q = \beta I_B = I_V$，即 $I_Q = I_B$；$I_V = \beta I_B$。

这表明系统的燃料量适合系统的要求，而且达到最佳空燃比。当系统处于动态时，假如负

荷突然增加，对于送风量控制系统而言，高选器的两个输入信号中，I_Q 突然增大，则 $I_Q > I_B$，增大的 I_Q 信号通过高选器，再乘以 β 后作为设定值送入调节器 W_{c2}，显然该调节器将使 u_2 增加，空气阀门开大，送风量增大，即 I_V 增加。对于燃料量控制系统来说，尽管 I_Q 增大，但在此瞬间 I_V 还来不及改变，所以低选器的输入信号 $I_Q > I_V$，低选器输出不变，$r_1 = I_V / \beta$ 不变，此时燃料量 B 维持不变。只有在送风量开始增加以后，即 I_V 变大，低选器的输出才随着 I_V 的增大而增加，即 r_1 随之加大，这时燃料阀门才开大，燃料量加多。反之，在负荷信号减少时，则通过低选器先减少燃料量，待 I_B 减少后，空气量才开始随高选器的输出减小而减小，从而保证在动态时，满足上述第 2）点要求，始终保持完全燃烧。

进一步分析可知，燃料量控制子系统的任务在于，使进入锅炉的燃料量随时与外界负荷要求相适应，维持主压力为设定值。为了使系统有迅速消除燃料侧自发扰动的能力，燃料量控制子系统大都采用以水蒸气压力为主参数、燃料量为副参数的串级控制方案。

保证燃料在炉膛中的充分燃烧是送风控制系统的基本任务。在大型机组的送风系统中，一、二次风通常各采用两台风机分别供给，锅炉的总风量主要由二次风来控制，所以这里的送风控制系统是针对二次风控制而言的。送风控制系统的最终目的是达到最高的锅炉热效率，保证经济性。为保持最佳空燃比 α，必须同时改变送风量和燃料量。α 是由烟气含氧量来反映的。因此常将送风控制系统设计为带有氧量校正的空燃比控制系统，经过燃料量与送风量回路的交叉限制，组成串级比值的送风系统，结构上是一个有前馈的串级控制系统，如图 11.4 所示。它首先在内环快速保证最佳空燃比，至于给煤量测量不准，则可由烟气中氧量做串级校正。当烟气中含氧量高于设定值时，氧量校正调节器发出校正信号，修正送风调节器设定，使送风调节器减少送风量，最终保证烟气中含氧量等于设定值。

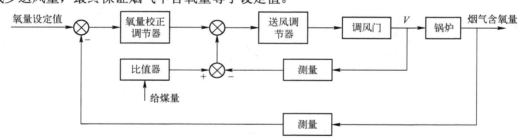

图 11.4　带氧量校正的串级送风控制系统

炉膛负压控制系统的任务在于调节烟道引风机导叶开度，以改变引风量；保持炉膛负压为设定值，以稳定燃烧，减少污染，保证安全。

2. 给水控制系统

（1）锅炉给水控制系统设计任务

其任务是考虑汽包内部的物料平衡，使给水量适应蒸发量，维持汽包水位在规定的范围内，实现给水全程控制。被控变量是汽包水位，操纵变量是给水量。

（2）给水控制系统的基本结构

1）单冲量控制系统。以水位信号 H 为被控量、给水量为控制量的单回路控制系统称为单冲量控制系统。这种系统结构简单、整定方便，但克服给水自发性扰动和负荷扰动的能力差，特别是大中型锅炉存在负荷扰动时，严重的假水位现象将导致给水控制机构误动作，造成汽包水位激烈地上下波动，严重影响设备寿命和安全。

2）单级三冲量控制系统。该系统相当于将上述单冲量控制与比例控制相结合。以负荷作为系统设定值，利用 PI 调节器调节流量，使给水量准确跟踪蒸汽流量，再将水位信号作为主参数负反馈，构成单级三冲量给水控制系统，如图 11.5 所示。

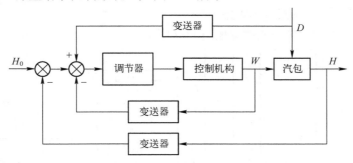

图 11.5　单级三冲量给水控制系统

所谓"三冲量"，是指控制器接收了三个测量信号：汽包水位、蒸汽流量和给水量。蒸汽流量信号是前馈信号，当负荷变化时，它早于水位偏差进行前馈控制，及时地改变给水量，维持进出汽包的物质平衡，有效地减少假水位的影响，抑制水位的动态偏差；给水量是局部反馈信号，动态时它能及时反映控制效果，使给水量跟踪蒸汽流量变化，蒸汽流量不变时，可及时消除给水侧自发扰动；稳态时使给水量信号与蒸汽流量信号保持平衡，以满足负荷变化的需要；汽包水位是被控量、主信号，稳态时，汽包水位等于设定值。显然，三冲量给水控制系统在克服干扰影响、维持水位稳定、提高给水控制方面都优于单冲量给水控制系统。

3）串级三冲量控制系统。串级三冲量给水控制系统的基本结构如图 11.6 所示。该系统由主副两个 PI 调节器和三个冲量构成，与单级三冲量系统相比，该系统多采用了一个 PI 调节器，两个调节器串联工作。PI_1 为水位调节器，它根据水位偏差产生给水量设定值；PI_2 为给水量调节器，它根据给水量偏差控制给水量并接收前馈信号。蒸汽流量信号作为前馈信号，用来维持负荷变动时的物质平衡，由此构成的是一个前馈-串级控制系统。

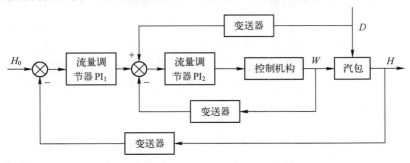

图 11.6　串级三冲量给水控制系统

3. 过热蒸汽温度控制系统

（1）过热蒸汽温度控制系统任务

维持过热器出口温度在允许范围内，并保证管壁温度不超过允许的工作温度。被控变量一般是过热器出口温度，操纵变量是减温器的喷水量。

（2）过热蒸汽温度控制系统

以过热蒸汽为主参数，选择二段过热器前的蒸汽温度为辅助信号，组成串级控制系统或双冲量气温控制系统。

4．工业锅炉计算机控制系统的实现

工业锅炉计算机控制系统结构框图如图 11.7 所示。

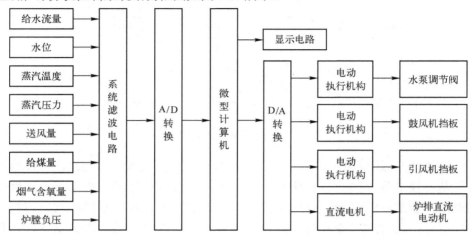

图 11.7　工业锅炉计算机控制系统框图

一次仪表测得的模拟信号经采样电路、滤波电路处理后送入 A/D 转换电路，A/D 转换电路将转换完的数字信号送入微型计算机，微型计算机对数据进行处理之后，通过 D/A 转换电路将数字量转换成模拟量，并放大到 0～10mA，分别控制水泵调节阀、鼓风机挡板、引风机挡板和炉排直流电动机。

11.2　硫化机计算机群控系统

内胎硫化是橡胶厂内胎生产的最后一个环节，硫化效果将直接影响内胎的产品质量和使用寿命。设计一种利用先进计算机控制技术的硫化群控及管理系统，不仅能提高企业的自动化水平，也能降低硫化机控制装置的维护成本和硫化操作人员的劳动强度，提高硫化过程中工艺参数的显示和控制精度，同时也避免了个别硫化操作人员为提高产量而出现的"偷时"现象（即操作人员缩短硫化时间，未硫化完毕就开模），从而保证了内胎的产品质量。

11.2.1　系统总体方案

内胎硫化过程共包括 4 个阶段：合模、硫化、泄压和开模。由于所有硫化机的控制方式相同，所以特别适合群控。在自动模式下，当硫化操作人员装胎合模后，由控制系统根据温度计算内胎的等效硫化时间并控制泄压阀、开模电动机的动作。为克服温度波动的影响，经过大量实验，选用阿累尼乌斯（Arrhenius）经验公式来计算等效硫化时间。

某橡胶制品有限公司硫化车间共有内胎硫化机 96 台，为便于整个生产过程的控制和管理拟采用计算机群控及管理系统。根据企业的现场情况，使用 PLC 作为直接控制级，完成现场的控制功能，使用工业控制计算机作为管理和监视级。系统总体方案如图 11.8 所示。

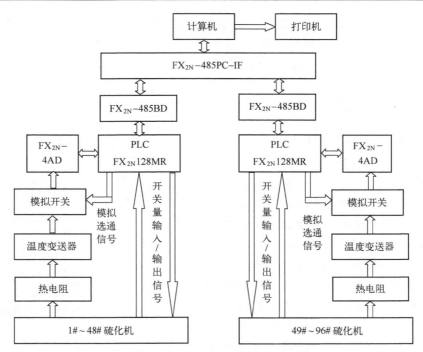

图 11.8　内胎硫化计算机群控及管理系统总体方案

PLC 通过温度采集模块采集现场的 96 台硫化机温度信号，进行等效计算后，按设定型号的参数计算硫化机的硫化时间并对泄压阀、开模电动机动作进行控制，完成内胎的整个硫化过程。采用串行通信方式将 PLC 数据传送到工业控制计算机，在监控软件主界面对 96 台硫化机的硫化温度和状态进行动态显示，并自动记录相关过程数据，监控软件还具有参数设置、查询及报表打印等功能。由于工业控制计算机本身及其软件的可靠性相对较低，工业控制计算机不参与控制，即使工业控制计算机出现故障也不会影响 PLC 的正常运行，从而也不会影响现场的控制，但是所有的现场参数将不能被监视和存储。

系统共有三种工作方式：自动等效硫化方式、自动定时硫化控制方式和机台原有的延时继电器手动控制方式，可以根据需要利用操作台上的旋钮选择工作方式。

工业控制计算机采用研华 P4 2.4G，作为控制级的 PLC 共两套，采用三菱公司的 FX_{2N} 128MR。两套 PLC 的控制是独立的，分别通过串行口连接到工业控制计算机。

特殊模块 FX_{2N}-4AD 用来采集现场的热电阻温度信号，并进行模/数转换后送往 PLC。热电阻采用 PT100，热电阻经过温度变送器变成 0~5V 的电压信号。FX_{2N}-4AD 模块共有 4 路通道，在任一时刻只能有 4 个温度信号进入 PLC。为提高其使用效率，自行研制了模拟转换开关，模拟开关采用 2 片 CD4501，可以完成 16 选 1 的模拟开关功能，利用 PLC 内部的编程指令控制模拟转换开关依次选通各个通道，循环将 48 台热电阻信号采集到 PLC。

通信模块 FX_{2N}-485BD（485 信号）和通信转换模块 FX_{2N}-485PC-IF（转换计算机的 RS-232 信号和 485BD 的 485 信号）被用来实现 PLC 和工业控制计算机的串行通信。

11.2.2　可编程控制器控制软件设计

三菱公司 FX_{2N} 系列可编程控制器可以使用梯形图、指令表和 SFC 三种编程方式，指令多达 156 种，功能强大，编程非常方便。从内胎硫化的流程可知，硫化的控制属于过程、位置控制，采用 PLC 可方便地进行编程，实现内胎硫化机的等效硫化时序。为提高运行速度、减少运行指令，在控制软件设计中采用了模块化编程，设计了多种通用子程序，如数据采样及处理子程序、等效硫化计算子程序、报警子程序等。

控制软件主程序流程简图如图 11.9 所示。

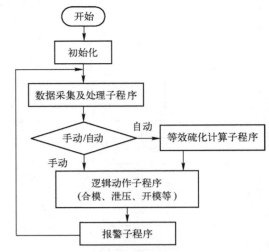

11.2.3 工控机管理软件设计

1. 工控机软件总体设计

工控机的 RS-232 串行通信接口通过 FX_{2N}-485PC-IF 连接到可编程控制器的通信模块 FX_{2N}-485BD 上，以半双工异步串行通信方式通信，读取或设置参数，并在主窗口动态显示，自动记录车间内所有机台在三种控制方式下生产的产品的过程参数和数量、操作合法性等数据，可以随时查看硫化温度曲线，还具有报警提示、查询、报表打印等功能。管理系统功能图如图 11.10 所示。

图 11.9　控制软件主程序流程简图

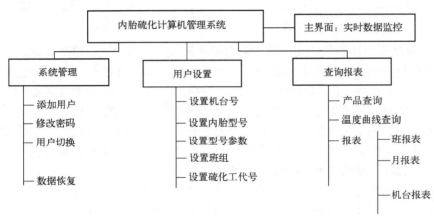

图 11.10　内胎硫化计算机管理系统功能图

2. 串行通信接口数据传输的软件设计

开发串口通信软件一般有两种方法：一种是采用 Microsoft 的 MSComm 控件，这种方法实现起来相对比较简单，但效率较低；另一种是利用 Windows 的通信 API 函数，使用 API 编写的串口通信程序较为复杂，实现的功能强大，特别适合于面向底层的下位机通信。

MOXA 公司提供了一个可供调用的串行通信程序开发工具 PComm serial communication library。PComm Library 是一个动态链接库文件，使用 Microsoft Win32 API 编写。利用 PComm 编写串口通信软件，开发者可以充分利用 API 的强大功能，使用起来也比较方便。

PComm Library 库函数共有 7 类：端口控制、数据接收、数据输出、端口状态查询、事件服务、异步和文件传输。使用前必须先安装 PComm Library，才能找到相应的函数（Sio xxx()）。在串行通信程序设计中主要分为两部分：一是通信设备资源的初始化，包括串行口打开、关闭及串口参数设置等；二是通信事件的处理。

（1）通信初始化程序

初始化程序完成传输信号的通信端口选择、打开，并设定相关参数，包括波特率、数据位、停止位、奇偶校验等。

```
procedure TmainForm.FormCreate(Sender: TObject);
begin
if Sio_open(1)<>Sio_ok then          //判断所选择的端口是否打开
showmessage('打开串口失败');
if Sio_ioctl ( 1, B19200, P_even or Bit_7 or Stop_1 )<> Sio_ok then
begin
    showmessage('设置格式失败');     //判断通信格式是否正确
end;
Sio_flush ( 1, 2 );                  //清空通信口1缓冲区
end;
```

（2）通信事件的处理

工控机与 PLC 进行通信必须有相同的通信协议。PLC 的通信格式在其特殊数据寄存器 D8120 中设置。D8120 的第 0~15 位分别表示数据长度、奇偶校验、停止位、波特率、数据头、数据尾、控制以及校验、协议、传输的控制协议。例如，数据长度 7 位、偶校验、2 位停止位、波特率为 9600bit/s、不使用数据头和数据尾、传输数据协议采用模式 1、D8120 设置为 0C8E。传输数据的基本格式为控制码、站号、PC 号、命令、等待时间、字符和校验。例如，当计算机读 PLC 寄存器 D1000 中的数据时，传输数据的格式见表 11.1。

表 11.1　传输数据的格式

控制码	站号	PC 号	命令	等待时间	起始地址	读取字数	和校验
ENQ	01	FF	WR	0	D1000	01	01
05H	30H,31H	46H,46H	57H,52H	30H	44H,31H,30H,30H,30H	30H,31H	30H,31H

下面的程序实现定时从 PLC 寄存器 D1000 中读取数据。

```
procedure TmainForm.Timer1Timer(Sender: TObject);
var
buf:array[0..20] of byte;
begin
buf[0]:=$05;          //控制码
buf[1]:=$30;          //PLC 站号为 01
buf[2]:=$31;
buf[3]:=$46;          //表示 PLC 的 CPU 型号
buf[4]:=$46;
buf[5]:=$57;          //表示读字命令（Read of Word Device）
buf[6]:=$52;
buf[7]:=$30;          //等待时间为 0
buf[8]:=$44;          //读目的起始地址：D1000
buf[9]:=$31;
buf[10]:=$30;
buf[11]:=$30;
buf[12]:=$30;
buf[13]:=$30;         //表示要读取的字数为 01
buf[14]:=$31;
```

```
buf[15]:=$30;              //表示和校验为 01
buf[16]:=$31;
Sio_flush(1,2);           //清空通信口 1 缓冲区
Sio_write(1,@buf,17);     //将读命令写入 PLC
Sleep 100;                //延时 100ms
Sio_read(1,@buf,20);      //从 PLC 读取返回数据到 buf 数组
    { 读回数据处理 }
end;
```

本系统在某橡胶制品有限公司投入运行后，控制达到了预定的工艺要求，内胎质量稳定，同时大幅减轻了工人的劳动强度，改善了工作环境，提高了企业生产的自动化和信息化程度，并且还可方便地与企业的信息管理系统相连，组成管控一体化的网络系统。

11.3　焊接机器人控制系统

随着现代工业的发展，焊接机器人的应用越来越广泛，成为工业自动化生产的重要组成部分。焊接机器人执行焊接加工任务需要以运动控制系统作为支持，主要通过控制驱动器、伺服电动机等设备实现对运动目标位置和速度的控制。因此，焊接机器人的运动控制系统设计和实现是焊接机器人技术的核心，系统的控制目标是保证机器人的末端执行器按照既定轨迹移动，并保持一定的运动精度。

11.3.1　系统组成与工作原理

焊接机器人系统通常由机器人本体、机器人控制器、焊接机、底座平台、焊接夹具和 PLC 控制系统等组成，如图 11.11 所示。

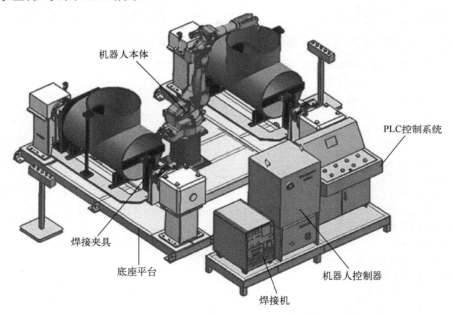

图 11.11　焊接机器人系统组成

焊接机器人最基本的任务是根据工件的焊接要求自动完成焊接工作，其控制的基本原理

是，得到焊接要求、生成焊枪路径规划、完成焊接和信息反馈。首先，用户手动输入焊接参数指令，按照实际焊接轨迹控制焊接机器人工作一次，这个过程中记录下机器人的不同位姿，最后在机器人系统中生成一个完整的焊接程序。在示教完成后，工作人员仅需要给焊接机器人系统发出一个启动指令，机器人就能依据设定好的焊接程序进行循环焊接工作，同时传感器能够及时反馈运动信息和焊接参数信息。

在此过程中，焊枪的路径规划是根据工件上焊缝的空间位置坐标将其分解为多个单一运动轨迹的组合，通过建立数学模型来求出焊接机器人运动的逆解，把机器人完成焊接生产任务时的运动和路径转化为预设的轨迹和位姿，从而开发出控制程序，之后驱动电动机控制系统以较高精度的运动形式执行。焊接参数的操作是根据工件所需的焊接条件输入焊接参数指令，控制系统控制好工作的电流电压、焊接速度等参数。

从本质上来说，机器人焊接生产作业时，对机器人本体位姿的控制实际上是对电动机的控制，电动机驱动器将脉冲输入信号转换为电动机轴端的旋转运动，通过每一个机械关节上电动机旋转轴的转角与转速相互配合，来实现机器人工作要求的各个位姿。

11.3.2 焊接机器人控制方案设计与实施

由焊接机器人控制系统的结构组成和系统工作原理可知，运动控制系统是焊接机器人的核心。焊接机器人控制系统由 PLC 控制系统、机器人控制器（运动控制器）、电动机系统、机器人机械本体、焊接机、焊接夹具、传感器系统、人机界面（HMI）等组成。控制系统的结构框图如图 11.12 所示。PLC 控制系统负责整个焊接机器人系统的逻辑控制和协调、焊接参数控制、传感器数据处理、安全监控、HMI 集成和通信与数据管理。机器人控制器（运动控制器）负责路径规划、插补控制、伺服控制、同步控制、实时反馈与调整、防碰撞控制。电动机系统负责控制伺服电动机的运行，驱动机器人机械臂和末端执行器。机器人机械本体通过多自由度机械臂，实现复杂的焊接路径，完成焊接功能。焊接机提供焊接所需的电流和电压，实现焊接功能。焊接夹具确保工件在焊接过程中的位置稳定。传感器系统反馈各种物理参数，包括位置、焊接和视觉等。HMI 实现人机交互的功能。

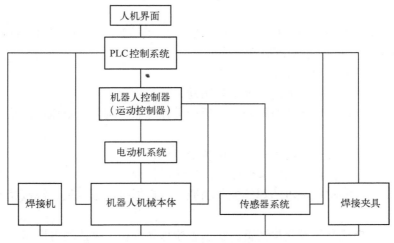

图 11.12 控制系统结构框图

1. 硬件选择

焊接机器人系统硬件平台的选择至关重要，焊接机器人的工作环境相对来说比较嘈杂，有各种不稳定的干扰因素,而控制精度要求却比较高,因此可靠性和抗干扰能力是选择的关键。PLC 以其卓越的可靠性和高抗干扰性已经在工业控制领域中得到了广泛的运用,因此可选用 PLC 作为核心控制器。

(1)PLC 的选择

应选用选择适合工业应用的高性能 PLC,如西门子 S7-1200/1500、三菱 FX$_{5U}$、欧姆龙 CJ2M 等。I/O 模块:根据需求选择数字 I/O 和模拟 I/O 模块,确保能够连接所有传感器和执行器。

(2)焊接机器人控制器的选择

选择焊接机器人的控制器需要考虑多种因素,包括机器人型号、焊接工艺要求、控制精度、系统兼容性和扩展性等。库卡的 KR C4、ABB 的 IRC5、FANUC 的 R-30iB Plus 和安川的 DX200 都是业界知名的高性能控制器,能够满足不同应用场景下的焊接需求。

(3)焊接机器人

焊接机器人应选用六轴或多轴工业机器人,如 ABB IRB 系列、库卡 KR 系列、安川 MH 系列等。

(4)焊接工具

焊接工具可选用 MIG、TIG、点焊枪等,根据具体焊接需求选择合适的焊接工具。

(5)传感器

传感器的选择主要包括:

1)位置传感器:光电传感器、激光传感器等,用于精确定位焊接位置。

2)温度传感器:热电偶、红外温度传感器,用于监测焊接温度。

3)电流传感器:霍尔效应传感器,用于监测焊接电流。

(6)人机界面(HMI)

人机界面可选用工业触摸屏,如西门子 TP 系列、威纶通 MT 系列等,提供直观的操作界面。

2. 软件设计

(1)软件功能模块需求分析

需要从机器人使用过程中所涉及的作业条件、运动轨迹特性、控制功能要求等出发来进行软件的功能需求分析,具体的需求情况如下:

1)通信功能,能够实现与控制器的基本通信。

2)示教功能,用户能够方便地实现示教编程。

3)运动控制功能,可以实现对机器人的运动进行可靠控制,主要包括:路径规划、姿态控制、速度控制和插补控制。

4)状态监控,将机器人当前运行状态反馈给用户。

5)机器人校正,支持机器人的零位校正,保证运行精度。

6)焊接控制,能够实现基本的焊接控制功能,包括焊接电压控制、焊接速度控制和焊接电流控制等。

7)人机界面,实现参数设置与调整、状态监控与显示和手动控制与操作。

(2)软件系统架构设计

根据已定的软件功能需求可以对软件的总体框架进行规划,根据总体规划进行软件设计,主要包括系统的整体架构、各模块的功能以及它们之间的通信。以下是一个详细的软件设计方案：

① 总体架构设计

- PLC：用于整体系统的协调控制，处理 I/O 信号，管理焊接过程。
- 机器人控制器：负责机器人运动控制和焊接过程的控制。
- HMI：用于操作人员与系统的交互，显示状态信息、报警信息、焊接参数等。

② 通信架构设计

- 通信协议：机器人控制器与 PLC 之间的通信协议。
- 数据传输：焊接参数、控制命令、状态信息在机器人控制器和 PLC 之间实时传输。

（3）软件模块设计

① PLC 控制软件设计

- 初始化模块：初始化 I/O 接口、通信模块。
- 输入处理模块：读取焊接参数和传感器数据。
- 控制逻辑模块：根据传感器数据和预设参数，控制机器人运动和焊接过程。
- 输出处理模块：控制焊接电源和焊枪，驱动指示灯、报警器等。
- HMI 交互模块：显示系统状态、焊接参数和报警信息，提供操作人员输入界面。

② 焊接机器人控制器软件设计

- 初始化模块：初始化通信接口、传感器、I/O 模块和机器人零点校准。
- 运动控制模块：根据预设焊接路径控制机器人各轴运动。
- 焊接控制模块：根据 PLC 传递的参数设置焊接电流、电压、速度等，实时调整焊接过程。
- 安全控制模块：实现碰撞检测、紧急停止和其他安全功能。
- 通信模块：与 PLC 进行数据通信，传输焊接参数、控制命令和状态信息。

3. 系统集成

1）硬件集成：连接机器人控制器、PLC、焊接电源、传感器和 HMI。规范布线，确保信号传输的可靠性。

2）软件集成：将机器人控制器的程序和 PLC 控制程序部署到各自设备中。配置通信接口，确保数据传输顺畅。

4. 测试与调试

1）仿真测试：在仿真环境中测试控制程序，验证逻辑正确性和路径精确性。

2）现场调试：在实际设备上运行控制程序，调整参数，优化控制算法。测试系统的各项性能指标，如焊接精度、速度和稳定性。

3）性能测试：记录关键数据，进行分析和优化。

5. 部署与维护

1）系统部署：将调试好的系统部署到生产环境中并进行验收测试，确保系统满足设计要求。

2）系统维护：定期检查和维护系统，确保长期稳定运行。

3）软件更新：根据实际需求，进行软件更新和功能扩展。

4）故障处理：制定故障处理流程，确保快速响应和解决问题。

综上所述，焊接机器人运动控制系统设计和实现是焊接机器人技术的关键之一。焊接机器人的运动控制系统需要满足焊接工艺的要求，同时还需要考虑焊接机器人的运动控制和运动过程中的干扰等因素。唯有通过科学合理的设计方案和严谨细致的实现工作,才能够确保焊接机器人运动控制系统稳定、可靠、高效地进行焊接操作。

习题

1. 简述工业锅炉计算机控制系统的组成。
2. 锅炉给水控制系统的基本结构有哪些?
3. 硫化机计算机群控系统中,工控机管理软件设计的主要内容包含哪几个方面?
4. 焊接机器人的硬件设计和软件设计分别包含哪几个方面的内容?

参 考 文 献

[1] 王慧. 计算机控制系统[M]. 3 版. 北京：化学工业出版社，2011.

[2] 王勤. 计算机控制技术[M]. 南京：东南大学出版社，2003.

[3] 张弘. USB 接口设计[M]. 西安：西安电子科技大学出版社，2002.

[4] 王恩波，马时来. 实用计算机网络技术[M]. 2 版. 北京：高等教育出版社，2008.

[5] 吴勤勤. 控制仪表及装置[M]. 4 版. 北京：化学工业出版社，2019.

[6] 艾德才，迟丽华，李英慧. 计算机硬件技术基础[M]. 3 版. 北京：中国水利水电出版社，2007.

[7] 刘国荣，梁景凯. 计算机控制技术与应用[M]. 2 版. 北京：机械工业出版社，2008.

[8] 王锦标，方崇智. 过程计算机控制[M]. 北京：清华大学出版社，1992.

[9] 于海生，丁军航，潘松峰，等. 微型计算机控制技术[M]. 4 版. 北京：清华大学出版社，2024.

[10] 钟约先，林亨. 机械系统计算机控制[M]. 2 版. 北京：清华大学出版社，2008.

[11] 李新光，张华，孙岩，等. 过程检测技术[M]. 北京：机械工业出版社，2004.

[12] 江秀汉，汤楠. 可编程序控制器原理及应用[M]. 2 版. 西安：西安电子科技大学出版社，2003.

[13] 高金源，王醒华，张平，等. 计算机控制系统：理论、设计与实现[M]. 北京：北京航空航天大学出版社，2001.

[14] 戴连奎，于玲，田学民，等. 过程控制工程[M]. 3 版. 北京：化学工业出版社，2012.

[15] 周慧文，施永. 可编程控制器原理与应用[M]. 2 版. 北京：电子工业出版社，2014.

[16] 刘光斌，刘冬，姚志成. 单片机系统实用抗干扰技术[M]. 北京：人民邮电出版社，2003.

[17] 杨根科，谢剑英. 微型计算机控制技术[M]. 4 版. 北京：国防工业出版社，2016.

[18] 曹承志. 微型计算机控制新技术[M]. 北京：机械工业出版社，2001.

[19] 黄德先，王京春，金以慧. 过程控制系统[M]. 北京：清华大学出版社，2011.

[20] 刘保坤. 计算机过程控制系统[M]. 北京：机械工业出版社，2001.

[21] 温钢云，黄道平. 计算机控制技术[M]. 广州：华南理工大学出版社，2001.

[22] 白焰，朱耀春，李新利. 分散控制系统与现场总线控制系统[M]. 2 版. 北京：中国电力出版社，2022.

[23] 郝晓弘，马向华. 论现场总线控制系统[J]. 自动化与仪表，2001，16(3)：1-5.

[24] 宝暄，李嘉，刘涛，等. 数据采集控制技术与研华数据采集控制卡[J]. 电子技术应用，2007，33(3)：7-9.

[25] 朱玉玺，崔如春，邝小磊. 计算机控制技术[M]. 3 版. 北京：电子工业出版社，2018.

[26] 马洪连，丁男，朱明. 物联网感知与控制技术[M]. 北京：清华大学出版社，2012.

[27] 张智焕. 工业物联网及边缘控制技术[M]. 杭州：浙江大学出版社，2023.

[28] 王万良. 物联网控制技术[M]. 2 版. 北京：高等教育出版社，2020.

[29] 彭力. 物联网控制技术[M]. 北京：机械工业出版社，2024.

[30] 卢亚平，丁建强，任晓. 计算机控制技术：理论、方法与应用[M]. 北京：清华大学出版社，2023.

[31] 王锦标. 计算机控制系统[M]. 3 版. 北京：清华大学出版社，2018.

[32] 刘川来，胡乃平. 计算机控制技术[M]. 北京：机械工业出版社，2007.

[33] 刘德胜，王超阳，陈晓伟，等. 计算机控制技术[M]. 2 版. 沈阳：东北大学出版社；北京：中国人口出版社，2022.

[34] 李正军，李潇然. 计算机控制技术[M]. 北京：机械工业出版社，2022.

[35] ROBERT N B. 控制系统技术概论[M]. 北京：机械工业出版社，2006.

[36] 缪燕子，褚菲，代伟，等. 计算机控制技术[M]. 北京：机械工业出版社，2022.

[37] 于海生，丁军航，潘松峰，等. 计算机控制技术[M]. 3 版. 北京：机械工业出版社，2023.

[38] 陈虹. 模型预测控制[M]. 北京：科学出版社，2013.

[39] 刘志林，张军，原新. 复杂系统的应用鲁棒预测控制[M]. 北京：电子工业出版社，2017.

[40] 俞金寿. 工业过程先进控制技术[M]. 上海：华东理工大学出版社，2008.

[41] 王树青. 先进控制技术及应用[M]. 北京：化学工业出版社，2005.

[42] 李少远. 智能控制[M]. 3 版. 北京：机械工业出版社，2023.

[43] 李少远，蔡文剑. 工业过程辨识与控制[M]. 北京：化学工业出版社，2010.

[44] 王万良. 人工智能导论[M]. 5 版. 北京：高等教育出版社，2020.

[45] 李德毅，于剑，中国人工智能学会，等. 人工智能导论[M]. 北京：中国科学技术出版社，2018.

[46] 陈根. 数字孪生[M]. 北京：电子工业出版社，2020.

[47] 常慧玲. 集散控制系统应用[M]. 2 版. 北京：化学工业出版社，2020.

[48] 严蔚敏，吴伟民. 数据结构：C 语言版[M]. 北京：清华大学出版社，2007.

[49] 彭娟，杨勇. 数据结构与算法应用教程：C 语言版[M]. 重庆：重庆大学出版社，2017.

[50] 夏元清. 云控制系统及其面临的挑战[J]. 自动化学报，2016，42(1):1-12.

[51] 夏元清，王晓，高润泽，等. 云网边端协同云控制研究进展及挑战[J].信息与控制，2024，53(3):273-286.